Oppitz/Nollau
Taschenbuch der Wirtschaftlichkeitsrechnung

Taschenbuch der Wirtschaftlichkeitsrechnung

Quantitative Methoden
der ökonomischen Analyse

von
Prof. Dr. rer. oec. habil. Volker Oppitz und
Prof. Dr. rer. nat. habil. Volker Nollau

mit über 300 Beispielen, 150 Bildern und 220 Tabellen

Fachbuchverlag Leipzig
im Carl Hanser Verlag

Prof. Dr. rer. oec. habil. Volker Oppitz
Wissenschaftlicher Studienleiter am Europäischen Institut für postgraduale Bildung an der Technischen Universität Dresden - EIPOS e. V.
http://www.eipos.de

Prof. Dr. rer. nat. habil. Volker Nollau
Technische Universität Dresden
Lehrstuhl für Stochastische Analysis und Steuerung
http://www.math.tu-dresden.de/sto/nollau.htm

Bibliografische Information Der Deutschen Bibliothek
Die Deutsche Bibliothek verzeichnet diese Publikation in der Deutschen Nationalbibliografie; detaillierte bibliografische Daten sind im Internet über http://dnb.ddb.de abrufbar.

ISBN 3-446-22463-7

Fachbuchverlag Leipzig im Carl Hanser Verlag

http://www.hanser.de/taschenbuecher
Lektorat: Christine Fritzsch
Herstellung: Renate Roßbach
Satz: Ingrid Oppitz, Dresden
Druck und Binden: Kösel, Kempten

Printed in Germany

Vorwort

Das Taschenbuch der Wirtschaftlichkeitsrechnung entstand im Rahmen langjähriger Lehrtätigkeit und Praxisberatung der Autoren auf der Grundlage moderner betriebswirtschaftlicher und wirtschaftsmathematischer Überlegungen und Resultate. Dabei steht einerseits die Anwendung mathematischer Modelle im Vordergrund. Auch die schwierigsten Modelle folgen andererseits der Zweckbestimmung, im Unternehmensalltag durch mathematische Anwendungen die Gewinne zu maximieren und Kosten zu minimieren. Dafür ist im Studium und beim „Lernen durch Praxis“ ein gewisses Training im Beherrschen von wirtschaftsmathematischen Zusammenhängen unumgänglich. Dem entspricht das Taschenbuch in seiner Einheit von Definition, Texterläuterung, mathematischem Modell und Rechenbeispielen.

Alle mathematisch-statistischen Anwendungen sind nach Hauptstichworten für einen Sachverhalt wie in einem Konversationslexikon geordnet. Es folgen nach Stichworten gegliederte, zum Hauptstichwort gehörende wirtschaftsmathematische Modelle.

Die alphabetische Reihenfolge gilt strikt auch bei zusammengesetzten Hauptstichwörtern. Zusammengesetzte Begriffe, wie „Lineare Optimierung“, und fachliche Abkürzungen, wie SI-Einheit, sind unter dem alphabetisch eingeordneten Adjektiv zu finden. Ihre Anordnung folgt den allgemeinen Regeln nach Duden:

- Begriffe, die griechische Buchstaben oder mathematische Symbole enthalten, wie z. B. „χ^2-Verteilung“, werden als Stichwort mit dem ausgeschriebenen deutschen Namen dieser Buchstaben oder Symbole, hier „Chiquadratverteilung“, lexikografisch eingeordnet.
- Bindestriche und Leerzeichen in Begriffen beachten die lexikografische Einordnung nicht: Das Stichwort wird behandelt, als folgten die beiden angrenzenden Buchstaben unmittelbar aufeinander.
- Synonyme von Stichwörtern stehen vor dem erklärenden Text in kursiver Schrift.
- Alle Beispiele (Text, Eingabe- und Ergebnisdaten) sind typografisch durch die Schriftart Arial hervorgehoben.

Jedes Stichwort enthält die mathematisch-statistische bzw. ökonomische Definition, eine Erläuterung des Wirtschaftlichkeitsproblems, die Modellstruktur und ein durchgerechnetes Textbeispiel.

Für die Mehrzahl der Beispielrechnungen werden Näherungswerte für die auftretenden Parameter benötigt, wie beispielsweise im folgenden Ausdruck:

$$y(x) = a_0 + a_1 \cdot x + a_2 \cdot x^2 .$$

Die Parameterwerte (a_0, a_1, a_2) werden aus einer Stichprobe (x_i, y_i, $i = 1, \ldots, n$) vom Umfang n nach der Methode der kleinsten Quadrate geschätzt. Die im Text verwendete mathematische Schreibweise lautet:

$$y(x) = a_0 + a_1 \cdot x + a_2 \cdot x^2 \quad \Leftrightarrow \quad [a_0, a_1, a_2] \equiv \sum_{i=1}^{n} (y(x_i) - y_i)^2 \rightarrow \text{Min}$$

Die Formeln für Beispielrechnungen sind im Text grau unterlegt.

Für Hinweise, Hilfe und kritische Begleitung gilt unser Dank vielen Mitwirkenden, besonders Frau Christine Fritzsch, die als Lektorin des Verlages von Anfang an die Publikation betreut und dabei ihre Erfahrungen eingebracht hat, und Frau Ingrid Oppitz, die mit Akribie und Sachkunde die Texte gestaltet und das Layout besorgt hat. Ohne die enge Zusammenarbeit zwischen Autoren, Verlag und Satzgestaltung hätte das Buch wohl nicht in kürzester Zeit zu seiner vorliegenden Form gebracht werden können. Möge es den Studierenden, Wirtschaftspraktikern und Unternehmensführern den erhofften Nutzen bringen.

Anregungen zu seiner Weiterentwicklung nehmen wir – sowohl als Wirtschaftswissenschaftler einerseits als auch als Mathematiker andererseits – dankbar entgegen, desgleichen alle kritischen Bemerkungen.

Dresden, im September 2003

Volker Oppitz
Volker Nollau

Inhaltsverzeichnis

A

ABC-Analyse

*Untersuchung von Strukturen durch Einteilung in drei Klassen **A**: Spitzen, sehr wichtig, dringend bearbeiten; **B**: Träger, wichtig, regelgerecht erledigen; **C**: Trödler, weniger wichtig, ggf. nebensächlich behandeln. Abweichungen von der Dreiteilung sind zulässig und in der Unternehmenspraxis häufig anzutreffen. Die grafische Darstellung erfolgt in ABC-Kurven, ursprünglich in den USA für die Planung, Beschaffung und Lagerung von Beschaffungsgütern entwickelt* (Bild A.1).

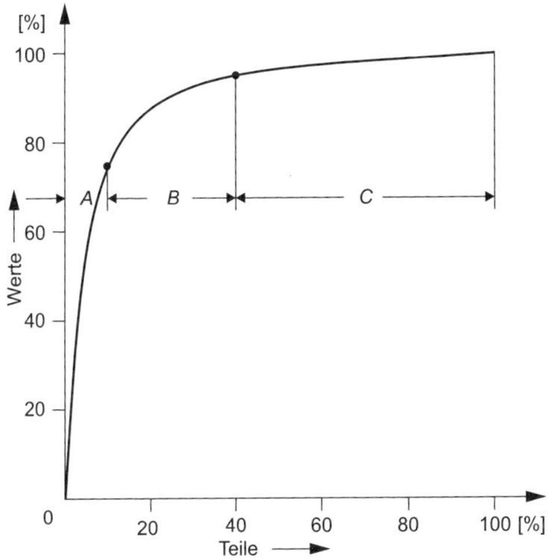

Bild A.1: ABC-Analysenkurve[1]

ABC-Portfoliokurve

Grafik der Einteilung von Aktien n in absteigender Reihenfolge ihrer kumulierten, an ihren Summenwerten relativierten Renditen ρ_i (ausgehend von den absoluten Renditen R_i) und quadrierten Risiken v_i nach Renditegrenzen: Klasse A $(0 \leq \rho_j < p_1)$ enthält Titel mit höchster, Klasse

[1] Vgl. Voß, E.: Industriebetriebslehre für Ingenieure, München, Wien 1991, S. 226.

B ($p_1 \le \rho_j < p_2$) mit mittlerer und C ($p_2 \le \rho_j \le 1$) mit „magerer“ Renditeerwartung. Der beste Punkt $P(v_b, \rho_b)$ setzt den Maßstab für die Bewertung aller Titel. Ausdruck der Renditequalität im Portfolio ist die Standardabweichung σ zwischen ABC- und Titelwerten.

$$\rho_j = \frac{\sum_{i=1}^{j} R_i}{\sum_{i=1}^{n} R_i}$$

$$v_j = \sqrt{\frac{\sum_{i=1}^{j} \sigma_i^2}{\sum_{i=1}^{n} \sigma_i^2}} \quad \Rightarrow \quad P(v_b, \rho_b) = \underset{1 \le j \le n}{\mathrm{Max}} \left\{ q_j \middle| q_j = \frac{\rho_j}{v_j} \right\}$$

$$c = \frac{\ln \rho_b}{(1 - v_b) \cdot \ln \sin\left(\frac{\pi}{2} \cdot v_b\right)}$$

$$\rho(v) = \sin\left(\frac{\pi}{2} \cdot v\right)^{c \cdot (1-v)} \quad \Rightarrow \quad \begin{cases} 0 < A < g_1, & \text{wenn } 0 \le \rho(v) < p_1 \\ g_1 \le B < g_2, & \text{wenn } p_1 \le \rho(v) < p_2 \\ g_2 \le C \le 1, & \text{wenn } p_2 \le \rho(v) \le 1 \end{cases}$$

$$\sigma = \frac{1}{n-1} \cdot \sqrt{\sum_{j=1}^{n} (\rho(v_j) - \rho_j)^2}$$

Beispiel: Für ein Portfolio mit Aktientiteln liegen Renditen R (fallend geordnet) und Risiken σ vor. Daraus ermittelt man Varianzen σ^2, kumulierte Renditeanteile ρ und Varianzanteile v und deren Quoten q (Tabelle A.1).

Tabelle A.1: Nach absteigender Rendite geordnetes Wertpapierportfolio

Titel	***R* [%]**	**σ [%]**	**σ^2 [1/a]**	**ρ [%]**	**v [%]**	***q***
W2	9,84	16,06	0,02582	15,94	15,82	1,01
W8	9,47	6,11	0,00373	31,28	18,11	1,73
W7	9,08	29,86	0,08922	45,99	72,77	0,63
W1	8,81	16,89	0,02852	60,26	90,24	0,67
W4	6,80	6,88	0,00473	71,27	93,14	0,77
W5	6,04	3,22	0,00104	81,05	93,78	0,86
W6	6,00	7,10	0,00504	90,77	96,86	0,94
W3	5,70	7,16	0,00513	100,00	100,00	1,00
	61,74		0,16323			

Die ABC-Kurve mit Klassen soll entsprechend dem Renditebestwert p_b und der Renditegrenzen p_1, p_2 ermittelt und dargestellt werden (Bild A.2).

Bestwert	q_b	=	1,73	
Stützstelle des Bestwertes	v_b	=	18,11	%
Renditebestwert	p_b	=	31,28	%
1. Klassenschranke	p_1	=	50,00	%
2. Klassenschranke	p_2	=	80,00	%
Verteilungsexponent	c	=	0,01117	
Lösung: 1. Grenzstützstelle	g_1	=	27,82	%
2. Grenzstützstelle	g_2	=	47,78	%
Anzahl der Titel	n	=	8	
Standardabweichung	σ	=	10,66	%

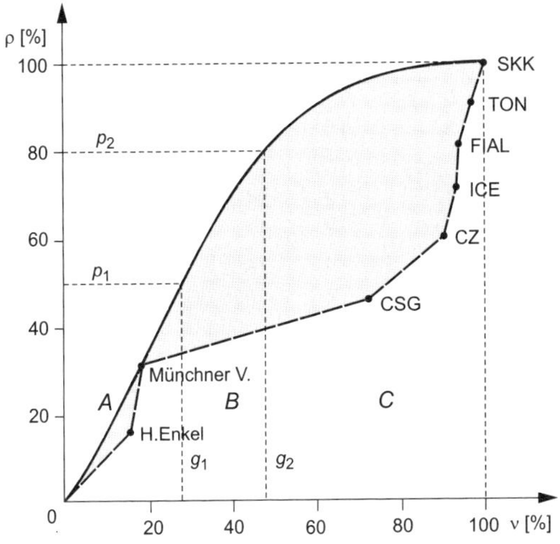

Bild A.2: ABC-Kurve für ein Portfolio

ABC-Tabelle

ABC-Vertafelung von n Debitoren, Kunden, Lieferanten, Materialpreisen usw. entsprechend ihren Umsätzen U_j. Die Klasse A enthält z. B. Kunden mit Höchstumsätzen, B diejenigen mit mittleren Anteilen und C die minimalen Umsatzbringer.

$$h_j = \frac{U_j}{\sum_{j=1}^{n} U_j}, \quad h_j > h_{j+1} \quad \begin{cases} A: & 0 \le \sum_j h_j < p_1 \\ B: & p_1 \le \sum_j h_j < p_2 \quad j = 1, 2, \ldots, n-1 \\ C: & p_2 \le \sum_j h_j \le 1 \end{cases}$$

Beispiel: Für Trajektoren liegen Umsätze U_j vor (Tabelle A.2). Entsprechend der Klassengrenzen p soll eine ABC-Tabelle dargestellt werden.

1. Grenzanteil am Umsatz	p_1	=	50,00	%
2. Grenzanteil am Umsatz	p_2	=	90,00	%

Tabelle A.2: Umsatz nach Kunden, umsortiert nach Wertanteilen

Name	Umsatz [€/a]	*h* [%/a]	Name	Umsatz [€/a]	Σ *h* [%/a]	Klasse Typ
T1	102,90	0,54	T7	4549,60	24,03	*A*
T2	2490,60	13,15	T8	4020,00	45,26	
T3	1603,40	8,47	T5	2765,40	59,86	*B*
T4	920,00	4,86	T2	2490,60	73,02	
T5	2765,40	14,61	T9	1724,80	82,13	
T6	669,90	3,54	T3	1603,40	90,60	*C*
T7	4549,60	24,03	T4	920,00	95,45	
T8	4020,00	21,23	T6	669,90	98,99	
T9	1724,80	9,11	T1	102,90	99,54	
T10	87,90	0,46	T10	87,90	100,00	

Abgang von Betriebsmitteln

Zeitliche Aussonderung nicht zur Veräußerung bestimmter Gegenstände des Anlagevermögens, die für den Leistungsprozess erforderlich sind und dauernd dem Geschäftsbetrieb dienen. Gründe sind der wirtschaftliche bzw. physische Verbrauch oder güteseitige, kapazitive, technische bzw. betriebswirtschaftliche Erfordernisse. Die Berechnungen beruhen auf Wirtschaftlichkeits- und Wahrscheinlichkeitsbetrachtungen.

Abgang wegen physischen Verschleißes

Zeitlicher Abgang einer Anzahl q_t bis zum Zeitpunkt t ($0 \le t \le T$) aus dem Bestand Q von Betriebsmitteln während ihrer Lebensdauer T, bestimmt von deren schwächstem hintereinander geschaltetem Bauelement. Der physische Verschleiß genügt i. Allg. einer Weibull-Verteilung mit der Dichte $q(t)$ (Bild A.3) und den positiven Parametern δ, η. Für den Wert $\delta = 1$ ergibt sich als Spezialfall der Weibull-Verteilung die Exponentialverteilung:

$$f(t) = \begin{cases} \dfrac{1}{\eta} \cdot e^{-\frac{t}{\eta}} & \text{für } t > 0 \\ 0 & \text{für } t \leq 0 \end{cases}$$

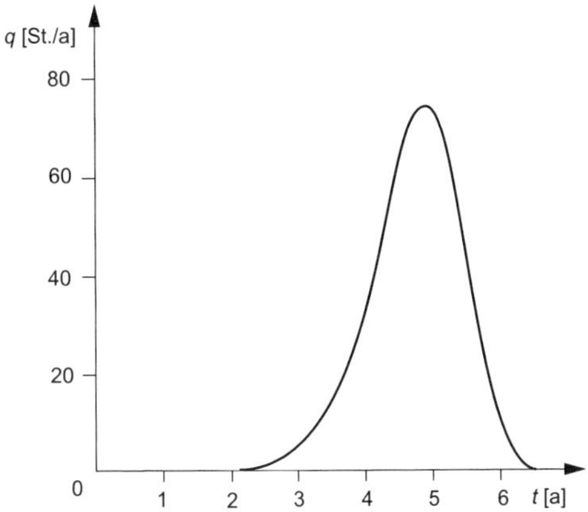

Bild A.3: Kurve nach Weibull verteilter Abgänge von Betriebsmitteln

$$Q = \sum_{t=1}^{T} q_t, \quad q(t) = \begin{cases} Q \cdot \dfrac{\delta}{\eta} \cdot \left(\dfrac{t}{\eta}\right)^{\delta-1} \cdot e^{-\left(\frac{t}{\eta}\right)^{\delta}} & \text{für } t > 0 \\ 0 & \text{für } t \leq 0 \end{cases} \quad \delta > 0, \eta > 0$$

Die Varianz σ^2 der Weibull-Verteilung wird mit der Gammafunktion Γ berechnet:

$$\sigma^2 = \eta^2 \cdot \left(\Gamma\left(\frac{2}{\delta} + 1\right) - \Gamma^2\left(\frac{1}{\delta} + 1\right) \right)$$

Beispiel: Für eine Dosierungssteuerung hat der Lieferant die Parameter der Weibull-Verteilung benannt. Die zu erwartenden Abgänge an Steuerungsvorrichtungen sind zu ermitteln (Tabelle A.3).

Betriebsmittelbestand	Q	=	125	St.
Lebensdauer	T	=	6	a
Parameter der Weibull-Verteilung	δ	=	8,00	
Parameter der Weibull-Verteilung	η	=	5,00	

Lösung:

Tabelle A.3: Zeitliche Betriebsmittelabgänge nach der Weibull-Verteilung

t	q [St./a]	Q [St.]	t	q [St./a]	Q [St.]	t	q [St./a]	Q [St.]
1	0	0	3	6	6	5	74	115
2	0	0	4	35	41	6	10	125

Varianz der Lebensdauer σ^2 = 0,54

Abgang wegen wachsender Betriebskosten

Optimierung des Abgangszeitpunktes t_a mit minimalen Gesamtkosten K_t von Betriebsmitteln, die mit den Betriebsgrundkosten I, der Laufzeit t und dem Exponenten α steigende Betriebskosten für Instandhaltung, Reparatur, Versicherung und Wartung aufweisen. Der Kostenfunktion (Bild A.4) werden die mit dem Kapitalkostensatz p ermittelten Barwerte der Abschreibungen (AfA) und der Betriebskosten zugrunde gelegt.

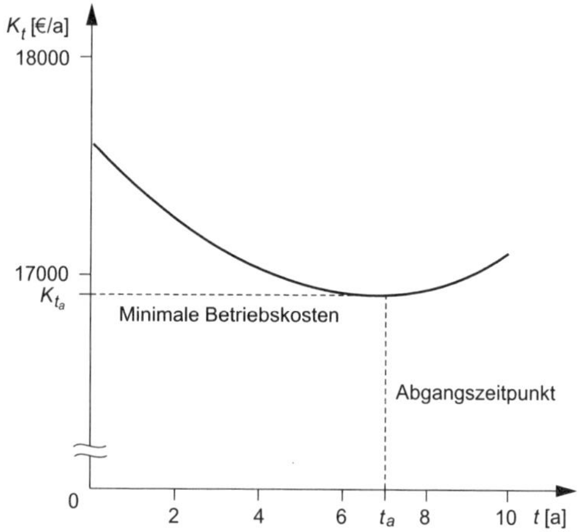

Bild A.4: Kostenkurve als Funktion der Abgangszeit

$$K_t = \frac{1}{(1+p)^t} \cdot \left(\frac{K}{T} + I \cdot e^{\alpha \cdot t} \right), \quad \text{wenn} \quad \ln(1+p) < \alpha$$

$$K_{t_a} = \underset{0<t \leq T}{\text{Min}} \{K_t\}$$

$$I_t = I \cdot e^{\alpha \cdot t}$$

Beispiel: Für ein Spezialfahrzeug sollen die Gesamt- und Betriebskosten (Tabelle A.4) und der optimale Abgangszeitpunkt bestimmt werden.

Anschaffungswert des Betriebsmittels	K	=	116000,00	€
Betriebsgrundkosten	I	=	6275,00	€/a
Exponent der Betriebskostenfunktion	α	=	0,09920	1/a
Kalkulationszinssatz	p	=	5,25	%/a
Laufzeit	T	=	10	a
Lösung: Kostenminimum	K_{ta}	=	16890,02	€/a
Optimale Abgangsfrist	t_a	=	7	a

Tabelle A.4: Barwerte K_t der Kosten und nicht diskontierte Betriebskosten I_t

***t* [a]**	***K* [€/a]**	***I* [€/a]**	***t* [a]**	***K* [€/a]**	***I* [€/a]**
1	17605,13	6929,40	6	16904,38	11379,04
2	17379,32	7652,05	7	16890,61	12565,73
3	17196,87	8450,06	8	16918,33	13876,18
4	17057,20	9331,29	9	16987,49	16921,31
5	16959,82	10304,43	10	17098,12	16921,31

Abgang wegen stochastischer Ausfallkosten

Ausfall wegen zufälligen Verschleißes der Betriebsmittelanzahl m, gekennzeichnet durch die Ausfallrate λ. Sie drückt die Wahrscheinlichkeit des Ausfalls im Zeitintervall $t + \Delta t$ aus. Die Wahrscheinlichkeit $P(t)$ der Funktionsfähigkeit des Betriebsmittels im Zeitintervall t ist:

$$P(t) = \mathrm{e}^{-\int_0^t \lambda(\tau)\cdot \mathrm{d}\tau} .$$

Bei konstanter Ausfallintensität λ_0 lautet die Wahrscheinlichkeit:

$$P(t) = \mathrm{e}^{-\lambda_0 \cdot t}.$$

Grafisch realisiert sie eine Überlebenskurve. Bei bekannter Verteilungsdichte der Lebensdauer des Betriebsmitteltyps $f(t)$ gelten für die mittlere Nutzungsdauer t_m und deren Standardabweichung σ_t die Beziehungen:

$$t_m = \int_0^\infty f(t)\cdot t \cdot \mathrm{d}t \quad \text{und} \quad \sigma_t^2 = \int_0^\infty f(t)\cdot (t - t_m)^2 \cdot \mathrm{d}t \quad \text{und} \quad \lambda(t) = \frac{f(t)}{P(t)}.$$

Unter der Voraussetzung einer Exponentialverteilung $P(t)$ kann dann gesetzt werden:

$$t_m = \frac{1}{\lambda_0} \quad \text{und} \quad \sigma_t = \frac{1}{\lambda_0}.$$

Durch Rekursion zur Bestimmung der m Abgänge bis zum Zeitpunkt u:

$$P_0(t) = \mathrm{e}^{-\lambda_0 \cdot t}$$

$$P_1(t) = -\int_0^t \mathrm{e}^{-\lambda_0 \cdot (t-u)} \cdot \mathrm{d}f(u)$$

$$\vdots \; = \; \vdots$$

$$P_m(t) = -\int_0^t P_{m-1} \cdot (t-u) \cdot \mathrm{d}f(u) = \frac{(\lambda_0 \cdot t)^m \cdot \mathrm{e}^{\lambda_0 \cdot t}}{m!}$$

erhält man die Poisson-Verteilung mit dem Parameter $\lambda_0 \cdot t$. Der mittlere Verschleiß m_d an Betriebsmitteln und dessen Standardabweichung σ_d zum Zeitpunkt t betragen:

$$m_d(t) = \lambda_0 \cdot t \quad \text{und} \quad \sigma_d(t) = \sqrt{\lambda_0} \cdot t.$$

Bis zum Zeitpunkt u sind beim Einsatz von m Betriebsmitteln im Startzustand insgesamt die folgende Anzahl von Betriebsmitteln im Einsatz:

$$m_1(t) = m \cdot \mathrm{e}^{-\lambda_0 \cdot t} + \int_0^t r'(u) \cdot \mathrm{e}^{-\lambda_0 \cdot t} \cdot \mathrm{d}u,$$

mit $r(u)$ als Anzahl bis zum Zeitpunkt u abgegangener Betriebsmittel.

Aus den mathematischen Zusammenhängen zwischen der Wahrscheinlichkeitsverteilung der Lebensdauer $P(t)$, der Menge der eingesetzten Betriebsmittel $m_1(t)$ und ihrer Ersatzfunktion $r(u)$ folgt unter der Voraussetzung, dass die Überlebenswahrscheinlichkeit exponentialverteilt ist, und der Bedingung einer feststehenden Anzahl von eingesetzten Betriebsmitteln die allgemeine Abgangsfunktion:

$$r(t) = m \cdot \lambda_0 \cdot t \quad \text{bei} \quad \begin{cases} m_1(t) = \text{konstant} \\ \mathrm{t} > 0 \end{cases}$$

Die mittleren planmäßigen Kosten K und die i. d. R. mehr oder weniger weit darüber liegenden Kosten I des zufälligen Ersatzes eines funktionsbestimmenden Betriebsmittels wegen

- unerwarteter Leistungsausfälle und Umsatzdefizite,
- einer meist komplizierten Fehlersuche,
- unvorbereiteter und länger dauernder Austauscharbeiten

usw. sind bekannt. Die Kosten $k(t)$ in der Zeiteinheit t für die Betriebsmittelanzahl m genügen der Beziehung:

$$k(t) = \frac{1}{t} \cdot (m \cdot K + r(t) \cdot I).$$

Die erste Ableitung der Kostenfunktion:

$$\frac{\mathrm{d}k}{\mathrm{d}t} = \frac{1}{t^2} \cdot \left(r'(t) \cdot t \cdot I - (m \cdot K + r(t) \cdot I)\right) = 0,$$

bestimmt die Lösung des optimalen Abgangszeitpunktes:

$$r'(t_0) \cdot I = \frac{1}{t_0} \cdot (m \cdot K + r(t_0) \cdot I).$$

Die von zufälligen Ausfällen verursachten i. Allg. hohen Kosten erfordern, den Abgang von Betriebsmitteln funktionell zu steuern.

Unter der **Annahme** der folgenden konkreten Ersatzfunktion $r(t)$ der Betriebsmittel:

$$r(t) = m \cdot \lambda \cdot t^2,$$

können der Kostenverlauf durch die Bestimmung der zufallsbedingten Abgangszeit der Betriebsmittel dargestellt (Bild A.5) und das Kostenminimum ermittelt werden.

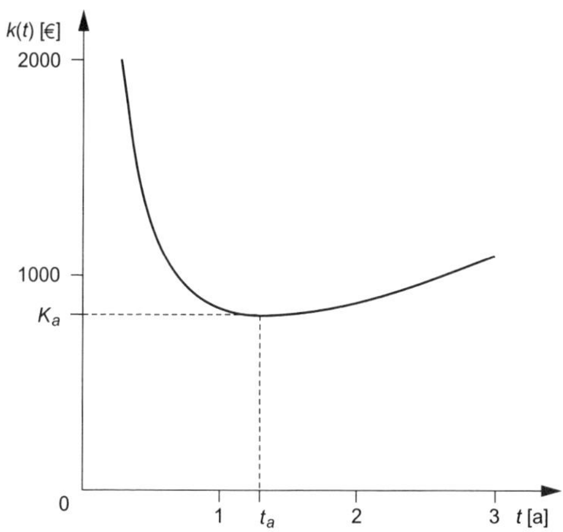

Bild A.5: Kurve der Austauschkosten und des Ausfallverhaltens

$$k(t) = \frac{m \cdot K}{t} + m \cdot \lambda \cdot t \cdot I$$

$$\frac{\mathrm{d}k}{\mathrm{d}t} = 0 \quad \Rightarrow \quad t_a = \sqrt{\frac{K}{\lambda \cdot I}} \quad \Rightarrow \quad K_a = \frac{m \cdot K}{t_a} + m \cdot \lambda \cdot t_a \cdot I$$

Beispiel: In einem Übertragungsnetz befindet sich eine Anzahl *m* elektronischer Betriebsmittel. Der Investitionswert, die Kosten des plötzlichen Ersatzes und die Ausfallintensität sind bekannt. Der optimale Abgangszeitpunkt und die minimalen Austauschkosten sollen ermittelt werden.

Kosten des planmäßigen Ersatzes	K	=	90,00	€/St.
Kosten bei plötzlichem Ausfall	I	=	420,00	€/St.
Ausfallintensität	λ	=	12,00	%/a
Betriebsmittelanzahl	m	=	6	St.
Lösung: Kostenminimum	K_a	=	808,20	€/a
Optimale Abgangsfrist	t_a	=	1,34	a

Abgang wegen Rentabilitätsunterschreitung

Die Berechnung beruht auf einer Funktion des Rentabilitätssatzes $r(t)$. Diese dient der Bestimmung von zwei Punkten der Nutzungszeit: der höchsten Rentabilität r_h an der Stelle t_h und der durch den Kapitalkostensatz p gebildeten Schnittstelle t_a, an der die Kurve des Rentabilitätssatzes $r(t)$ geschnitten wird: $r(t_a) = p$ (Bild A.6).

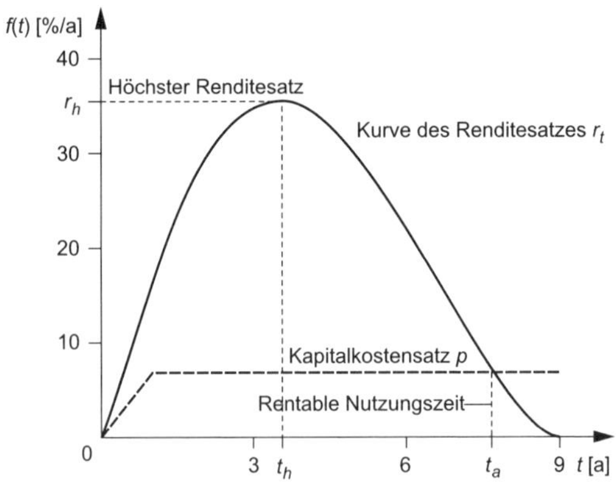

Bild A.6: Rentabilitätskurve und Kapitalkostensatz mit der Abgangszeit

Sie folgt aus der auf die Auszahlungen bezogenen Differenz von zeitabhängigen Einzahlungs- und Auszahlungsfunktionen:

$$r(t) = \frac{U(t) - F(t)}{F(t)} = \frac{U(t)}{F(t)} - 1.$$

Einzahlungen $U(t)$ resultieren aus den mit dem Marktpreis P multiplizierten Umsatzmengen, ausgedrückt durch das Integral der Dichtefunktion $f(t)$ der Betaverteilung über der Nutzungszeit T:

$$U(t) = P \cdot \int_0^t f(\tau) \cdot \mathrm{d}\tau \quad \text{mit} \quad t \le T,$$

Auszahlungen $F(t)$ aus den jährlichen fixen Produktionskosten K und den mit der Umsatzmenge steigenden variablen Produktionskosten k:

$$F(t) = K \cdot t + k \cdot \int_0^t f(\tau) \cdot \mathrm{d}\tau \quad \text{mit} \quad t \le T.$$

Die Umsatzmengen werden mit der Dichtefunktion $f(t)$ der Betaverteilung approximiert, multipliziert mit dem Anfangsumsatz Q:

$$f(t) = Q \cdot \frac{\Gamma(\alpha+\gamma+2)}{\Gamma(\alpha+1)\cdot\Gamma(\gamma+1)} \cdot \frac{(T-t_0)^{\alpha} \cdot (T-t)^{\gamma}}{(T-t_0)^{\alpha+\gamma+1}}, \quad \begin{cases} \alpha > 0 \\ \gamma > 0 \\ t_0 \le 0 \le T \end{cases}$$

Der Umsatz beginnt mit Anschaffung des Betriebsmittels, d. h. $t_0 = 0$:

$$t_0 = 0 \;\Rightarrow\; f(t) = G \cdot Q \cdot \frac{t^{\alpha} \cdot (T-t)^{\gamma}}{T^{\alpha+\gamma+1}}, \quad G = \frac{\Gamma(\alpha+\gamma+2)}{\Gamma(\alpha+1)\cdot\Gamma(\gamma+1)}.$$

Aus dem Marktverhalten folgt, dass der höchste Umsatz unterhalb der halben Nutzungszeit $T = t_m$ eintritt und linkssteil betaverteilt ist:

$$\alpha \cdot \gamma = 2 \quad \text{und} \quad t_w < t_m.$$

Aus der Beziehung für die Stelle t_w des „wahrscheinlichsten Wertes“ r_w ergeben sich die Werte der Parameter der Betaverteilung:

$$t_w = \frac{\alpha \cdot T}{\alpha+\gamma} = \frac{\alpha \cdot T}{\alpha+\gamma} \cdot \frac{\gamma}{\gamma} = \frac{2 \cdot T}{2+\gamma^2} \;\Rightarrow\; \alpha = \sqrt{\frac{2 \cdot t_w}{T - t_w}}, \quad \gamma = \frac{\alpha}{2}.$$

Die Dichtefunktion der Betaverteilung wird in das Grundmodell der Funktion des Rentabilitätssatzes übernommen.

$$t_a \equiv r(t_a) = p \quad \text{und} \quad t_h \equiv \underset{0 \le t \le T}{\mathrm{Max}}\{r(t)\} \quad 0 \le t_h < t_a \le T$$

$$r(t) = \frac{P \cdot \int_0^t f(\tau) \cdot \mathrm{d}\tau}{K \cdot t + k \cdot \int_0^t f(\tau) \cdot \mathrm{d}\tau} - 1, \quad 0 \le t \le T$$

$$f(t) = Q \cdot G \cdot \frac{t^{\alpha} \cdot (n-t)^{\gamma}}{n^{\alpha+\gamma+1}} \qquad \begin{cases} \alpha = \sqrt{\dfrac{2 \cdot t_w}{T - t_w}} \\ \gamma = \dfrac{2}{\alpha} \\ G = \dfrac{\Gamma(\alpha+\gamma+2)}{\Gamma(\alpha+1) \cdot \Gamma(\gamma+1)} \end{cases}$$

Beispiel: Die Geschäftsleitung plant, beflockte T-Shirts herzustellen. Dafür wird eine Fertigungsanlage angeschafft. Als Grundlage für eine Investitionsentscheidung ist die rentable Nutzungszeit zu ermitteln.

Fixkosten	K	=	6452685,00	€/a
Umsatz im 1. Einsatzjahr	Q	=	9755,00	St./a
Preis	P	=	29,99	€/St.
Wirtschaftliche Nutzungsdauer	T	=	10	a
Variable Kosten	k	=	19,67	€/St.
Renditesatz	p	=	12,75	%/a
Stelle des höchsten Umsatzes	t_w	=	2,50	a
Lösung: Rentable Nutzungszeit	t_a	=	7,30	a
Höchster Rentabilitätssatz	r_h	=	14,21	%/a
Zeitpunkt der höchsten Rentabilität	t_h	=	4,71	a

Tabelle A.5: Rentabilität r_t über der Nutzungsdauer

t **[a]**	r_t **[%/a]**	***t*** **[a]**	r_t **[%/a]**
1	–100,00	6	12,99
2	–1,03	7	10,77
3	10,35	8	7,79
4	13,69	9	4,38
5	14,14	10	0,89

Ablaufdauer

Wirtschaftliche Angebotsdauer eines durch Trendfunktionen des Nutzwertes i. d. R. mit Sättigung (Bild A.7) *bestimmten Gutes.*

Nutzwerttrend

Die Analyse richtet sich nach inhaltlichen, grafischen und statistischen Aspekten. Der Trend $g(t)$ eines Gutes wird aus dem bisherigen Verlauf und der Pflichtenheftvorgabe des Nutzwertes berechnet. Im primären Wirtschaftsbereich handelt es sich i. d. R. um die in einem Betrieb aufgelegte Fertigung einer Gütermenge gleicher konstruktiver und techno-

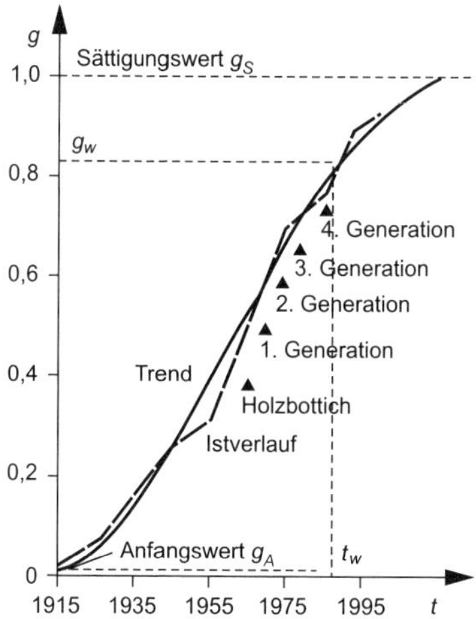

Bild A.7: Internationale Nutzwertentwicklung von Haushaltswaschgeräten

logischer Ausführung. Vorausgesetzt werden Zeitreihen und Trendfunktionen, wie z. B. eine Sinuspotenzfunktion mit Schätzung der Parameter Verteilungsexponent κ, Anfangswert g_A, Sättigungswert g_S, und Berechnung des Wendepunktes (t_w, mit dem Wert $g_w = g(t_w)$). Zufällige Faktoren werden vernachlässigt und von der Standardabweichung σ erfasst.

$$g(t) = \begin{cases} 0, & \text{wenn } t < 0 \\ g_A + (g_S - g_A) \cdot \sin^{\kappa}\left(\dfrac{\pi \cdot t}{2 \cdot t_G}\right), & \text{wenn } 0 \le t \le t_G \\ g_S, & \text{wenn } t > t_G \end{cases}$$

$$[g_A, g_S, \kappa] \equiv \sum_{i=1}^{n} (g(t_i) - g_i)^2 \rightarrow \text{Min}$$

$$\sigma = \frac{1}{n-3} \cdot \sqrt{\sum_{i=1}^{n} (g(t_i) - g_i)^2}$$

$$t_w = \frac{2 \cdot t_G}{\pi} \cdot \arctan\sqrt{\kappa - 1} \quad \Rightarrow \quad g_w = g(t_w)$$

Beispiel: Die PUR-PUR AG benötigt die Parameterwerte des Nutzwerttrends für Telefonsysteme aus einer Zeitreihe (Tabelle A.6).

Tabelle A.6: Nutzwertentwicklung von Telefonsystemen

t [a]	*g* [%]	*t* [a]	*g* [%]
0	7,20	50	62,70
10	14,62	55	67,80
20	26,73	60	74,70
30	32,70	65	81,09
40	46,70	70	89,17
45	56,20		

Erlebenszeit von Telefonsystemen	t_G =	90	a
Lösung: Anfangsnutzwert	g_A =	9,82	%
Sättigungswert	g_S =	95,34	%
Nutzwert an der Wendestelle	g_w =	51,06	%
Stichprobenumfang	n =	11	
Wendestelle	t_w =	41,85	a
Verteilungsexponent	κ =	1,80217	
Standardabweichung	σ =	0,86	%

Erlebenszeit

Ablaufdauer t_H für den Nutzwert g_Z eines neuen Gutes. Nach dem Markteintritt zum Zeitpunkt t_S erreicht sie im Punkt (t_Z, g_Z) ihren mittleren Wert (Bild A.8):

$$\frac{t_H}{2} = t_Z - t_S.$$

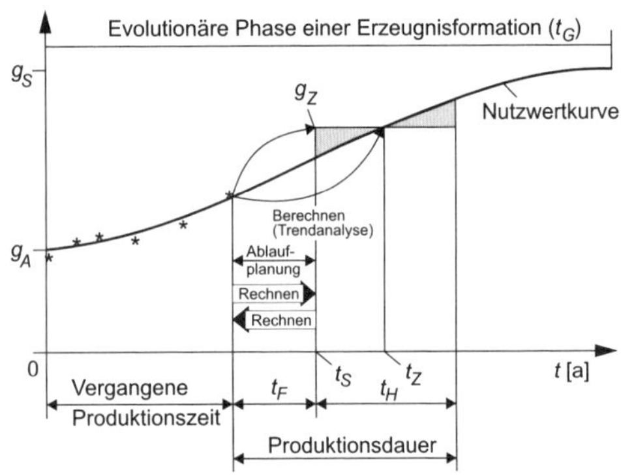

Bild A.8: Prinzipskizze der Ablaufdauer

Die Stelle t_Z folgt aus der Trendfunktion $g(t)$ durch Umstellung:

$$g_Z = g_A + (g_S - g_A) \cdot \sin^{\kappa}\left(\frac{\pi \cdot t_Z}{2 \cdot t_G}\right) \quad \Rightarrow$$

$$t_Z = \frac{2 \cdot t_G}{\pi} \cdot \arcsin \sqrt[\kappa]{\frac{g_Z - g_A}{g_S - g_A}}.$$

$$t_H = 2 \cdot \left(\frac{2 \cdot t_G}{\pi} \cdot \arcsin \sqrt[\kappa]{\frac{g_Z - g_A}{g_S - g_A}} - t_S\right)$$

Beispiel: Die PUR-PUR AG plant die Entwicklung eines computergesteuerten Telefonsystems. Die wirtschaftlich zulässige Ablaufdauer soll aus der Trendfunktion für Telefonsysteme berechnet werden.

Nutzwert bei Leistungseinführung	g_A	=	9,82	%
Nutzwert bei Sättigung	g_S	=	95,34	%
Nutzwert des neuen Leistungsprofils	g_Z	=	87,60	%
Verteilungsexponent	κ	=	1,80217	
Erlebenszeit der Leistungen	t_G	=	90	a
Abgelaufene Leistungsdauer	t_S	=	70	a
Lösung: Optimale Ablaufdauer	t_H	=	4,92	a

Ableitung der Kostenfunktion, Differenzialquotient

Anstieg der Kurve, dargestellt durch den Tangens des Neigungswinkels τ der Tangente an die Kurve (Bild A.9).

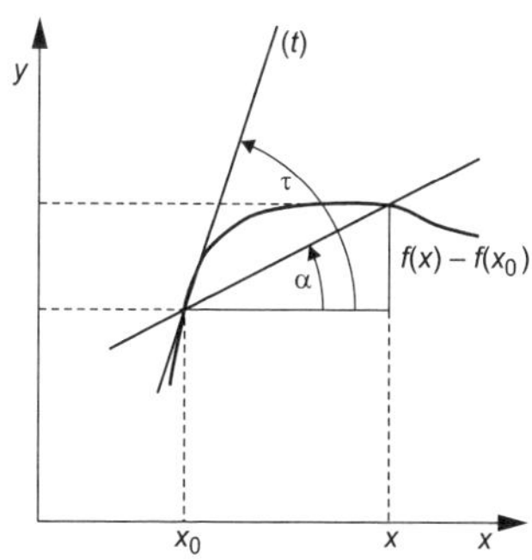

Bild A.9: Tangente (t) an der Stelle x_0 und Sekante zwischen x_0 und x

Eine Funktion f ist an der Stelle $x = x_0$ differenzierbar, wenn der folgende Grenzwert existiert:

$$\lim_{x \to x_0} \frac{f(x) - f(x_0)}{x - x_0} = \tan \tau.$$

Er heißt die Ableitung der Funktion an der Stelle x_0 und wird mit

$$f'(x_0) \quad \text{oder} \quad \frac{\mathrm{d}f}{\mathrm{d}x}(x_0)$$

bezeichnet. Die Funktion $f': y = f'(x)$ heißt Grenzfunktion. Ist f eine Kostenfunktion, so heißt f' Grenzkostenfunktion.

Ableitungen von Kostenfunktionen dienen der Ermittlung von Grenzkosten als Differenz zwischen den letzten aufeinanderfolgenden Werten von unabhängigen Veränderlichen, wie z. B. für die Serienkostenfunktion mit *Losanzahl* a und *Seriengröße* q:

$$K(a,q) = F(a,q) + U(a,q),$$

- Fertigungskosten $F(a, q)$ mit Rüstkosten K_a, Betriebsmittelkosten K_k und Proportionalkosten K_p inkl. Materialkosten K_M:
  $$F(a,q) = q \cdot K_p + a \cdot K_a + K_k,$$
- Kapitalbindungskosten $U(a, q)$ mit Durchlaufexponenten δ, Kapitalkostensatz p und Durchlauftagen z:
  $$U(a,q) = \frac{p \cdot z}{a} \cdot \left(\frac{q}{a}\right)^{\delta} \cdot \left(q \cdot K_M + \frac{q}{2} \cdot (K_p + a \cdot K_a) + K_k\right).$$

Für die Serienkostenfunktion existieren

- **alternierende Grenzkosten** G_a (Bild A.10): Steigung der Tangente bei Erhöhung der Losanzahl von a auf $a + 1$:

$$G_a = \frac{\mathrm{d}K}{\mathrm{d}a} = \frac{\mathrm{d}F}{\mathrm{d}a} + \frac{\mathrm{d}U}{\mathrm{d}a}, \quad q = \text{konstant}$$

- **proportionale Grenzkosten** G_p (Bild A.11): Steigung der Tangente bei Vergrößerung der Leistungsmenge über der Stelle $q + 1$:

$$G_q = \frac{\mathrm{d}K}{\mathrm{d}q} = \frac{\mathrm{d}F}{\mathrm{d}q} + \frac{\mathrm{d}U}{\mathrm{d}q}, \quad a = \text{konstant}$$

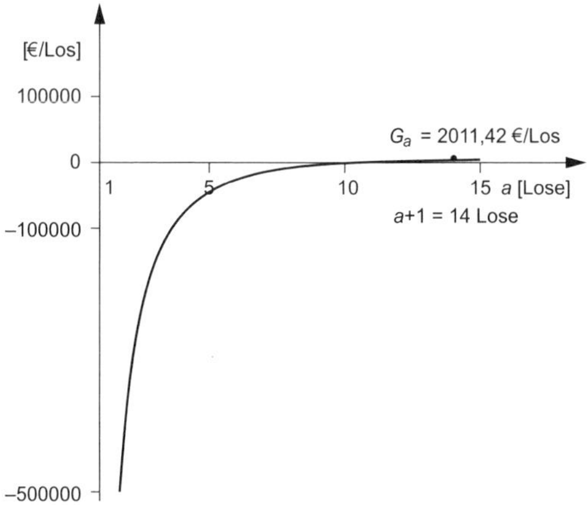

Bild A.10: Alternierende Grenzkostenkurve $K'(a)$ über der Losanzahl a mit fester Seriengröße q und eingezeichneten Grenzkosten für $a + 1$

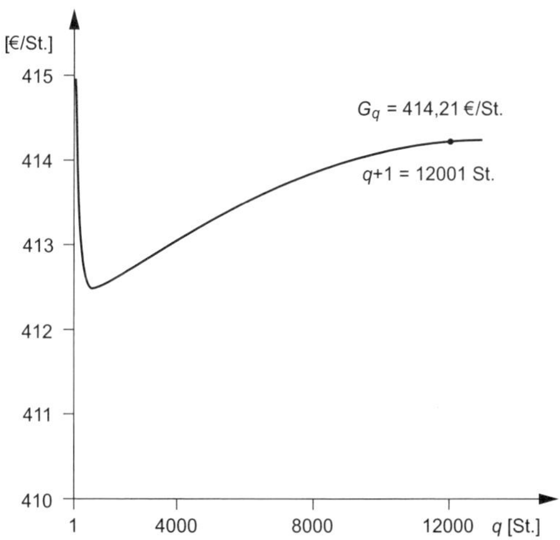

Bild A.11: Proportionale Grenzkostenkurve $K'(q)$ über der Seriengröße q mit fester Losanzahl a und eingezeichneten Grenzkosten für $q + 1$

Beispiel: Die EUROFLUG AG benötigt zur Bestimmung einer Preisuntergrenze die Grenzplankosten bei Erhöhung der geplanten Ausbringungsmenge um ein Los $a + 1$ und um ein Erzeugnis $q + 1$.

Materialkosten	K_M	=	346,75	€/St.
Rüstkosten	K_a	=	6899,32	€/Los
Festkosten	K_k	=	434712,00	€/Serie
Proportionalkosten	K_p	=	407,39	€/St.
Seriengröße	Q	=	12000	St.
Anzahl der Lose je Serie	a	=	13	
Durchlaufexponent	δ	=	0,15300	
Kapitalkostensatz	p	=	8,25	%/a
Feste Durchlauftage	z	=	0,59	d
Lösung: Alternierende Grenzkosten	G_a	=	2011,42	€/St.
Proportionale Grenzkosten	G_q	=	414,21	€/St.

Abstand

Kürzeste kartesische (Bild A.12) *oder lineare* (Bild A.13) *Strecke zwischen zwei Standorten ($F_i = (x_i,y_i)$, $F_j = (x_j,y_j)$) bzw. Maß für die Unterschiedlichkeit zweier Objekte, deren Konformität mit wachsender Distanz immer mehr verschwindet.*

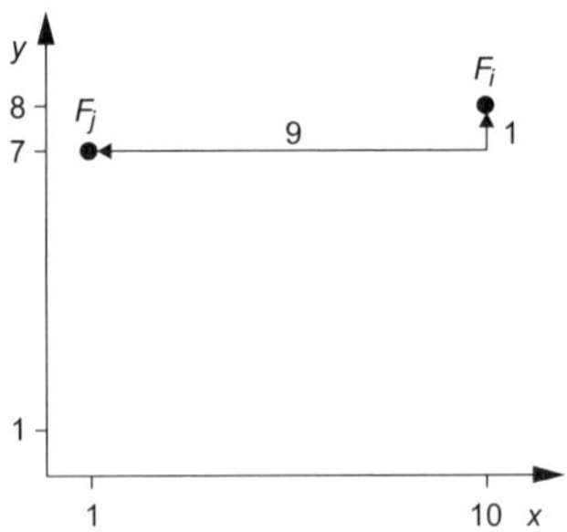

Bild A.12: Kartesischer Abstand zwischen zwei Punkten

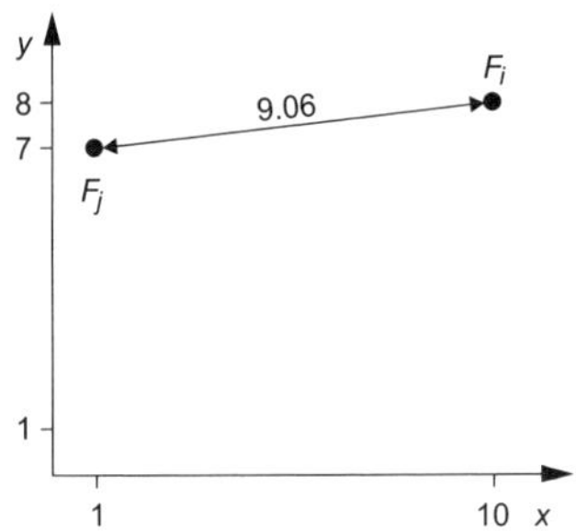

Bild A.13: Linearer Abstand zwischen zwei Punkten

Wegstrecke

Kartesischer Abstand d_k, wie z. B. zwischen Häusern, Siedlungen, aufgrund der absoluten Strecken jedes Standortes.

$$d_k = |x_i - x_j| + |y_i - y_j|$$

Beispiel: Koordinaten der Standorte	x_1	=	10,00	km
	x_2	=	1,00	km
	y_1	=	8,00	km
	y_2	=	7,00	km
Lösung: Kartesischer Abstand	d_k	=	10,00	km

Luftstrecke

Lineare Luftliniendistanz d_l zwischen Orten, wie Bahnhöfen, Flughäfen, Plätzen. Verfahren der Infrastrukturanalyse von Verkehrsprojekten, um die Unterschiede der Entfernungen im Straßen- und Schienennetz gegenüber dem Luftverkehr darzustellen und ggf. in Zeit und Kosten zu erfassen.

$$d_l = \sqrt{(x_i - x_j)^2 + (y_i - y_j)^2}$$

Beispiel: Koordinaten der Standorte	x_1	=	10,00	km
	x_2	=	1,00	km
	y_1	=	8,00	km
	y_2	=	7,00	km
Lösung: Linearer Abstand	d_l	=	9,06	km

Alternatives Mittel

Statistische Maßzahl für Beobachtungsreihen vom Umfang n mit alternativen Merkmalen, wie z. B. Ja = 1 und Nein = 0, die sich gegenseitig ausschließen.

Das Bewertungskriterium stützt sich auf

- den Mittelwert μ für die Ereigniswerte 1 mit der Anzahl r und die Ereigniswerte 0 mit der Anzahl u:

$$\mu = \frac{1}{n} \cdot \sum_{i=1}^{2} x_i \cdot n_i = \frac{1}{n} \cdot (1 \cdot r + 0 \cdot u) = \frac{r}{n}, \quad n_1 = r, \quad n_2 = u, \quad n = r + u,$$

- die Varianz σ^2, dem Quadrat der Differenzen der Ereigniswerte vom Mittelwert, geteilt durch den um Eins verminderten Stichprobenumfang:

$$n \cdot \sigma^2 = \frac{\sum_{i=1}^{r} (\mu - 1)^2 + \sum_{i=1}^{u} (\mu - 0)^2}{n-1} = \frac{r \cdot \mu^2 - 2 \cdot \mu \cdot r + r + u \cdot \mu^2}{n-1}$$

$$= \frac{n \cdot \mu^2 - 2 \cdot \mu \cdot r + r}{n-1}.$$

Nach Einsetzen der aus dem Mittelwert resultierenden Beziehung:

$$r = n \cdot \mu,$$

ergeben sich Varianz und Standardabweichung zu:

$$n \cdot \sigma^2 = \frac{n \cdot \mu^2 - 2 \cdot n \cdot \mu^2 + n \cdot \mu}{n-1} = n \cdot \frac{\mu - \mu^2}{n-1} \Rightarrow$$

$$\sigma^2 = \frac{\mu \cdot (1-\mu)}{n-1}, \quad \sigma = \sqrt{\frac{\mu \cdot (1-\mu)}{n-1}}.$$

Für den Test, ob von zwei Stichproben diejenige mit besserem Mittelwert μ_1 derjenigen mit schlechterem Mittelwert μ_2 überlegen ist, verwendet man den Absolutwert $|\delta|$ ihrer Differenz $\delta = \mu_1 - \mu_2$ mit der folgenden Bedingung für die Standardabweichung σ_δ:

$$\sigma_\delta = \sqrt{\sigma_1^2 + \sigma_2^2}; \quad \text{Bedingung: } |\delta| \geq 3 \cdot \sigma_\delta. \quad (*)$$

Optimal ist die mit der Überlegenheitsbedingung $(*)$ auf den besseren alternativen Mittelwert getestete Beobachtungsreihe.

$$\mu_i = \frac{r_i}{n_i}, \quad \sigma_i = \sqrt{\frac{\mu_i \cdot (1-\mu_i)}{n_i - 1}}, \quad n_i > 1$$

$$i = \begin{cases} 1, & \text{wenn } \mu_1 > \mu_2 \\ 2, & \text{wenn } \mu_2 > \mu_1 \end{cases} \quad \text{falls } |\mu_1 - \mu_2| \geq 3 \cdot \sqrt{\sigma_1^2 + \sigma_2^2}$$

Die Anwendung wird an zwei Beispielen demonstriert, die sich nur im Resultat unterscheiden.

Alternatives Mittel mit Überlegenheit

Beispiel: Die KICKERWELT AG führt eine Erfolgsstatistik über die Treffergenauigkeit der Wettervorhersagen von zwei Fernsehanstalten. Die erste Fernsehanstalt bringt ihren Wetterbericht nur in der Sommer- und Wintersaison. Das Management interessiert, ob die Station mit der höheren Trefferquote der anderen in der Vorhersagequalität überlegen ist.

Umfang der 1. Reihe	n_1	=	150	Tage
Umfang der 2. Reihe	n_2	=	365	Tage
Trefferanzahl der 1. Reihe	r_1	=	140	richtig
Trefferanzahl der 2. Reihe	r_2	=	305	richtig
Lösung: Index der optimalen Reihe	i	=	1	
Differenz der Mittelwerte	δ	=	9,77	%
Mittelwert der 1. Reihe	μ_1	=	93,33	%

Mittelwert der 2. Reihe	μ_2	=	83,56	%
Standardabweichung der 1. Reihe	σ_1	=	2,04	%
Standardabweichung der 2. Reihe	σ_2	=	1,94	%
Standardabweichung der Mittelwerte	σ_δ	=	2,82	%

Die erste Fernsehanstalt ist bei der Wettervorhersage der anderen vorzuziehen.

Alternatives Mittel ohne Überlegenheit

Beispiel: Der WAGNIS VERSICHERUNGSGESELLSCHAFT MBH liegen von zwei Regionalabteilungen die Ergebnisse der Akquisition neuer Kunden vor:

Umfang der 1. Reihe	n_1	=	100	Pers.
Umfang der 2. Reihe	n_2	=	200	Pers.
Trefferanzahl der 1. Reihe	r_1	=	91	Abschl.
Trefferanzahl der 2. Reihe	r_2	=	164	Abschl.

Lösung: Index der optimalen Reihe	i	=	0	
Differenz der Mittelwerte	δ	=	9,00	%
Mittelwert der 1. Reihe	μ_1	=	91,00	%
Mittelwert der 2. Reihe	μ_2	=	82,00	%
Standardabweichung der 1. Reihe	σ_1	=	2,88	%
Standardabweichung der 2. Reihe	σ_2	=	2,72	%
Standardabweichung der Mittelwerte	σ_δ	=	3,96	%

Auf die Frage: Arbeitet die 1. Regionalabteilung mit 91,00 % Erfolgsquote besser als die 2. mit 82,00 %? lautet die Antwort: Die Beobachtungen gestatten keinen statistischen Schluss auf eine Überlegenheit der 1. gegenüber der 2. Regionalabteilung, weil der Test negativ ausfällt.

Amortisationsrechnung

Praxisverfahren zur statischen Beurteilung von Investitionsobjekten nach der Rückflusszeit der Aus- und Einzahlungen oder deren mittleren Jahresüberschuss.

Im Unterschied zur Kapitalflussrechnung, bei der die Geldströme auf ihren Barwert diskontiert werden, erfolgt bei der statischen Berechnung keine Abzinsung der Aus- und Einzahlungen; d. h., die Amortisationsrechnung liefert für die Risikobewertung nur überschlägliche Maßstäbe.

Singuläre Kumulationsmethode

Feststellung der Dauer a vom Beginn der Investition bis zum Eintritt von Überschuss. Über der Nutzungszeit T werden die Differenzen der kumulierten periodischen Auszahlungen A_t und Einzahlungen E_t gebildet und ihr Schnittpunkt mit der Abszisse bestimmt (Bild A.14).

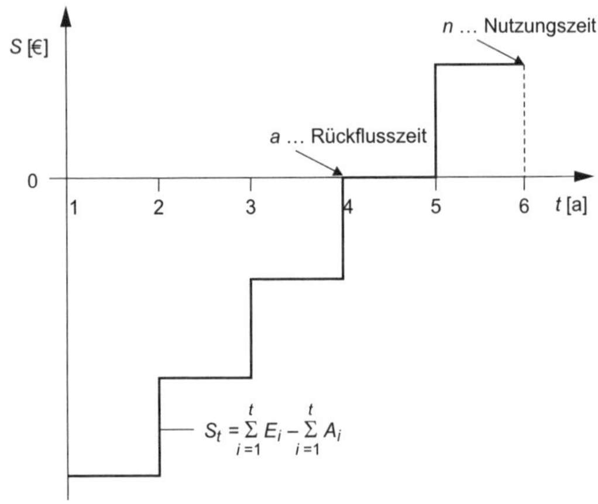

Bild A.14: Saldenkurve der kumulierten Ein- und Auszahlungen

$$\sum_{t=1}^{a} A_t = \sum_{t=1}^{a} E_t, \quad a \leq T$$

$$S = \sum_{t=1}^{T} E_t - \sum_{t=1}^{T} A_t$$

Beispiel: Die WOHNGENUSS E. G. installiert für ein großes Quartier eine Satellitenanlage. Die erste Einzahlung resultiert aus der Aufnahmegebühr in das Empfangssystem, die Auszahlung im letzten Nutzungsjahr aus der Liquidation (Tabelle A.7). Die Rückflusszeit soll ermittelt werden.

Tabelle A.7: Aus- und Einzahlungen für eine Satellitenempfangsanlage

t [a]	A [€/a]	E [€/a]	t [a]	A [€/a]	E [€/a]
1	110000,00	22000,00	4	400,00	31000,00
2	400,00	29000,00	5	400,00	32000,00
3	400,00	30000,00	6	18000,00	32000,00

Lösung: Saldo	S	=	46400,00	€
Rückflusszeit	a	=	4	a
Nutzungszeit	T	=	6	a

Duale Kumulationsmethode

Beim Vergleich von Investitionsobjekten reichen deren Rückflusszeiten nicht aus, um die Wirtschaftlichkeit der Investition umfassend beurteilen zu können. Zusätzlich sind noch die Salden der Auszahlungen A_t und

Einzahlungen E_t zu bewerten. Die Entscheidung, ob die niedrigere Rückflusszeit $a_i < a_{i+1}$ oder der höhere Überschuss $S_{i+1} > S_i$ wichtiger sind, kann nur der jeweilige Investor treffen (Bild A.15).

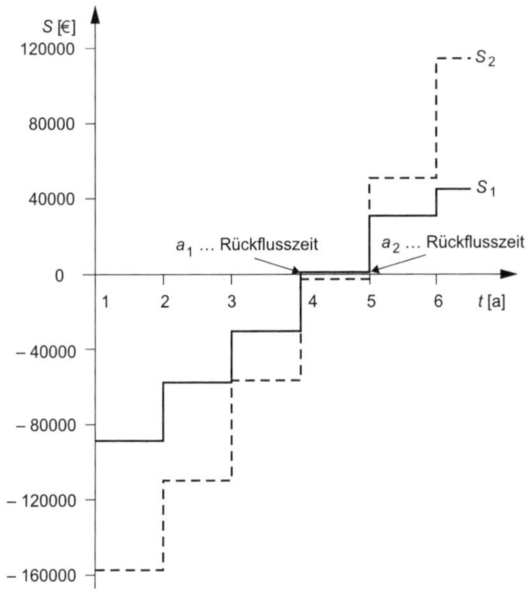

Bild A.15: Rückflusszeit und Saldo von zwei Investitionsalternativen

$$\sum_{t=1}^{a} A_t = \sum_{t=1}^{a} E_t, \quad a \leq T$$

$$S = \sum_{t=1}^{T} E_t - \sum_{t=1}^{T} A_t$$

Beispiel: Der Geschäftsleitung der WOHNGENUSS E. G. liegt neben dem ersten Angebot für eine Satellitenanlage (vgl. Tab A.7) ein zweites mit gleicher Nutzungszeit, aber anderen Geldströmen (Tabelle A.8) vor. Saldo S_2 und Rückflusszeit a_2 sollen berechnet und aufgrund des Vergleiches der Resultate (Tabelle A.9) die Investitionsentscheidung getroffen werden.

Saldo	S_1	=	46400,00	€
Rückflusszeit	a_1	=	4	a
Nutzungszeit	T	=	6	a

Tabelle A.8: Aus- und Einzahlungen für eine Satellitenempfangsanlage

i [a]	*A* [€/a]	*E* [€/a]	*i* [a]	*A* [€/a]	*E* [€/a]
1	210000,00	52000,00	4	500,00	52500,00
2	500,00	47500,00	5	500,00	59500,00
3	500,00	50100,00	6	500,00	65400,00

Lösung: Saldo (Überschuss)	S_2	=	114500,00	€
Rückflusszeit	a_2	=	5	a
Nutzungszeit	T	=	6	a

Tabelle A.9: Salden *S* der Zahlungsströme von zwei Investitionsalternativen

i [a]	*S* [€/a] 1.	*S* [€/a] 2.	*i* [a]	*S* [€/a] 1.	*S* [€/a] 2.
1	– 88000,00	– 158000,00	4	800,00	– 9400,00
2	– 59400,00	– 111000,00	5	32400,00	49600,00
3	– 29800,00	– 61400,00	6	46400,00	114500,00

Entscheidungslage: Der Rückflusszeit von fünf Jahren und einem möglichen Engpass an Liquidität von rund 10000 € beim zweiten Angebot steht ein vierjähriger Rückfluss beim ersten gegenüber. Die Saldendifferenz von fast 70000 € am Nutzungsende dürfte aber ein guter Grund sein, sich für das zweite Angebot zu entscheiden. Denn die Kapitalkosten für die Deckung der Liquiditätslücke, die bei der zweiten Investitionsalternative entstehen könnte, sind wesentlich geringer als die Saldendifferenz.

Einfache Durchschnittsmethode

Quotierung der hohen einmaligen Auszahlung A_0 mit der Summe der nahezu gleichbleibenden periodischen jährlichen Salden S_t (Differenz zwischen Ein- und Auszahlungen E_t bzw. A_t), auch payback period, payoff period oder payback time genannt.

$$a = \frac{T \cdot A_0}{\sum_{t=1}^{T} S_t}, \quad a < T, \quad S_t = E_t - A_t, \quad S_t \approx S_{t+1}$$

$$S = \sum_{t=1}^{T} S_t - A_0$$

Beispiel: Die DROLON GBR plant den Einsatz eines Computersystems in ihrem Fitnessstudio zur Messwerterfassung. Der Investitionsbetrag und die Aus- und Einzahlungen (Tabelle A.10) sind bekannt. Die Rückflusszeit und der Saldo sollen ermittelt werden.

Investitionsbetrag	A_0	=	288495,00	€

Tabelle A.10: Kalkulationswerte für eine computergestützte Messwerterfassung

t [a]	*A* [€/a]	*E* [€/a]	*t* [a]	*A* [€/a]	*E* [€/a]
1	1761,00	65000,00	4	1723,00	62560,00
2	1750,00	64523,00	5	1703,00	59590,00
3	1730,00	65107,00	6	1695,00	59401,00

Lösung: Saldo (Gewinn)	S	=	73874,00	€
Rückflusszeit	a	=	4,73	a
Nutzungszeit	T	=	6	a

Erweiterte Durchschnittsmethode

Bestimmung der Rückflusszeit aufgrund des mittleren Saldos S_d der Aus- und Einzahlungen, der kalkulatorischen Abschreibungen AfA im Zeitraum T:

$$\mathrm{AfA} = \frac{A_0}{T},$$

und der kalkulatorischen Zinsen (mit dem Liquiditätserlös L):

$$\mathrm{Zinsen} = p \cdot \frac{A_0 - L}{2}.$$

$$a = \frac{2 \cdot T \cdot (A_0 - L)}{2 \cdot T \cdot S_d + 2 \cdot A_0 + T \cdot p \cdot (A_0 - L)}, \quad a < T$$

$$S = T \cdot S_d - A_0 + L$$

Beispiel: Die Geschäftsführung der TAXISTAND E. G. ersetzt die manuelle Betreuung ihrer Tiefgaragen durch ein Steuer-, Kassen- und Abrechnungssystem. Der Saldo und die Rückflusszeit sollen festgestellt werden:

Investitionsbetrag der Neuinvestition	A_0	=	3100000,00	€
Liquidationserlös der Desinvestition	L	=	923000,00	€
Mittlerer jährlicher Saldo (Überschuss)	S_d	=	270995,00	€/a
Nutzungszeit	T	=	9	a
Zinssatz	p	=	5,55	%
Lösung: Saldo (Überschuss)	S	=	261955,00	€
Rückflusszeit	a	=	3,50	a

Alternative Durchschnittsmethode

Aus der Nullstelle der Kostenfunktion $K(t)$ mit dem Umsatz Q_0 und dessen Wachstumsrate u folgt die Rückflusszeit a eines Betriebsmittels in der Nutzungszeit T ($a \leq T$) mit dem Investitionswert A_0 und den Stückkosten k_n gegenüber denjenigen k_a ($k_a > k_n$) des zu ersetzenden Betriebsmittels mit dem Liquidationserlös L.

$$K(t) = Q_0 \cdot \frac{k_a - k_n}{e^{-\alpha \cdot t}} - A_0 + L \quad \begin{cases} \alpha = \ln(1+u) \\ 0 \le a < T \\ a = 1, 2, \ldots \end{cases} \quad \Leftrightarrow \quad [a] \equiv \sum_{t=1}^{a} K_t = 0$$

Beispiel: Die Geschäftsleitung der EISEN & BLECH AG plant den Einsatz eines leistungsfähigeren Stanzautomaten, um die Stückkosten zu senken. Für die Investitionsentscheidung soll die Rückflusszeit ermittelt werden, ab wann der Barwert der Kosteneinsparung den Investitionswert übersteigt.

Anschaffungswert des Betriebsmittels	A_0	=	317666,00	€
Liquidationserlös der Desinvestition	L	=	27815,00	€
Umsatz im 1. Einsatzjahr	Q_0	=	77595	St./a
Alte Stückkosten	k_a	=	1,59	€/a
Neue Stückkosten	k_n	=	0,71	€/a
Wirtschaftliche Nutzungsdauer	T	=	8	a
Wachstumsrate des Umsatzes	u	=	2,97	%/a
Lösung: Saldo (Überschuss)	S	=	334718,37	€
Rückflusszeit	a	=	4	a
Wachstumsexponent	α	=	0,02927	a

Angebots-, Nachfrage- und Marktpreisfunktion

Mathematische Relationen für die vom Preis abhängige Änderung der Angebots- (Bild A.16) *und Nachfragemenge* (Bild A.17). *Aus ihnen kann ein Marktpreis* (Bild A.18) *für das betreffende Gut abgeleitet werden, zu dem weder eine Überschussnachfrage: $\Delta > 0$, noch ein Überschussangebot: $\Delta < 0$, besteht. Wenn die angebotene die nachgefragte Menge übertrifft, ist mit Preisabschlägen zu rechnen und umgekehrt:*

$$\begin{cases} P_G(Q) - \Delta, & \textit{wenn Nachfrage} < \textit{Angebot} \\ P_G(Q) - 0, & \textit{wenn Nachfrage} = \textit{Angebot} \\ P_G(Q) + \Delta, & \textit{wenn Nachfrage} > \textit{Angebot} \end{cases}$$

Angebot und Nachfrage gehorchen der Wirkung von Marktgesetzen, von denen die Zusammenhänge zwischen dem Preis der Ware, der Handelsfähigkeit des Marktes und der Angebotsmenge aller für den Markt tätigen Hersteller bzw. der Nachfragemenge aller auf dem Markt agierenden Verbraucher dirigiert werden.

Im Schnittpunkt der Angebots- und Nachfragefunktion und dessen näheren Umgebung liegt der Markt- oder Gleichgewichtspreis. Dort stimmen die angebotenen und nachgefragten Gütermengen weitgehend überein.

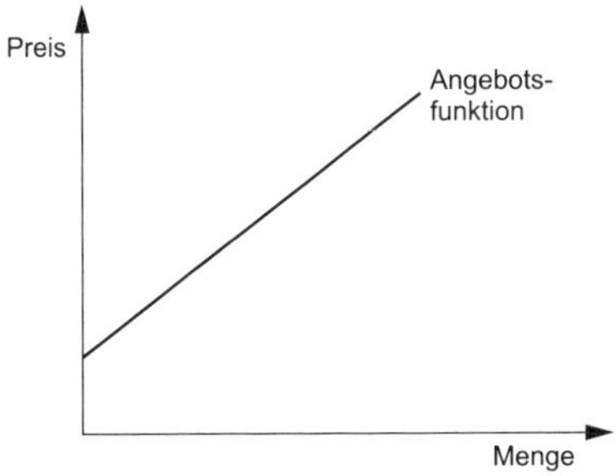

Bild A.16: Prinzipskizze für den Verlauf des Preises über der Angebotsmenge

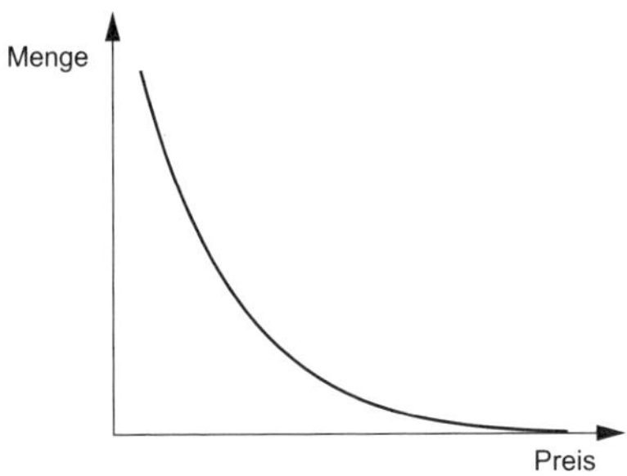

Bild A.17: Prinzipskizze für den Verlauf der Nachfragemenge über dem Preis

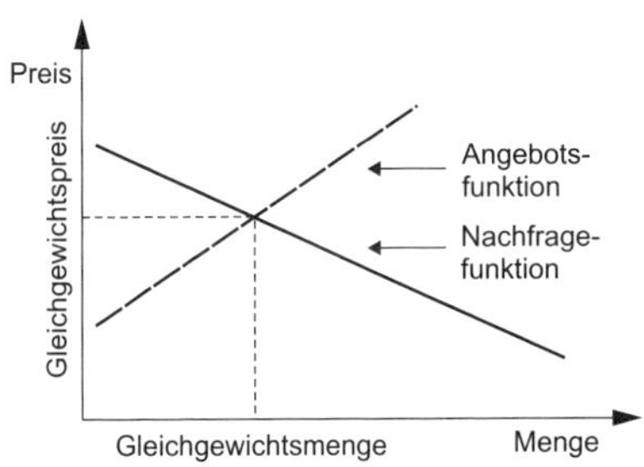

Bild A.18: Prinzipskizze für den Verlauf des Marktpreises P_G über den Gütermengen Q bei linearem Verlauf

Angebotsmodell

Potenzexponentialfunktion $Q_A(P)$ für einen sog. geräumten Markt: Die angebotene Warenmenge verändert sich exklusiv mit dem Preis P. Die zugehörige Kurve (Angebot als Funktion des Preises) prägt sich entsprechend gewissen, im Betrag des Angebotsexponenten ausdrückenden Einflüssen verschieden stark aus. Die Mengenparameter Q_a, Q_s und der Angebotsexponent α werden aus den Daten ähnlicher Güter approximiert.

Die Grenzen des Angebotsverhaltens bilden das

- Anfangsangebot Q_a, bei dem der Erzeuger die Ware aufgrund eines niedrigen Preises überhaupt rentierlich verkaufen kann,
- Sättigungsangebot Q_s, dessen Höhe sich dadurch ergibt, dass die Ware sehr teuer ist und die Anbieter ihre Kapazität ausschöpfen.

$$Q_A(P) = \begin{cases} 0, & \text{wenn} \quad P < 0 \\ Q_a + (Q_s - Q_a) \cdot \left(\dfrac{P}{P_S} \right)^{\alpha \cdot P_S} \cdot e^{\alpha \cdot (P_S - P)}, & \text{wenn} \quad 0 \le P \le P_S \\ 0, & \text{wenn} \quad P > P_S \end{cases}$$

$$[Q_a, Q_s, \alpha] \equiv \sum_{i=1}^{n} (Q_A(P_i) - Q_i)^2 \to \text{Min}$$

$$\sigma = \frac{1}{n-3} \cdot \sqrt{\sum_{i=1}^{n} (Q_A(P_i) - Q_i)^2}$$

Beispiel: Ein Softwarehaus wünscht Aufschluss über die Angebotsmenge für eine Spielsoftware, deren Preis zwischen 60,00 bis 70,00 €/St. liegen soll. Der Höchstpreis P_S wurde durch Marktanalysen belegt. Aus Daten ähnlicher Softwareprodukte (Tabelle A.11) sollen die Werte der Funktionsparameter ermittelt und die in der vorgenannten Preisspanne liegenden Angebotsmengen berechnet und dargestellt (Bild A.19) werden.

Sättigungspreis P_s = 100,00 €/St.

Tabelle A.11: Vom Preis je Mengeneinheit P abhängige Angebotsmenge Q_A

i	*P* [€]	Q_A [St.]	*i*	*P* [€]	Q_A [St.]
1	40	10000	5	57	50600
2	45	20000	6	60	75600
3	50	27460	7	70	102335
4	55	34600	8	90	153543

Lösung: Umfang der Stichprobe n = 8
Preisabhängige Anfangsmenge Q_a = – 5125 St.
Preisabhängige Sättigungsmenge Q_s = 162202 St.
Angebotsexponent α = 0,08039
Standardabweichung σ = 3459,86 St.

Tabelle A.12: Angebotsmenge Q_A über dem Preis je Mengeneinheit P

P [€]	Q_A [St.]	*P* [€]	Q_A [St.]
60,00	63527	66,00	86061
62,00	70961	68,00	93577
64,00	78498	70,00	100972

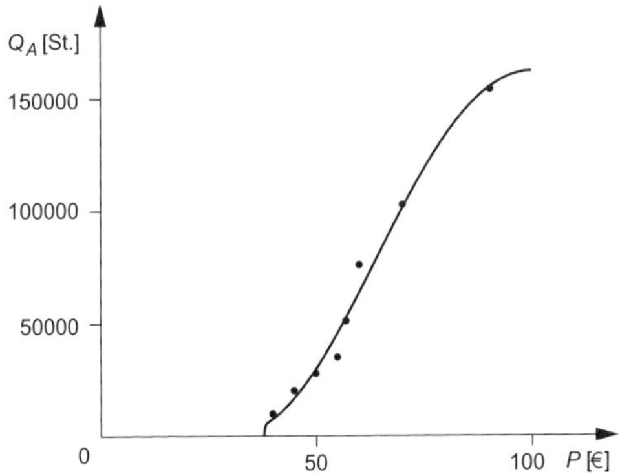

Bild A.19: Kurvenverlauf des Angebotes über dem Preis

Nachfragemodell

Das Modell beschreibt die mathematische Abhängigkeit $Q_N(P)$ einer auf dem Markt nachgefragten Warenmenge Q_N von ihrem Stückpreis P mit einer modifizierten Johnson-Funktion. Parameter sind eine Preiskonstanten k, $k > 0$, der sog. Nachfrageexponent μ, $\mu > 0$ und die Mindermenge Q_u für einen theoretisch gegen unendlich strebenden Preis:

$$Q_N(P) = Q_u \cdot e^{\frac{\eta}{P+k}} \quad \Rightarrow \quad \lim_{P \to \infty} Q_N(P) = Q_u .$$

Die Funktion beruht auf der anerkannten Tatsache, dass die Nachfrage um so mehr fällt, je stärker der Preis steigt. Ihre Kurven prägen sich i. Allg. je nach Art des Gutes verschieden aus, verlaufen aber bei einer relativ stabilen Nachfrage eher flach. Für die Marktforschung sind die folgenden Extremwerte der Funktion wichtig:

- Die Nachfrage nimmt ein Minimum Q_0 an, wenn der bei der Angebotsfunktion schon benannte Sättigungspreis P_S erreicht wird:
  $Q_N(P_S) = Q_u$.
- Als Nullpreis P_0 fungiert derjenige bekannte Wert, der gerade die Kosten deckt. Unter der Annahme, dass von der Marktforschung die Maximalmenge Q_M so bestimmt worden ist, dass sie genau dem Kreis aller potenziellen Nachfrager entspricht, kann unter Verwendung des noch freien Parameters k für den funktionellen Zusammenhang von Maximalmenge Q_M und Nullpreis P_0 geschrieben werden:

$$Q_N(P_0) = Q_M, \quad \text{wenn} \quad k = \frac{\eta}{(\ln Q_M - \ln Q_u)} - P_0.$$

Mengenfaktor Q_u und Nachfrageexponent η werden aus einer Stichprobe approximiert und die Varianz σ^2 berechnet.

$$Q_N(P) = \begin{cases} Q_0, & \text{wenn} \quad P = P_S \\ Q_u \cdot e^{\frac{\eta}{P+k}}, & \text{wenn} \quad P_0 < P < P_S \\ Q_M, & \text{wenn} \quad P \leq P_0 \end{cases} \Leftrightarrow$$

$$[Q_u, \eta] \equiv \sum_{i=1}^{n} (Q_N(P_i) - Q_i)^2 \rightarrow \text{Min} \quad \text{mit} \quad k = \frac{\eta}{(\ln Q_M - \ln Q_u)} - P_0$$

$$\sigma = \sqrt{\frac{\sum_{i=1}^{n} (Q_N(P_i) - Q_i)^2}{n-2}}$$

Beispiel: Ein Softwarehaus wünscht Aufschluss über die künftige Nachfrage für eine Spielsoftware bei Preisen zwischen 60,00 bis 70,00 €/St. Aus Kundenbefragungen und Marktanalysen resultieren entsprechende Umsatzdaten (Tabelle A.13), aus denen die Werte der Parameter ermittelt werden sollen. Die in der Preisspanne liegenden Mengen (Tabelle A.14) sind zu berechnen und darzustellen (Bild A.20).

Tabelle A.13: Vom Preis je Mengeneinheit P abhängige Nachfragemenge Q_N

i	*P* [€]	Q_N [St.]	*i*	*P* [€]	Q_N [St.]
1	20	570500	6	42	146734
2	35	241250	7	45	130000
3	36	240565	8	48	125525
4	39	199610	9	55	79000
5	40	181200	10	70	69600

Sättigungspreis	P_s =	100,00	€/St.
Nullpreis	P_0 =	22,37	€/St.
Maximale Nachfragemenge	Q_M =	500000	St.
Lösung: Minimale Nachfragemenge	Q_0 =	29012	St.
Mengenfaktor	Q_u =	991,45	St.
Preiskonstante	k =	66,70	€/St.
Nachfrageexponent	η =	572,94	
Umfang der Stichprobe	n =	10	
Standardabweichung	σ =	5417,83	St.

Tabelle A.14: Nachfragemenge Q_N über dem Preis je Mengeneinheit P

P [€]	Q_N [St.]	*P* [€]	Q_N [St.]
60,00 62,00 64,00	82188 76855 72013	66,00 68,00 70,00	67605 63583 59906

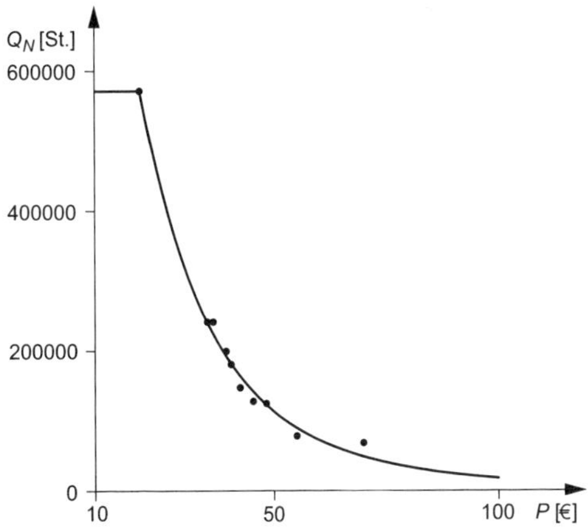

Bild A.20: Kurvenverlauf der Nachfrage über dem Preis

Marktpreismodell

Als Schnittpunkt (Bild A.21) der gegenläufig über dem Preis P verlaufenden Angebotsfunktion $Q_A(P)$ und Nachfragefunktion $Q_N(P)$ wird der Gleichgewichtspreis $P_G(Q)$ mit der Gleichgewichtsmenge Q_G bestimmt. Angebotsexponent α, Sättigungspreis P_S, Anfangsangebot Q_a und Sättigungsangebot Q_s bestimmen über den Preis P die Angebotsmenge $Q_A(P)$. Bei der Nachfragefunktion werden der kostendeckende Nullpreis P_0, die Preiskonstante k, die Maximalmenge Q_M und der Nachfrageexponent η für die Berechnung benötigt. Unter Berücksichtigung der Varianzen bei Angebot und Nachfrage erfolgt der Ausweis der minimalen $\underline{Q}$ und maximalen Nachfragemenge $\overline{Q}$.

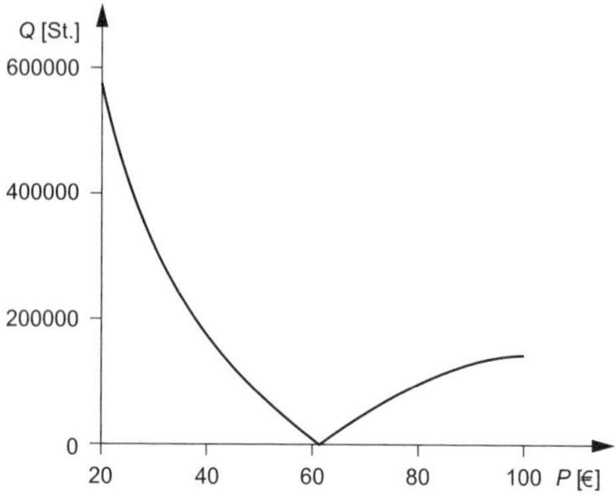

Bild A.21: Absolute Differenzen der Angebots- und Nachfragemengen über dem Preis

$$f(P_0) \leq f(P_G) \leq f(P_S) \quad \text{mit}$$

$$f(P_G) \equiv Q_a + (Q_s - Q_a) \cdot \left(\frac{P_G}{P_S}\right)^{\alpha \cdot P_S} \cdot e^{\alpha \cdot (P_S - P_G)} = Q_u \cdot e^{\frac{\eta}{P_G + k}}$$

$$Q_G = Q_u \cdot e^{\frac{\eta}{P_G + k}} \quad \Rightarrow \quad \begin{cases} \underline{Q} = Q_G - \sqrt{\sigma_A^2 + \sigma_N^2} \\ \overline{Q} = Q_G + \sqrt{\sigma_A^2 + \sigma_N^2} \end{cases}$$

Beispiel: Aus den Ergebnissen der Angebots- und Nachfrageanalyse für eine Spielsoftware möchte ein Softwarehaus den Marktpreis P_G inkl. Mindestpreis P_{min} und Maximalpreis P_{max} und die entsprechende Nachfragemenge ermittelt haben.

Sättigungspreis	P_s	=	100,00	€/St.
Preisabhängige Anfangsmenge	Q_a	=	– 5125	St.
Preisabhängige Sättigungsmenge	Q_s	=	162202	St.
Mengenfaktor	Q_u	=	991,45	St.
Angebotsexponent	α	=	0,08039	
Preiskonstante	k	=	66,70	€/St.
Nachfrageexponent	η	=	572,94	
Standardabweichung	σ_a	=	3459,86	St.
Standardabweichung	σ_N	=	5417,83	St.
Lösung: Gleichgewichtspreis	P_G	=	62,94	€/St.
Maximale Marktpreisnachfrage	$\overline{Q}$	=	80931	St.
Marktpreisnachfrage	Q_G	=	74503	St.
Minimale Marktpreisnachfrage	$\underline{Q}$	=	68074	St.

Approximation der Parameterwerte einer Funktion

Näherung der Werte von m Parametern $\beta_1, \ldots, \beta_m$ einer in einem Intervall definierten Funktion $f(x,\boldsymbol{\beta})$ mit $\boldsymbol{\beta} = (\beta_1, \ldots, \beta_m)$ nach der Methode der kleinsten Quadrate aus einer Reihe von n Messwerten (x_i, i = 1, 2, ..., n, n > m) so, dass die Summe der Quadrate der Differenzen zwischen den Funktionswerten $f(x_i,\boldsymbol{\beta})$ und den Messwerten y_i minimal wird. Das Maß dafür ist die Standardabweichung σ:

$$\sum_{i=1}^{n}\left(y_i - f(x_i,\boldsymbol{\beta})\right)^2 \to \text{Min}$$

$$\sigma = \sqrt{\frac{\sum_{i=1}^{n}\left(y_i - f(x_i,\boldsymbol{\beta})\right)^2}{n-m}}.$$

Bei Verwendung transformierter Funktionen zur Approximation sollten ggf. eintretende Verzerrungen geglättet werden, z. B. bei logarithmischer Transformation. Diese erfasst die relativen Abweichungen positiver Mess- und Funktionswerte, wenn ihre relativen Abweichungen klein sind. Der Vorteil besteht darin, dass die Differenzen bei kleinen Funktionswerten stärker bewertet werden als bei großen. Das wirkt sich bei betriebswirtschaftlichen Berechnungen, z. B. bei der Optimierung von Kostenfunktionen, sehr stark aus, wenn die Funktionswerte mit Faktoren, z. B. mit Mengen, zu multiplizieren sind. Unter der Annahme:

$$\frac{y_i}{f(x_i,\alpha)} \approx 1 \quad (\boldsymbol{\beta} = \alpha),$$

kann bei abnehmenden Beträgen von h wegen der Näherung:

$$\ln(1+h) \approx h, \quad \text{mit} \quad \begin{cases} h = u - 1 \\ u = \dfrac{y_i}{f(x_i,\alpha)} \end{cases} \quad \Rightarrow \quad u - 1 = \ln u = \ln\frac{y_i}{f(x_i,\alpha)},$$

für die relative Abweichung – falls $y_i > 0$ ist – gesetzt werden:

$$\frac{y_i - f(x_i,\alpha)}{f(x_i,\alpha)} = \frac{y_i}{f(x_i,\alpha)} - 1 \approx \ln\frac{y_i}{f(x_i,\alpha)}.$$

Die Ausgleichsforderung lautet damit:

$$\sum_{i=1}^{n}\left(\frac{y_i - f(x_i,\alpha)}{f(x_i,\alpha)}\right)^2 \approx \sum_{i=1}^{n}\left(\ln y_i - \ln f(x_i,\alpha)\right)^2 \to \text{Min}$$

In Theorie und Praxis dienen Näherungsfunktionen zur Gewinnung von

- Trendmodellen durch Interpolation (Bild A.22) und Extrapolation (Bild A.23),

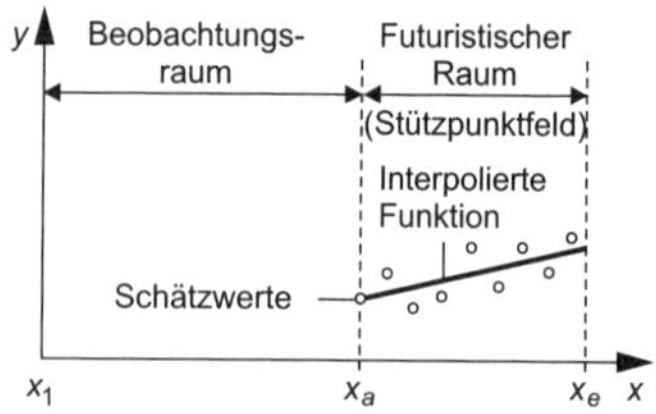

Bild A.22: Prognosemodell

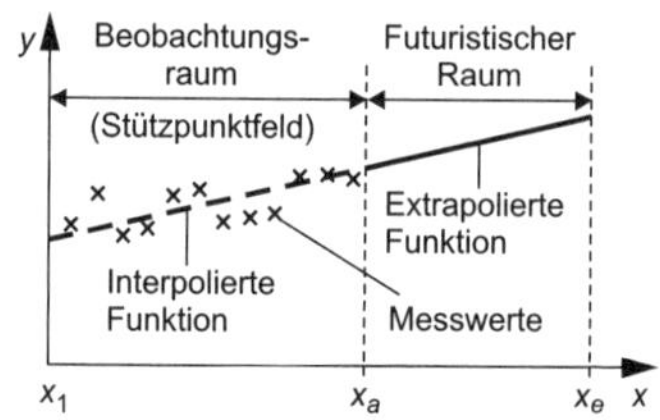

Bild A.23: Analysenmodell

- ökonometrischen Modellen durch Interpolation von beobachteten Ereignissen oder der Kombination mit erwarteten zukünftigen Ereignissen (Bild A.24).

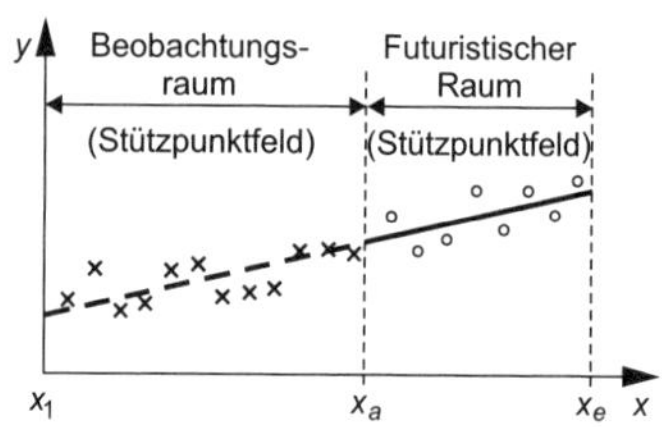

Bild A.24: Ökonometriemodell

Schätzung einer zeitlichen Kostendegression

Exponentielle zeitliche Abnahme der Kosten (Bild A.25); die Parameter K_0, K_n, β einer Abklingfunktion $K(t)$ werden aufgrund einer Messreihe (t_i, K_i) vom Umfang $n > 3$ nach Methode der kleinsten Quadrate bestimmt.

$$K(t) = K_n + (K_0 - K_n) \cdot e^{-\beta \cdot t}, \quad \beta > 0$$

$$[K_0, K_n, \beta] \equiv \sum_{i=1}^{n} \left(K_i - K(t_i)\right)^2 \to \text{Min}$$

$$\sigma = \sqrt{\frac{\sum_{i=1}^{n} \left(K_i - K(t_i)\right)^2}{n-3}}$$

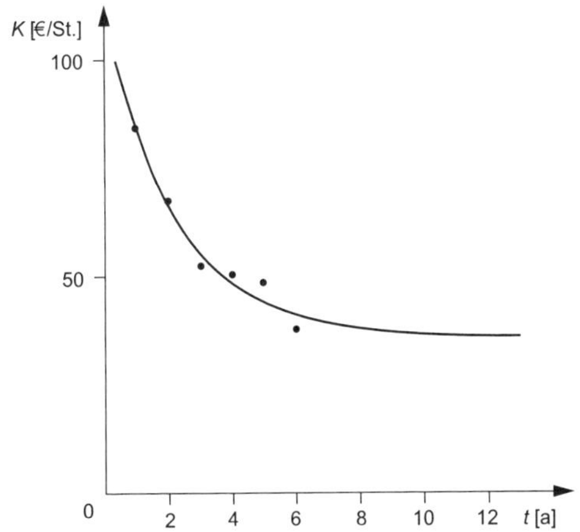

Bild A.25: Zeitabhängige Kostenkurve mit Werten einer Messreihe

Beispiel: Für einzelne Jahre t_i liegen die Produktionskosten K_i für eine Serie vor (Tabelle A.15). Die Werte der Parameter der Kostenfunktion sollen abgeschätzt und die Funktionswerte tabelliert werden (Tabelle A.16).

Tabelle A.15: Serienkosten

t_i [a]	K_i [€/St.]	t_i [a]	K_i [€/St.]
1	84,40	4	50,45
2	67,27	5	48,72
3	52,76	6	37,80

Lösung: Anfangskosten K_0 = 110,85 €/St.
Endkosten K_n = 36,09 €/St.
Kostenexponent β = 0,44258 1/Mon.
Anzahl der Messwerte n = 6
Standardabweichung σ = 38,39 €/St.

Tabelle A.16: Funktionswerte der zeitlichen Kostendegression

t_i [a]	K_i [€/St.]	t_i [a]	K_i [€/St.]	t_i [a]	K_i [€/St.]
1	84,11	5	44,27	9	37,48
2	66,94	6	41,35	10	36,99
3	55,91	7	39,47	11	36,67
4	48,82	8	38,26	12	36,46

Logarithmische Schätzung mengenverteilter Kosten

Abnahme der Kosten mit der Stückzahl (Bild A.26); die Parameter K_0, κ der Kostenverteilung $K(q)$ in Abhängigkeit der Menge q werden aufgrund einer Messreihe (q_i, K_i) vom Umfang $n > 2$ nach der Methode der kleinsten Quadrate bestimmt.

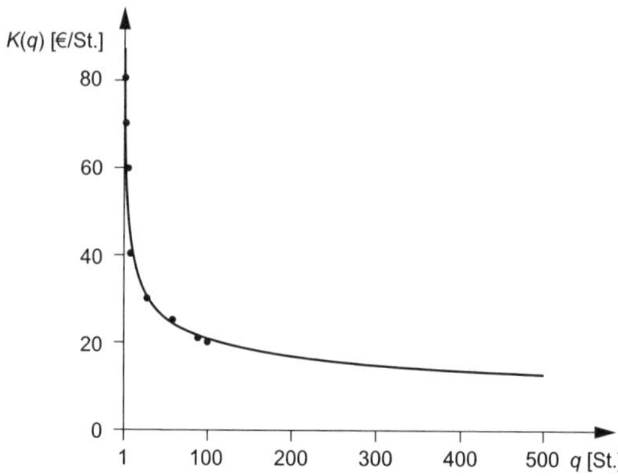

Bild A.26: Kostenkurve mit Messwerten aufgrund einer Messreihe

$$K(q) = K_0 \cdot q^{-\kappa} \quad \Rightarrow \quad \ln K(q_i) = \ln K_0 - \kappa \cdot \ln q_i$$

$$[K_0, \kappa] \equiv \sum_{i=1}^{n} \ln\left(K_i - \ln K(q_i)\right)^2 \to \text{Min}$$

$$\sigma = \sqrt{\frac{\sum_{i=1}^{n} \left(\ln K_i - \ln K(t_i)\right)^2}{n-2}}$$

Beispiel: Aus Nachkalkulationswerten (Tabelle A.17) sollen die Parameterwerte einer Lerneffektfunktion durch Approximation bestimmt werden.

Tabelle A.17: Messreihe

i	q_i [St.]	K_i [€/St.]	*i*	q_i [St.]	K_i [€/St.]
1	1	80,60	5	30	30,17
2	2	70,50	6	60	25,55
3	6	60,16	7	90	21,25
4	10	40,47	8	100	20,18

Lösung: Kostenanfangswert K_0 = 87,40 €/St.
Kostenexponent κ = 0,30920

Anzahl der Messwerte	n =	8	
Standardabweichung	σ =	2,60	€/St.

Tabelle A.18: Hyperbolisch über der Stückzahl verteilte Kosten

q_i [St.]	K_i [€/St.]	q_i [St.]	K_i [€/St.]	q_i [St.]	K_i [€/St.]	q_i [St.]	K_i [€/St.]
1	87,40	7	47,89	40	27,94	100	21,04
2	70,54	8	45,95	50	26,07	200	16,98
3	62,23	9	44,31	60	24,65	300	14,98
4	56,93	10	42,89	70	23,50	400	13,71
5	53,14	20	34,61	80	22,55	500	12,79
6	50,23	30	30,54	90	21,74		

Parameterschätzung abschnittsweise definierter Funktionen

Näherung der Parameterwerte einer in zwei Intervallen mittels einer bedingten Anweisung definierten Funktion. Ein typischer Anwendungsfall ist die Rationalisierungsfunktion $A(q)$. Sie beschreibt die Degression des Aufwands über der laufenden Nummer q der Folge der gefertigten Produkte (Bild A.27) in Abhängigkeit von der

- *Serienfrequenz* als Folge der Rationalisierung und fortschreitender Beherrschung der Fertigung neuer Erzeugnisse, beschrieben durch den Rationalisierungsexponenten κ_1,

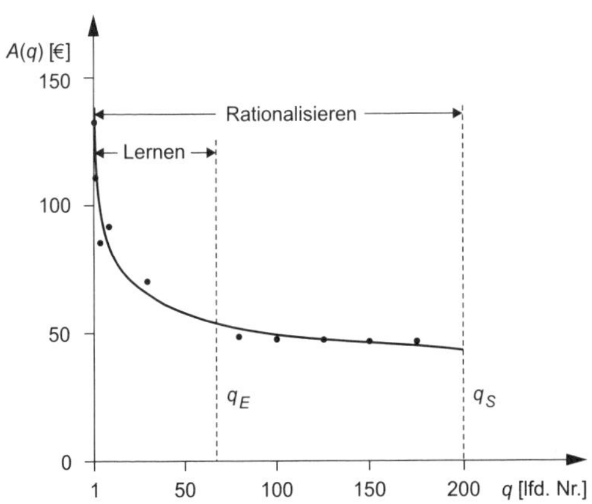

Bild A.27: Kurve der Rationalisierungsfunktion mit Messwerten

- *Einarbeitung* bis zu jenem Punkt q_E, an dem der Serienzustand durch den Lerneffekt beim Personal, die Bereitstellung aller Betriebsmittel usw. eintritt, beschrieben durch den Einlaufexponenten κ_2.

Bei der *Degression durch Rationalisierung* sinkt der Aufwand proportional zur absolut wachsenden Stückzahl der gefertigten Produkte, bei der *Degression durch Einarbeitung* in relativer Proportion zur anteilig wachsenden Serienmenge q_S.

$$A_q = A_0 \cdot \frac{e^{\kappa_1 \cdot (1-q)}}{q_M^{\kappa_2}} \quad \Leftrightarrow \quad [A_0, \kappa_1, \kappa_2] \equiv \sum_{i=1}^{n} \left(A_i - A(q_i)\right)^2 \rightarrow \text{Min}$$

$$q_M = \text{Min}\,(q, q_E) \qquad (q_E \le q_S)$$

$$\sigma = \sqrt{\frac{\sum_{i=1}^{n} \left(A_i - A(q_i)\right)^2}{n-3}}$$

Beispiel: Für eine Folge von Produkten liegen nachkalkulierte Daten (Tabelle A.19) vor, aus denen die Parameterwerte der Rationalisierungsfunktion ermittelt werden sollen.

Einlaufstückzahl	q_E	=	35
Seriengröße	q_S	=	220

Tabelle A.19: Messreihe

q	*A* [€]	*q*	*A* [€]	*q*	*A* [€]
1	3200,00	35	661,70	90	390,30
9	1263,67	45	567,60	110	389,27
12	960,25	55	490,80	130	389,03
17	813,50	65	398,50	160	388,90
25	730,40	75	391,70	200	388,70

Lösung: Aufwand für das erste Produkt	A_0	=	3208,69	€
Rationalisierungsexponent	κ_1	=	0,00409	
Einlaufexponent	κ_2	=	0,44766	
Anzahl der Messwerte	n	=	10	
Standardabweichung	σ	=	5,58	€/St.

Approximation einer Größe

Vereinfachende Annahme, um eine bestimmte Kenngröße bei schwierigen analytischen Strukturen abzuschätzen; das betrifft sowohl durch Reihenentwicklung gewonnene Näherungen für eine praktisch interes-

sierende Konstante (z. B. e = 2,7182818...) als auch die auf eine Taylorentwicklung gestützte Schätzung des Einflusses der Abweichung des Wertes einer unabhängigen Variablen von der Extremstelle auf die abhängige Veränderliche.

Approximation eines Wertes mittels eines Exponenten

$$p = \mathrm{e}^{\kappa} - 1$$

$$p \approx \kappa + \frac{\kappa^2}{2!}, \quad \text{für } |\kappa| \ll 1$$

Beispiel: Abschätzung des Zinssatzes durch Näherung aus dem Zinsexponenten im Gesetz des organischen Wachstums.

Zinsexponent	κ	=	0,060625 1/a
Lösung: Zinssatz	p	≈	6,24623 %/a

Approximation von Extremwertabweichungen

Der Näherungsansatz für die Abweichung vom Extremalpunkt (Bild A.28) ergibt sich aus der Reihe

$$f(x) = f(x_o) + \frac{(x - x_o)}{1!} \cdot f'(x_o) + \frac{(x - x_o)^2}{2!} \cdot f''(x_o) + \ldots \quad \text{und}$$

$$\eta := f(x) - f(x_o) \quad \text{für}$$

$$f''(x_o) \neq 0 \quad : \quad \eta = \frac{(x - x_o)^2}{2!} \cdot f''(x_o).$$

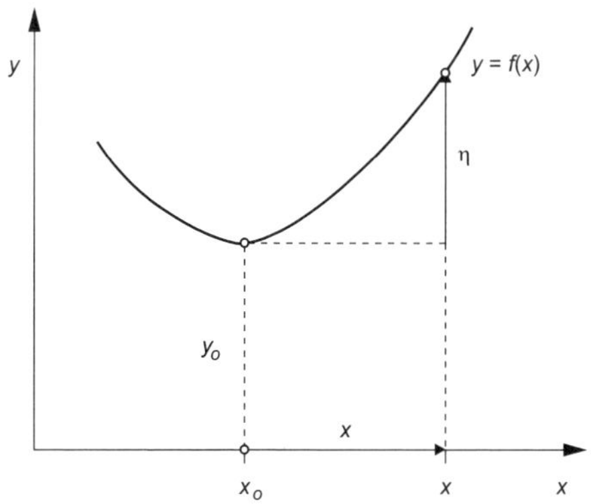

Bild A.28: Abweichung η vom Optimalpunkt y_o, x_o

Die Anwendung wird für eine über den Mengeneinheiten x verlaufende Kostenfunktion $K(x)$ mit den Fixkosten K_f, den Alternanzkosten K_a und den Proportionalkosten K_p dargestellt.

$$K(x) = K_f + K_a \cdot x + \frac{K_p}{x}$$

$$x_o = \sqrt{\frac{K_p}{K_a}}$$

$$\eta \approx K_p \cdot \frac{(x - x_o)^2}{x^3}$$

Beispiel: Vom Fuhrpark aus soll zur Transformatorenstation ein Kabel mit genormtem Leitungsquerschnitt verlegt werden (Datenangabe je Meter laufendes Kabel). Der Querschnitt beeinflusst *erstens* den Anschaffungswert, der proportional mit den Ohmschen Wärmeverlusten wächst, und *zweitens* die Betriebskosten, die sich zu ihm umgekehrt proportional verhalten.

Kabelkosten	K_a	=	9,50	€/mm
Fixe Kosten	K_f	=	186,38	€
Betriebskosten	K_p	=	710,84	mm · €
Kostenvariable Einflussgröße	x	=	9,00	mm
Lösung: Kosten	K	=	350,86	€
Optimalpunkt der Einflussgröße	x_o	=	8,65	mm
Kostenabweichung vom Optimalpunkt	η	≈	0,12	€

Approximation von Funktionen

Das Verfahren bezweckt, eine mathematische Funktion durch eine solche andere zu ersetzen, deren Struktur geeignet ist, eine bessere inhaltliche Interpretation der Funktionsparameter vorzunehmen.

Durch Approximation wird eine gegebene Funktion $g(x)$ näherungsweise durch eine andere $y(x)$ abgebildet (Bild A.29). Die Parameterwerte der Austauschfunktion werden in der Integralform im Sinne der Gaußschen Ausgleichsrechnung, bezogen auf das gewünschte Approximationsintervall (o, u), abgeschätzt.

$$\frac{1}{o-u} \int_u^o \left(g(x) - y(x)\right)^2 \cdot \mathrm{d}x \rightarrow \mathrm{Min}$$

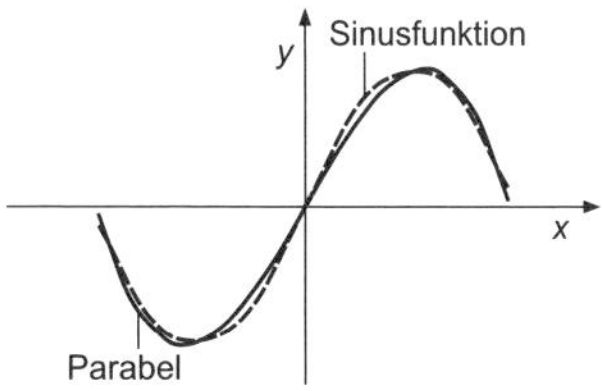

Gegeben: $g(x) = \sin x$
Ausgleichsfunktion:
$y(x) = a_1 \cdot x + a_3 \cdot x^3$

Bild A.29: Ersatz einer Sinusfunktion durch eine Parabel 3. Ordnung

Für Kostenfunktionen z. B. eignet sich die Lerneffektfunktion der betriebswirtschaftlichen Aussage wegen, dass die Kosten bei Verdopplung der Bearbeitungsmenge auf einen konstanten Anteil p sinken:

$$K_q = K_0 \cdot \frac{1}{q^\kappa}, \quad \text{aus} \quad p \cdot K_q = \frac{1}{(2 \cdot q)^\kappa} \quad \Rightarrow \quad p = \frac{1}{2^\kappa}.$$

Lerneffektfunktion ersetzt ganzrationale Funktion

Kostenverläufe $K(q)$ in Abhängigkeit von der Seriengröße q werden oft durch eine ganze rationale Funktion zweiten Grades beschrieben. Aus einer solchen Funktion sollen die Lerneffektsparameter K_0, κ im Intervall $q \in [1,Q]$ approximiert werden (Bild A.30):

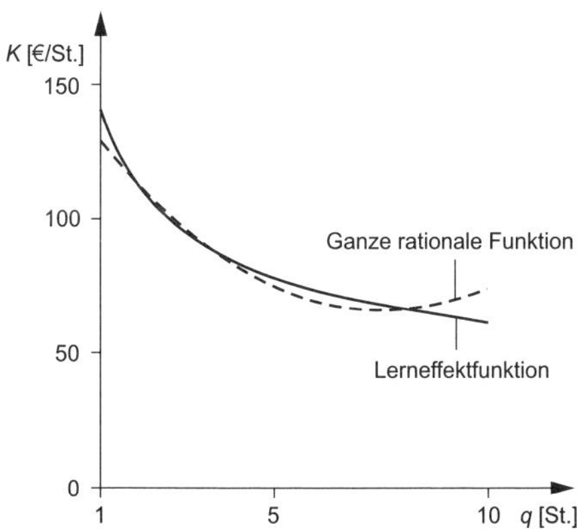

Bild A.30: Lerneffektfunktion ersetzt ganze rationale Funktion 2. Grades

$$y(q) = a_1 + a_2 \cdot q + a_3 \cdot q^2 \quad \rightarrow \quad K(q) = K_0 \cdot \frac{1}{q^\kappa} \quad \text{mit} \quad \kappa > 0$$

$$[K_0, \kappa] \equiv \frac{1}{Q-1} \int_{q=1}^{Q} \left(y(q) - K(q)\right)^2 \cdot \mathrm{d}q \rightarrow \text{Min}$$

$$\sigma \approx \sqrt{\frac{\sum_{q=1}^{Q} \left(y_q - K_q\right)^2}{Q-2}}$$

$$p = 2^{-\kappa}$$

$$S_K = \sum_{q=1}^{Q} \frac{K_0}{q^\kappa}, \quad S_H = \sum_{q=1}^{Q} a_1 + a_2 \cdot q + a_3 \cdot q^2; \quad \text{Forderung}: S_K \approx S_H$$

Beispiel: Für das „Betriebsminimum“ und die „Phasen der Kostenentwicklung“ liegt eine ganze rationale „Funktion der durchschnittlichen variablen Kosten“ zweiten Grades vor. Zum Zweck der betriebswirtschaftlichen Interpretation soll diese durch die Lerneffektfunktion ersetzt werden.

Obere Intervallgrenze	Q	=	10	St.
Untere Intervallgrenze	q	=	1	St.
1. Kostenfaktor	a_1	=	150,00	€/St.
2. Kostenfaktor	a_2	=	– 22,50	€/St.
3. Kostenfaktor	a_3	=	1,50	€/St.
Lösung: Kosten mit rationaler Funktion	S_H	=	840,00	€
Kosten mit Lerneffektfunktion	S_K	=	840,00	€
Anfangskosten	K_0	=	139,77	€/St.
Senkungssatz	p	=	77,96	%
Kostenexponent	κ	=	0,35922	
Standardabweichung	σ	=	6,99	€/St.

Lerneffektfunktion ersetzt Hyperbelfunktion

Die Hyperbelfunktion $y(q)$ mit den Parametern k_f, k_v beschreibt eine Kostensenkung in Abhängigkeit von der Seriengröße q: Sie soll durch die Lerneffektfunktion mit den Parameterwerten K_0, κ approximiert werden. Die Kostensummen sind zu berechnen.

$$y(q) = k_f + \frac{k_v}{\sqrt{q}} \quad \rightarrow \quad K(q) = K_0 \cdot \frac{1}{q^\kappa} \quad \text{mit} \quad \kappa > 0$$

$$[K_0, \kappa] \equiv \frac{1}{Q-1} \int_{q=1}^{Q} \left(y(q) - K(q)\right)^2 \cdot \mathrm{d}q \rightarrow \text{Min}$$

$$\sigma \approx \sqrt{\frac{\sum_{q=1}^{Q}\left(y_q - K_q\right)^2}{Q-2}}$$

$$p = 2^{-\kappa}$$

$$S_K = \sum_{q=1}^{Q} \frac{K_0}{q^{\kappa}}, \quad S_H = Q \cdot k_f + k_v \cdot \sum_{q=1}^{Q} \frac{1}{\sqrt{q}}; \quad \text{Forderung}: S_K \approx S_H$$

Beispiel: Eine Baufirma kalkuliert nach einer Hyperbelfunktion die Kosten für die serielle Montage von Einfamilienhäusern in Abhängigkeit von deren laufender Nummer (Mengeneffekt). Die Funktion soll auf die Lerneffektfunktion mit der Forderung umgestellt werden, dass die Kostensummen S_K, S_H weitgehend übereinstimmen; außerdem ist der Senkungssatz p zu berechnen und die Kurven sind grafisch darzustellen (Bild A.31).

Obere Grenze des Intervalls	Q	=	24	St.
Untere Grenze des Intervalls	q	=	1	St.
Fixe Kosten	k_f	=	447425,00	€/St.
Variable Kosten	k_v	=	49471,00	€/St.
Lösung: Kostensumme der Hyperbel	S_H	=	11155701,21	€
Kostensumme der Lerneffektfunktion	S_K	=	11155695,24	€
Anfangskosten	K_0	=	496896,05	€/St.
Senkungssatz	p	=	97,99	%
Erfahrungsrate	α	=	2,01	%
Kostenexponent	κ	=	0,02936	
Standardabweichung	σ	=	3317,00	€/St.

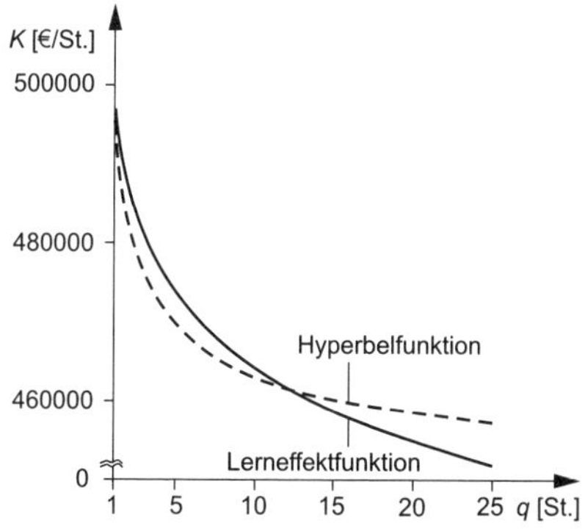

Bild A.31: Ersatz einer Hyperbelfunktion durch die Lerneffektfunktion

Arithmetisches Mittel

Häufigster Durchschnittswert für metrisch skalierte Merkmale, der alle auf die betrachteten Merkmalsträger gleichmäßig verteilten Merkmalswerte repräsentiert.

Einfaches arithmetisches Mittel

Das Mittel folgt aus den ohne Häufigkeitsverteilung in der Urliste festgestellten Beobachtungswerten $x_1, ..., x_n$ für ein Merkmal.

$$\bar{x} = \frac{1}{n} \cdot \sum_{i=1}^{n} x_i$$

Beispiel: Der mittlere Sortimentspreis (Tabelle A.20) ist zu berechnen.

Tabelle A.20: Stückpreise x_i an der Stelle i

i	*x* [€/St.]	*i*	*x* [€/St.]	*i*	*x* [€/St.]
1	1067,32	3	1279,21	5	1491,64
2	1175,09	4	1386,82	6	1597,03

Lösung: Anzahl der Messwerte n = 6
Arithmetisches Mittel $\bar{x}$ = 1332,85 €/St.

Gewogenes arithmetisches Mittel

Das Mittel stellt einen um die beobachtete Häufigkeitsverteilung der Merkmalswerte x_i ($i = 1, 2, ..., n$) erweiterten Durchschnittswert dar, der aus den Gewichten g_i der Merkmalswerte x_i ($i = 1, 2, ..., n$) resultiert.

$$\bar{x} = \frac{1}{\sum_{i=1}^{n} g_i} \cdot \sum_{i=1}^{n} g_i \cdot x_i, \quad g_i > 0$$

Beispiel: Aus den Stückpreisen und Verkaufsgrößen der einzelnen Sorten (Tabelle A.21) soll das gewogene arithmetische Mittel berechnet werden.

Tabelle A.21: Stückpreise x_i und Umsatzzahlen g_i an der Stelle i

i	*g* [St./Mon.]	*x* [€/St.]	*i*	*g* [St./Mon.]	*x* [€/St.]
1	20	1067,32	4	30	1386,82
2	50	1175,09	5	10	1491,64
3	60	1279,21	6	40	1597,03

Lösung: Anzahl der Messwerte n = 6
Gewogenes arithmetisches Mittel $\bar{x}$ = 1320,28 €/St.

B

Basisperiode

Basiszeitraum; zeitliche Bezugsebene im temporären statistischen Vergleich von charakteristischen Werten ein und desselben Merkmals.

Basis- und Berichtszeitraum

Darstellung der zeitlichen Veränderung wirtschaftlicher Größen des Berichtsjahres ($t = 1$) gegenüber dem Basisjahr ($t = 0$) in einer zweckentsprechenden mathematischen Struktur.

$$\Delta_P = B_1 \cdot \frac{l_1 - l_0}{P_1 - P_0}$$

Beispiel: Die BAUMONTAGE GMBH hat bei gleichbleibender Beschäftigtenanzahl den jährlichen Umsatz gesteigert. Es soll verglichen werden, welcher Anteil dem Leistungszuwachs der Beschäftigten vom Berichts- zum Basisjahr an der Umsatzentwicklung zugerechnet werden kann.

Leistungsträger im Berichtsjahr	B_1	=	75	Pers./a
Umsatz im Basisjahr	P_0	=	10275000,00	€/a
Umsatz im Berichtsjahr	P_1	=	10677000,00	€/a
Leistung im Basisjahr	l_0	=	137652,00	€/Pers.
Leistung im Berichtsjahr	l_1	=	142360,00	€/Pers.

Lösung:

Leistungsanteil am Umsatzzuwachs	Δ_P	=	87,84	%

Trend einer Zeitreihe mit zyklischer Komponente

Analyse für eine zeitliche Folge von Werten y_i eines statistischen Merkmals für eine Messreihe vom Umfang n. Der aus den Werten gefilterte Trend weist eine zyklische oder zufällige Komponente auf. Bei Vorliegen gewisser Gesetzmäßigkeiten für die Zeitverteilung der Messwerte kann i. d. R. auf den Funktionstyp des Trends und den der zyklischen Komponente geschlossen werden. Es wird davon ausgegangen, dass der Trend durch Sinusschwingungen mit bekannter Dauer m beaufschlagt wird, die der Annuitätszahl entspricht. Unterstellt wird eine stationäre Zeitreihe. Unter Verwendung der Methode der kleinsten Quadrate werden die Werte der Funktionsparameter geschätzt sowie die Funktion $y(t)$, der Trend $f(t)$ und die Saisonkomponente $s(t)$ entwickelt und dargestellt (Bild B.1).

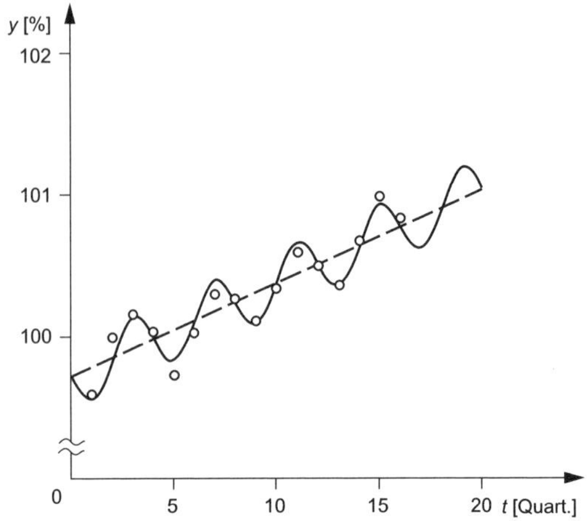

Bild B.1: Preisindexe für Wohngebäude

$$y(t) = f(t) + s(t) \quad \text{mit} \quad f(t) = k \cdot e^{\chi \cdot t} \quad \text{und} \quad s(t) = u \cdot \sin\frac{\pi \cdot t}{2 \cdot m}$$

$$[k, u, \chi] \equiv \sum_{i=1}^{n} (y(t_i) - y_i)^2 \rightarrow \text{Min}$$

$$\sigma = \sqrt{\frac{\sum_{i=1}^{n} (y(t_i) - y_i)^2}{n-3}}$$

$$p = e^{\chi} - 1$$

Dabei bezeichnet k den Schätzwert der Basisperiode, n den Faktor der Saisonschwankung und p den Wachstumssatz.

Beispiel: Die Geschäftsführung der BAUMONTAGE GMBH verfügt über nach Bauleistungspreisen berechneten Preismessziffern für Bauleistungen (Tabelle B.1), die eine zyklische Komponente enthalten. Die Schätzung der Saisonschwankung erfolgt unter der Annahme, dass die Zyklen sich Jahr für Jahr in derselben Weise wiederholen. Für das Management sind aus der Zeitreihe der Trend und die zyklische Saisonkomponente zu bestimmen, um saisonabhängige Preisangaben für die Vorkalkulation zu erhalten. Die Funktionsparameter sollen bewertet sowie die Funktions-, Trend- und Saisonwerte für sechs Folgeperioden aufgelistet werden (Tabelle B.2).

Anzahl der jährlichen Schwingungen m = 4 Quartale

Tabelle B.1: Preisindexe für Wohngebäude

Periode [Monat]	***t*** **[Quart.]**	***y*** **[%]**	***t*** **[Quart.]**	***y*** **[%]**
Februar	1	99,60	9	100,11
Mai	2	100,00	10	100,34
August	3	100,15	11	100,60
November	4	100,04	12	100,50
Februar	5	99,73	13	100,36
Mai	6	100,03	14	100,67
August	7	100,30	15	101,00
November	8	100,27	16	100,83

Lösung: Wachstumsexponent	χ	=	0,00066	1/a
Schätzwert der Basisperiode	k	=	99,72	%/Quart.
Anzahl der Messwerte	n	=	4	
Wachstumssatz	p	=	0,66	‰/a
Faktor der Saisonschwankung	u	=	– 0,22	
Standardabweichung	σ	=	0,02	%/Quart.

Tabelle B.2: Liste der Preisindexe für sechs Folgequartale

Monat	***t***	***y*(t)**	***s*(*t*)**	***f*(*t*)**
Februar	1	99,57	– 0,22	99,79
Mai	2	99,86	0,00	99,86
August	3	100,14	0,22	99,92
November	4	99,99	0,00	99,99
Februar	5	99,84	– 0,22	100,05
Mai	6	100,12	0,00	100,12

Bayes-Formel

In Situationen, bei denen das Ergebnis eines zufälligen Versuches durch Überlagerung mehrerer zufälliger Einzeleffekte entsteht, bestimmt man die gesuchte Wahrscheinlichkeit $P(B)$ eines interessierenden Ereignisses B durch Fallunterscheidung bzgl. eines dieser Effekte, die durch ein vollständiges System von zufälligen Ereignissen $A_1, ..., A_n$ ($\bigcup_{i=1}^{n} A_i = \Omega$ und $A_i \cap A_{i'} = \varnothing, i \neq i'$) gegeben wird. Zur Bestimmung der Wahrscheinlichkeit $P(B)$ werden die bedingten Wahrscheinlichkeiten $P(B \mid A_1), P(B \mid A_2), \ldots, P(B \mid A_n)$ und die Wahrscheinlichkeiten $P(A_1)$, $P(A_2)$, ..., $P(A_n)$ (mit $P(A_1) + ... + P(A_n) = 1$ und $P(A_i) > 0$ für $i = 1, ..., n$)

als bekannt voraus gesetzt, so dass man die sog. Formel der totalen Wahrscheinlichkeit

$$P(B) = P(B \mid A_1)P(A_1) + \ldots + P(B \mid A_n)P(A_n)$$

erhält. Geht man andererseits davon aus, dass das interessierende Ereignis B eingetreten ist, und beurteilt auf der Grundlage dieser Information „rückblickend“ die Wahrscheinlichkeiten des Eintretens der einzelnen Ereignisse des vollständigen Systems A_1, ..., A_n, so erhält man diese Wahrscheinlichkeiten $P(A_k \mid B)$, auch a-posteriori-Wahrscheinlichkeiten genannt, durch

$$P(A_k \mid B) = \frac{P(B \mid A_k)}{P(B \mid A_1)P(A_1) + \ldots + P(B \mid A_n)P(A_n)} \quad \text{für } k = 1, \ldots, n.$$

Bedarfsfunktion

Mathematische Darstellung des Bedarfs in Abhängigkeit von einem oder mehreren unabhängigen Parametern, deren Werte mit Hilfe der Methode der kleinsten Quadrate aufgrund einer Stichprobe vom Umfang n geschätzt werden können.

Bedarfsfunktionen dienen zur Feststellung von analytischen Kennzahlen, wie z. B. des Sekundärbedarfs bei bekanntem Primärbedarf. Die Entwicklung und die Auswahl von Bedarfsfunktionen sind Gegenstand der Marktforschung. Zur Erklärung der den Bedarf quantitativ darstellenden Lösungsvariablen kann eine unabhängige sog. exogene Variable oder mehrere unabhängige Veränderliche herangezogen werden. Die Qualität der Approximation drückt die Standardabweichung aus. Das Zeitintervall und der Werteumfang für die Berechnung von Bedarfswerten sind unabhängig von den analogen Eigenschaften der Stichprobe.

Bedarfsprognose mit linearer Funktion

Darstellung der absoluten Bedarfsanteile aus der Gesamtheit des Umsatzes durch eine lineare Bedarfsfunktion z.

$$z(u) = a_0 + a_1 \cdot u \quad \Leftrightarrow \quad [a_0, a_1] \equiv \sum_{i=1}^{n} (z(u_i) - z_i)^2 \to \text{Min}$$

$$u_d = \frac{\sum_{i=1}^{n} u_i}{n} \quad \Rightarrow \quad z_d = z(u_d)$$

$$\sigma = \sqrt{\frac{\sum_{i=1}^{n}(z(u_i) - z_i)^2}{n-2}}$$

Beispiel: Die Leitung der Gaststätte BERGAUF KG verfügt für die Wintersaison über die Verkaufszahlen *u* (Tabelle B.3) und den Umsatz an alkoholfreien Getränken *z* (Tabelle B.4). Die Werte der Funktionsparameter sollen approximiert und der mittlere Bedarf an alkoholfreien Getränken soll, bezogen auf den mittleren Gesamtumsatz, bestimmt werden.

Tabelle B.3: Wochenumsatz der Gaststätte BERGAUF KG

i [d]	*u* [€/d]	*i* [d]	*u* [€/d]	*i* [d]	*u* [€/d]	*i* [d]	*u* [€/d]
1	125683,75	3	163296,29	5	209875,57	7	281091,92
2	159826,53	4	180854,31	6	270034,03		

Tabelle B.4: Getränkeumsatz (alkoholfrei) der Gaststätte BERGAUF KG

i [d]	*z* [€/d]	*i* [d]	*z* [€/d]	*i* [d]	*z* [€/d]	*i* [d]	*z* [€/d]
1	40896,98	3	41509,18	5	44915,27	7	52996,81
2	41398,77	4	42451,06	6	51095,52		

Lösung: Absolutglied	a_0	=	28481,65	€/d
Steigungsfaktor	a_1	=	0,08334	
Messwertumfang	n	=	7	
Standardabweichung	σ	=	1248,99	€/d
Mittlerer Umsatz	u_d	=	198666,06	€/d
Mittlerer Getränkebedarf	z_d	=	45037,66	€/d

Parabolische Bedarfsfunktion

Mathematisch durch eine Parabel ausgedrückte zeitliche Verteilung des Bedarfs (Bild B.2). Die Schätzung ihrer Parameterwerte erfolgt mit einer Stichprobe vom Umfang *n*, die Bedarfsberechnung erstreckt sich bis zum Beobachtungswert h_n des letzten Wertes *n* der Stichprobe.

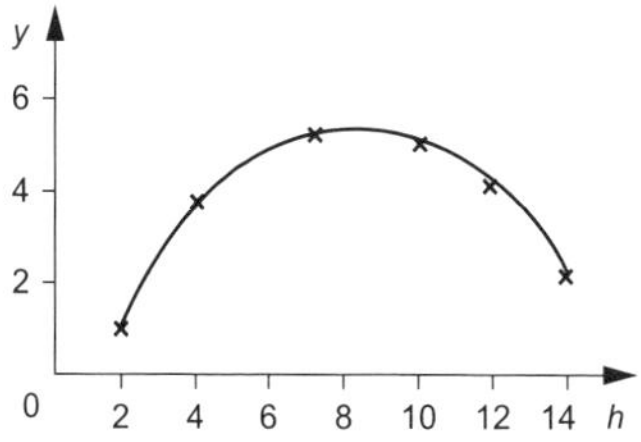

Bild B.2: Bedarfsparabel 2. Grades der Verteilung des Getränkebedarfs

$$y(h) = a_0 + a_1 \cdot h + a_2 \cdot h^2 \quad \Leftrightarrow \quad [a_0, a_1, a_2] \equiv \sum_{i=1}^{n} (y(h_i) - y_i)^2 \rightarrow \text{Min}$$

$$\sigma = \sqrt{\frac{\sum_{i=1}^{n} (y(h_i) - y_i)^2}{n-3}}$$

$$y_d = \sum_{h=1}^{h_n} y_h, \quad n \leq h_n, \quad h_n = n, n+1, n+2, \ldots$$

Beispiel: Das Management der WASSERGISCHT GMBH hat in ihren Gaststätten eine Stichprobe des stündlichen Getränkeumsatzes ab 8.00 Uhr im Abstand von zwei Stunden erhoben (Tabelle B.5).

Tabelle B.5: Messreihe

Zeit	*i*	*h*	*y* [€/h]
9.00 ... 10.00	1	2	1109,98
11.00 ... 12.00	2	4	3918,77
13.00 ... 14.00	3	6	5309,18
15.00 ... 16.00	4	8	5111,06
17.00 ... 18.00	5	10	4215,27
19.00 ... 20.00	6	12	2305,52

Die Parameterwerte der Bedarfsparabel sollen geschätzt werden. In Auswertung der Bedarfsfunktion sollen der mittlere y_d und der stündliche Tagesbedarf (Tabelle B.6) berechnet werden.

Lösung: Absolutes Glied	a_0	=	– 2461,53	€/h
Linearer Anstieg	a_1	=	2141,37	
Quadratischer Anstieg	a_2	=	– 146,15	1/€
Anzahl aller Stunden	h_n	=	12	h
Messwertumfang	n	=	6	
Standardabweichung	σ	=	218,80	€/h
Tagesbedarf	y_d	=	42491,03	€/d

Tabelle B.6: Stündlicher Getränkebedarf in Abhängigkeit von der Tageszeit

Zeit	*h*	*y* [€/h]	Zeit	*h*	*y* [€/h]
8 ... 9	1	0,00	14 ... 15	7	5366,71
9 ... 10	2	1236,61	15 ... 16	8	5315,83
10 ... 11	3	2647,22	16 ... 17	9	4972,66
11 ... 12	4	3765,54	17 ... 18	10	4337,18
12 ... 13	5	4591,56	18 ... 19	11	3409,41
13 ... 14	6	5125,29	19 ... 20	12	2189,33

Hyperbolische Bedarfsfunktion

Ermittlung des relativen Bedarfs $y(g)$ durch eine Hyperbel, wie z. B. für proportional mit der Gästeanzahl g_i abnehmende Bedarfsanteile y_i (Bild B.3) aus einer Stichprobe vom Umfang n ($i = 1, 2, \ldots, n$).

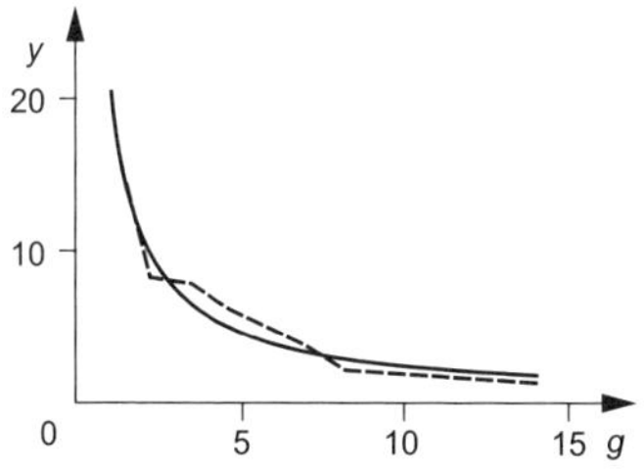

Bild B.3: Hyperbelkurve für die Entwicklung relativer Anteile $y(g)$ über der Gästeanzahl g

$$y(g) = a_0 + \frac{a_1}{g} \Leftrightarrow [a_0, a_1] \equiv \sum_{i=1}^{n} (y(g_i) - y_i)^2 \rightarrow \text{Min}$$

$$\sigma = \sqrt{\frac{\sum_{i=1}^{n} (y(g_i) - y_i)^2}{n-2}}$$

Beispiel: Die Geschäftsführung der TAFELRUNDE GMBH vermutet aus Stichproben (Tabelle B.7) in verschiedenen Restaurants, dass mit zunehmender Gästeanzahl der Bedarf an Spezialgerichten relativ abnimmt. Die regressionsanalytische Schätzung der Werte der Parameter der Hyperbelfunktion soll vorgenommen und die Ergebnisse sollen in einer Liste mit der Schrittweite von tausend Personen bis zu zwölftausend Gästen ausgegeben werden (Tabelle B.8).

Tabelle B.7: Relativer Anteil y_i der Spezialgerichte am Speisenumsatz, abhängig von der Gästeanzahl g_i

i [Nr.]	*g* [Pers.]	y [%]	*i* [Nr.]	*g* [Pers.]	y [%]
1	1983	8,18	5	7005	5,27
2	3026	7,97	6	9031	5,12
3	3969	7,18	7	11997	4,88
4	5950	6,06			

Lösung: Absolutes Glied a_0 = 4,40 %
Abklingfaktor a_1 = 8710,30

Messwertumfang	n =	7	
Standardabweichung	σ =	0,55	%

Tabelle B.8: Von der Gästeanzahl abhängiger Anteil spezieller Gerichte am Speisenumsatz

i [Nr.]	*g* [Pers.]	*y* [%]	*i* [Nr.]	*g* [Pers.]	*y* [%]
1	1000	13,11	7	7000	5,64
2	2000	8,75	8	8000	5,49
3	3000	7,30	9	9000	5,37
4	4000	6,58	10	10000	5,27
5	5000	6,14	11	11000	5,19
6	6000	5,85	12	12000	5,13

Multiple Bedarfspotenzfunktion

Die Anzahl von mehreren Variablen erfordert eine multiple Analyse:

$$y(x) = a_0 \cdot \prod_{j=1}^{m} x_j^{\,a_j}, \quad (x_0 \equiv 1),$$

um mit den positiven Parametern $a_0, \ldots, a_m$ die Stärke der Wirkungsfaktoren $x_1, \ldots, x_m$ auf die Entwicklung des Bedarfs auszudrücken.

$$y(x) = a_0 \cdot x_1^{a_1} \cdot x_2^{a_2} \quad \Leftrightarrow \quad [a_0, a_1, a_2] \equiv \sum_{i=1}^{n} (y(x_i) - y_i)^2 \rightarrow \text{Min}$$

Beispiel: Für die Erteilung von Gewerbegenehmigungen an Gaststätten eines Erholungsgebietes sollen die Parameterwerte a_0, a_1, a_2 der multiplen Potenzfunktion approximiert werden. Der Rat der Gemeinde PURZELBACH verfügt über Umsatzdaten y in Abhängigkeit von:

- x_1: Verhältnis der Anzahl der georderten Reservierungen zum verfügbaren Angebot,
- x_2: Parkplatzindex, gebildet aus dem Ist- zum Sollumsatz (Tabelle B.9).

Für einen mittleren Reservierungsindex v_1 und Parkplatzindex v_2 soll der durchschnittliche Bedarfswert y_d an Bewirtungsleistungen ermittelt werden.

Tabelle B.9: Umsatzdaten, abhängig vom Reservierungs- und Parkplatzindex

i	x_1 [%]	x_2 [%]	*y* [€/d]
1	5,11	12,07	1979570,46
2	7,08	14,21	3424413,00
3	9,98	34,37	15595459,08
4	4,03	42,51	8699678,60
5	14,31	22,12	12589162,12

Mittlerer Reservierungsindex	v_1	=	7,50	%
Mittlerer Parkplatzindex	v_2	=	40,00	%
Lösung: Regressionsfaktor	a_0	=	15856,56	€/d
1. Regressionsexponent	a_1	=	0,97	
2. Regressionsexponent	a_2	=	1,32	
Richtwert für den Bedarf	y_d	=	14529758,16	€/d

Bedarfsprognosefunktion

Mathematisches Modell der verbrauchsorientierten Bedarfsermittlung für ein Produkt oder eine Dienstleistung, dargestellt mit einer Trendfunktion y(t) und Vertrauensgrenzen $y_o(t)$, $y_u(t)$ (Bild B.4).

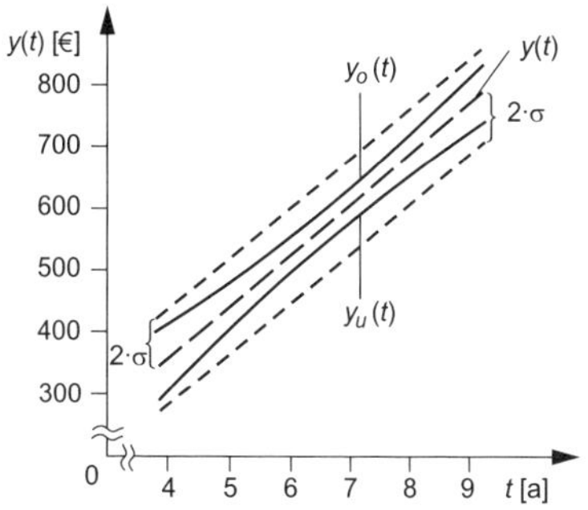

Bild B.4: Trendfunktion der Bedarfsentwicklung mit oberen und unteren Vertrauensgrenzen für die Erfassung stochastischer Zusammenhänge

Trendfunktion des Bedarfs

Die Grenzfunktion $\dot{y} = \frac{\mathrm{d}y}{\mathrm{d}t}$ des Bedarfs $y(t)$ mit dem Proportionalitätsfaktor κ für endliche Marktperioden T verhält sich proportional zum Produkt aus Bedarfsdifferenz $y - k$ und vergangener Prozesszeit $T - t$:

$$\dot{y} = \kappa \cdot (y - k) \cdot (T - t).$$

Bei Markteintritt $t = 0$ besteht ein Anfangsbestand y_a, am Ende der Marktdauer $t = T$ der Sättigungsbestand y_s:

$$y(0) = y_a \geq 0, \quad y(T) = y_s > y_a, \quad T < \infty,$$

$$y(t)=\begin{cases}0, & t<0\\ y_a+(y_s-y_a)\cdot\dfrac{e^{\frac{\kappa}{2}\cdot t\cdot(2\cdot T-t)}-1}{e^{\frac{\kappa}{2}\cdot T^2}-1}, & 0\le t<T\\ y_s, & t\ge T\end{cases}$$

Die Bedarfsverteilung hängt von der Konstanten κ ab, deren Wert seinen Wendepunkt, seinen progressiven und degressiven Anstieg bestimmen.

Die Schätzung der Parameterwerte y_a, y_s, κ beruht auf der Auswertung einer Stichprobe mit der Anzahl n_1 von Werten y_t ohne Standardabweichung für vergangene und der Anzahl n_2 an Mittelwerten y_t mit den dazugehörigen Standardabweichungen ρ_t für künftige Zeiträume:

$$y_t=\begin{cases}y_t, & \rho_t=0 & \text{für} \quad t=1,2,\ldots,n_1\\ \dfrac{1}{q}\cdot\sum\limits_{j=1}^{q}\tilde{y}_j^t, & \rho_t=\sqrt{\dfrac{\sum\limits_{j=1}^{q}(x_t-\tilde{y}_j^t)^2}{q}} & \text{für} \quad t=n_1+1,n_1+2,\ldots,n\end{cases}$$

$$n_2=n-n_1.$$

In Anlehnung an das „Orakel von Delphi“ entstammen die Zukunftsdaten der Befragung einer Anzahl q voneinander unabhängiger Experten. Die Standardabweichung ρ_t des Mittelwerts drückt die Unsicherheit der Experten bei der Beurteilung kommender Marktbedingungen aus; sie wird desto kleiner, je mehr die geschätzten Zukunftsdaten einer Bedarfsperiode sich annähern und den Charakter einer einheitlichen Gruppenaussage annehmen.

Die *Standardabweichung*

- ρ *aller Bedarfsmittelwerte* folgt aus:

$$\rho^2=\frac{1}{n-1}\cdot\sum_{t=1}^{n}\rho_t^2,$$

- τ *der Trendfunktion* ist ein Maß für die Variabilität der mittleren Bedarfswerte:

$$\tau^2=\frac{1}{n-3}\cdot\sum_{t=1}^{n}(y(t)-y_t)^2,$$

- σ *der Funktion* $y(t)$ unter Berücksichtigung der Streuung ρ *aller Bedarfsmittelwerte* und τ *der Trendfunktion* ergibt sich aus:

$$\sigma=\sqrt{\frac{(n-1)\cdot\rho^2+(n-3)\cdot\tau^2}{n-3}}=\sqrt{\frac{1}{n-3}}\cdot\sqrt{\sum_{t=1}^{n}\rho_t^2+\sum_{t=1}^{n}(y(t)-y_t)^2}.$$

$$y(t) = y_a + (y_s - y_a) \cdot \frac{e^{\frac{\kappa}{2} \cdot t \cdot (2 \cdot T - t)} - 1}{e^{\frac{\kappa}{2} \cdot T^2} - 1}, \quad 0 \le t \le T$$

$$[y_a, y_s, \kappa] \equiv \sum_{i=1}^{n} (y(t_i) - y_{t_i})^2 \rightarrow \text{Min!}$$

$$\sigma = \frac{1}{\sqrt{n-3}} \cdot \sqrt{\sum_{t=1}^{n} \rho_t^2 + \sum_{t=1}^{n} (y(t) - y_t)^2}$$

Beispiel: Die Marketingabteilung der AGRARAT GMBH ist beauftragt, die globale Bedarfsentwicklung von Erntemaschinen zu prognostizieren. Die bisherigen Umsatzdaten und Bedarfsschätzungen nach der *Studie eines Marktforschungsinstitutes (A)*, dem *Marketingkonzept der Konzernleitung (B)* und der *eigenen Vertriebsabteilung (C)* ergaben die zur Approximation benötigten Mittelwerte und Streuungen der Bedarfswerte (Tabelle B.10). Gesucht werden die Parameterwerte der Regressionsfunktion, die Standardabweichung und die Funktionswerte des Bedarfs (Tabelle B.11).

Tabelle B.10: Stichprobenauswertung (unschattiert) der Istdaten und Expertenwerte des Bedarfs

t [a]	*A* [Mio. €]	*B* [Mio. €]	*C* [Mio. €]	*y* [Mio. €]	*ρ* [Mio. €]
1	43,52	43,52	43,52	43,52	0,00
2	44,31	44,31	44,31	44,31	0,00
3	48,09	48,09	48,09	48,09	0,00
4	58,00	49,00	53,00	53,33	3,68
5	81,00	68,00	74,00	74,33	5,31
6	100,00	81,00	92,00	91,00	7,79
7	112,00	91,00	105,00	102,67	8,73
8	124,00	99,00	116,00	113,00	10,42
9	135,00	104,00	129,00	122,67	13,42
10	141,00	111,00	134,00	128,67	12,81

Marktperiode T = 12 a

Lösung:

Tabelle B.11: Funktionswerte des Bedarfs an Erntemaschinen

t [a]	*y* [Mio. €]	*t* [a]	*y* [Mio. €]
1	38,38	7	98,81
2	44,45	8	111,61
3	52,28	9	123,08
4	61,91	10	132,19
5	73,18	11	138,05
6	85,71	12	140,08

Bedarfsexponent	κ	=	0,03551	1/a²
Standardabweichung	σ	=	10,74	Mio. €
Umfang der Messreihe	n	=	10	
Anfangswert des Bedarfs	y_a	=	33,87	Mio. €
Sättigungswert	y_s	=	140,08	Mio. €

Probabilistische Bewertung von Planvorgaben

Für die wahrscheinlichkeitstheoretische Bewertung von Bedarfsgrößen p_t sind für die aus einer Stichprobe vom Umfang n entwickelte Trendfunktion $y(t)$ mit der Standardabweichung σ obere und unteren Vertrauensgrenzen $y_o(t)$, $y_u(t)$ erforderlich:

$$\begin{cases} y_o(t) = y(t) + v(t) \\ y_u(t) = y(t) - v(t) \end{cases}$$

Für Prognosezeiträume T eignet sich besonders das von Working und Hotelling entwickelte Konfidenzintervall mit der Funktion (Bild B.5):

$$v(t) = \lambda \cdot \sigma \cdot \sqrt{\frac{1}{n} + \frac{(2 \cdot t - \bar{t})^2}{\sum_{t=1}^{n} (2 \cdot t - \bar{t})^2}} \quad \text{mit} \quad \begin{cases} t = 1, \ldots, n, \ldots, T \\ \bar{t} = \frac{1}{n} \cdot \sum_{t=1}^{n} t = \frac{n+1}{2} \end{cases}$$

Bei einer Extrapolation des Trends wird die Toleranz der Streuung desto größer, je weiter die unabhängige Veränderliche t ($t > n$) sich vom Mittelwert des Stichprobenzeitraums entfernt. Bei der zweiseitigen Fragestellung wird der Parameter λ (Γ ist die Gammaverteilung) benötigt. Er ist vom Freiheitsgrad $f = n - m$ der Trendfunktion und der geforderten Irrtumswahrscheinlichkeit α bzw. statistischen Sicherheit S abhängig:

$$\alpha = \frac{2}{\Gamma\left(\frac{f}{2}\right) \cdot \sqrt{f \cdot \pi}} \cdot \Gamma\left(\frac{f+1}{2}\right) \cdot \int_0^{\lambda} \left(\frac{1+t^2}{2}\right)^{-\frac{f+1}{2}} \cdot \mathrm{d}t \quad \text{mit} \quad \alpha = S - 1.$$

Für alle denkbaren periodischen Bedarfswerte p_t mit dem Trendwert $y(t)$ wird über der unabhängigen Variablen t Normalverteilung angenommen.

$$y(t) = y_a + \frac{y_s - y_a}{e^{\frac{\kappa}{2} \cdot T^2} - 1} \cdot \left(e^{\frac{\kappa}{2} \cdot t \cdot (2 \cdot T - t)} - 1 \right), \quad 0 \le t \le T$$

$$v(t) = \lambda \cdot \sigma \cdot \sqrt{\frac{1}{n} + \frac{(2 \cdot t - \bar{t})^2}{\sum_{t=1}^{n} (2 \cdot t - \bar{t})^2}} \quad \Leftrightarrow$$

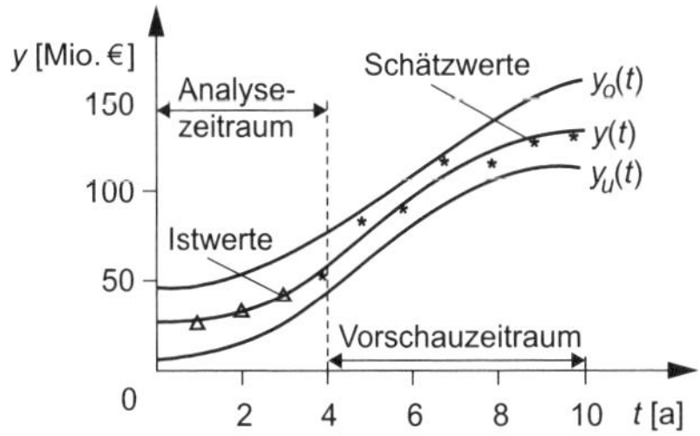

Bild B.5: Bedarfsprognosefunktion, bestehend aus der Trendfunktion sowie oberen und unteren statistischen Vertrauensgrenzen und Planwerten

$$[\lambda] \equiv \alpha = \frac{2 \cdot \Gamma\left(\frac{f+1}{2}\right)}{\Gamma\left(\frac{f}{2}\right) \cdot \sqrt{f \cdot \pi}} \cdot \int_0^\lambda \left(\frac{1+t^2}{2}\right)^{-\frac{f+1}{2}} \cdot \mathrm{d}t \quad \text{mit} \quad f = n-3$$

$$P\left[y_u(t) < p_t < y_o(t)\right] = \frac{1}{\sqrt{2 \cdot \pi}} \cdot \int_{\gamma_{1t}}^{\gamma_{2t}} \mathrm{e}^{-\frac{\tau^2}{2}} \cdot \mathrm{d}\tau \quad \text{mit} \quad \gamma_{1t} = \frac{y_u(t) - y(t)}{v(t)} \quad \gamma_{2t} = \frac{y_o(t) - y(t)}{v(t)}$$

Beispiel: Der Vorstand der AGRARAT GMBH hat die künftigen Umsätze p_t eines Typs von Erntemaschinen festgelegt (Tabelle B.12). Mittels Vertrauensgrenzen soll für jeden Vorgabewert die Eintrittswahrscheinlichkeit ermittelt werden (Tabelle B.13).

Tabelle B.12: Planumsatz für eine Erntemaschine

t [a]	*p* [Mio. €]	*t* [a]	*p* [Mio. €]	*t* [a]	*p* [Mio. €]
4	53,33	7	100,67	10	128,17
5	74,33	8	113,00	11	139,87
6	91,00	9	124,67	12	142,91

Irrtumswahrscheinlichkeit	I_w	=	5,00	%
Marktperiode	T	=	12	a
Umfang der Messreihe	n	=	10	
Bedarfsexponent	κ	=	0,03551	$1/a^2$
Standardabweichung	σ	=	10,74	Mio. €
Anfangswert des Bedarfs	y_a	=	33,87	Mio. €
Sättigungswert	y_s	=	140,08	Mio. €

Lösung: Quantil der Student-Verteilung λ = 2,36462

Tabelle B.13: Wahrscheinlichkeiten für das Eintreten der Umsatzvorgabe

t [a]	y [Mio. €]	y_o [Mio. €]	y_u [Mio. €]	p [Mio. €]	$P[(p-y)>0]$ [%]
4	61,90	70,18	53,62	53,33	84,96
5	73,18	81,21	65,15	74,33	44,30
6	85,70	93,98	77,42	91,00	26,12
7	98,81	107,80	89,82	100,67	41,79
8	111,61	121,67	101,55	113,00	44,49
9	123,08	134,47	111,68	124,67	44,44
10	132,19	145,09	119,28	128,17	62,22
11	138,05	152,59	123,52	139,87	45,03
12	140,08	156,34	123,82	142,91	43,09

Probabilistische Bewertung der Expertenschätzung

Delphische Bedarfsschätzwerte zeigen meist eine starke Streubreite ihrer Wahrscheinlichkeitsverteilung (Bild B.6) in Bezug auf die Mittelwerte der Trendfunktion.

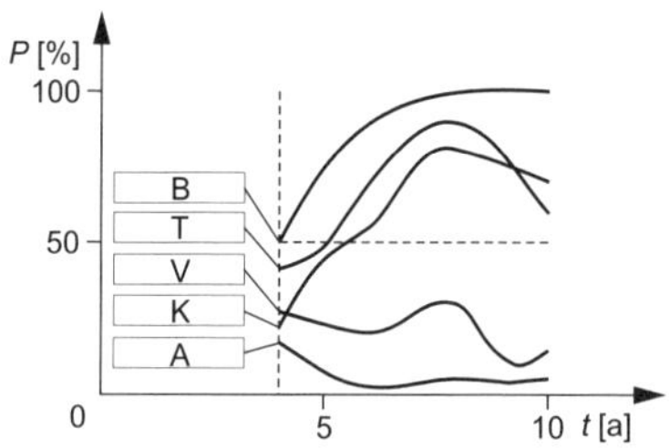

Bild B.6: Wahrscheinlichkeitskurven des Eintretens der Expertenschätzungen von A ... Auftragsstudie, B ... Marketing, K ... Marktinstitut, T ... Technisches Büro, V ... Vertrieb

Die wahrscheinlichkeitstheoretische Bewertung widerspiegelt die unterschiedliche Marktkompetenz, Branchenkenntnis und Stellung der Experten zur Unternehmensführung. In die Berechnung gehen neben den Trendwerten $y(t)$ und dem Konfidenzintervall $v(t)$ für die Anzahl q von Experten deren Schätzwerte anstelle der Planvorgaben ein.

$$y(t) = y_a + \frac{y_s - y_a}{e^{\frac{\kappa}{2} \cdot T^2} - 1} \cdot \left(e^{\frac{\kappa}{2} \cdot t \cdot (2 \cdot T - t)} - 1 \right), \quad 0 \le t \le T$$

$$v(t) = \lambda \cdot \sigma \cdot \sqrt{\frac{1}{n} + \frac{(2 \cdot t - \bar{t})^2}{\sum_{t=1}^{n} (2 \cdot t - \bar{t})^2}} \quad \Leftrightarrow$$

$$[\lambda] \equiv \alpha = \frac{2 \cdot \Gamma\left(\frac{f+1}{2}\right)}{\Gamma\left(\frac{f}{2}\right) \cdot \sqrt{f \cdot \pi}} \cdot \int_0^{\lambda} \left(\frac{1+t^2}{2}\right)^{-\frac{f+1}{2}} \cdot \mathrm{d}t \quad \text{mit} \quad f = n-3$$

$$P\left[y_u(t) < \tilde{y}_t^j < y_o(t)\right] = \frac{1}{\sqrt{2 \cdot \pi}} \cdot \int_{\gamma_{1t}}^{\gamma_{2t}} \mathrm{e}^{-\frac{\tau^2}{2}} \cdot \mathrm{d}\tau \quad \text{mit} \quad \gamma_{1t} = \frac{y_u(t) - y(t)}{v(t)}, \quad \gamma_{2t} = \frac{y_o(t) - y(t)}{v(t)}$$

Beispiel: Der Aufsichtsrat der AGRARAT GMBH fordert eine Analyse über die Qualität der von drei Experten geschätzten Bedarfswerte (Tabelle B.14, schattiert) aufgrund ihrer Eintrittswahrscheinlichkeiten $P(v)$ an.

Irrtumswahrscheinlichkeit	I_w	=	5,00	%
Marktperiode	T	=	12	a
Umfang der Messreihe	n	=	10	
Bedarfsexponent	κ	=	0,03551	$1/a^2$
Standardabweichung	σ	=	10,74	Mio. €
Anfangswert des Bedarfs	y_a	=	33,87	Mio. €
Sättigungswert	y_s	=	140,08	Mio. €
Quantil der Student-Verteilung	λ	=	2,36462	

Lösung:

Tabelle B.14: Trendwerte mit Eintrittswahrscheinlichkeiten $W_j = P[(\tilde{y}^j - y) > 0]$

t [a]	**y** [Mio. €]	$\tilde{y}^1$ [Mio. €]	W_1 [%]	$\tilde{y}^2$ [Mio. €]	W_2 [%]	$\tilde{y}^3$ [Mio. €]	W_3 [%]
4	53,33	58,00	68,11	49,00	94,04	53,00	85,87
5	74,33	81,00	16,50	68,00	74,05	74,00	45,93
6	91,00	100,00	4,21	81,00	71,49	92,00	22,35
7	102,67	112,00	7,11	91,00	80,74	105,00	24,55
8	113,00	124,00	10,90	99,00	89,49	116,00	33,12
9	122,67	135,00	14,76	104,00	95,30	129,00	30,15
10	128,67	141,00	24,73	111,00	94,97	134,00	44,41

Auswertung:

j = 1: Hohe Bedarfswerte, den Erstwert ausgenommen, liefern geringe Eintrittswahrscheinlichkeiten. Gefälligkeit hat Vorrang vor Fachkompetenz.

$j = 2$: Große Wahrscheinlichkeiten lassen Vorsicht vermuten: Der Experte ist für die Exportziele zuständig.
$j = 3$: Mittlere Wahrscheinlichkeiten zeigen die Nähe der Schätzung zu den Trendwerten.

Bediensystem

Verlust- oder Wartesystem in einer Einheit fordernder und bedienender Elemente. Ihre unabhängigen und abhängigen Parameter werden nach dem Ankunfts-, Warte- und Bedienprozess, dem Charakter der Forderungen und des Bedienknotens strukturiert. Dabei handelt es sich um unabhängige, teilweise unmittelbar variierbare Einflussgrößen, die Eigenschaften der Teilsysteme und Elemente kennzeichnen. Abhängige, nur mittelbar über die Einflussgrößen veränderbare Kenngrößen drücken das Verhalten des Bediensystems aus (Tabelle B.15).

Tabelle B.15: Objekte, Forderungen, Bedienarten und Bedienkanäle (Beispiele)

System	Objekt	Forderung	Bedienart	Bedienkanal
Telefon	Kunden	Anwahl	Kontakt	Signalaustausch
Spedition		Auftrag	Liefern	Lager
Kartenservice		Tickets	Verkauf	Schalter/ Automat
Produktion		Bestellung	Herstellung	Arbeitsplätze
CNC-Station	Maschinen	Steuern	NC-Programm	Bedienpersonal
Transport		Teile anliefern	Transport	Kreisförderer
Reparatur		Entstören	Reparieren	Instandhalter
Umschlagen	Schiffe	Abfertigung	Ent- und Beladen	Liege- und Umschlagplatz
Feuerwehr	Gebäude	Brandlöschung	Löschen	Brandzug
Ordination	Patient	Diagnose	Therapie	Arzt

Systemcharakter der Abfertigung

Das Bediensystem mit Warteraum, Bedienstellen und Forderungen auf Abfertigung (Bild B.7) unterliegt gemäß dem Verteilungscharakter der Bedienzeit deterministischen oder probabilistischen Regeln, die Parametervariationen gestatten, um Forderungen sicher zu befriedigen und Zustandsänderungen zu bewirken.

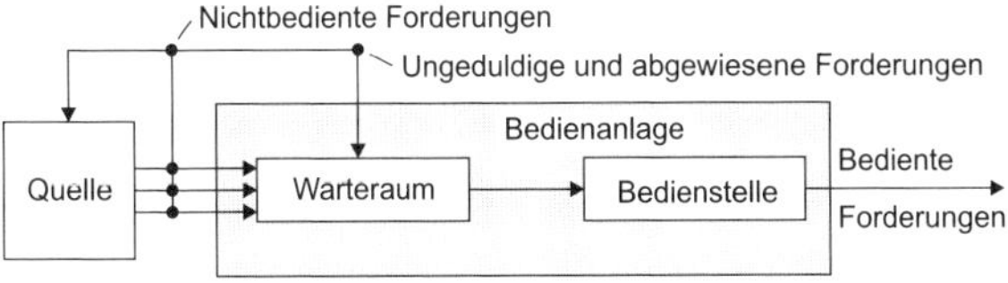

Bild B.7: Bediensystem, Warteraum und Bedienknoten

Deterministische Bediensysteme: Die Vorgänge wie Ankunft, Verweilen und Erledigen der Forderungen verlaufen regelmäßig, sind einfach gestaltet und optimal zu organisieren (z. B.: Alle zwei Minuten trifft eine Forderung ein, die ein Bedienkanal in acht Minuten erfüllen kann. Vier Bedienkanäle reichen aus, um Wartezeiten bei den Forderungen wegen besetzter Bedienkanäle und bei den Bedienkanälen wegen fehlender Forderungen zu vermeiden.). Das offene Verlust- oder Wartesystem empfängt die Forderungen periodisch und beansprucht eine konstante Abfertigungszeit.

Probabilistische oder zufällige Bediensysteme: Das stationäre, geschlossene Wartesystem oder das reine Verlustsystem fertigen Warteschlangen mit zufälligem Zeitverhalten ab. Mindestens die Ankunft oder die *Abfertigung* der Forderungen ist zufälliger Natur und erfüllt also probabilistische Voraussetzungen.

Anordnung der Bedienknoten

Die Bedienstellen oder -knoten benötigen eine gewisse, meist zufällige Zeit, um eine mehrzahlig probabilistisch auftretende Forderung zu bedienen; sie sind entweder parallel und sequenziell angeordnet.

- **Reihenanordnung der Bedienknoten:** Jede Forderung passiert alle Bedienkanäle in einer gleichen oder unterschiedlichen Reihenfolge. Die Abfertigung setzt sich aus mehreren Phasen zusammen (Bild B.8).

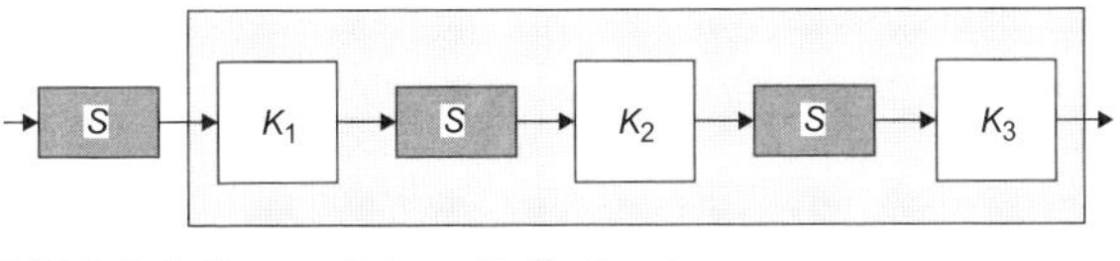

Bild B.8: Reihengeschalteter Bedienkanal

- **Parallelanordnung der Bedienknoten:** Vorherrschend bei Einphasenbedienung. Jede Forderung wird in einem der Kanäle vollständig bedient. Es besteht eine gemeinsame Warteschlange vor dem gesamten Bedienknoten (Bild B.9).

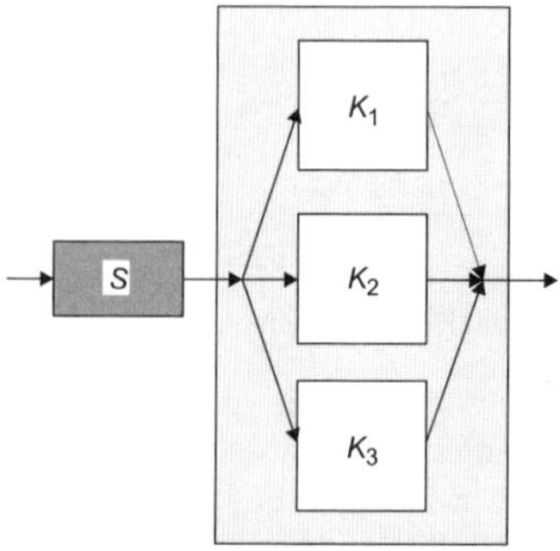

Bild B.9: Parallel geschalteter Bedienkanal

- **Gemischte Anordnung der Bedienknoten:** Kombinierte Reihen- und Parallelanordnung (Bild B.10).

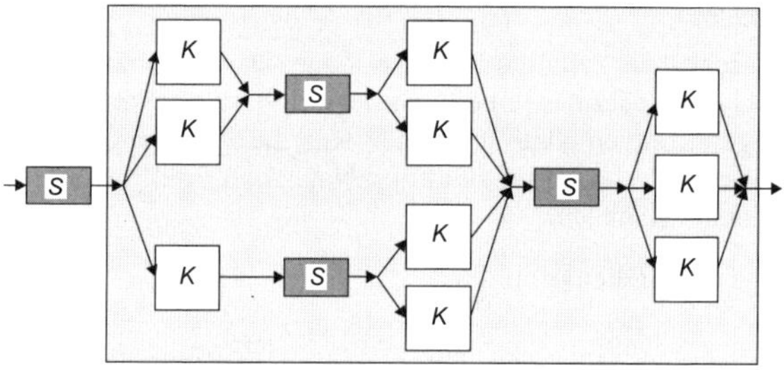

Bild B.10: Kombinierter Bedienknoten

Bedienknoten mit Warteschlangen enthalten alle Bedienkanäle, die in Reihe, parallel und gemischt geschaltet und topologisch ein- oder mehrkanalig ausgestattet sein können.

Forderungen auf Abfertigung

Die Forderungen – Ursprung der Bedienungswünsche – können bedient oder abgewiesen werden, verloren gehen oder einen Wartezustand erlangen, weil keine Bedienstelle frei ist oder Forderungen höherer Priorität vorliegen, und dann in ihrer Ankunftsreihenfolge bedient werden. Träger einer Forderung ist das Objekt. Die Forderung tritt in den Warteraum ein und wird

- bei freien Bedienkanälen (Abfertigungseinheiten) sofort bedient,

- in die Warteschlange bis zum Beginn der Abfertigung eingereiht oder, wenn kein freier Platz im Warteraum vorhanden ist, abgewiesen,
- aus dem Bediensystem nach einer Geduldszeit eliminiert.

Sowohl abgewiesene als auch eliminierte Forderungen sind für das Bediensystem verloren. Im Warteraum verharren die Forderungen in Warteschlangen.

1. Gliederung nach der Forderungenquelle
   - Im **offenen Bediensystem** befindet sich eine mächtige oder gegen unendlich gehende Anzahl von Objekten, die als potenzielle Fordernde die Intensität der Forderungen nicht beeinflussen.
   - Im **geschlossenen Bediensystem** ist die Anzahl der Objekte begrenzt; sie bestimmt durch die Rückkopplung zwischen Bedienanlage und Forderungenquelle die Intensität des Auftretens von Forderungen: Eine Forderung auf Abfertigung kann daher nicht von Objekten ausgehen, die in der Schlange warten oder im Bedienknoten abgefertigt werden.
2. Wartezeitstruktur der Forderungen
   Bei belegten Bedienkanälen treten Wartezeiten auf, die auf die Forderungen unterschiedlich wirken:
   - **Verlustsystem:** Jede Forderung verlässt das Bediensystem und geht als „abgewiesene Forderung" verloren.
   - **Wartesystem:** Jede Forderung wartet in einer geordneten oder „wilden" Schlange unbedingt auf Abfertigung; der Warteraum des Bediensystems wird als beliebig groß angenommen. Bei Freiwerden eines Bedienkanals ist die nächste zu bedienende Forderung nach gewissen Regeln auszuwählen, z. B. nach der Ankunftsreihenfolge oder nach dem Zufallsprinzip, wenn keine Auswahlvorschrift die Abfertigung bestimmt, oder nach der Klassenpriorität ($k = 1, ..., n$).
   - **Gemischtes Bediensystem:** Die Forderungen warten unter bestimmten Bedingungen entweder bei begrenzter Wartezeit (gehen sonst als „ungeduldig" ab) oder begrenztem Warteraum (werden sonst „abgewiesen") und verlassen sonst das Bediensystem.
3. Struktur nach Verteilung des Ankunftsabstandes der Forderungen
   Der Ankunftsprozess der Forderungen gehorcht bestimmten Wahrscheinlichkeitsverteilungen, wie z. B. der Exponentialverteilung, der Erlang-Verteilung. Einen Sonderfall stellt der konstante Ankunftsabstand dar.

Bedingte Anweisung

Auswahlbeziehung in Abhängigkeit von einer reellwertigen Testgröße.

Alternativbefehl

Der Befehl ordnet einer abhängigen Veränderlichen y eine von zwei Größen y_1, y_2 oder Termen aufgrund der Testgröße p zu.

$$y = \begin{cases} y_1, & \text{wenn}\, p > 0 \\ y_2, & \text{wenn}\, p \leq 0 \end{cases}$$

Beispiel: Die Schaltfunktion (Konjunktion der Schaltalgebra): $y = x_1 \wedge x_2$, soll entsprechend der Inputs in der Messreihe abgebildet und die Outputs sollen in einer Liste dargestellt werden.

$i =$	1	2	3	4
x_1	0	0	1	1
x_2	0	1	0	1

Es ist $p = x_1 \cdot x_2,\quad y_1 = 0,\quad y_2 = 1.$

Lösung:

$i =$	1	2	3	4
y	0	0	0	1

Betrag einer reellen Zahl

Absolutwert, definiert durch

$$y = |x| = \begin{cases} x, & \text{wenn}\ x \geq 0 \\ -x, & \text{wenn}\ x < 0 \end{cases}$$

Bestands- und Bedarfsmodell

Funktionskombination dynamischer Bestandsrechnungen und Ersatzprognosen aufgrund von Analysen über den Bestandsaufbau und die Nachfrageparameter (Bild B.11) *nach ausgewählten Erhebungsmethoden* (Tabelle B.16) *und Auswertungsverfahren* (Tabelle B.17).

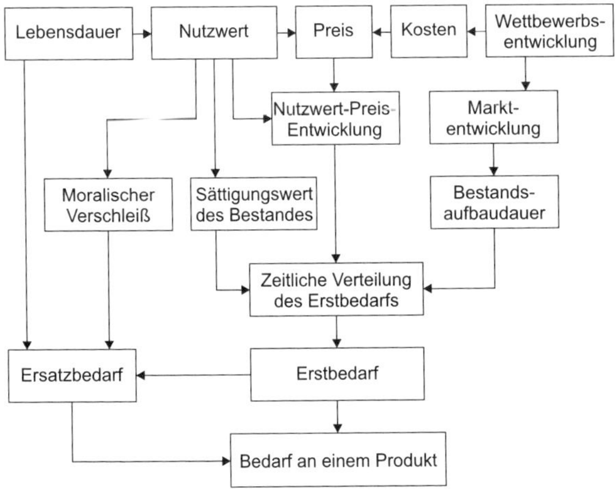

Bild B.11: Einflussgrößen auf den Bedarf an einem langlebigen Produkt

Tabelle B.16: Methoden der Stichprobenermittlung

Methode	Bemerkung
Abnehmerbefragung	Universelles Verfahren von guter Relevanz
Analogieschluss	Vom Charakter einer bekannten zeitlichen Bedarfsverteilung wird auf adäquate Verläufe bei analogen neuen Produkten geschlossen
Umsatzanalyse	Begrenzt auf gleichgelagerte Märkte
Verkaufstest	Stichprobenanalytisches Verfahren, um prognostische Bedarfszahlen zu erhalten

Tabelle B.17: Mathematisch-statistische Verfahren der Stichprobenauswertung

Verfahren	Bemerkung
Bedarfsfunktion	Einfache und multiple Regression
Bedarfsprognose	Probabilistische Auswertung von Zukunftsdaten
Extrapolation	Bisheriger Bedarfsverlauf wird auf künftige Zeiträume angewendet
Korrelative Relation	Beispiel: Einfluss des Realeinkommens auf die Nachfrage
Verbrauchsrichtwerte	Anwendung erfolgt für lebensnotwendige Güter

Die konstitutiven Beziehungen zwischen dem mit dem Angebot eines neuen Sortiments auf dem Markt einsetzenden Erstbedarf und dem zur Erhaltung des Bestandes erforderlichen, erst später wegen technisch und physisch bedingten Verschleißes auftretenden Ersatzbedarf erlauben die mathematische Modellierung des Bestandes. Die Auswertung erfolgt aufgrund von Stichproben, z. B. Messreihen über die erzielten Umsätze, die den Erst- und Ersatzbedarf enthalten. Der kumulierte Erstbedarf entspricht dem Ausstattungsgrad an Gütern in der Grundgesamtheit der Verbraucher. Der Ersatzbedarf resultiert aus dem stofflichen Verzehr der Produkte, dessen Ersatz den Bestand erhält (Bild B.12).

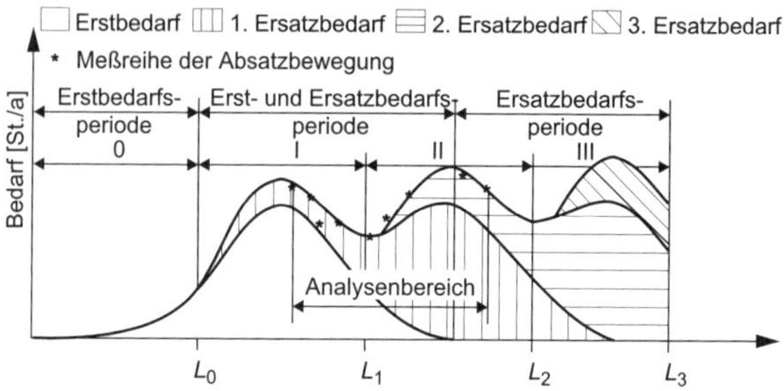

Bild B.12: Zeitliche Verteilung von Erst- und Ersatzbedarf

Der Erstbedarf und der nach der mittleren Lebensdauer bestimmte Ersatzbedarf ergeben den Bedarf an einem Gut bzw. einer Leistung. Für die Ermittlung des Bestandes können deswegen nur die Ausstattungsdaten oder Stichprobendaten für den Erstbedarf ausgewertet werden.

Bestandsmodell

Für die Darstellung der Bestandsentwicklung $Y(t)$ langlebiger Güter eignet sich u. a. die Sinuspotenzfunktion. Ihr Diagramm zeigt aufgrund der Wechselwirkungen von Angebot und Nachfrage ein Sättigungsverhalten mit einem Einschwingprozess, einem ziemlich gleichmäßigen Bestandsaufbau und einer Stagnationsphase, die sich gegen Ende des Bestandsaufbaus einem Zuwachs von Null annähert (Bild B.13).

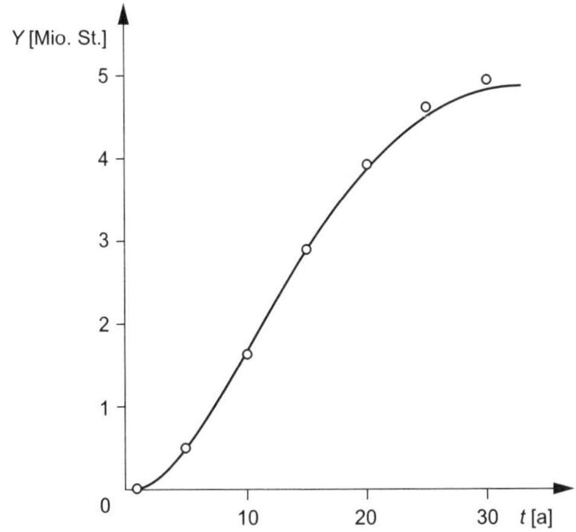

Bild B.13: Bestand, berechnet mit dem approximierten Exponenten α

$$Y(t)=\begin{cases}0, & t\le 0\\ Y_S\cdot\sin^{\alpha}\left(\dfrac{\pi}{2}\cdot\dfrac{t}{T}\right), & 0<t\le T\\ Y_S, & t>T\end{cases}\quad\Leftrightarrow$$

$$[\alpha, Y_S]\equiv\sum_{i=1}^{n}\left(Y_i-Y(t_i)\right)^2\rightarrow \text{Min}$$

$$t_w=\frac{\pi}{2\cdot T}\cdot\arctan(\alpha-1),\quad \alpha>1$$

$$\sigma=\sqrt{\frac{\sum_{i=1}^{n}\left(Y_i-Y(t_i)\right)^2}{n-2}}\quad\text{und}\quad p=\frac{Y_S}{H}$$

Beispiel: In einer Region liegen in einer Stichprobe vom Umfang n für den auf Haushalte H bezogenen Bestand Y_t an Videorecordern zeitlich unvollständige Daten (Tabelle B.18) vor. Die Bestandsaufbaudauer T ist bekannt. Der Sättigungsbestand Y_S und der Bestandsexponent α sind zu approximieren. Die Wendestelle t_w, der Sättigungsgrad der Ausstattung p und der funktionelle Bestandsverlauf der letzten zehn Jahre des Bestandsaufbaus (Tabelle B.19) sollen berechnet werden.

Tabelle B.18: Bestand in einer Grundgesamtheit Y_t

t	*Y* [St.]	*t*	*Y* [St.]
1	13750	20	3927570
5	508400	25	4608643
10	1636500	30	4931974
15	2893106		

Anzahl der Haushalte	H	=	6572193	
Bestandsaufbaudauer	T	=	33	a
Umfang der Messreihe	n	=	7	
Lösung: Sättigungsbestand	Y_S	=	5117029	St.
Ausstattungsgrad	p	=	77,86	%
Wendepunkt des Erstbedarfs	t_w	=	12,17	a
Bestandsexponent	α	=	1,42826	
Standardabweichung	σ	=	108119,52	St./a

Tabelle B.19: Bestandsentwicklung

t	*Y* [St.]	*t*	*Y* [St.]
24	4469587	29	4985469
25	4601652	30	5042802
26	4719855	31	5083968
27	4823573	32	5108753
28	4912265	33	5117029

Bestandsexponent

Vor Beginn des Bestandsaufbaus für ein neues langlebiges Produkt kann der Bestandsexponent α aus dem Wendepunkt t_w der Bestandsentwicklung berechnet werden. Wenn aus Erhebungen der Marktanalyse der Ausstattungsgrad p hinreichend genau abgeschätzt und daraus der Sättigungswert des Bestandes Y_S abgeleitet werden kann, ist eine totale Vorausberechnung des zu erwartenden Bestandes möglich.

$$\alpha = 1 + \tan^2\left(\frac{\pi}{2} \cdot \frac{t_w}{T}\right), \quad 0 \le t_w < T$$

Beispiel: Für eine vorgegebene Bestandsaufbaudauer T und verschiedene Werte für die Wendestelle t_w des Bestandsaufbaus (Tabelle B.20) sollen die Bestandsexponenten α berechnet werden.

Bestandsaufbaudauer T = 10,00 a

Lösung:
Tabelle B.20: Bestandsexponenten

t_w [a]	α	t_w [a]	α	t_w [a]	α
1	1,16	4	4,36	7	25,52
2	1,67	5	7,37	8	61,30
3	2,65	6	13,06	9	254,78

Erstbedarfsermittlung

Der Erstbedarf $f(t)$ ist die erste Ableitung der Bestandsfunktion $Y(t)$. Die Werte der Funktionsparameter α, Y_S können aus Stichprobendaten der bisherigen Bestandsentwicklung abgeschätzt werden. Die Werte des Erstbedarfs werden daraus berechnet.

$$Y(t) = \begin{cases} 0, & t \leq 0 \\ Y_S \cdot \sin^{\alpha}\left(\frac{\pi}{2} \cdot \frac{t}{T}\right), & 0 < t \leq T \\ Y_S, & t > T \end{cases} \quad \Leftrightarrow$$

$$[\alpha, Y_S] \equiv \sum_{i=1}^{n} (Y_i - Y(t_i))^2 \rightarrow \text{Min}$$

$$t_w = \frac{\pi}{2 \cdot T} \cdot \arctan(\alpha - 1), \quad \alpha > 1, \quad Y_w = Y_S \cdot \sin^{\alpha}\left(\frac{\pi}{2} \cdot \frac{t_w}{T}\right)$$

$$\sigma = \sqrt{\frac{\sum_{i=1}^{n} (Y_i - Y(t_i))^2}{n-2}}$$

$$f(t) = \frac{\pi}{2} \cdot \frac{\alpha}{T} \cdot Y_S \cdot \sin^{(\alpha-1)}\left(\frac{\pi}{2} \cdot \frac{t}{T}\right) \cdot \cos\left(\frac{\pi}{2} \cdot \frac{t}{T}\right), \quad 0 < t \leq \tau$$

Beispiel: Die COMDEL GMBH beliefert die Kommunalverwaltungen einer Region mit Computern. Der Bestandsaufbau ist bereits abgeschlossen (Tabelle B.21). Die Bestandsparameter sind zu schätzen. Die Wendestelle t_w, der Wendewert Y_w, die Standardabweichung σ und der funktionelle Erstbedarf $f(t)$ (Tabelle B.22) sollen berechnet werden.

Bestandsaufbaudauer	T	=	10	a
Lösung: Sättigungsbestand	Y_S	=	31579	St.
Bestandsexponent	α	=	2,82092	
Standardabweichung	σ	=	520,57	St./a
Wendestelle	t_w	=	5,94	a
Wendewert des Bestands	Y_w	=	17032	St.

Tabelle B.21: Bestandsentwicklung an Computern

t [a]	*Y* [St.]	*t* [a]	*Y* [St.]
1	202	6	16377
2	1120	7	23377
3	3852	8	26774
4	7144	9	30746
5	12222	10	31825

Tabelle B.22: Funktioneller Erstbedarf an Computern

t [a]	*f* [St./a]	*t* [a]	*f* [St./a]
1	471	6	5591
2	1568	7	5149
3	2960	8	3946
4	4302	9	2140
5	5264	10	0

Ersatzbedarfsermittlung

Die Bestandsreproduktion ist Wiederherstellung, wenn Ersatz mit dem gleichen Produkttyp erfolgt, und Erweiterung, wenn Ersatz durch neue Produkte eintritt. Ersatzbedarf wird als stochastische Wiederholung des Bedarfs vorhergehender Perioden aufgefasst, der mehr oder weniger stark um eine Durchschnittsgröße u schwankt. Die Durchschnittsgröße stellt eine Quote dar, die angenähert als Verhältnis von Sättigungsbestand zur mittleren Lebensdauer interpretiert werden kann.

Die mittlere Lebensdauer genügt i. Allg. näherungsweise einer Normalverteilung im Intervall 0, $2 \cdot l$. Mit dem wiederholten Auftreten des Ersatzbedarfs gleichen sich die Schwankungen des Erstbedarfs aus: Die scheinbar willkürlichen „Umsatztäler und -berge" glätten sich (Bild B.14).

Es wird angenommen, dass Ersatzbedarf beginnt, wenn die Umsätze erstmals deutlich über dem funktionell erwarteten Erstbedarf liegen. Dieser erscheint als 1. Ableitung der Bestandsfunktion und bezeichnet die Bestandsdifferenzen zwischen zwei aufeinanderfolgenden Perioden.

Rechnerisch ergibt sich der Ersatzbedarf aus den tatsächlichen bzw. prognostizierten Umsätzen abzüglich dem funktionellen Erstbedarf.

$$z(t) = \frac{u}{\omega \cdot \sqrt{2 \cdot \pi}} \cdot e^{-\frac{(t-l)^2}{2 \cdot \omega^2}} \quad \Leftrightarrow \quad [l, u, \omega] \equiv \sum_{t=1}^{n} \left(z_t - z(t)\right)^2 \rightarrow \text{Min}$$

$$\sigma = \sqrt{\frac{\sum_{t=1}^{n}\left(z_t - z(t)\right)^2}{n-3}}$$

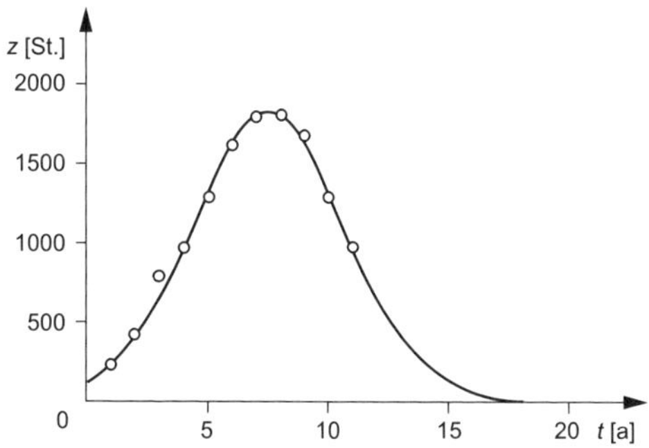

Bild B.14: Approximierte Ersatzbedarfsverteilung aufgrund der mittleren Lebensdauer

Beispiel: Der COMDEL GMBH liegen der funktionelle Erstbedarf f_τ, der Umsatz und der daraus als Differenz ermittelte Ersatzbedarf z_t (Tabelle B.23) vor. Die mittlere Lebensdauer, deren Standardabweichung und der funktionelle Ersatzbedarf $z(t)$ (Tabelle B.24) sollen berechnet werden.

Sättigungsbestand Y_S = 31579 St.

Tabelle B.23: Erstbedarf und Umsatz an Computern in den Verwaltungen

τ [a]	f [St./a]	Umsatz	t [a]	z [St./a]
5	5264	5494	1	230
6	5591	6018	2	427
7	5149	5935	3	786
8	3946	4916	4	970
9	2140	3436	5	1296
10		1610	6	1610
11		1795	7	1795
12		1813	8	1813
13		1681	9	1681
14		1292	10	1292
15		981	11	981

Lösung: Mittlere Lebensdauer l = 7,49 a
Messwertumfang des Ersatzbedarfs n = 11 a
Standardabweichung σ = 50,59 St./a

Mittlerer Ersatzbedarf	u	=	4541	St./a
Bestandsexponent	α	=	2,82092	
Streuung der Lebensdauer	ω	=	3,22	a

Tabelle B.24: Werteliste des Ersatzbedarfs

τ [a]	z [St./a]	τ [a]	z [St./a]	τ [a]	z [St./a]	τ [a]	z [St./a]
1	238	5	1345	9	1622	13	418
2	425	6	1629	10	1336	14	234
3	687	7	1791	11	999	15	119
4	1009	8	1789	12	679		

Betaverteilung

Eine stetig verteilte Zufallsgröße X heißt betaverteilt (1. Art) mit den Parametern p (p > 0) und q (q > 0), wenn sie die Dichte f_X*:*

$$f_X(x) = \begin{cases} 0 & \text{für } x \le 0 \\ \dfrac{x^{p-1} \cdot (1-x)^{q-1}}{B(p,q)} & \text{für } 0 < x < 1 \\ 0 & \text{für } x \ge 1 \end{cases}$$

mit

$$B(p,q) = \frac{\Gamma(p) \cdot \Gamma(q)}{\Gamma(p+q)} \quad \textit{(Betafunktion) besitzt.}$$

Sie wird u. a. in der Entscheidungstheorie bei der stochastischen Netzplantechnik „Program evaluation and review technique“ (PERT) und im Arbeitsstudium zur Ermittlung von Normalzeiten (Bild B.15) verwendet.

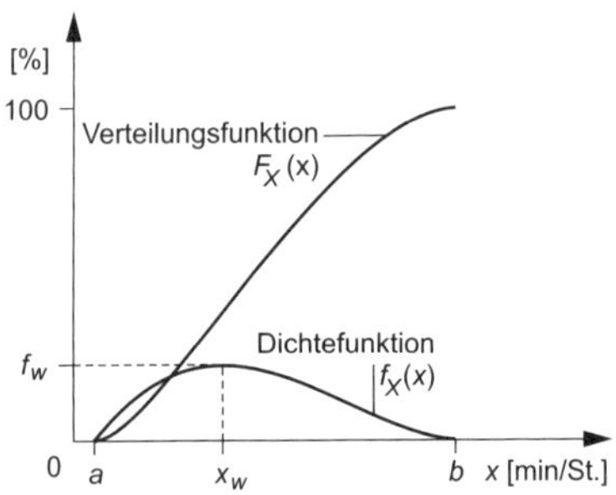

x_w ... Modalwert
f_w ... Maxima der Dichtefunktion

Bild B.15: Verteilungs- und Dichtefunktion betaverteilter Normalzeiten

Die Vorgangsdauer ist Zufallsvariable der Betaverteilung, ihre Parameter werden über einen optimistischen, pessimistischen und wahrscheinlichsten Zeitwert des Vorgangs abgeschätzt.

Für dic praktische Benutzung der Funktion ist der folgende Ausdruck wichtig:

$$N = \int_a^b (x-a)^{\alpha} \cdot (b-x)^{\gamma} \cdot \mathrm{d}x, \quad \alpha, \gamma > 0.$$

Die allgemeine Betafunktion zeichnet sich durch großen Formenreichtum aus. Ihre vier Parameter sichern eine bemerkenswert gute Adaption an betriebswirtschaftliche Anwendungsfälle: Jeweils zwei Parameter betreffen die Verteilungscharakteristik und die Intervallgrenzen, in denen sie ihre einzigen Nullstellen besitzt. Mit der Substitution

$$x = a + (b-a) \cdot t \quad \Rightarrow \quad \mathrm{d}x = (b-a) \cdot \mathrm{d}t$$

erhält das Integral die Form:

$$N = (b-a)^{\alpha+\gamma+1} \cdot \int_0^1 t^{\alpha} \cdot (1-t)^{\gamma} \cdot \mathrm{d}t.$$

Die in Abhängigkeit von den Exponenten p und q eingeführten nachstehenden Glieder:

$$\alpha = p-1 \quad \text{und} \quad \gamma = q-1,$$

ermöglichen die folgende Darstellung mit der Gammafunktion:

$$N = \frac{(b-a)^{(\alpha+\gamma+1)} \cdot \Gamma(\alpha+1) \cdot \Gamma(\gamma+1)}{\Gamma(\alpha+\gamma+2)}.$$

Wichtige Implikationen folgen aus der 1. Ableitung der Dichtefunktion:

$$f'(x) = N^{-1} \cdot (x-a)^{\alpha-1} \cdot (b-y)^{\gamma-1} \cdot (\alpha \cdot (b-x) - \gamma \cdot (x-a)),$$

$$(x \in (a,b)).$$

1. Für den vom Verteilungsparameter α abhängigen Anstieg gilt, dass er in der internen Intervallgrenze a bei
   - $\boldsymbol{\alpha < 1}$**:** rechtwinklig auf die x-Achse stößt;
   - $\boldsymbol{\alpha = 1}$**:** die x-Achse unter einem spitzen Winkel erreicht. Der Anstieg der Tangente ist dem Exponenten α proportional:

     $$f'(a) = \alpha \cdot N^{-1} \cdot (b-a)^{\gamma};$$
   - $\boldsymbol{\alpha > 1}$**:** die x-Achse berührt: $f'(a) = 0$.

   Analoges gilt an der oberen Intervallgrenze b bezüglich γ.

2. Aus dem Dichtemaximum leitet sich wegen $f'(x_w) = 0$ ab, dass die Stelle der maximalen Verteilungsdichte das Intervall a, b im Verhältnis der Parameterwerte teilt:

$$\frac{\alpha}{\gamma} = \frac{x_w - a}{b - x_w}.$$

Aus ihnen leiten sich charakteristische Parameter der Betaverteilung und weitere Formeln ab.

Betadichte der Normalzeit

Wahrscheinlichkeitstheoretische Feststellung der Normalzeit eines Leistungsprozesses aus den nach gleichabständigen Klassen geordneten Häufigkeiten von beobachteten Istzeiten x_i mittels der Dichte $f(x)$ ihrer angenommenen Betaverteilung. Die daraus resultierende Normalzeit x_w besitzt die höchsten Eintrittswahrscheinlichkeit f_w. Sie charakterisiert mit einem 100%igen Leistungsgrad das Leistungsverhalten am besten. Streuungen von Istzeiten x_i um die Normalzeit haben personale und personelle Gründe. Der von der Kurve der Dichtefunktion $f(x)$ umschlossene Flächeninhalt der verteilten Quantität ist gleich Eins. Dieser Forderung haben die Häufigkeiten h_i der Stichprobendaten x_i zu genügen.

$$f(x) = \frac{\Gamma(\alpha+\gamma+2)\cdot(x-a)^{\alpha}\cdot(b-x)^{\gamma}}{(b-a)^{(\alpha+\gamma+1)}\cdot\Gamma(\alpha+1)\cdot\Gamma(\gamma+1)}, \quad x \in (a,b) \quad \Leftrightarrow$$

$$[\alpha,\gamma] \equiv \sum_{i=1}^{n}(f(x_i)-h_i)^2 \to \text{Min} \quad (x_i - \text{äquidistant})$$

$$x_w = \frac{\alpha\cdot b + a\cdot\gamma}{\alpha+\gamma} \quad \text{und} \quad f_w = f(x_w)$$

Beispiel: Der Einsatzstab der FLORAS GMBH benötigt für die im Forst eingesetzten Gruppen begründete Zeitvorgaben zu den Arbeitsverrichtungen. Eine über mehrere Perioden erhobene Zeitstudie des Arbeitsablaufs für die Baumkerbung zur Harzgewinnung mit Beschreibung des Arbeitsverfahrens liegt mit Istzeiten (Tabelle B.25) vor. Die Verteilungsparameter, die Normalzeit und ihre Wahrscheinlichkeit sollen berechnet werden.

Tabelle B.25: Häufigkeit der tatsächlich erreichten Istzeiten für die Baumkerbung

i	*x* [min/St.]	*h*	*i*	*x* [min/St.]	*h*	*i*	*x* [min/St.]	*h*
1	10,00	0,00	5	14,00	0,28	9	18,00	0,01
2	11,00	0,01	6	15,00	0,23	10	19,00	0,00
3	12,00	0,08	7	16,00	0,12	11	20,00	0,00
4	13,00	0,22	8	17,00	0,05			

Lösung: Untere Intervallgrenze	a	=	10,00	min/St.
Obere Intervallgrenze	b	=	20,00	min/St.
Wahrscheinlichkeit der Normalzeit	f_w	=	28,11	%
Umfang der Stichprobe	n	=	11	
Normalzeit	x_w	=	14,06	min/St.
Verteilungsparameter	α	=	4,25616	
Verteilungsparameter	γ	=	6,23265	

Betaverteilung der Normalzeit

Integral der Dichtefunktion aufgrund der approximierten Werte α, γ in den Intervallgrenzen a, b zur Wertbestimmung der

- Wahrscheinlichkeit $P(x_w)$, mit der die subjektiv wirksame Normalzeit x_w unterschritten wird,
- Planzeit x_m mit der Erfüllungswahrscheinlichkeit $P(x_m) = 0{,}5$ (d. h. 50 %), dass die Hälften der Leistungssubjekte die für die kapazitive Leistung maßgebende Planzeit überschreiten und unterschreiten.

Zur Sicherheit der Planung gilt die eine Kapazitätsreserve erzeugende Forderung: $x_m > x_w$. (Bild B.16).

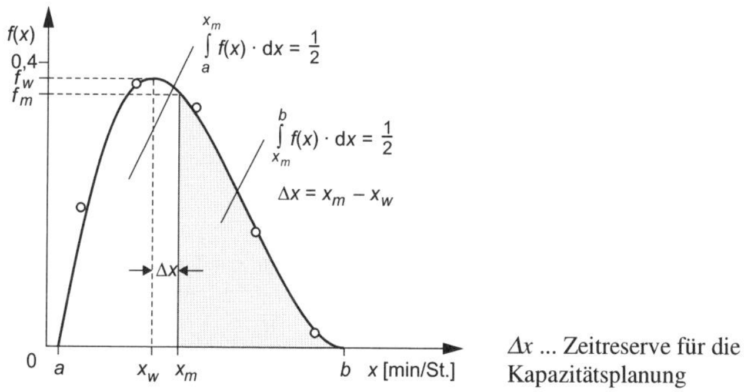

Bild B.16: Approximierte Kurve einer linkssteilen Betadichtefunktion

Voraussetzung ist eine linkssteile Verteilung der Istzeiten. Für die Parameterwerte α, γ linkssteiler Betaverteilungen gilt daher die Annahme:

$$\alpha \cdot \gamma = 2 \quad \Rightarrow \quad \gamma = \frac{2}{\alpha}, \quad \alpha < \gamma.$$

Die Berechnung dient sowohl der Begründung von Lohnformen und der Plausibilität des Akkordlohnes als auch der Kapazitätsplanung und der Sicherung der Planziele durch definierte Kapazitätsreserven.

Bei der Beurteilung von Zeitverteilungen in Leistungsprozessen ist davon auszugehen, dass mit zunehmender Wiederholung des Prozesses und seiner gleichzeitigen Verrichtung durch viele Leistungserbringer eine Verteilungsdichte in infinitesimalen Zeitintervallen t innerhalb der unteren a und oberen b Intervallgrenze $t \in [a,b]$ vorliegt. Die in der Berechnung auftretenden Werte x_i sind nur scheinbar diskret. In theoretischer Sicht handelt es sich um stetig verteilte Größen, die für Steuerungszwecke subjektiv aus einem gegen unendlich tendierenden Wertevorrat ausgewählt werden.

Zur Abschätzung der Anpassungsgüte der Dichtefunktion an die nach gleichabständigen Klassen geordneten relativen Häufigkeiten der Istzeiten ist die Standardabweichung σ zu berechnen.

$$f(x) = \frac{\Gamma(\alpha+\gamma+2)\cdot(x-a)^{\alpha}\cdot(b-x)^{\gamma}}{(b-a)^{(\alpha+\gamma+1)}\cdot\Gamma(\alpha+1)\cdot\Gamma(\gamma+1)}, \quad x \in (a,b)$$

$$\sigma = \sqrt{\frac{\sum_{i=1}^{n}(f(x_i)-h_i)^2}{n-2}} \quad (x_i - \text{äquidistant})$$

$$x_w = \frac{\alpha\cdot b + a\cdot\gamma}{\alpha+\gamma} \quad \text{und} \quad P(x_w) = \int_a^{x_w} f(x)\cdot \mathrm{d}x$$

$$[x_m] \equiv \int_a^{x_m} f(x)\cdot \mathrm{d}x = P(x_m), \quad P(x_m) = 0{,}5 \text{ (d. h. 50 \%)}$$

Beispiel: Das Management der FLORAS GMBH benötigt sowohl für die Begründung der Normalzeit die Wahrscheinlichkeit dafür, welcher Anteil der Rotte diesen Wert unterschreitet und erreicht, als auch zur Sicherung der Kapazitätsplanung diejenige Planzeit, die nach den Grundsätzen des Arbeitsstudiums den 50%igen Mittelwert vermuten lässt. Die Betaparameter sind bekannt.

Verteilungsparameter	α	=	4,25616	
Verteilungsparameter	γ	=	6,23265	
Lösung: Untere Intervallgrenze	a	=	10,00	min/St.
Obere Intervallgrenze	b	=	20,00	min/St.
Wahrscheinlichkeit der Planzeit	f_m	=	28,04	%
Umfang der Stichprobe	n	=	11	
Normalzeit	x_w	=	14,06	min/St.
Wahrscheinlichkeit der Normalzeit	$P(x_w)$	=	46,98	%/Rotte
Planzeit	x_m	=	14,17	min/St.
Standardabweichung	σ	=	0,52	%

System betaverteilter Normzeiten

Methode zur Ermittlung der betaverteilten Normzeit für das Ausführen von überwiegend manuellen Arbeitsverrichtungen aufgrund der aus repräsentativen Stichproben der Istzeiten gewonnenen Verteilungsparameter α, γ der Betafunktion. Aus der wiederholten Analyse der Leistungen nach der Anstrengung, den Arbeitsbedingungen, der Geschicklichkeit und der Gleichmäßigkeit resultiert die Annahme, dass die Wahrscheinlichkeit der Erbringung der Leistungen in einem geschlossenen Arbeitssystem betaverteilt ist. Bei Kenntnis der Planzeit x_m werden die Intervallgrenzen der Istzeiten abgeschätzt und die Normalzeit x_w sowie die Werte $f_m = f(x_m)$ und $f_w = f(x_w)$ der Dichtefunktion f ermittelt.

$$f(x) = \frac{\Gamma(\alpha+\gamma+2)\cdot(x-a)^{\alpha}\cdot(b-x)^{\gamma}}{(b-a)^{(\alpha+\gamma+1)}\cdot\Gamma(\alpha+1)\cdot\Gamma(\gamma+1)}, \quad x \in (a,b)$$

$$[a,b] \equiv \int_a^b f(x)\cdot dx = 1 \Leftarrow \begin{cases} \int_a^{x_m} f(x)\cdot dx = \frac{1}{2} \\ \int_{x_m}^{b} f(x)\cdot dx = \frac{1}{2} \end{cases}$$

$$x_w = a + \frac{\alpha\cdot(b-a)}{\alpha+\gamma}$$

$$f_m = f(x_m)$$

$$f_w = f(x_w)$$

Beispiel: Planzeit	x_m	=	34,00	min/St.
Verteilungsparameter	α	=	4,25616	
Verteilungsparameter	γ	=	6,23265	
Lösung: Untere Intervallgrenze	a	=	28,24	min/St.
Obere Intervallgrenze	b	=	42,06	min/St.
Wahrscheinlichkeit der Planzeit	f_m	=	20,29	%
Normalzeit	x_w	=	33,85	min/St.
Wahrscheinlichkeit der Normalzeit	f_w	=	20,34	%

Binomialverteilung

Diskrete Verteilung einer Zufallsgröße X, mathematisch definiert durch Einzelwahrscheinlichkeiten mit den Parametern (n, p), $n \in \mathbb{N}$, $0 < p < 1$.

Eine diskret verteilte Zufallsgröße X, die ganzzahlige Werte 0, 1, ..., n annehmen kann mit den Einzelwahrscheinlichkeiten

$$p_k = P(X = k) = \binom{n}{k} \cdot p^k \cdot (1-p)^{n-k} \quad (k = 0, \ldots, n),$$

heißt binomialverteilt mit den Parametern n ($n \in \mathbb{N}$) und p ($0 \leq p \leq 1$).

Die zugehörige Verteilungsfunktion F_X ist:

$$F_X(x) = \sum_{k:k<x} p_k .$$

Dabei ist:

$$E(X) = n \cdot p$$

der Erwartungswert („Mittelwert") und

$$\operatorname{var}(X) = n \cdot p \cdot (1-p)$$

die Varianz („Streuung").

$$p_k = P(X = k) = \binom{n}{k} \cdot p^k \cdot (1-p)^{n-k} \quad (k = 0, \ldots, n)$$

$$F_X(x) = \sum_{k:k<x} p_k$$

Beispiel: Karten für ein Rockkonzert mit über hunderttausend Teilnehmern werden verlost; 30 % der Brieflose berechtigen jeweils zum Erwerb von mehreren Eintrittskarten. Jeweils zehn zufällig ausgewählte Briefe befinden sich in jedem der vorhandenen Lostöpfe, die nach jeder Entleerung wieder aufgefüllt werden. Wie hoch ist die Wahrscheinlichkeit p_k dafür, dass in einem der Lostöpfe vier Berechtigungsbriefe, und wie hoch die Wahrscheinlichkeit F_X dafür, dass in einem der Töpfe weniger als fünf Berechtigungsbriefe enthalten sind?

Betrachtungsmenge	k	=	4	St.
Losumfang	n	=	10	St.
Trefferwahrscheinlichkeit	p	=	30,00	%
Lösung: Summenwahrscheinlichkeit	F_X	=	84,97	%
Einzelwahrscheinlichkeit	p_k	=	20,01	%

C

Chi-Quadrat-Modell

Die χ^2-Verteilung (mit n Freiheitsgraden) ergibt sich durch Summation der Quadrate von n unabhängigen standardisiert normalverteilten Zufallsgrößen X_i in der Form $\sum_{i=1}^{n} X_i^2$. Mit Hilfe χ^2-verteilter Testgrößen kann die Gleichheit von Streuungen, die Anpassung an eine vorgegebene Verteilung, die Unabhängigkeit von Zufallsgrößen und die Homogenität von Verteilungen geprüft werden.

Chi-Quadrat-Verteilung

Eine Zufallsgröße X heißt χ^2-(χ_f^2-)verteilt mit f Freiheitsgraden, falls sie die Dichte(funktion)

$$f(x) = \begin{cases} \dfrac{x^{\frac{f}{2}-1} \cdot e^{-\frac{x}{2}}}{2^{\frac{f}{2}} \cdot \Gamma\left(\frac{f}{2}\right)}, & \text{falls } x > 0 \\ 0, & \text{falls } x \leq 0 \end{cases}$$

besitzt (Bild C.1).

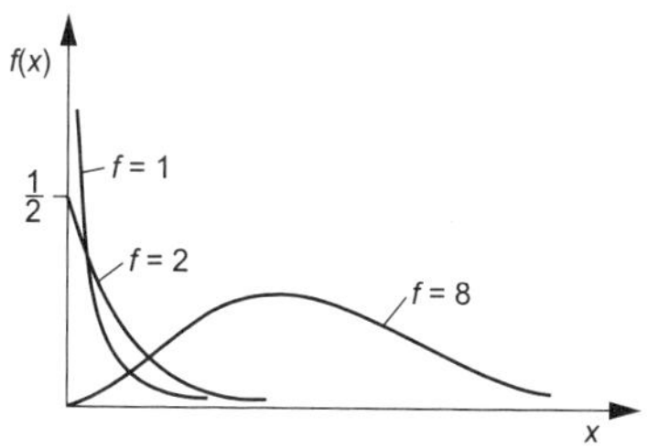

Bild C.1: Dichte der χ^2-Verteilung für verschiedene Freiheitsgrade f. Die Kurve ist ab $f \geq 3$ für kleine Freiheitsgrade deutlich rechtsschief bzw. linkssteil, nähert sich mit deren Zuwachs der Normalverteilung an und kann dann durch diese ersetzt werden.

Die obere Grenze des Integrals der Dichtefunktion (Bild C.2) liefert für die Freiheitsgrade f und die Irrtumswahrscheinlichkeit I_w das Quantil $\chi^2_{5;0,95}$ (Tabelle C.1):

$$q = 1 - I_w = \int_0^{\chi^2_{5;0,95}} f(x) \cdot \mathrm{d}x \quad \text{für } q = 0{,}95.$$

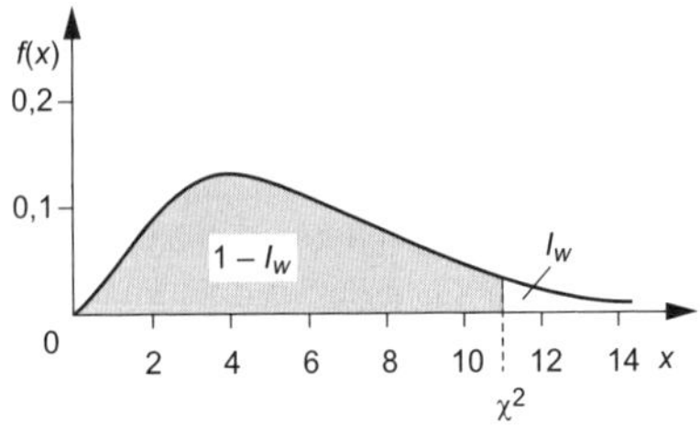

Bild C.2: Quantil $\chi_{5;0,95}$ (obere Integralgrenze für die Irrtumswahrscheinlichkeit von 5 % bei fünf Freiheitsgraden ($f = 5$, $I_w = 0{,}05$, $q = 0{,}95$))

Tabelle C.1: Einige Quantile, Werte als obere Intervallgrenze der Fläche q unter der Dichtefunktion

f	I_w	$\chi^2_{f;0,95}$	f	I_w	$\chi^2_{f;0,95}$
1	0,01	6,6	20	0,05	31,4
5	0,05	11,1	40	0,975	24,4
10	0,05	18,3	100	0,99	70,1

$$q = 1 - I_w = \frac{1}{2^{\frac{f}{2}} \cdot \Gamma\left(\frac{f}{2}\right)} \cdot \int_0^{\chi^2_{f;0,95}} x^{\frac{f}{2}-1} \cdot \mathrm{e}^{-\frac{x}{2}} \cdot \mathrm{d}x$$

Beispiel: Irrtumswahrscheinlichkeit	I_w	=	2,50	%
Anzahl der Freiheitsgrade	f	=	3	
Lösung: Quantil der χ^2-Verteilung	χ^2	=	9,31	

Chi-Quadrat-Streuungstest

Der χ^2-Streuuungstest dient der Überprüfung der Hypothese, dass eine normalverteilte Zufallsgröße die Varianz:

$$\sigma_0^2 \text{ besitzt, d. h. } \mathrm{H}_0: \sigma^2 = \sigma_0^2.$$

Als Testgröße verwendet man den Wert T, ausgehend von einer Stichprobe $x_1, \ldots, x_n$, wobei σ^2 die Varianz einer normalverteilten Zufallsgröße ist. Die Annahme hat den Wert $E = 1$, die Ablehnung den Wert $E = 0$.

$$\begin{cases} E = 1, & \text{wenn } T \le \chi^2 \\ E = 0, & \text{wenn } T > \chi^2 \end{cases} \quad \begin{cases} T = (n-1)\cdot\dfrac{\sigma^2}{\sigma_0^2}, \quad \sigma^2 = \dfrac{\sum\limits_{i=1}^{n}(x_i-\mu)^2}{n-1} \\ [\chi^2] \equiv q = \dfrac{1}{2^{\frac{f}{2}}\cdot\Gamma\left(\frac{f}{2}\right)}\cdot\int\limits_0^{\chi^2} x^{\frac{f}{2}-1}\cdot e^{-\frac{x}{2}}\cdot dx \end{cases}$$

Beispiel: Ein internationales Branchenkomitee hat die Alterszusammensetzung im Management als normalverteilt mit einer signifikanten Varianz σ_0 festgestellt. Der Branchenverband eines Landes lässt daraufhin eine Erhebung durchführen (Tabelle C.2) und möchte mit einer Sicherheit von 95 % wissen, ob die Normalverteilung der eigenen Alterszusammensetzung mit derjenigen der internationalen übereinstimmt.

Tabelle C.2: Häufigkeit der Altersverteilung im Management einer Branche

Alter [a]	*h* [%]	*h* [Pers.]	Alter [a]	*h* [%]	*h* [Pers.]
21 bis 25	1,16	174	46 bis 50	20,43	3065
26 bis 30	2,85	428	51 bis 55	17,38	2607
31 bis 35	7,11	1066	56 bis 60	10,86	1629
36 bis 40	13,08	1962	61 bis 65	5,40	810
41 bis 45	19,05	2857	65 bis 70	2,68	402

Wahrscheinlichkeit	q	=	95,00	%
Streuung der Normalverteilung	σ_0	=	7,71	%
Lösung: Ergebnis	E	=	1	
Testwert	T	=	12,49	%
Streuung der Stichprobe	σ	=	9,08	%
Quantil der χ^2-Verteilung	χ^2	=	16,92	
Freiheitsgrad	f	=	9	
Umfang der Stichprobe	n	=	10	
Altersmittelwert im Management	μ	=	39,50	a

Chronologisches Mittel

Wert der Approximation des Durchschnitts μ von diskreten Daten mit äquidistanten Abständen aus einer mit Schwankungen behafteten dynamischen Zeitreihe x_i, $i = 1, 2, \ldots, n$.

In der Praxis liegen oft nur die Anfangs- und Endwerte z. B. für Materialbestände vor. Bei dieser Datenlage empfiehlt sich die Anwendung des chronologischen Mittels. Aus den punktuellen Daten für festgelegte Stichtage, wie z. B. am Jahresanfang x_0 und am Jahresende x_n, werden die übrigen Daten x_i ($i = 1, 2, ..., n - 1$) nach Perioden, wie z. B. nach Monaten, Quartalen, approximiert und das chronologische Mittel μ berechnet.

$$\mu = \frac{1}{2 \cdot n} \cdot \left(x_0 + 2 \cdot \sum_{i=1}^{n-1} x_i + x_n \right)$$

Beispiel: Der Bestand an Automatenstahl in der MAFAB GMBH wurde am Jahresende inventarisiert und in der Folgezeit monatlich jeweils am Monatsende erfasst (Tabelle C.4). Das chronologische Mittel soll bestimmt werden.

Anfangsbestand x_0 = 2198,21 €

Tabelle C.4: Monatsbestände an Automatenstahl

i	**x [€]**	*i*	**x [€]**	*i*	**x [€]**
1	2398,21	5	2479,43	9	2495,98
2	2495,98	6	2467,60	10	2614,08
3	2540,08	7	2364,95	11	2756,33
4	2655,33	8	2398,21	12	2779,43

Lösung: Chronologischer Mittelwert μ = 2512,92 €
Umfang der Messreihe n = 12

D

Dichtemittel

Modus, häufigster Wert, Modalwert einer empirischen Häufigkeitsverteilung oder der Zufallsvariablen einer Wahrscheinlichkeitsfunktion, der für alle skalierbaren Merkmale auftreten kann. Er besitzt unterstützenden Aussagewert.

Modus der Häufigkeitsverteilung

Als Modus (Modalwert) x_{mod} für ein diskretes Merkmal mit den Ausprägungen $a_1, \ldots, a_k$ bezeichnet man diejenige Merkmalsausprägung, welche die größte Häufigkeit in der Beobachtungsreihe besitzt, d. h., es gilt

$$H_n(x_{\text{mod}}) \geq H_n(a_j)$$

für alle $a_1, \ldots, a_k$. Der Modus ist nicht eindeutig.

Modus einer stetigen Wahrscheinlichkeitsverteilung

Als Modus (Modalwert) x_M einer stetigen Wahrscheinlichkeitsverteilung F bezeichnet man einen Wert x_d, für den die zugehörige Dichtefunktion f ein (lokales bzw. relatives) Maximum besitzt (Bild D.1).

Wegen $f(x) = F'(x), -\infty < x < \infty$, ist

$$F''(x_M) = f'(x_M) = 0$$

eine notwendige Bedingung für die Existenz eines Modus bei $x = x_M$.

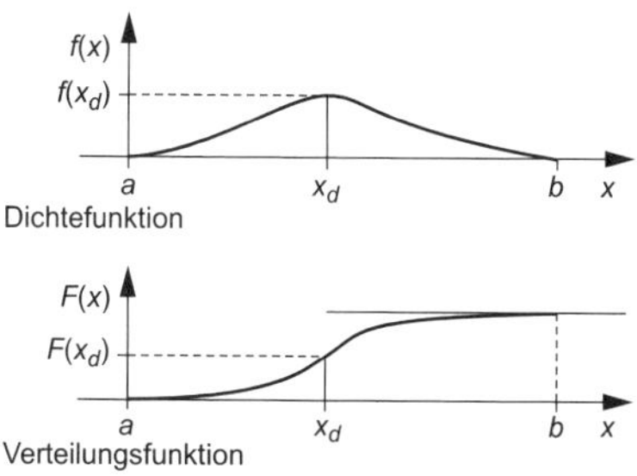

Bild D.1: Dichte- und Verteilungsfunktion mit Modalwert x_d

Für den Modalwert x_M der Potenzexponentialverteilung F im Verteilungsbereich $[0, b]$ gilt:

$$F(x) = \left(\frac{x}{b}\right)^{\alpha \cdot b} \cdot \mathrm{e}^{\alpha \cdot (b-x)}, \quad 0 \le x \le b,$$

$$f(x) = F'(x) = \alpha \cdot \left(1 - \frac{x}{b}\right) \cdot \left(\frac{x}{b}\right)^{\alpha \cdot b - 1} \cdot \mathrm{e}^{\alpha \cdot (b-x)},$$

$$F''(x_M) = \alpha \cdot \left(\alpha \cdot \left(1 - \frac{x}{b}\right)^2 - \frac{x}{b}\right) \cdot \left(\frac{x}{b}\right)^{\alpha \cdot b - 2} \cdot \mathrm{e}^{\alpha \cdot (b-x)} = 0 \quad \Rightarrow$$

$$x_M = b \cdot \left(1 - \sqrt{\frac{1}{\alpha \cdot b}}\right).$$

Durchschnitt

1. Mathematischer Begriff der Mengenlehre

Der *mengentheoretische Durchschnitt D* erfasst die *Schnittmenge*. Sie besteht aus allen Elementen x, die in den beiden Mengen A, B gemeinsam enthalten sind (Bild D.2):

$$D = A \cap B, \quad A \cap B = \{x \mid (x \in A) \wedge (x \in B)\}.$$

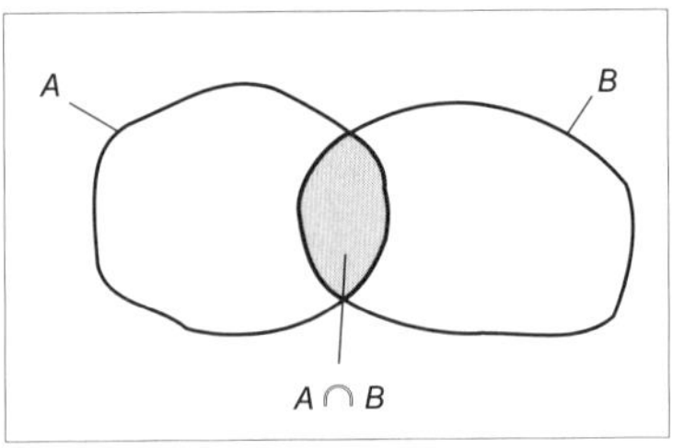

Bild D.2: Durchschnittsmenge

2. Statistischer Parameter

Der *statistische Parameter „Durchschnitt“* bezeichnet das *Mittel* als Ausdruck für den durchschnittlichen Wert der Reihe eines statistisch erfassbaren Merkmals, im engeren Sinn das arithmetische und harmonische Mittel, das die allgemeine Niveaulage des Merkmals in einer Gesamtheit von Maßzahlen charakterisiert. Im Finanzwesen drückt der Beleihungswert von Grundstücken das einfache arithmetisches Mittel aus seinem Sachwert und seinem Ertragswert aus, wenn der Ertragswert nicht höher als der Sachwert ist. Im allgemeineren Sinn kennzeichnet das *Mittel* die Relation von Werten aus der Bezugsklasse *B* und der Merkmalsklasse *M*. Der Durchschnitt bezeichnet die Beziehungsklasse *D* und das gewünschte Ergebnis (Tabelle D.1).

Tabelle D.1: Beispiele für den Durchschnitt, abhängig von der Bezugs- und der Merkmalsklasse

Durchschnitt		Bezugsklasse		Merkmalsklasse	
Name	**Einheit**	**Name**	**Einheit**	**Name**	**Einheit**
Ertrag	dt/ha	Fläche	ha	Ernte-menge	dt
Leistung	St./h	Arbeit	h	Leistungs-menge	St.
Taktzeit	min/St.	Ausstoß	St.	Zeit	min

Praktisch treten drei Varianten auf:

- Der Durchschnitt ist nicht, die Größen M_i und B_i sind bekannt.
- Die Merkmalsgrößen sind nicht, die Größen B_i und D sind bekannt.
- Die Bezugsgrößen sind nicht, die Größen M_i und D sind bekannt.

Allgemeiner Durchschnitt

$$D = \frac{1}{\sum_{i=1}^{m} B_i} \cdot \sum_{i=1}^{m} M_i$$

Beispiel: Die betrachtete Erscheinung *D* ist die durchschnittliche Höhe der Vorbereitungs- und Abschlusszeiten eines Werkstücks. Merkmalsklasse: Vorbereitungs- und Abschlusszeit $M = t_A$, Bezugsklasse: Losgröße $B = n$, für vier Positionen $m = 4$.

i	*M* [min/Los]	*B* [St./Los]
1	60	12
2	360	72
3	60	36
4	120	24

Lösung: Betrachtete Erscheinung D = 4,17 min/St.

Manche Objekte besitzen die Eigenschaft, dass die Bezugsklasse mit der einzelnen Einheit der Gruppe identisch ist.

$$D = \frac{1}{m \cdot B} \cdot \sum_{i=1}^{m} M_i$$

Beispiel: Betrachtet wird die Höhe der Stückzeiten $M = t_S$ gleich großer Serien $B = q_S$ für vier Positionen $m = 4$.

i	***M* [min/Serie]**	***B* [St./Serie]**
1	6000	1200
2	8400	1200
3	4320	1200
4	2880	1200

Lösung: Betrachtete Erscheinung D = 4,50 min/St.

Fehlen die Größen M_i, so müssen die Produkte der Größen B_i und D_i gebildet werden, um die Größen M_i zu bestimmen.

$$D_i = \frac{M_i}{B_i} \quad \rightarrow \quad M_i = D_i \cdot B_i$$

$$D = \frac{1}{\sum_{i=1}^{m} B_i} \cdot \sum_{i=1}^{m} D_i \cdot B_i \quad \text{(Schreibweise auch : } \sum_{i=1}^{m} D_i \cdot B_i = \sum_{i=1}^{m} (D \cdot B)_i\text{)}$$

Beispiel: Der arithmetische Durchschnitt der Stückzeiten $D = t_S$ soll bei verschieden großen Serien $B = q_S$ ermittelt werden.

i	***D* [min/St.]**	***B* [St./Serie]**
1	5,0	600
2	7,0	2400
3	3,6	1000
4	2,4	600

Lösung: Betrachtete Erscheinung D = 5,40 min/St.

Gewogener harmonischer Durchschnitt

Sind die Größen B_i nicht bekannt, so müssen die Größen M_i durch die Größen D_i dividiert werden, um die Größen B_i zu erhalten.

$$D_i = \frac{M_i}{B_i} \quad \rightarrow \quad B_i = \frac{M_i}{D_i}$$

$$D_h = \frac{1}{\sum_{i=1}^{m} \frac{M_i}{D_i}} \cdot \sum_{i=1}^{m} M_i$$

Beispiel: Bezogen auf die Losgröße $M = n$ soll der harmonische Durchschnitt der Stückzeiten $D = t_S$ bestimmt werden.

i	***M* [St./Los]**	***D* [min/St.]**
1	60	5,0
2	360	7,0
3	60	3,6
4	120	2,4

Lösung:

Gewogener harmonischer Durchschnitt D_h = 4,61 min/St.

E

Einheiten

Gesetzliche Einheiten im Maßwesen (vgl. BGBl I 409 vom 22. 02. 1985) und für Größenangaben im amtlichen und geschäftlichen Verkehr (vgl. Einheitenverordnung BGBl I 2272 vom 13. 12. 1985 und Änderungen lt. VO BSB L I 836 vom 22.03.1991): Die Benennungen unterschiedlicher Verbindlichkeit für Phänomene in Natur, Technik und Gesellschaft sind wie folgt zu unterscheiden:

- *National verbindliche Basiseinheiten des Internationalen Einheitensystems (SI)* (Tabelle E.1),
- *Einheiten für die Verwendung im öffentlichen Verkehr* (Tabelle E.2),
- *Vorsätze als dezimale Teile und Vielfache von Einheiten* (Tabelle E.3).

Tabelle E.1: National verbindliche Basiseinheiten des Internationalen Einheitensystems

Zeichen	Name	Größe	Definition
A	Ampere	Stromstärke	Stärke des zeitlich konstanten elektrischen Stroms durch zwei geradlinige, parallele, unendlich lange Leiter von vernachlässigbarem Querschnitt mit dem Abstand 1 m, zwischen denen die durch den Strom elektrodynamisch erzeugte Kraft im leeren Raum je 1 m Länge der Doppelleitung 2.10^{-7} N beträgt.
cd	Candela	Lichtstärke	Jene Lichtstärke, die 1/600000 m^2 der Fläche eines schwarzen Körpers bei der Erstarrungstemperatur des Platins beim Druck 101325 Pa senkrecht zu seiner Oberfläche ausstrahlt.
K	Kelvin	Temperatur	Der 273,16te Teil der (thermodynamischen) Temperatur des Tripelpunktes von Wasser.
kg	Kilogramm	Gewicht	Gewicht des internationalen Kilogrammprototyps.
m	Meter	Länge	Entspricht 1650763,73 Vakuum-Wellenlängen der Strahlung im Übergang zwischen den Niveaus 2 p_{10} und 5 d_5 des Atoms Krypton 86.

Zeichen	Name	Größe	Definition
mol	Mol	Stoff-menge	Stoffmenge eines Systems, das aus so vielen gleichartigen elementaren Teilchen besteht, wie Atome in 0,012 kg des Kohlenstoffs 12 enthalten sind.
s	Sekunde	Zeit	Dauer von 9192631770 Perioden der Strahlung im Übergang zwischen den beiden Hyperfeinstrukturhöhen des Grundzustandes des Atoms Zäsium 133 entspricht.

Tabelle E.2: Einheiten für die Verwendung im öffentlichen Verkehr

Größe	Einheit		Beziehung
	Name	Zeichen	
Aktivität einer radioaktiven Substanz	Becquerel	Bq	1 Bq = 1 s^{-1}
Äquivalentdosis	Sievert	Sv	1 Sv = 1 J/kg
Beleuchtungsstärke	Lux	lx	1 lx = 1 lm/m^2
Blindleistung in der elektrischen Energietechnik	Var	var	1 var = 1 W
Blutdruck und Druck anderer Körperflüssigkeiten	Millimeter Quecksilbersäule	mmHg	1 mmHG = 133,322 Pa
Brechwert von optischen Systemen	Dioptrie	dpt	1 dpt = 1 m^{-1}
CelsiusTemperatur	Grad Celsius	°C	1 °C = 1 K
Druck	Bar	bar	1 bar = 105 Pa
Druck	Pascal	Pa	1 Pa = 1 N/m^2
Ebener Winkel	Gon	gon	1 gon = (π/200)rad
Ebener Winkel	Grad	°	1° = (π/180)rad
Ebener Winkel	Minute	′	1′ = (1/60)°
Ebener Winkel	Radiant	rad	1 rad = 1 m/1 m
Ebener Winkel	Sekunde	"	1" = (1/60)′
Ebener Winkel	Vollwinkel		1 Vollwinkel = 2 π rad
Elektrische Kapazität	Farad	F	1 F = 1 C/V
Elektrische Ladung, Elektrizitätsmenge	Coulomb	C	1 C = 1 A ·s
Elektrischer Leitwert	Siemens	S	1 S = 1 Ω^{-1}
Elektrischer Widerstand	Ohm	Ω	1 Ω = 1 V/A
Elektrisches Potential, Elektrische Spannung	Volt	V	1 V = 1 J/C
Energie in der Atomphysik	Elektronvolt	eV	1 eV = 1,6021892 · 10^{-19} J
Energie, Arbeit, Wärmemenge	Joule	J	1 J = 1 Nm = 1 Ws
Energiedosis, spezifische Energie, Kerma, Energiedosisindex	Gray	Gy	1 Gy = 1 J/kg
Fläche von Grundstücken und Flurstücken	Ar	a	1 a = 100 m^3
Fläche von Grundstücken und Flurstücken	Hektar	ha	1 ha = 104 m^2
Frequenz	Hertz	Hz	1 Hz = 1 s^{-1}
Induktivität	Henry	H	1 H = 1 Wb/A
Kraft	Newton	N	1 N = 1 mkg/s^2
Längenbezogene Masse von textilen Fasern und Garnen	Tex	tex	1 tex = 1 g/km
Leistung, Energiestrom	Watt	W	1 W = 1 J/s
Lichtstrom	Lumen	lm	1 lm = 1 cd ·sr
Magnetische Flußdichte	Tesla	T	1 T = 1 Wb/m^2
Magnetischer Fluß	Weber	Wb	1 Wb = 1 V s
Masse	Gramm	g	1 g = 10^{-3} kg
Masse	Tonne	t	1 t = 1000 kg
Masse in der Atomphysik	atomare Masseneinheit	u	1 u = 1,6605655 · 10^{-27} kg
Masse von Edelsteinen	metrisches Karat		1 metr. Karat = 0,2 g
Raumwinkel	Steradiant	sr	1 sr = 1 m^2/1 m^2
Volumen	Liter	l, L	1 l = 10^{-3} m^3
Wirkungsquerschnitt	Barn	b	1 b = 10^{-28} m^2
Zeit	Minute	min	1 min = 60 s
Zeit	Stunde	h	1 h = 60 min
Zeit	Tag	d	1 d = 24 h

Tabelle E.3: Vorsätze als dezimale Teile und Vielfache von Einheiten

Zeichen	Vorsatz	Faktor	Zeichen	Vorsatz	Faktor
T	Tera	10^{12}	d	Dezi	10^{-1}
G	Giga	10^{9}	c	Zenti	10^{-2}
M	Mega	10^{6}	m	Milli	10^{-3}
k	Kilo	10^{3}	µ	Mikro	10^{-6}
h	Hekto	10^{2}	n	Nano	10^{-9}
da	Deka	10	p	Piko	10^{-12}

Elastizität

Funktion oder Kennzahl der ökonomischen Analyse für die Wirkung aus der relativen Veränderung der Ursache einer Erscheinung, unterteilt in Bogen- und Punktelastizität. Sie widerspiegeln das Verhältnis zweier anteiliger Veränderungen funktionell oder empirisch miteinander verknüpfter Größen und geben die anteilige Veränderung der Zielgröße, wie z. B. der Nachfrage, bei einer Veränderung der Einflussgröße, wie z. B. der Kaufkraft, an. Die Bogenelastizität beruht auf Eingaben von paarigen Messwerten und deren Differenzen. Für die Punktelastizität werden funktionelle Beziehungen vorausgesetzt, die es erlauben, den Grenzwert der Bogenelastizität in die Berechnung zu übernehmen (Bild E.1). *Mathematisch ist die (Punkt-)Elastizität $\varepsilon_f(x)$ einer Funktion f definiert durch:*

$$\varepsilon_f(x) = \frac{\mathrm{d}f(x)}{\mathrm{d}x} \cdot \frac{x}{f(x)} \quad (x - \text{reell}).$$

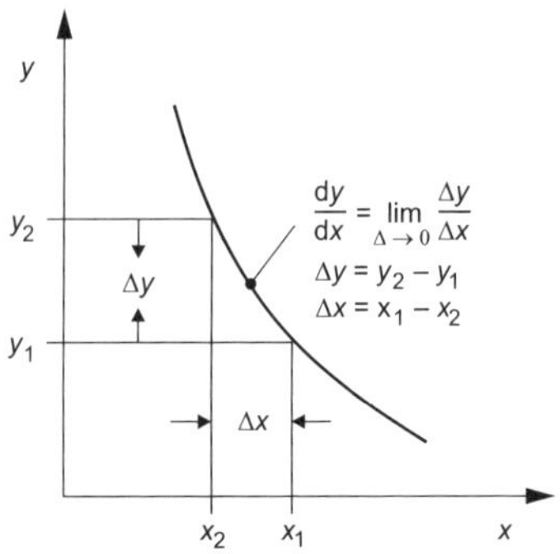

Bild E.1: Bogen- und Punktelastizität

Wird die Zielgröße von *mehreren* Faktoren beeinflusst:

$$y = f(x_1, x_2, \ldots, x_m),$$

dann werden partielle Elastizitätsfunktionen bezüglich der Ursachen x_i angewendet, wie z. B. beim Einfluss der Nutzwert-Preis-Elastizität auf den Bestandsaufbau *t* in einer Grundgesamtheit von Bedarfsträgern (Bild E.2).

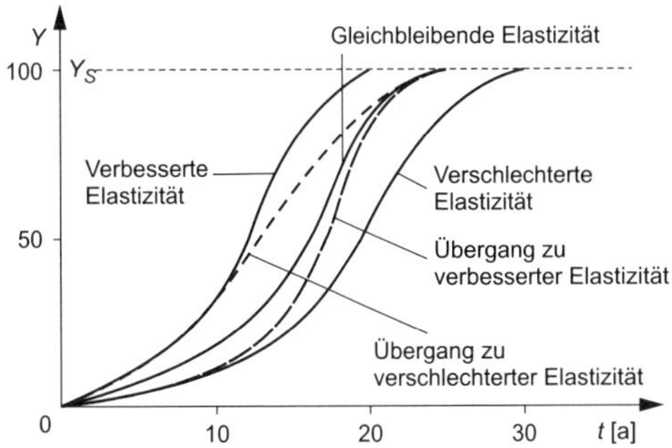

Bild E.2: Tendenz des Bestandsaufbaues in Abhängigkeit von der Elastizität zwischen Nutzwert und Preis

Bogenelastizität zwischen Kaufkraft und Nachfrage

Kennzahl der Elastizität aus Messwerten für die relative Veränderung der Nachfragemenge bei der relativen Veränderung der Kaufkraft. Die Wirkungsgröße „Nachfrage" ist positiv, wenn die Nachfragemenge bei steigender Kaufkraft zunimmt und umgekehrt: Je niedriger die Nachfrage, um so weniger reagiert der Anbieter auf Änderungen der Einflussgröße „Kaufkraft".

$$E_{1,0} = \frac{x_0 \cdot (y_1 - y_0)}{y_0 \cdot (x_1 - x_0)}$$

$$e_{1,0} = \frac{y_1 - y_0}{x_1 - x_0}$$

Beispiel: Basisstand der Kaufkraft	x_0	=	1324987,00	€/a
Veränderung der Kaufkraft	x_1	=	1987432,00	€/a
Basisstand der Nachfrage	y_0	=	430766	St./a
Veränderung der Nachfrage	y_1	=	530129	St./a
Lösung: Relative Elastizität	$E_{1,0}$	=	0,46	
Absolute Elastizität	$e_{1,0}$	=	0,15	St./€

Bogenelastizität zwischen Preis und Nutzwert

Für die Reaktion des Preises P einer Ware auf deren Nutzwert g existieren Funktionen für die

- Elastizität E zwischen der relativen Veränderung des Nutzwertes g und des Preises P:

  $$E = \frac{\mathrm{d}P \cdot g}{\mathrm{d}g \cdot P(g)},$$

- Veränderung der Relationen zwischen Preis P und Ausgangspreis P_a und dem Nutzwert g mit der Differenz Δg zum anfänglichen Nutzwert g_a:

  $$P = P_a \cdot \left(\frac{g}{g_a}\right)^E \quad \Rightarrow \quad \Delta g = g - g_a.$$

$$E = \frac{\log(P) - \log(P_a)}{\log(g_a + \Delta_g) - \log(g_a)}$$

Beispiel: Nutzwertdifferenz	Δg	=	25,53	%
Angebotspreis	P	=	1264,26	€/St.
Anfangspreis	P_a	=	1000,00	€/St.
Anfangsnutzwert	g_a	=	64,15	%
Lösung: Elastizitätskennzahl	E	=	0,70	%

Bei einer 1%igen Nutzwerterhöhung ist mit einer 0,7%igen Preissteigerung zu rechnen.

Punktelastizität zwischen Preis und Nutzwert

Die zeitliche Zunahme des Preises einer Ware und die zeitliche Veränderung ihres Nutzwertes stehen in einem invarianten Zusammenhang, der mathematisch ausgedrückt werden kann:

- Das Ende der Marktperiode t_G der Warensorte fixiert den Sättigungswert der Elastizität E_s:

  $$\lim_{t \to t_G} E = E_s, \quad t_G < \infty.$$

- Das zeitliche Verhältnis von Nutzwert und Preis ändert sich mit fester Proportionalität ω:

  $$\frac{\mathrm{d}E}{E - E_s} = \omega \cdot \mathrm{d}t, \quad E(0) = E_a.$$

Die Elastizität zeigt unterschiedliche Reaktionen (Tabelle E.4) und zeitliche Tendenzen (Bild E.3).

Tabelle E.4: Reaktionsfälle zwischen Preis und Nutzwert

Verhalten	ω	Analyse
1. Nutzwert steigt schneller als der Preis.	–	Die Anfangselastizität ist größer als der nicht negative Sättigungswert.
2. Nutzwert steigt langsamer als der Preis.	+	Der Sättigungswert ist größer als die nicht negative Anfangselastizität.
3. Nutzwert und Preis steigen proportional.	0	Die Anfangselastizität ist positiv.
4. Preis sinkt schneller als der Nutzwert wächst.	–	Die nicht positive Anfangselastizität ist größer als der Sättigungswert.
5. Preis sinkt langsamer als der Nutzwert wächst.	+	Der nicht positive Sättigungswert ist größer als der Anfangswert der Elastizität.
6. Preis sinkt proportional zum Anstieg des Nutzwerts.	0	Die Anfangselastizität ist negativ.

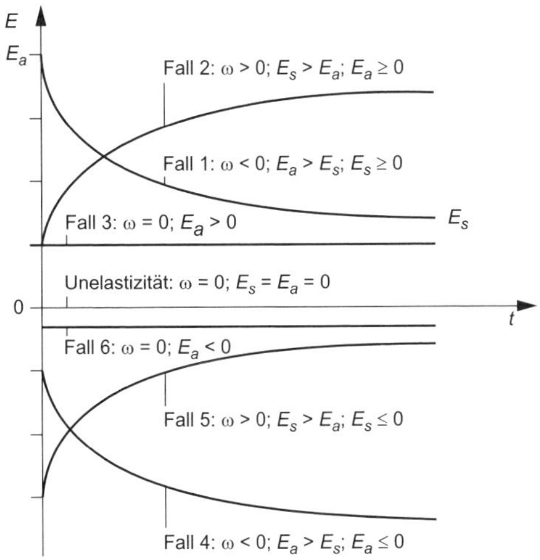

Bild E.3: Elastizitätsfunktionen der Nutzwert-Preisentwicklung

$$E_t = E_s + (E_a - E_s) \cdot e^{\omega \cdot t}, \quad t = 0, \ldots, t_G$$

Beispiel: Die Angebotselastizität von Luxusyachten ist durch Trendwerte belegt (Tabelle E.5). Die Parameterwerte sind abzuschätzen, der Trend soll dargestellt (Bild E.4) und für das 60. Jahr die Elastizitätskennzahl E_v ermittelt werden.

Tabelle E.5: Nutzwert-Preis-Elastizität E_t

Jahr	t	E_t
1960	25	1,80
1965	30	1,30
1970	35	1,10
1975	40	1,00
1980	45	0,90
1985	50	0,80
1990	55	0,75

Zeitvorgabe	t_v	=	60	a
Elastizitätsexponent	ω	=	– 0,08	1/a
Lösung: Anfangswert der Elastizität	E_a	=	8,74	%
Sättigungswert der Elastizität	E_s	=	0,65	%
Elastizitätskennzahl im 60. Jahr	E_v	=	0,71	%

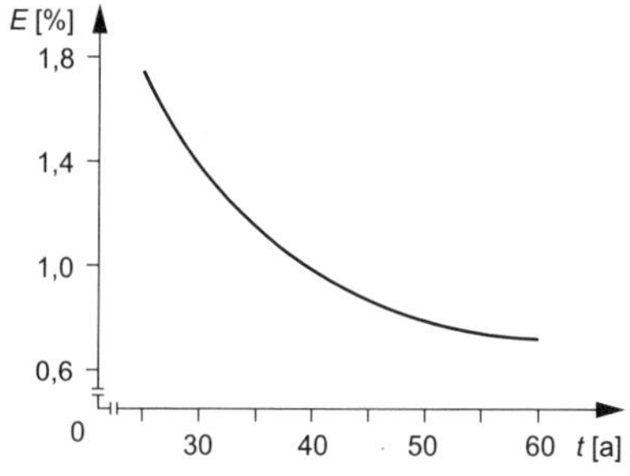

Bild E.4: Trend der Elastizität bei Luxusyachten

Erfahrungseffekt

Lerneffekt; hyperbolische Abnahme des laufenden Aufwandes A_i mit einem festen Satz s (Bild E.5) *für die Senkungskonstanz bei Verdopplung der Arbeitserfahrung, die sich in der Zählnummer i ausdrückt. Dabei bedeutet, dass sich der laufende Aufwand für eine Leistungseinheit auf die Verausgabung der an der Wertschöpfung beteiligten Leistungsfaktoren bezieht, wie z. B. in Form der Fertigungskosten, der Kapitalkosten, der Verwaltungskosten. Das gilt für die Periode der Einarbeitung. Danach tritt an die Stelle des Lernens die Routine bzw. das fundierte Wissen. Weitere Degressionen des Aufwandes gehen auf exogene Einflüsse,* *wie z. B. auf Rationalisierungseffekte, zurück. Zu jedem absoluten Anteil v existiert eine positive reelle Zahl s, so dass für alle Argumente i und für den die Degression bestimmenden Exponenten κ gilt:*

$$A_i = \frac{A_0}{i^\kappa} \Rightarrow \text{für } v_i = \frac{A_i}{A_0} \text{ gilt: } v_i = \frac{1}{i^\kappa},$$

$$v_{2i} = s \cdot v_i = \frac{1}{(2i)^\kappa} = \frac{1}{2^\kappa} \cdot \frac{1}{i^\kappa} \Rightarrow s = 2^{-\kappa} \Rightarrow \kappa = -\frac{\ln s}{\ln 2}.$$

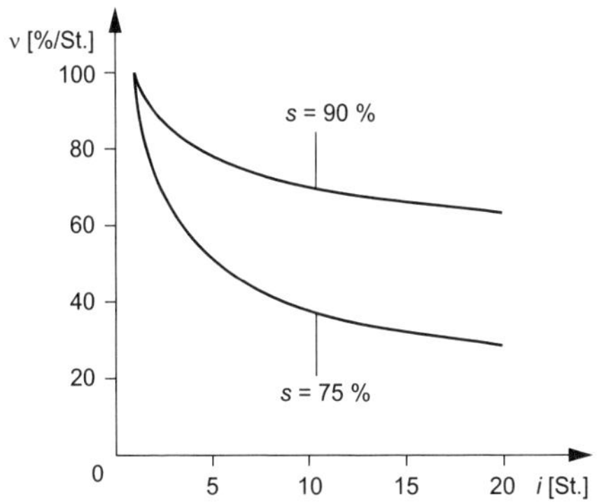

Bild E.5: Lern- bzw. Erfahrungskurve mit dem Senkungssatz *s*, wie z. B. *s* = 5, 10, ..., 35 %, für den hyperbolisch verteilten Aufwand

Anteiliger Lerneffekt

Regressionsanalyse der Senkung des Lernaufwandes aus einer Stichprobe mit relativierten Aufwandsdaten $A_0 = 1$ und Berechnung des Senkungssatzes.

$$s = \frac{1}{2^\kappa} \Leftrightarrow f(\kappa) \equiv \sum_{i=1}^{n} \left(v_i - i^{-\kappa}\right)^2 \rightarrow \text{Min}$$

$$\sigma = \sqrt{\frac{\sum_{i=1}^{n} \left(v_i - i^{-\kappa}\right)^2}{n-1}}$$

$$\bar{s} = \frac{1}{m} \cdot \sum_{i=1}^{m} \frac{1}{i^\kappa}$$

Beispiel: Die Nachkalkulation der Kosten für den kundenspezifischen Einbau eines Typs von Saunaanlagen lieferte den Nachweis, dass der

Aufwand mit der Anzahl der Anlagen beständig abgenommen hat (Tabelle E.6). Der Wert des Verteilungsexponenten soll approximiert, der hyperbolische Senkungssatz und der Durchschnittsanteil sollen für künftige Projekte mit einer Seriengröße von fünfzig Saunen ermittelt werden.

Menge künftiger Einbauten m = 50 St.

Tabelle E.6: Aufwandsanteile für Saunabäder in Abhängigkeit von der Wiederholung i des Einbaus

Einbaumenge i [Nr.]	Senkungsquote v [%]	Einbaumenge i [Nr.]	Senkungsquote v [%]
1	100,00	25	72,50
5	85,00	30	72,00
10	80,00	35	71,50
15	77,00	40	70,00
20	75,00	45	68,50

Lösung: Stichprobenumfang n = 10 Werte
Verteilungsexponent κ = 0,09725
Hyperbolischer Senkungssatz s = 93,48 %
Durchschnittsanteil $\bar{s}$ = 75,20 %
Standardabweichung σ = 3,49 %

Jeweils bei Verdopplung der Anzahl eingebauter Saunen fällt der Aufwand auf s = 93,48 %.

Absoluter Lerneffekt

Die hyperbolische Funktion weist den Aufwänden A_i der Reihe nach mit dem reellwertigen Verteilungsexponenten κ die absoluten Anteile zu.

$$A_i = A_0 \cdot \frac{1}{i^\kappa} \quad \Leftrightarrow \quad f(A_0, \kappa) \equiv \sum_{i=1}^{n} \left(A_i - q_1 \cdot i^{-\kappa}\right)^2 \to \text{Min}$$

$$\sigma = \sqrt{\frac{\sum_{i=1}^{n} \left(A_i - q_1 \cdot i^{-\kappa}\right)^2}{n-2}}$$

$$s = \frac{1}{2^\kappa}$$

$$\bar{s} = \frac{A_0}{m} \cdot \sum_{i=1}^{m} \frac{1}{i^\kappa}$$

Erfolgsstern

Grafische Methode zur quantitativen Leistungsbewertung von Objekten (Erzeugnisse, Verfahren usw.) in sternförmiger Darstellung (Bild E.6).

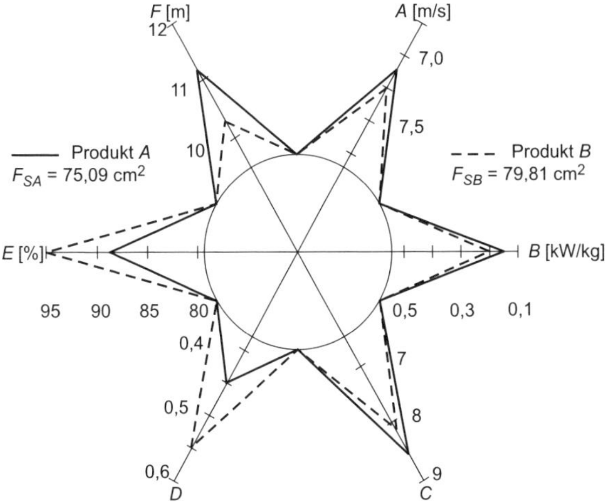

Bild E.6: Erfolgsstern für zwei Erzeugnisse

Die Skalenwerte b_i der Objektparameter i, $i = 1, 2, \ldots, n$, belegen die Achsen und werden unter Einbeziehung des Kreises (Radius r) miteinander verbunden. Das bessere Objekt besitzt die größere Sternfläche F:

$$F = r \cdot \left(r \cdot f_n + g_n \cdot \sum_{i=1}^{n} b_i \right) \quad \text{mit} \quad \begin{cases} f_n = n \cdot \left(\dfrac{1}{2} \cdot \sin \dfrac{360}{n} + \sin^2 \dfrac{360}{n} \right) \\ g_n = \sin \dfrac{180}{n} \end{cases}$$

Der Kreisradius r ist so zu wählen, dass eine gute Anschaulichkeit erzielt wird, wie z. B. $r = 0{,}25 \ldots 0{,}40$ der angesetzten maximalen Skalenlänge.

Erwartungswert

Grundlegender Parameter der Wahrscheinlichkeitsrechnung, auch als Mittelwert der Verteilung einer Zufallsgröße bezeichnet, der die Verteilung „im Mittel" beschreibt.

Ist X eine diskret verteilte Zufallsgröße, die die Werte $x_1, \ldots, x_n$ bzw. $x_1, x_2, \ldots$ annimmt, so heißt

$$EX = \sum_k x_k \cdot p_k \quad \text{(d. h. } EX = \sum_{k=1}^{n} x_k \cdot p_k \quad \text{bzw.} \quad EX = \sum_{k=1}^{\infty} x_k \cdot p_k)$$

mit den Einzelwahrscheinlichkeiten $p_k = P(X = x_k)$, $k = 1, 2, \ldots$ der Erwartungswert von X.

(Im Falle abzählbar unendlich vieler Werte $x_1, x_2, \ldots$ hat man $\sum_{k=1}^{\infty} | x_k | \cdot p_k$ vorauszusetzen.)

Ist X eine stetig verteilte Zufallsgröße mit der Wahrscheinlichkeitsdichte f_X, so heißt – falls $\int_{-\infty}^{\infty} | x | \cdot f_X(x) \cdot \mathrm{d}x$ existiert –

$$EX = \int_{-\infty}^{\infty} x \cdot f_X(x) \cdot \mathrm{d}x$$

der Erwartungswert von X.

Beispiele:

- Für die Binomialverteilung mit den Parametern n und p gilt:
  $EX = n \cdot p.$
- Für die Poisson-Verteilung mit dem Parameter $\lambda > 0$ gilt:
  $EX = \lambda.$
- Für die hypergeometrische Verteilung mit den Parametern N, M, n ($N, M, n \in \mathbb{N}$ und $M \leq N, n \leq N$) gilt:
  $$EX = n \cdot \frac{M}{N}.$$
- Für die gleichmäßig stetige Verteilung auf $[a, b]$, $a < b$, gilt:
  $$EX = \frac{a+b}{2}.$$
- Für die Normalverteilung mit den Parametern μ $(-\infty < \mu < \infty)$, σ^2 $(\sigma > 0)$ gilt:
  $EX = \mu.$
- Für die Exponentialverteilung mit dem Parameter $\lambda > 0$ gilt:
  $$EX = \frac{1}{\lambda}.$$

Exponentialverteilung

Durch den Parameter $\alpha > 0$ bestimmte theoretische Verteilung (Bild E.7) *einer stetigen Zufallsgröße X mit der Dichtefunktion:*

$$f(x) = \begin{cases} \alpha \cdot e^{-\alpha \cdot x} & \text{für } x \geq 0 \\ 0 & \text{für } x < 0 \end{cases}$$

herangezogen u. a. für die wahrscheinlichkeitstheoretische Modellierung der Lebensdauer sowie der Dauer bei Bedienungs-, Erneuerungs- und Reparaturprozessen.

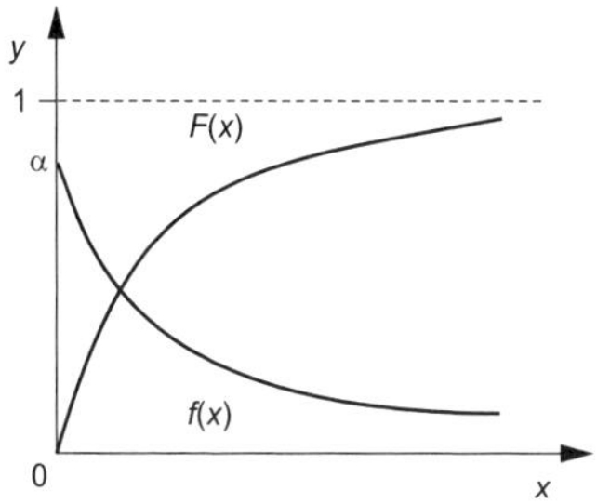

Bild E.7: Dichtefunktion $f(x)$ und Verteilungsfunktion $F(x)$ der Exponentialverteilung

Exponentialfunktion

$$f(x) = \begin{cases} \alpha \cdot e^{-\alpha \cdot x} & \text{für } x \geq 0 \\ 0 & \text{für } x < 0 \end{cases} \qquad (\alpha > 0)$$

$$F(x) = \begin{cases} 0 & \text{für } x < 0 \\ 1 - e^{-\alpha \cdot x} & \text{für } x \geq 0 \end{cases} \qquad (\alpha > 0)$$

$$\mu = \frac{1}{\alpha} = EX$$ (Erwartungswert einer exponentiell verteilten Zufallsgröße)

$$\sigma^2 = \frac{1}{\alpha^2} = \text{var}(X)$$ (Varianz einer exponentiell verteilten Zufallsgröße)

Beispiel: Die Dauer der Reparatur von Computernetzwerken sei exponentiell verteilt. Die Hardwarefirma REPASERV GMBH hat von den Netzwerkgrößen bestimmte Erwartungswerte ermittelt. Zur Kalkulation der Einsatzzeit für einen vorliegenden Reparaturauftrag soll die Wahrscheinlichkeit für die Erledigung der Instandsetzung innerhalb eines Zeitintervalls ermittelt werden.

Erwartungswert				
der Exponentialverteilung	μ	=	20	h
Untere Zeitgrenze	x_1	=	15	h
Obere Zeitgrenze	x_2	=	24	h
Lösung: Wahrscheinlichkeit				
für die untere Zeitgrenze	F_1	=	52,76	%
Wahrscheinlichkeit				
für die obere Zeitgrenze	F_2	=	69,88	%
Parameter der Exponentialverteilung	α	=	0,05	
Streuung der Exponentialverteilung	σ^2	=	400,00	

Mit rund 70 % Wahrscheinlichkeit beträgt die Dauer der Netzwerkinstallation nicht mehr als 24 h, mit ca. 53 % Wahrscheinlichkeit keine 15 h.

Gerätefunktionsdauer

Bezeichnung für die Laufzeit elektronischer Geräte von der Inbetriebnahme bis zur Aussonderung aus dem Leistungsprozess wegen des elektronisch bedingten Ausfalls von Funktionen. Die Bedingung lautet, dass der Ausfall hauptsächlich durch die Elektronik und weniger durch die physische Alterung der mechanischen Teile bedingt ist. Die (Früh-) Ausfälle treten als zeitabhängige Zufallsgröße auf, die mathematisch i. Allg. durch die Weibull-Verteilung beschrieben wird. Die nachfolgende Funktion $F(t)$ der negativen Exponentialverteilung mit ihrer approximierten Dichtefunktion $f(t)$ (Bild E.8) tritt als deren Sonderfall auf.

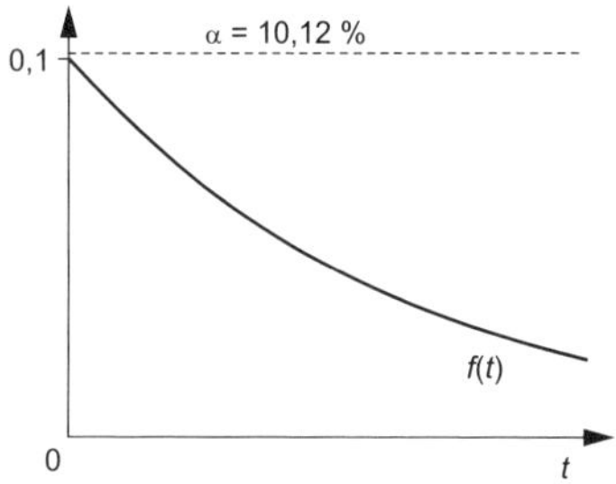

Bild E.8: Approximierte Dichtefunktion $f(t)$ der Exponentialverteilung

$$F(t) = \begin{cases} 0 & \text{für } t < 0 \\ 1 - e^{-\alpha \cdot t} & \text{für } t \geq 0 \end{cases}$$

$$f(t)=\begin{cases}0 & \text{für } t<0\\ \alpha\cdot e^{-\alpha\cdot t} & \text{für } t\geq 0\end{cases} \quad\Leftrightarrow\quad [\alpha]\equiv\sum_{i=1}^{n}(f(t_i)-h_i)^2\rightarrow \text{Min}$$

$$(t_i - \text{äquidistant})$$

$$P(t_u\leq t\leq t_o)=F(t_o)-F(t_u)$$

$$\mu=\frac{1}{\alpha}$$

$$\sigma=\frac{1}{\alpha}$$

Beispiel: Bei Funktionstests einer elektronischen Steuerung wurden die relativen Ausfallhäufigkeiten je Stunde ermittelt (Tabelle E.7). Mittels der Dichtefunktion der negativen Exponentialverteilung sollen der Wert des Verteilungsparameters, die Standardabweichung und der Mittelwert approximiert werden. Außerdem ist die Ausfallwahrscheinlichkeit der Geräte bei einer Laufzeit zwischen 3 bis 5 Stunden anzugeben.

Tabelle E.7: Relative Ausfallhäufigkeiten einer elektronischen Steuerung

i	*t* [h]	*f*(*t*) [%]	*i*	*t* [h]	*f*(*t*) [%]
1	1	9,04	6	7	4,93
2	2	8,49	7	8	4,39
3	4	6,74	8	11	3,32
4	5	6,01	9	16	1,91
5	6	5,37	10	20	1,29

Untere Laufzeitgrenze	t_u	=	3	h
Obere Laufzeitgrenze	t_o	=	5	h
Lösung: Ausfallwahrscheinlichkeit	P	=	13,52	%
Funktionskonstante	α	=	0,10119	1/h
Erwartungswert der mittleren Laufzeit	μ	=	9,88	h
Standardabweichung	σ	=	9,88	h

Exponentielle Glättung

Methode der kurzfristigen Prognose aus einer Stichprobe vom Umfang n mit periodischen Vergangenheitsdaten. Diese erhalten durch die exponentielle Glättung mit zunehmender Aktualität eine höhere Gewichtung. Die Alterung der Messwerte x_t *wird ausgeglichen, die Sicherheit der Vorhersage verbessert, insbesondere bei der Bedarfs-, Bestands- und Bestellrechnung. Grundlegend ist eine geeignete Datenbasis mit Messwerten aus Marktanalysen.*

Die Abweichung F der Glättung folgt aus der Summe der Abweichungen zwischen originalen und geglätteten Messwerten, die Standardabweichung σ aus der Fehlersumme der Quadrate:

$$F = \sum_{t=1}^{n} | y_t - x_t | \quad \Rightarrow \quad \sigma = \sqrt{\frac{\sum_{t=1}^{n} (y_t - x_t)^2}{n - m}}.$$

Der Nenner $n - m$ stellt sich als Differenz zwischen dem Stichprobenumfang n und der Anzahl der zu schätzenden Parameter dar.

Exponentielle Messwertglättung

Approximation eines Glättungsexponenten α zur Ermittlung des Prognosewertes y_{n+1} mit dem Messwert des letzten Jahres x_n aus der Zeitreihe vom Umfang n (Bild E.9).

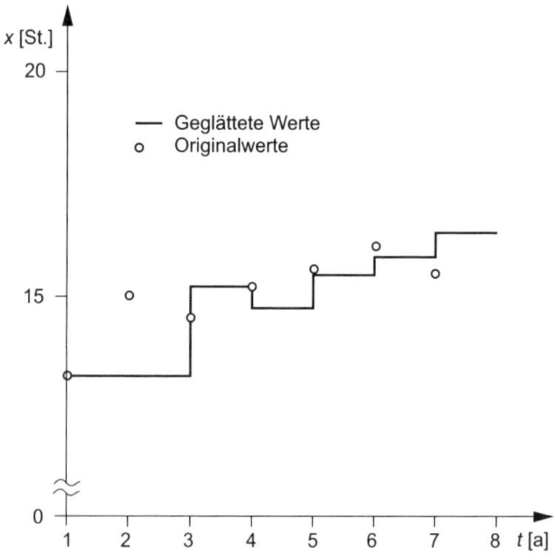

Bild E.9: Geglättete und originale Messwerte

Die Größe des Glättungsexponenten bewirkt die periodische Zunahme des Einflusses der Messwerte auf die Vorhersage.

$$y_t = x_{t-1} \cdot t^{\alpha}, \quad t = 2, 3, \ldots, n, n+1 \quad \Leftrightarrow \quad [a] \equiv \sum_{t=2}^{n} (y_t - x_t)^2 \rightarrow \text{Min}$$

$$F = \sum_{t=2}^{n} | y_t - x_t | \quad \Rightarrow \quad \sigma = \sqrt{\frac{\sum_{t=2}^{n} (y_t - x_t)^2}{n-2}}$$

Beispiel: „Ein Produzent von Schokolade stellt für den Verbrauch von 100-g-Tafeln, bezogen auf die möglichen Verbraucher, folgenden Verzehr pro Kopf und Jahr fest (Tabelle E.8, Spalten „Messwerte"). Erstellen Sie die Prognose für das 8. Jahr (Spalten „Glättung 1. Ordnung") mit Hilfe der exponentiellen Glättung 1. Ordnung!" (Scharnbacher, S. 155). Die Messwerte werden exponentiell geglättet. Die geglätteten Messwerte (Spalten „Messwertglättung"), der Prognosewert, die Fehlersumme und die Standardabweichung sind anzugeben und auszuwerten.

Tabelle E.8: Messwerte x, geglättete Messwerte y und Abweichungen $(y - x)$

Messwerte		**Messwert-glättung**		**Glättung 1. Ordnung** α = 10 %		α = 50 %	
t **[a]**	***x*** **[St./a]**	***y*** **[St./a]**	**$\|y - x\|$ [St./a]**	***y*** **[St./a]**	**$\|y - x\|$ [St./a]**	***y*** **[St./a]**	**$\|y - x\|$ [St./a]**
1	13,10	0,00					
2	15,00	13,18	1,82	13,10	1,90	13,10	1,90
3	14,50	15,15	0,65	13,29	1,21	14,05	0,45
4	15,20	14,68	0,52	13,41	1,79	14,28	0,93
5	15,60	15,42	0,18	13,59	2,01	14,74	0,86
6	16,10	15,85	0,25	13,80	2,30	15,17	0,93
7	15,50	16,38	0,88	14,02	1,48	15,64	0,14
8		**15,79**	**4,30**	**14,16**	**10,69**	**15,57**	**5,21**

Lösung: Prognosewert	y_{n+1} =	15,79	St./a
Glättungsexponent	α =	0,00887	
Umfang der Stichprobe	n =	7	a
Fehlersumme	F =	4,30	St.
Standardabweichung	σ =	0,99	St./a

Die exponentielle Glättung ist, wie der Vergleich der Fehlersummen zeigt, optimal, weil die Abweichung von 4,30 Tafeln Schokolade für den Analysenzeitraum ein Minimum annimmt. Keine Konstante α der exponentiellen Glättung 1. Ordnung (Scharnbacher, S. 155, 156) erreicht ein besseres Ergebnis.

Exponentielle Stichprobenglättung

Prognose des künftigen Bedarfs y_{n+t} und Glättung der Stichprobe zu Mittelwerten y_{n-t} mit der Glättungsfunktion $y(t)$ zum Ausgleich der Alterung ihrer Messwerte x_{n-t} vom Umfang n (Bild E.10). Faktor y_0 und

Exponent α der Glättungsfunktion wird aus den Messwerten approximiert. Bei Verdopplung der Vorhersagezeit steigt der Bedarf entsprechend einem Verdopplungssatz p konstant auf eine neue Niveaugröße.

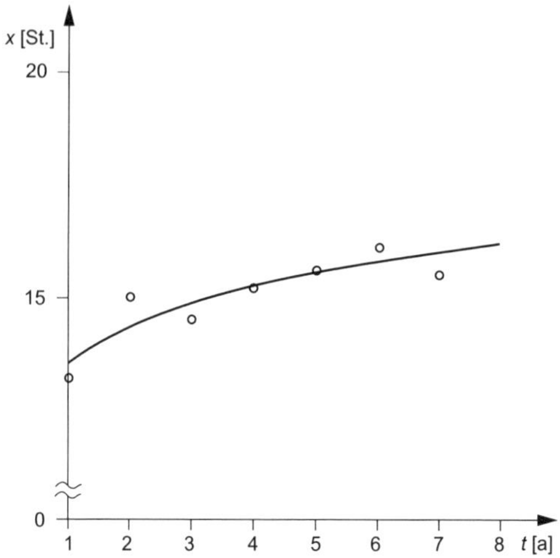

Bild E.10: Geglättete Stichprobe des Schokoladenverbrauchs und originale Messwerte

$$y_t = y_0 \cdot t^{\alpha}, \quad t = 2, 3, \ldots, n, n+1 \quad \Leftrightarrow \quad [a, y_0] \equiv \sum_{t=2}^{n} (y_t - x_t)^2 \rightarrow \text{Min}$$

$$F = \sum_{t=2}^{n} | y_t - x_t | \quad \Rightarrow \quad \sigma = \sqrt{\frac{\sum_{t=2}^{n} (y_t - x_t)^2}{n-2}}$$

$$p \cdot y_t = y_0 \cdot (2 \cdot t)^{\alpha} \quad = 2^{\alpha} \cdot y_0 \cdot t^{\alpha} \quad \Rightarrow \quad p = 2^{\alpha}$$

Beispiel: „In den letzten Jahren entwickelte sich der Verbrauch an Wein pro Kopf der Bevölkerung in der Bundesrepublik, gemessen in Liter, wie folgt: Tabelle E.9, Spalten „Messwerte“. Prognostizieren Sie den Pro-Kopf-Verbrauch für die Jahre 7 und 8 unter der Annahme von α = 0,5“ (Spalten „Glättung 2. Ordnung“, nach Scharnbacher, S. 158 und L40). Die Stichprobe soll exponentiell geglättet werden (Bild E.11). Die Funktionswerte (Spalten „Stichprobenglättung“), die beiden Prognosewerte, die Fehlersumme und die Standardabweichung sind anzugeben.

Tabelle E.9: Messwerte x, geglättete Messwerte inkl. Vorhersagewerte y und Abweichungen $|y - x|$

Messwerte		**Stichprobenglättung**		**Glättung 2. Ordnung** $\alpha = 50$ %	
t **[a]**	***x*** **[l/a]**	**y** **[l/a]**	**|*y* – *x*|** **[l/a]**	***y*** **[l/a]**	**|*y* – *x*|** **[l/a]**
1	15,30	15,39	0,09		
2	18,20	17,49	0,71	15,30	2,90
3	17,60	18,84	1,24	18,20	0,60
4	20,50	19,87	0,63	18,32	2,18
5	20,70	20,70	0,00	21,07	0,37
6	21,40	21,41	0,01	21,81	0,41
7		**22,02**	**2,68**	**22,42**	**6,46**
8		**22,57**		**23,34**	

Lösung: Glättungsfaktor	y_0	=	15,39	l/a
Glättungsexponent	α	=	0,18411	
Umfang der Stichprobe	n	=	6	a
Fehlersumme	F	=	2,68	l
Verdopplungssatz	p	=	113,61	%
Standardabweichung	σ	=	0,78	l/a

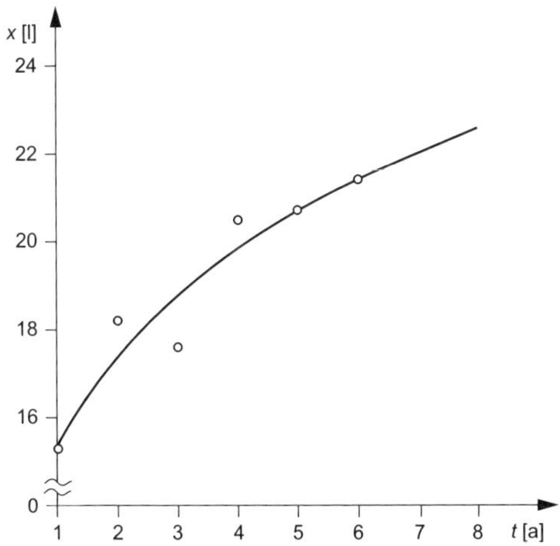

Bild E.11: Geglättete Stichprobe des Weinverbrauchs und originale Messwerte

Zum Vergleich der verschiedenen Glättungsverfahren und der erzielten Anpassungsgüte wird die bereits bei der exponentiellen Messwertglättung (Tabelle E.10: „Messwerte *x*, geglättete Messwerte *y* und Abweichungen |*y* – *x*|") verwendete Stichprobe für den Bedarf von Schokolade (Scharnbacher, S. 155) ebenfalls exponentiell geglättet (Spalten „Geglättete Stichprobe"). Der Prognosewert, die Fehlersumme und die Standardabweichung werden berechnet, ausgegeben und mit den vorher erzielten Ergebnissen verglichen.

Glättungsfaktor	y_0	=	13,47	St./a
Glättungsexponent	α	=	0,08703	
Umfang der Stichprobe	n	=	7	a
Fehlersumme	F	=	2,30	St.
Verdopplungssatz	p	=	106,22	%
Standardabweichung	σ	=	0,46	St./a

Tabelle E.10: Messwerte *x*, geglättete Messwerte *y*, geglättete Stichprobe und Abweichungen |*y* – *x*|

Mess-werte		Geglättete Messwerte		Geglättete Stichprobe		Glättung 1. Ordnung α = 10 %		Glättung 1. Ordnung α = 50 %	
t [a]	**x** [St./a]	**y** [St./a]	**|y – x|** [St./a]	**y** [St./a]	**|y – x|** [St./a]	**y** [St./a]	**|y – x|** [St./a]	**y** [St./a]	**|y – x|** [St./a]
1	13,10	0,00		13,47	0,37				
2	15,00	13,18	1,82	14,31	0,69	13,10	1,90	13,10	1,90
3	14,50	15,15	0,65	14,82	0,32	13,29	1,21	14,05	0,45
4	15,20	14,68	0,52	15,20	0,00	13,41	1,79	14,28	0,93
5	15,60	15,42	0,18	15,50	0,10	13,59	2,01	14,74	0,86
6	16,10	15,85	0,25	15,74	0,36	13,80	2,30	15,17	0,93
7	15,50	16,38	0,88	15,96	0,46	14,02	1,48	15,64	0,14
8		**15,79**	**4,30**	**16,14**	**2,30**	**14,16**	**10,69**	**15,57**	**5,21**

Die beste Schätzung für das eindrucksvolle Schokoladenbeispiel (Scharnbacher, S. 155, 156) liefert die exponentielle Stichprobenglättung. Das betrifft nicht nur die minimale Fehlersumme der Schätzung, sondern auch die Plausibilität der verschiedenen Vorhersagewerte y_{n+1}.

G

Gesetz der großen Zahlen

Oberbegriff für asymptotische Aussagen der Wahrscheinlichkeitstheorie mit großer praktischer Bedeutung, die das Verhalten von relativen Häufigkeiten bzw. arithmetischen Mitteln bei wachsendem Stichprobenumfang charakterisieren. Betriebswirtschaftliche Anwendungen betreffen vor allem Lösungen von Problemen, die mit dem Mengeneffekt verbunden sind.

Mathematisch lässt sich dieser Sachverhalt folgendermaßen beschreiben: Es sei X_n $(n = 1, 2, ...)$ eine Folge unabhängiger und identisch verteilter Zufallsgrößen mit $EX_n \equiv \mu$ und $\text{var}(X_n) \equiv \sigma^2$ $(n = 1, 2, ...)$. Dann ist

$$E\left(\frac{1}{N}\sum_{n=1}^{N} X_n\right) = \mu,$$

$$\text{var}\left(\frac{1}{N}\sum_{n=1}^{N} X_n\right) = \frac{\sigma^2}{N}$$

und es gilt

$$P\left(\left|\frac{1}{N}\sum_{n=1}^{N} X_n - \mu\right| \geq \varepsilon\right) \leq \frac{\sigma^2}{\varepsilon^2 \cdot N}$$

für alle $\varepsilon > 0$, d. h.

$$\lim_{N\to\infty} P\left(\left|\frac{1}{N}\sum_{n=1}^{N} X_n - \mu\right| \geq \varepsilon\right) = 0$$ ((schwaches) Gesetz der goßen Zahlen)

Also wird die Wahrscheinlichkeit, dass das arithmetische Mittel vom Erwartungswert („theoretischer Mittelwert") um mindestens eine vorgegebene Zahl $\varepsilon > 0$ abweicht, für hinreichend großes N („Stichprobenumfang") beliebig klein.

Bernoullisches Modell

Das in der Betriebswirtschaft vor allem genutzte Gesetz lautet: Die Wahrscheinlichkeit der Annäherung der relativen Häufigkeit $\frac{n_1}{n}$ an die

Eintrittswahrscheinlichkeit $p = P(A)$ für das Ereignis A weicht von einer beliebig vorgegebenen Größe $\varepsilon > 0$ immer weniger ab, je mehr die Anzahl der Versuche unbegrenzt zunimmt (Bild G.1).

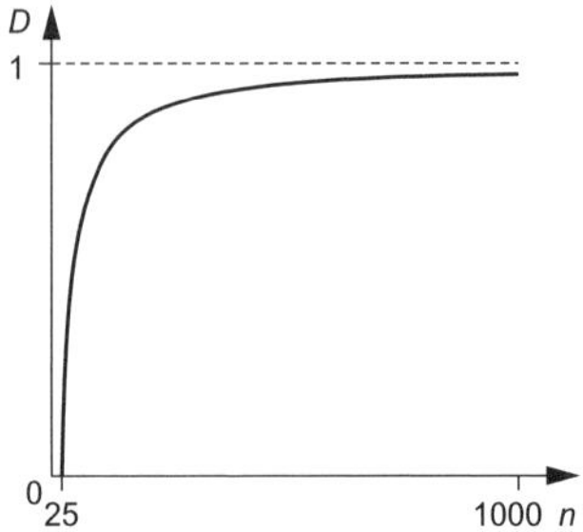

Bild G.1: Wahrscheinlichkeitsgrenze über dem Stichprobenumfang ($\varepsilon = 0{,}1$)

$$P = \left(\left| \frac{n_1}{n} - p \right| < \varepsilon \right) \geq D \qquad \text{(Tschebyscheffsche Ungleichung)}$$

$$D = 1 - \frac{1}{4 \cdot \varepsilon^2 \cdot n} \qquad (D > 0)$$

Beispiel: Beim Auszählen von Ausschussteilen n_1, die jeweils einer Charge von n Bauelementen zu entnehmen sind, wurden Stichproben experimentell in $i = 1, 2, \ldots m$ daraufhin untersucht, wie sich die relative Häufigkeit von Ausschussteilen zu der Anzahl an Proben verhält (Tabelle G.1).

Tabelle G.1: Relative Häufigkeit von Ausschussteilen und Anzahl an Proben

i [Nr.]	Umfang der Probe *n*	Ausschussteile n_1
1	50	27
2	100	53
3	1000	520
4	10000	5013

Der erwartete Ausfallanteil p ist physikalischer Natur, die Genauigkeitsforderung protokolliert. Es soll festgestellt werden, ob die relative Häufigkeit für das Finden von Ausschussteilen mit zunehmender Anzahl an Proben von der Ausfallwahrscheinlichkeit immer weniger abweicht (Tabelle G.2).

Anzahl der Stichproben	m	=	4
Eintrittswahrscheinlichkeit für das Ereignis *A*	p	=	0,50
Genauigkeitsforderung	ε	=	0,10

Lösung:

Tabelle G.2: Annäherungswahrscheinlichkeit *P* für das Ereignis *A* und Wahrscheinlichkeitsgrenze *D*

i	P	D [%]
1	$0{,}0400 \leq 0{,}5$	50,00
2	$0{,}0300 \leq 0{,}5$	75,00
3	$0{,}0200 \leq 0{,}5$	97,50
4	$0{,}0013 \leq 0{,}5$	99,75

Gesetz der organischen Entwicklung

Wiederkehrender strenger Zusammenhang zwischen dem Aufschwung oder Abschwung einer Größe und ihrem Zeitverlauf. In Natur und Gesellschaft verlaufen biologische, wirtschaftliche u. ä. Entwicklungen häufig in geometrischer Progression bzw. Degression: Die angereicherte Anzahl von Elementen einer Menge y ist in direkter Proportionalität κ an der zeitlichen Veränderung dy/dt ihrer Mächtigkeit beteiligt:

$$\frac{\mathrm{d}y}{\mathrm{d}t} = \kappa \cdot y \quad bzw. \quad \frac{\mathrm{d}y}{\mathrm{d}t} = -\kappa \cdot y \quad (\kappa < 0).$$

Die negative Proportionalitätskonstante κ führt zum Abschwung der Größe, die positive zum Aufschwung. Beispiele sind die Abnahme der Preise, der radioaktive Zerfall usw. oder die Zunahme der Bevölkerung, das Wachstum des Wissens, die Kapitalisierung (Bild G.2) usw.

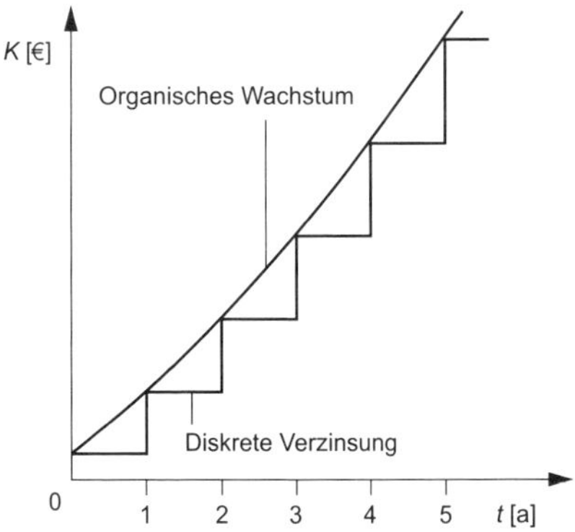

Bild G.2: Diskrete (Zinstreppe) und stetige Kurve des Kapitalwachstums

Die Lösung der Differenzialgleichung führt mit der Nebenbedingung:

$$y(0) = y_0,$$

auf die Exponentialfunktion $y(t)$ mit dem positiven festen Faktor y_0, der Eulerschen Zahl e als „Basis“ und dem Produkt aus der Proportionalitätskonstanten κ und der Zeit t als Exponent:

$$y(t) = y_0 \cdot \mathrm{e}^{\kappa \cdot t} \quad \text{bzw.} \quad y(t) = y_0 \cdot \mathrm{e}^{-\kappa \cdot t}.$$

Die Verdopplungszeit τ des Aufschwungs oder Abschwungs ergibt sich aus dem Ansatz:

$$2 \cdot y(t) = y_0 \cdot \mathrm{e}^{\pm\kappa \cdot (t+\tau)} = y_0 \cdot \mathrm{e}^{\pm\kappa \cdot t} \cdot \mathrm{e}^{\kappa \cdot \tau} \quad \Rightarrow \quad 2 = \mathrm{e}^{\kappa \cdot \tau} \quad \Rightarrow \quad \tau = \frac{\ln 2}{\kappa},$$

und vollzieht sich ausschließlich in Abhängigkeit vom Exponenten κ. Die Exponentialfunktion $y(t)$ steht im gesetzmäßigen Zusammenhang zum diskreten Modell:

$$y_0 \cdot \mathrm{e}^{\pm\kappa \cdot t} = y_0 \cdot (1 \pm p)^t \quad \Rightarrow \quad p = \mathrm{e}^{\pm\kappa} - 1.$$

Aus dem Exponenten κ folgt unmittelbar die Jahresrate p der Entwicklung.

Organischer Aufschwung

Quantitativer Ausdruck für die mittlere Zunahme wirtschaftlich relevanter Größen in Abhängigkeit von der Zeit.

$$y(t) = y_0 \cdot \mathrm{e}^{\kappa \cdot t} \quad \Leftrightarrow \quad [y_0, \kappa] \equiv \sum_{i=1}^{n} (y(t_i) - y_i)^2 \rightarrow \text{Min}$$

$$\sigma = \sqrt{\frac{\sum_{i=1}^{n} (y(t_i) - y_i)^2}{n-2}}$$

$$\tau = \frac{\ln(2)}{\kappa}$$

$$p = \mathrm{e}^{\kappa} - 1$$

Beispiel: Die Steuerberatung DOKUM GMBH hat eine Analyse der in den zurückliegenden Jahren auf den Festplatten ihres Computernetzes gespeicherten Datenmengen vorliegen (Tabelle G.3). Für das Projekt einer Erweiterung des EDV-Netzes sollen der im achten Jahr erwartete Speicherbedarf, die Jahresrate der Zunahme und die Verdopplungszeit der Speicherkapazität errechnet werden.

Tabelle G.3: Zeitreihe der auf Festplatten gespeicherten Datenmengen

t [a]	*y* [GByte]
1	1407,25
2	1560,44
3	1736,00
4	1923,98
5	2136,77

Zeitvorgabe	t_v	=	8	a
Lösung: Stichprobenumfang	n	=	5	a
Wachstumsrate	p	=	11,01	%/a
Basisstand	y_0	=	1267,45	GByte
Stand im 8. Jahr	y_8	=	2923,17	GByte
Exponent	κ	=	0,10446	1/Zeit
Standardabweichung	σ	=	1,57	a
Verdopplungszeit	τ	=	6,64	a

Organischer Abschwung

Rückgang einer wirtschaftlich relevanten Größe. Er ist Ausdruck der

- Depression, wenn Krisen einen wirtschaftlichen Niedergang verursachen,
- Prosperität, wenn der Abschwung in umgekehrter Proportionalität zu einem Wachstum verläuft, wie z. B. das Abklingen des Preises eines Gutes als Folge steigender Produktivität und der daraus resultierenden Abnahme von Arbeits-, Energie- und Rohstoffkosten.

$$y(t) = y_0 \cdot e^{\kappa \cdot t} \quad \Leftrightarrow \quad [y_0, \kappa] \equiv \sum_{i=1}^{n} (y(t_i) - y_i)^2 \rightarrow \text{Min}$$

$$\sigma = \sqrt{\frac{\sum_{i=1}^{n} (y(t_i) - y_i)^2}{n-2}}$$

$$\tau = \frac{\ln(2)}{\kappa}$$

$$p = e^{\kappa} - 1$$

Beispiel: Wissenschaftliche Analysen von M. Korach ergaben den Schluss, dass die aus dem Mengeneffekt resultierende Degression der Fertigungskosten bei mathematisch unterschiedlicher Abnahme in der Grundtendenz mit einer exponentiellen Preisdegression bei einer Reihe von Produkten übereinstimmt. U. a. erfolgten die Untersuchungen aufgrund einer langfristigen Zeitreihe des Weltmarktpreises für Soda (Tabelle G.4). Die Parameter der Exponentialfunktion sollen approximiert werden. Die Verdopplungszeit der Preissenkung und die Rate der jährlichen Preisabnahme ist zu ermitteln.

Tabelle G.4: Zeitreihe des Weltmarktpreises für Soda nach Korach

t [a]	*P* [%]	*t* [a]	*P* [%]
0	100,00	110	4,92
10	74,26	130	3,87
30	37,65	150	3,35
50	19,87	170	3,13
70	11,51	180	3,04
90	7,11	190	2,99

Lösung: Stichprobenumfang	n	=	12	a
Abschwungrate	p	=	3,16	%/a
Basisstand	y_0	=	100,00	%
Exponent	κ	=	0,03108	1/a
Standardabweichung	σ	=	2,02	%/a
Verdopplungszeit	τ	=	22,30	a

Gini-Koeffizient

Kennzahl der relativen Konzentration bzw. der Ungleichverteilung der Werte eines Parameters. Funktionell G_f *wird der Gini-Koeffizient durch die Lorenz-Funktion ausgedrückt, statistisch* G_s *mit dem arithmetischen Mittels* μ *der Werte* $x_1, \ldots, x_n$, *durch:*

$$G_s = \frac{1}{2 \cdot \mu \cdot n^2} \cdot \sum_i \sum_j | x_i - x_j | .$$

Die Abszisse enthält die von Arm zu Reich kumulierten Anteile der Einkommensbezieher, denen auf der Ordinate die kumulierten Anteile am Gesamteinkommen zugeordnet werden. Das Maß für den Gini-Koeffizienten ist die Fläche zwischen der idealen und der realen Einkommensverteilung (Bild G.3): geschlossenes Integral der Differenz der idealen ($\lambda = 0$) und der analysierten realen Einkommensverteilung ($\lambda \geq 0$).

Die Kurven verlaufen von Null zu Eins, weil auf 0 % Bevölkerung 0 % Einkommen, auf 100 % Bevölkerung stets 100 % Einkommen entfallen. Je gleichmäßiger Einkommen verteilt ist, um so mehr tendiert der Gini-Koeffizient G_f zu Null (Egalitätsgerade). Strebt er gegen Eins, dann nimmt umgekehrt die Ungleichverteilung des Einkommens drastisch zu.

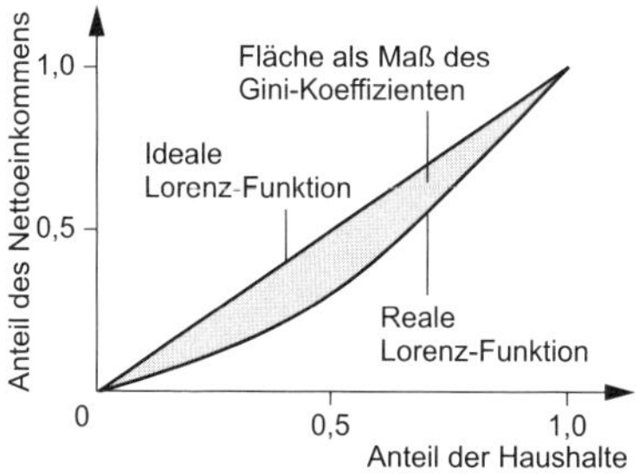

Bild G.3: Kurven idealer und realer Einkommensverteilung mit der Fläche zur Berechnung des Gini-Koeffizienten

$$G_f = 2 \cdot \int_0^1 \left(v - v \cdot \sin\left(\frac{\pi}{2} \cdot v \right)^{\lambda \cdot v} \right) \cdot \mathrm{d}v$$

Beispiel: Für den Aufsichtsrat der FLORIANS-GRUND AG hat die Arbeitsdirektion die reale Einkommensverteilung ermittelt und aufgrund des Lorenz-Exponenten den Gini-Koeffizienten berechnen lassen.

Lorenz-Exponent	λ	=	2,75	
Lösung: Gini-Koeffizient	G_f	=	21,47	%

Gompertz-Verteilung

Schwanenhalsfunktion („S-shaped“) für Trendberechnungen bei Marktprognosen mittels Wachstumsfunktionen mit Wendepunkt und Sättigungsverhalten bei einer gegen unendlich strebenden Zeit, ausgedrückt durch die Differenzialgleichung:

$$\frac{\mathrm{d}y}{\mathrm{d}t} = f(t) \cdot y \cdot (y_S - y).$$

Sie beschreibt Prozesse, die folgende Eigenschaften besitzen: Die zeitliche Größenzunahme dy/dt verläuft zeitabhängig proportional $f(t)$ dem Produkt aus dem Bestand y und der Variationsbreite $y_S - y$, die den Abstand von Sättigungsniveau y_S und Bestand ausdrückt. Aus der Lösung der Differenzialgleichung resultiert eine stetige, monoton wachsende eindimensionale Verteilung.

Gompertz-Funktion mit bekanntem Sättigungsniveau

Approximation und Darstellung (Bild G.4) einer Gompertz-Funktion mit ihren Parametern α und b bei vorgegebenem Sättigungsniveau y_S.

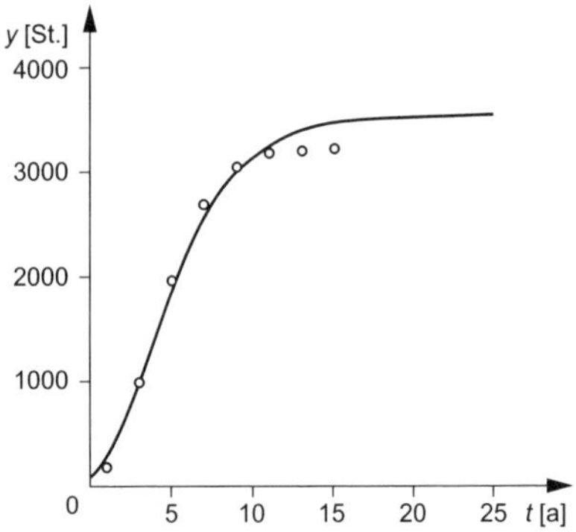

Bild G.4: Kurve der Gompertz-Funktion für einen Bestand an Personalcomputern

$$y(t) = y_S \cdot e^{b \cdot \alpha^t} \quad \Leftrightarrow \quad [\alpha, b] \equiv \sum_{i=1}^{n} (y(t_i) - y_i)^2 \rightarrow \text{Min}$$

Beispiel: Der Bestand an Personalcomputern in der Gemeinde KOMMGAU wurde im Abstand von zwei Jahren seit 1985 erfasst (Tabelle G.5).

Tabelle G.5: Computerbestand in Haushalten, Unternehmen und Verwaltungen

Jahr	*i*	*t*	*y* [St.]	Jahr	*i*	*t*	*y* [St.]
1985	1	1	195	1993	5	9	3050
1987	2	3	1005	1995	6	11	3182
1989	3	5	1972	1997	7	13	3207
1991	4	7	2692	1999	8	15	3229

Aus einer Prognose über die Haushaltsentwicklung und die Anzahl der Arbeitsplätze in Unternehmen und Verwaltungen wurde der Sättigungswert y_S abgeschätzt. Mittels Approximation sollen die Parameterwerte der Gompertz-Funktion und der Bestandswert für das Jahr t_v ermittelt werden.

Zeitvorgabe	t_v	=	18	a
Sättigungsbestand	y_S	=	3550	St.
Lösung: Zeitbasis	α	=	0,70875	
Exponentieller Faktor	b	=	– 3,49152	
Stichprobenumfang	n	=	8	

Anfangsbestand (approximiert)	y_0	=	108	St.
Erwartete Bestandsgröße	y_v	=	3525	St.

Gompertz-Funktion mit unbekanntem Sättigungsniveau

Die Gompertz-Funktion ist einschließlich des Sättigungsniveaus zu approximieren und ihre Kurve darzustellen (Bild G.5).

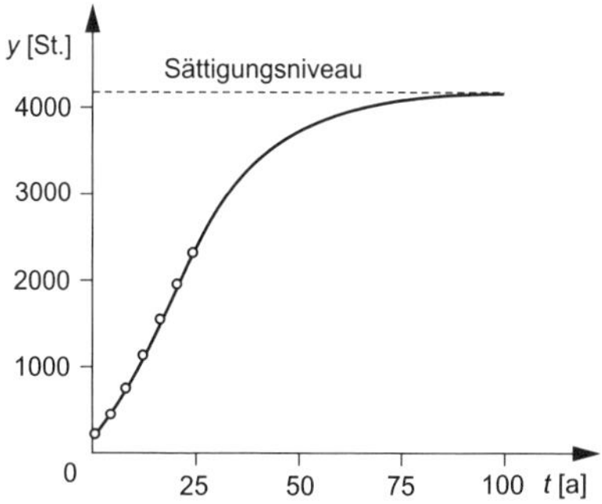

Bild G.5: Bestandskurve der Gompertz-Funktion

$$y(t) = y_S \cdot e^{b \cdot \alpha^t} \quad \Leftrightarrow \quad [\alpha, b, y_S] \equiv \sum_{i=1}^{n} (y(t_i) - y_i)^2 \rightarrow \text{Min}$$

Beispiel: Die Industrie- und Handelskammer der Stadt FRAUBÜNDEN hat die regionale Bestandsentwicklung von Rundfunkgeräten aufbereiten lassen (Tabelle G.6). Aus der Messreihe sollen durch Approximation die Parameterwerte der Gompertz-Funktion inkl. des Bestandssättigungswertes geschätzt werden. Für das Jahr t_v ist der Bestandswert zu ermitteln.

Tabelle G.6: Bestandsentwicklung von Rundfunkgeräten

Jahr	*i*	*t*	*y* [St.]	Jahr	*i*	*t*	*y* [St.]
1955	1	0	3940	1980	6	25	55827
1960	2	5	10012	1985	7	30	65137
1965	3	10	19169	1990	8	35	75445
1970	4	15	30447	1995	9	40	81810
1975	5	20	43933	2000	10	45	89935

Zeitvorgabe	t_v	=	50	a
Lösung: Zeitbasis	α	=	0,93855	
Exponentieller Faktor	b	=	– 3,23524	
Stichprobenumfang	n	=	10	

Anfangsbestand (approximiert)	y_0	=	4215	St.
Sättigungsbestand	y_S	=	107113	St.
Bestand im 50. Jahr	y_v	=	93514	St.

Graph

Darstellung von Mengen als Bild, Diagramm oder Tafel, im Regelfall als Zuordnungsgrafik zwischen den Elementen eines Definitions- und eines Wertebereichs. Bekannte graphische oder graphentheoretische Darstellungen betriebswirtschaftlicher Zusammenhänge sind Diagramme mit Funktionskurven sowie Grafiken wie der Netzplan, Matrixtafeln wie bei der Portfolio-Analyse (Tabelle G.7) *und bei den Planungsmodellen im strategischen Management.*

Tabelle G.7: Portfolio Produktionsperioden (Abszisse) und Wettbewerbsposition (Ordinate)

Dominant	Kreatives Management	Extensive Produktstrategie	Globale Marktbearbeitung	Marktangebote diversifizieren
Sehr gut	Innovative Führung	Intensive Kapazitätserweiterung	Traditionelle Märkte durch neue erweitern	Marktanteile erhalten
Gut	Investiver Ausbau der Entwicklung	Fertigungstiefe verringern	Marketingarbeit verstärken	Bostoneffekt ausnutzen
Mittel	Firmenimage ausnutzen	Kapazitäten auslasten	Werbung verstärken	Engagement zurücknehmen
Schlecht	Know-how kaufen	Kapazitäten reduzieren	Image erhalten	Auf sichere Märkte beschränken
Unterlegen	Entwicklung einstellen	Produktionssortiment bereinigen	Angebotssortiment bereinigen	Wartung, Service, Werbung einstellen
Periode →	**Geburt**	**Wachstum**	**Reife**	**Alter**

Dem *mathematischen Graph* liegt eine Funktionsgleichung für die Zuordnung der Elemente des Definitionsbereiches x zu Werten y des Wertebereiches zugrunde. Ergebnis ist i. Allg. entweder eine diskrete oder eine stetige Kurve in einem Vorgabeintervall des Definitionsbereiches:

$$(x, y(x); x_a \leq x \leq x_e).$$

Der *qualitative Graph* stellt die Elementebeziehungen zwischen Definitions- und Wertebereich zeichnerisch dar. Um die Beziehungen zwischen den Elementen zu beschreiben und Aussagen über die definierten Eigenschaften zu bekommen, erhält jedes Element im Definitionsbereich jeweils nur ein Element aus dem Wertebereich zugeordnet, während Elemente des Wertebereiches mehrfach mit Elementen des Definitionsbereichs verbunden sein können (vgl. Pfeile in Bild G.6). Bei der Portfolio-Darstellung erscheinen auf der x-Achse die Elemente des Definitions-, auf der y-Achse die des Wertebereichs; die Matrixfelder enthalten die Aussagen zum inhaltlichen Zusammenhang zwischen den Elementen des Definitions- und Wertebereiches.

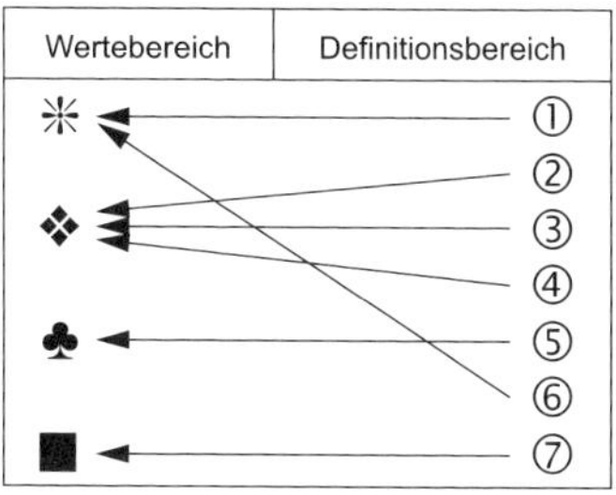

Bild G.6: Beziehungsgraph

H

Häufigkeit

Begriff der mathematischen Statistik für die Anzahl der Elemente einer Gesamtheit, die in Bezug auf ein Merkmal zu einer bestimmten Klasse gehören. Die Kumulation der Anzahl der Elemente bildet den Umfang der Gesamtheit. Die Quotienten der Häufigkeiten mit der Summe ergeben die relativen Häufigkeiten mit der Summe Eins.

Häufigkeitsverteilungen entstehen durch die Bildung von Klassen mit den zu den Merkmalen gehörenden absoluten oder relativen Häufigkeiten ihrer Werte. Sie werden in Häufigkeitstabellen oder in Histogrammen meist als Nadel- oder Säulendiagramm bzw. als Häufigkeitspolygon dargestellt (Bilder H.1 – H.3).

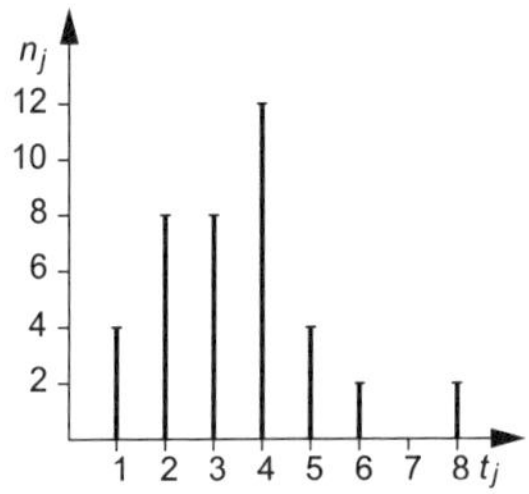

Bild H.1: Nadeldiagramm

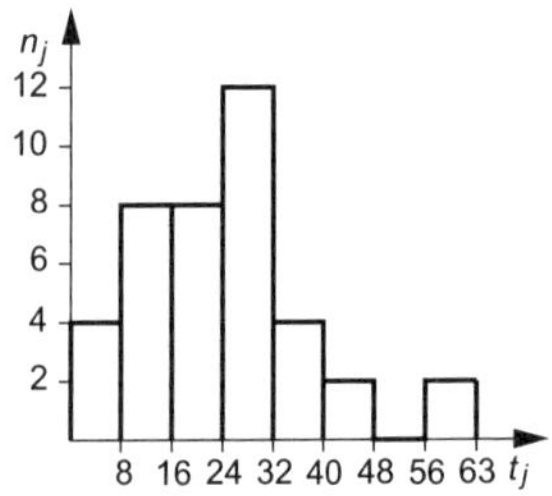

Bild H.2: Säulendiagramm

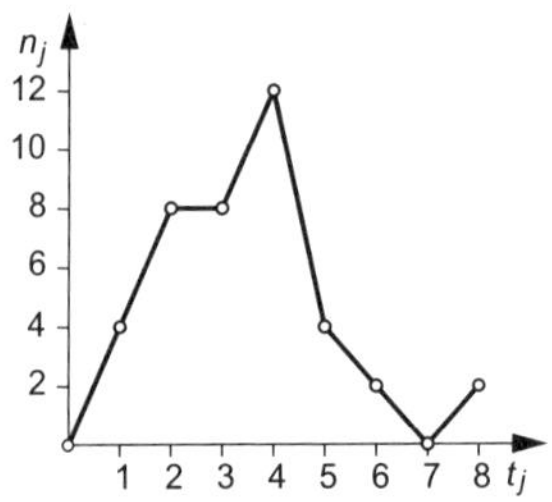

Bild H.3: Häufigkeitspolygon

Häufigkeitsparameter (bei Klasseneinteilung)

Die *absolute Häufigkeit* in einer Klasse wird durch Auszählen oder Messen der Anzahl der Merkmalswerte gewonnen. Die Summe der absoluten Häufigkeiten n_j über alle Merkmalsklassen einer Gesamtheit ergibt deren Umfang n. Die Klassen enthalten n_j aufeinanderfolgende Messwerte innerhalb ihrer Grenzen. Liegen Messwerte auf einer Klassengrenze, dann ist es bei deren betriebswirtschaftlichen Erfassung üblich, diesen Wert in die höhere Klasse einzuordnen. Zu bestimmende Häufigkeitsparameter sind der minimale Wert x_n und der maximale Wert x_h, die Spannweite R, die Anzahl der Merkmalsklassen m sowie die Klassenbreite d.

$$R = x_h - x_n$$

$$m \leq 5 \cdot \log n, \quad m = 4, 5, \ldots, 20$$

$$d \approx \frac{R}{m}$$

$$n = \sum_{j=1}^{m} n_j$$

Beispiel: Der Debitorenprüfung der SERVUS GMBH liegt eine Aufstellung über den Verzug fälliger Forderungen vor (Tabelle H.1). Die Häufigkeitsparameter sollen ermittelt und für die absoluten Häufigkeiten der Verzugstage eine Messreihe (Tabelle H.2) aufgestellt werden.

Tabelle H.1: Urliste mit Verzugstagen von 40 Rechnungen aus der Debitorenprüfung

3	22	6	29	13
17	31	34	12	48
39	27	5	9	23
38	**63**	14	25	20
16	29	7	32	9
25	19	57	10	30
29	14	22	16	24
31	40	8	25	44

Lösung: Umfang der Gesamtheit	$n =$	40	
Höchster Messwert der Urliste	$x_h =$	63	d
Niedrigster Messwert der Urliste	$x_n =$	3	d

Spannweite bzw. Variationsbreite der Messreihe	$R =$	60	d
Klassenbreite	$d =$	7	d
Anzahl der Merkmalsklassen	$m =$	8	

Tabelle H.2: Messreihe der absoluten Verzugshäufigkeiten in Klassenbreiten von einer Woche

j	*t* [7 d]	n_j	n_j
1	< 0 ... ≤ 8	IIIII	5
2	< 8 ... ≤ 16	IIIIIIIII	9
3	< 16 ... ≤ 24	IIIIIII	7
4	< 24 ... ≤ 32	IIIIIIIIIII	11
5	< 32 ... ≤ 40	IIII	4
6	< 40 ... ≤ 48	II	2
7	< 48 ... ≤ 56	–	0
8	< 56 ... ≤ 64	II	2

Relative Häufigkeit

Die *relative Einzelhäufigkeit* der j-ten Klasse h_j und die *relative Summenhäufigkeit* h_S werden aus dem Verhältnis der absoluten Häufigkeiten zur Anzahl der Elemente in der j-ten Merkmalsklasse n_j und zum Umfang der Gesamtheit n und der Klassen m sowohl diskret (Einzelhäufigkeit) als auch kumulativ (Bild H.4) berechnet.

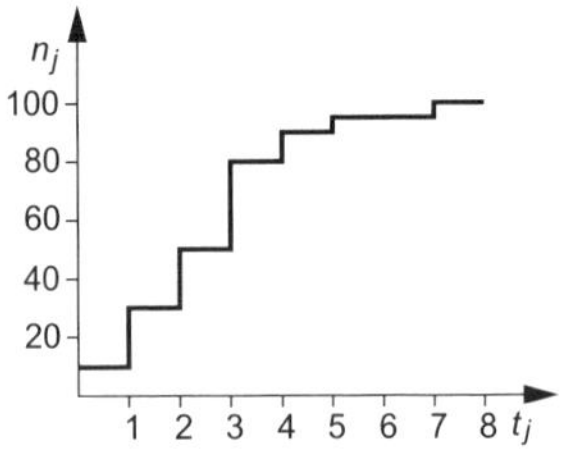

Bild H.4: Treppenkurve relativer Summenhäufigkeiten

$$h_j = \frac{n_j}{n}$$

$$h_S = \frac{1}{n} \cdot \sum_{j=1}^{m} n_j$$

Beispiel: Die Geschäftsführung der SERVUS GMBH benötigt die relativen Einzel- und Summenhäufigkeiten, geordnet nach den Klassenmittelwerten der absoluten Summenhäufigkeiten.

Lösung:

Tabelle H.3: Klassenmittelwerte mit absoluten und relativen Einzelhäufigkeiten sowie relativen Summenhäufigkeiten

j	$\bar{x}$ [d]	n_j	h [%]	h_S [%]	j	$\bar{x}$ [d]	n_j	h [%]	h_S [%]
1	4	5	12,50	12,50	5	36	4	10,00	90,00
2	12	9	22,50	35,00	6	44	2	5,00	95,00
3	20	7	17,50	52,50	7	52	0	0,00	95,00
4	28	11	27,50	80,00	8	60	2	5,00	100,00
							$n = 40$		

Hyperbolische Verteilung

Diskrete hyperbolische Abnahme oder Zunahme des Funktionswertes bei jeder Verdopplung der unabhängigen Variablen i um einen Senkungssatz bzw. eine Niveaukonstante s (Erfahrungsrate α) nach der Riemannschen Zetafunktion (Bild H.5).

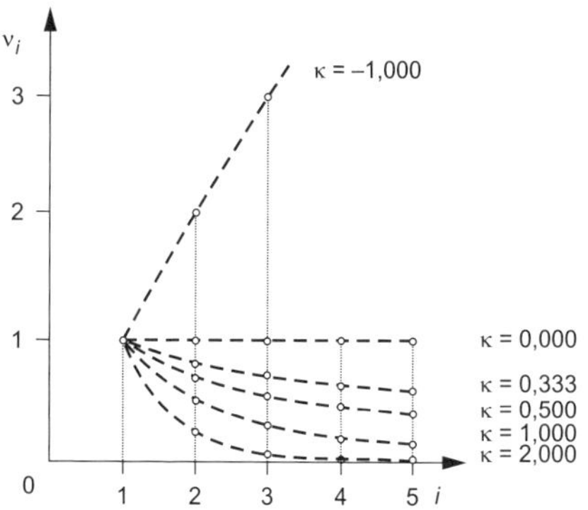

Bild H.5: Hyperbolische Verteilung

Auf die doppelte natürliche Zahl i entfällt stets ein und dasselbe Vielfache des Anteils v: Bei *Verdopplung der Zählnummer i* ändert sich der Funktionswert um die Niveaukonstante s, weil zu jedem absoluten Anteil v eine positive reelle Zahl s existiert, so dass für alle Argumente i und für die Bestimmung des Verteilungsexponenten κ gilt:

$$v_{2i} = s \cdot v_i = \frac{1}{(2i)^\kappa} = \frac{1}{2^\kappa} \cdot \frac{1}{i^\kappa} = s \cdot v \quad \Rightarrow \quad s = 2^{-\kappa} \quad \Rightarrow \quad \kappa = -\frac{\ln s}{\ln 2}.$$

Die hyperbolische Verteilung erstreckt sich eindimensional diskret über die im Verteilungsbereich definierten unabhängigen Veränderlichen i. Sie ordnet diesen mit dem reellwertigen Verteilungsexponenten κ der Reihe nach die absoluten Anteile v_i zu. Mit dem ersten Funktionswert R_1 resultieren daraus die hyperbolischen Verteilungswerte R_i:

$$R_i = R_1 \cdot v_i \quad \Rightarrow \quad v_i = \frac{1}{i^\kappa} \quad \Rightarrow$$

$$v_1 = \frac{1}{1^\kappa}, \quad v_2 = \frac{1}{2^\kappa}, \quad v_3 = \frac{1}{3^\kappa}, \quad \ldots, \quad v_h = \frac{1}{h^\kappa}.$$

Tabelle H.4: Anteile v_i, $i = 1, 2, 3, 4, 5$ für einige Werte des Verteilungsexponenten κ

i	$\boldsymbol{\kappa}$					
	−1,000	0,000	0,333	0,500	1,000	2,000
1	1,000	1,000	1,000	1,000	1,000	1,000
2	2,000	1,000	0,794	0,707	0,500	0,250
3	3,000	1,000	0,693	0,577	0,333	0,111
4	4,000	1,000	0,630	0,500	0,250	0,062
5	5,000	1,000	0,585	0,447	0,200	0,040

Kurven der hyperbolischen Verteilung

Die Abbildung der hyperbolischen Verteilung mit den Logarithmen der Beziehung:

$$v_i = \frac{1}{i^\kappa} \quad \Rightarrow \quad x^{-\kappa} \quad \Rightarrow \quad \lg v_i = -\kappa \cdot \lg i,$$

gestattet aufgrund der Linearität zwischen den Größen, die als Leiter dienen sollen:

$$\eta = \lg v_i \quad \text{und} \quad \xi = \lg i,$$

eine einfache, für Auswertungen sehr zweckmäßige Darstellung auf doppelt logarithmischem Papier in einem kartesischen ξ-η-Koordinatensystem, die den linearen Verlauf ihrer Werte abbildet (Bild H.6): Die Achsen erhalten die Leitern und die Funktion geht in eine durch den Nullpunkt laufende Gerade mit dem Anstieg $-\kappa$ über: $\eta = -\kappa \cdot \xi$.

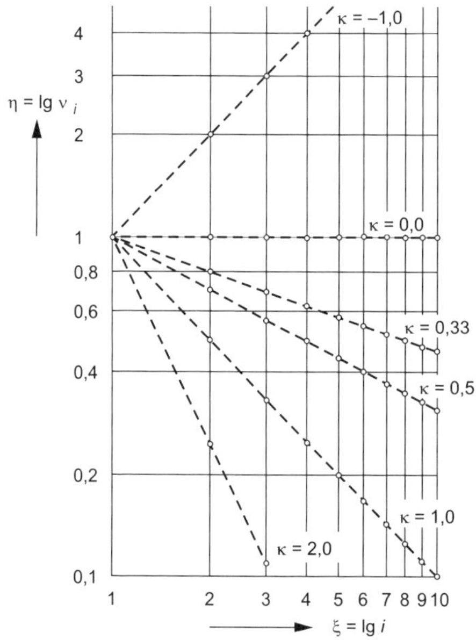

Bild H.6: Hyperbolische Verteilungen auf doppelt logarithmischem Papier

Hyperbolische Verteilung einer Gesamtheit

Eine häufige Fragestellung der ökonomischen Analyse berührt die hyperbolische Verteilung einer Gesamtheit K auf eine Anzahl m von Funktionswerten R_i über den Einheiten i bei bekannter Niveaukonstanten s bzw. adäquatem Wert des Verteilungsexponenten κ. Maßgebend für die Lösung ist die Ermittlung des ersten Funktionswertes R_1 aus der folgenden Beziehung:

$$K = R_1 \cdot \sum_{i=1}^{h} \frac{1}{i^{\kappa}} \quad \Rightarrow \quad M = \sum_{i=1}^{h} \frac{1}{i^{\kappa}} \quad \Rightarrow \quad R_1 = \frac{K}{M}.$$

Für die Quantität M:

$$M = \frac{1}{1^{\kappa}} + \frac{1}{2^{\kappa}} + \frac{1}{3^{\kappa}} + \ldots + \frac{1}{h^{\kappa}} = \sum_{i=1}^{h} \nu_i = \sum_{i=1}^{h} \frac{1}{i^{\kappa}},$$

existiert i. Allg. kein geschlossener analytischer Ausdruck. Notwendig ist eine hinreichend genaue Näherung, die aus der Ersetzung der Summe durch ein Integral (Bild H.7) gewonnen werden kann.

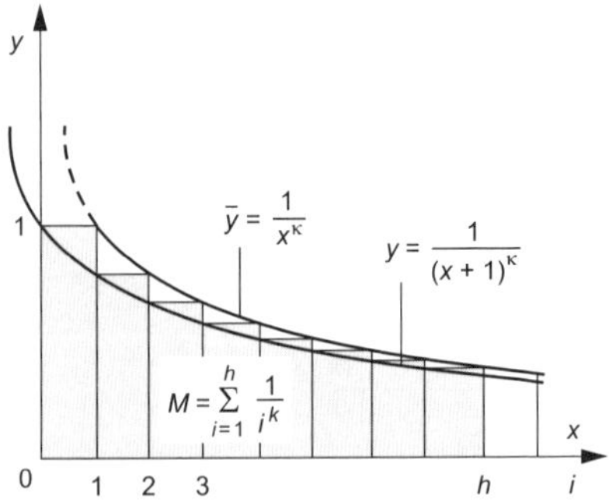

Bild H.7: Grafik zur Näherung eines Summenwertes aus Integralwerten

Für alle positiven Werte des Verteilungsexponenten $\kappa > 0$ streben die absoluten Anteile gegen den Wert Null: $v \to 0$, und werden um so schneller kleiner, je größer der Wert des Verteilungsexponenten κ ist. Ihre Glieder werden der Reihe nach durch Rechteckflächen mit der Basis 1 und der Höhe v_i dargestellt. Die obere Stufenlinie begrenzt die von den betrachteten Gliedern h erzeugte Gesamtfläche und wird dabei durch die Kurven:

$$y = (x+1)^{-\kappa} \text{ und } \bar{y} = x^{-\kappa},$$

eingeschlossen. Da $\bar{y}$ für $x \to 0$ unendlich groß wird, kann die obere Begrenzungskurve für die Rechnung erst ab $x = 1$ benutzt werden. Es ergibt sich für die Summe folgende Einschließung:

$$\int_0^h \frac{\mathrm{d}x}{(x+1)^{\kappa}} < \sum_{i=1}^{h} \frac{1}{i^{\kappa}} < 1 + \int_1^h \frac{\mathrm{d}x}{x^{\kappa}}.$$

Für $\kappa \neq 1$ gilt:

$$\int_0^h (x+1)^{-\kappa}\,\mathrm{d}x = \left[\frac{1}{1-\kappa}\cdot(x+1)^{1-\kappa}\right]_0^h = \frac{1}{1-\kappa}\cdot\left((h+1)^{1-\kappa} - 1\right),$$

$$\int_1^h x^{-\kappa}\,\mathrm{d}x = \left[\frac{1}{1-\kappa}\cdot x^{1-\kappa}\right]_1^h = \frac{1}{1-\kappa}\cdot\left(h^{1-\kappa} - 1\right).$$

Für die obere Schranke folgt dadurch:

$$1 + \int_1^h x^{-\kappa}\,\mathrm{d}x = \frac{1-\kappa}{1-\kappa} + \frac{1}{1-\kappa}\cdot\left(h^{1-\kappa} - 1\right) = \frac{1}{1-\kappa}\cdot\left(h^{1-\kappa} - \kappa\right).$$

Auf diese Weise gilt unter den Bedingungen:

$$\kappa > 0, \kappa \neq 1,$$

für die durch eine hyperbolische Verteilung verteilte Quantität M die Einschließung:

$$\frac{1}{1-\kappa} \cdot \left((h+1)^{1-\kappa} - 1\right) < M < \frac{1}{1-\kappa} \cdot \left(h^{1-\kappa} - \kappa\right).$$

Die obere Schranke liefert als Näherung für die Summe M einen genaueren Wert als die untere. Wird als Näherung das arithmetische Mittel beider Schranken:

$$M = \frac{1}{2 \cdot (1-\kappa)} \cdot \left((h+1)^{1-\kappa} + h^{1-\kappa} - 1 - \kappa\right),$$

benutzt, so ist der Fehler Δ negativ. Sein Betrag ist kleiner als der halbe Wert der Differenz der beiden Schranken:

$$|\Delta| < \frac{1}{2} \cdot \frac{1}{1-\kappa} \cdot \left(h^{1-\kappa} - (h+1)^{1-\kappa} + 1 - \kappa\right) = \frac{1}{2} \cdot \left(1 - \frac{(h+1)^{1-\kappa} - h^{1-\kappa}}{1-\kappa}\right).$$

Die hier nicht erörterte Reihenentwicklung des letzten Terms nach Potenzen von h^{-1} liefert näherungsweise den Ausdruck für die Fehlerabschätzung:

$$|\Delta| < \frac{1}{2} \cdot \left(1 - \frac{1}{h^{\kappa}}\right).$$

Für die Abschätzung des ersten Betrages der hyperbolischen Verteilung, bei der die Häufigkeit der Wiederholungen h durch die Mengenzahl m ersetzt wird: $m = h$, und die Berechnung der gesamten Verteilungswerte wird die Näherung angegeben und benutzt.

$$\kappa = -\frac{\ln s}{\ln 2}$$

$$R_1 \approx \frac{2 \cdot K \cdot (1-\kappa)}{(m+1)^{1-\kappa} + m^{1-\kappa} - 1 - \kappa}$$

$$R_i = \frac{R_1}{i^{\kappa}}, \quad i = 1, 2, \ldots, m$$

Beispiel: Die PROMANN GMBH verantwortet das Projektmanagement für die Errichtung einer Anzahl m von Villen in einem geschlossenen Areal. Die Aufteilung des gesamten Finanzbedarfs K für die Realisierung des

Projektes ist in Tranchen R_i, $i = 1, 2, \ldots, m$, auf die m Objekte hyperbolisch abnehmend zu verteilen. Die Häufigkeiten für das Auftreten von Teilen der Gesamtheit ist so zu bestimmen, dass die mit der Niveaukonstanten s ausgedrückte Gesetzmäßigkeit des wirtschaftlichen Verhaltens mit Hilfe des Verteilungsexponent κ, die Verteilung bestimmt. Der Wert der 1. Auszahlung R_1 ist mittels Vorkalkulation ermittelt worden. Bei den Häusern handelt es sich um einen neuen Typ. Die Montage der Villen, ihr Innenausbau und ihre Ausstattung laufen sequenziell ab. Die Herstellungszeit je Villa beträgt einen Monat. Bei Verdopplung der Anzahl der fertig gestellten Villen fällt der Aufwand um die Niveaukonstante s. Die Verteilung des Finanzbedarfs R_i (Tabelle H.5) soll ermittelt werden.

Finanzbedarf	K	=	16948000,00	€
Niveaukonstante	s	=	88,50	%
Leistungsmenge	m	=	16	St.
Verteilungsexponent	κ	=	0,17625	
Wert der 1. Auszahlung	R_1	=	1470990,53	€/St.

Lösung:

Tabelle H.5: Verteilung der Auszahlungen für sechzehn Villen

i	*R* [€/St.]	*i*	*R* [€/St.]	*i*	*R* [€/St.]	*i*	*R* [€/St.]
1	1470990,53	5	1107684,21	9	998674,64	13	936001,72
2	1301826,62	6	1072655,39	10	980300,53	14	923855,56
3	1212039,99	7	1043904,59	11	963970,51	15	912689,47
4	1152116,56	8	1019623,15	12	949300,02	16	902366,49

Hypergeometrische Verteilung

Eine diskret verteilte Zufallsgröße X heißt hypergeometrisch verteilt mit den Parametern N, M, n (N, M, n – natürliche Zahlen mit $M \le N$ und $n \le N$), deren Einzelwahrscheinlichkeiten

$$p_k = P(X = k) = \frac{\binom{M}{k} \cdot \binom{N-M}{n-k}}{\binom{N}{n}},$$

$$k \in \{\max(0, n-(N-M)), \ldots, \min(M, n)\}.$$

sind. Sie geben die Wahrscheinlichkeit dafür an, dass bei der Entnahme einer zufälligen Stichprobe vom Umfang n aus einer Grundgesamtheit vom Umfang N, in der sich M Elemente mit einem bestimmten Merkmal befinden, die zufällige Anzahl X der in der Stichprobe mit dem Merkmal versehenen Elemente gleich k ist.

Äquivalent dazu ist die n-malige jeweils einelementige Stichprobenentnahme ohne Zurücklegen aus einer Grundgesamtheit, die aus N Elementen besteht, von denen $M\,(M \le N)$ ein bestimmtes Merkmal besitzen (Bild H.8).

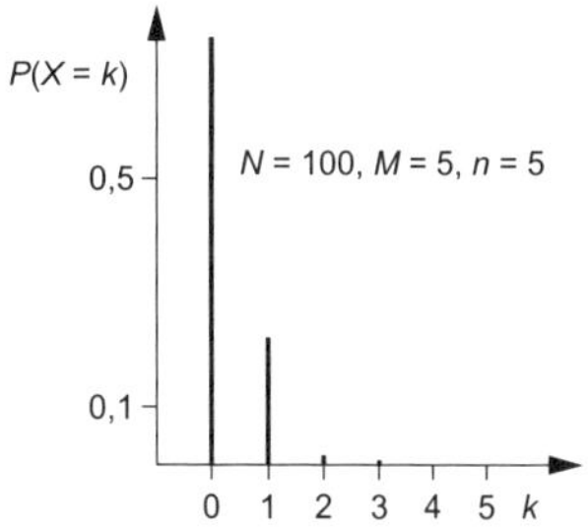

Bild H.8: Einzelwahrscheinlichkeiten der hypergeometrischen Verteilung

Die hypergeometrische Verteilung spielt eine große Rolle für die statistische Qualitätskontrolle, bei der die Proben (um das betrachtete Merkmal nachzuweisen) „zerstört“ werden müssen.

Eine hypergeometrisch verteilte Zufallsgröße X besitzt den Erwartungswert

$$EX = \sum_{k=\max(0,n-(N-M))}^{\min(M,n)} k \cdot p_k = n \cdot \frac{M}{N}$$

und die Varianz

$$\operatorname{var}(X) = EX^2 - (EX)^2 = \sum_{k=\max(0,n-(N-M))}^{\min(M,n)} k \cdot p_k - \left(n \cdot \frac{M}{N}\right)^2$$

$$= \frac{n \cdot M \cdot (N-M) \cdot (N-n)}{N^2 \cdot (N-1)}.$$

Beispiel: Die Großhandelsfirma HOLZRANCH GMBH erhält vom Sägewerk eine Mitteilung, dass in der letzten Lieferung mit *N* Palisaden aus Lindenholz bei *M* Elementen Farbabweichungen bestehen und dafür ein Preisnachlass gewährt wird. Die Geschäftsleitung von HOLZRANCH liefert an ihre Kunden in *n* Posten aus, deren Palisaden zufällig aus der Lieferung ausgewählt werden. Sie möchte auf den Lieferscheinen vermerkt haben, mit welcher Wahrscheinlichkeit im jeweiligen Posten eine Anzahl *k* farbstichiger Palisaden auftreten kann (Tabelle H.6).

Umfang der Gesamtheit	N =	500
Farbstichige Elemente in der Gesamtheit	M =	50

Tabelle H.6: Postengröße n und Anzahl farbstichiger Palisaden k

i	**Postengröße** n **[St.]**	**Farbstichige Teile** k **[St.]**
1	200	20
2	50	10
3	10	1

Lösung: Das Ergebnis liefert recht unterschiedliche Wahrscheinlichkeiten P_k dafür, dass unter zufällig gelieferten Posten vom Umfang n genau k farbstichige Palisaden enthalten sind.

Tabelle H.7: Wahrscheinlichkeit P_k, dass der Posten k farbstichige Palisaden enthält

i	P_k **[%]**	**Erwartungswert** EX **[St.]**	**Standardabweichung var(**X**)**
1	12,07	20,00	10,82
2	1,23	5,00	4,06
3	39,13	1,00	0,88

I

Indexanalyse

Faktorenanalyse bzw. Untersuchung eines Indexsystems, um den Einfluss bestimmter betriebswirtschaftlicher Größen in Kennzahlen auszudrücken. Zum Nachweis der Ursachen für die Veränderung einer Erscheinung und jener Faktoren, die darauf Wirkungen ausgeübt haben, wird ein Index mit variabler Struktur zu multiplikativ zu verbindenden Faktorenindexen zerlegt nach der Wirkung der

- *Bezugserscheinung i_g und anschließend nach dem*
  - *Niveaueinfluss f_{gN},*
  - *Struktureinfluss f_{gS};*
- *Merkmalserscheinung i_y und anschließend nach dem*
  - *Niveaueinfluss f_{yN},*
  - *Struktureinfluss f_{yS}.*

Die Faktorenindexe der Erscheinung bilden mit den Parametern: Gewicht g und Stand y im Basisjahr $t = 0$ und Vergleichsjahr $t = 1$, den Elementen k mit der Anzahl m ein Analysesystem:

$$j \begin{cases} \leftarrow i_g \\ \leftarrow i_y \end{cases} \begin{cases} \leftarrow g_N \\ \leftarrow g_S \\ \leftarrow y_N \\ \leftarrow y_S \end{cases}$$

Es erlaubt festzustellen, wie weit

- der eine oder andere Faktor zu verändern ist, um den gewünschten Einfluss zu erreichen,
- einzelne Faktoren eine betriebswirtschaftliche Erscheinung verändert haben.

$$j = \frac{\sum_{k=1}^{m} (y_1 \cdot g_1)_k}{\sum_{k=1}^{m} (y_0 \cdot g_0)_k}$$

$$i_g = \frac{\sum_{k=1}^{m}(y_0 \cdot g_1)_k}{\sum_{k=1}^{m}(y_0 \cdot g_0)_k} \quad \text{und} \quad i_y = \frac{\sum_{k=1}^{m}(y_1 \cdot g_1)_k}{\sum_{k=1}^{m}(y_0 \cdot g_1)_k}$$

$$g_N = \frac{\sum_{k=1}^{m} g_{1k}}{\sum_{k=1}^{m} g_{0k}} \quad \text{und} \quad g_S = \frac{i_g}{g_N}$$

$$y_N = \frac{\sum_{k=1}^{m} y_{1k}}{\sum_{k=1}^{m} y_{0k}} \quad \text{und} \quad y_s = \frac{i_y}{y_N}$$

Beispiel: Die HOCHTECHNIK AG benötigt für eine Beratung mit der zuständigen Gewerkschaftsführung eine zuverlässige Aussage über die Wirksamkeit der Lohnkostenentwicklung in ihren vergleichbaren Tochterbetrieben. Aufgrund der in vier Lohngruppen in den letzten beiden Jahren gezahlten Löhne (Tabelle I.1) soll eine Indexanalyse der Faktoreneinflüsse auf die Lohnkostenentwicklung im Konzern berechnet werden.

Tabelle I.1: Lohnkostenentwicklung in vier Konzernbetrieben

t_k	y [€]	n [Pers.]	t_k	y [€]	n [Pers.]
0_1	2270009,00	462	1_1	2096010,90	504
0_2	2561030,00	340	1_2	2310008,20	603
0_3	2589056,00	325	1_3	2395054,70	340
0_4	9870940,00	876	1_4	9705020,50	975

Lösung:

Index der Veränderung der Lohnsumme j = 111,55 %

Index des Einflusses veränderter:

- Belegschaftsstärke auf die Lohnsummenentwicklung i_g = 115,65 %
- Durchschnittslöhne auf die Lohnsummenentwicklung i_y = 96,46 %
- Mitarbeiterstrukturen auf die Veränderung der Lohnsumme g_N = 120,92 %
- Mitarbeiteranzahlen auf die Veränderung der Lohnsumme g_S = 95,64 %
- Durchschnittslöhne in den Lohngruppen auf die Lohnsummenentwicklung y_N = 95,46 %
- Struktur der Löhne auf die Veränderung der Lohnsumme y_S = 101,05 %

Indexmethode

Verfahren der linearen Transportplanung mit dem Ziel, die Transportleistung c_{ij} des i-ten Lieferanten für den j-ten Abnehmer zu minimieren. Ein Vorteil der Methode besteht in der einfachen Handhabung mit Hilfe einer Näherung, die das angestrebte Ergebnis gut approximiert, die Leistung für eine bestimmte Transportaufgabe zu minimieren. Es fehlt jedoch eine Aussage darüber, ob und bis zu welcher Höhe der Transportplan optimal ist oder nicht.

In einer Matrix werden zeilenweise die Lieferanten mit ihrer Transportmenge C_i und spaltenweise die Bezieher mit ihrem Bedarf B_j aufgelistet. Die Felder der Matrix enthalten als Orientierung die Entfernungen s_{ij} zwischen den Lieferorten und den Abnehmerorten. Die Liefermengen m_{ij} werden nacheinander in der Reihenfolge der jeweils kürzesten Wegstrecke unter Berücksichtigung der Bedarfsmengen B_j in die Matrix eingetragen und als Verbrauch sowohl beim Abnehmerbedarf als auch beim Lieferantenaufkommen abgezogen.

$$c_{ij} = s_{ij} \cdot m_{ij} \to \text{Min}$$

$$m_{ij} = \begin{cases} B_j, & \text{wenn } B_j \le C_i \\ C_i, & \text{wenn } C_i \le B_j \end{cases}$$

$$B_{j+1} = B_j - m_{ij}, \quad j = 1, \ldots, a-1$$

$$C_{i+1} = C_i - m_{ij}, \quad i = 1, \ldots, l-1$$

$$C = \sum_{i=1}^{l} \sum_{j=1}^{a} c_{ij}$$

Beispiel: Die LOGAS GMBH ist beauftragt, einen optimalen Transportplan nach der Indexmethode zwischen $l = 4$ Lieferanten (Tabelle I.2) und $a = 6$ Abnehmern (Tabelle I.3) aufzustellen (Tabelle I.4).

Tabelle I.2: Kapazität der Lieferanten

i	1	2	3	4
C **[t]**	680	620	560	1300

Tabelle I.3: Bedarf der Abnehmer

j	1	2	3	4	5	6
B **[t]**	480	640	750	320	240	760

Lösung: Transportleistung C = 97980 tkm

Tabelle I.4: Lösungsmatrix

		Abnehmermenge [t]					
Liefer-kapazität [t]		450	640	750	320	240	760
		1	2	3	4	5	6
680	1	24 –	6 640	26 –	40 –	46 –	16 40
620	2	9 450	25 –	48 –	19 170	42 –	28 –
560	3	44 –	37 –	54 –	57 –	18 240	50 320
1300	4	30 –	23 –	45 750	49 150	72 –	62 400

Indexzahl

Kenngröße für die relative Veränderung einer Erscheinung zwischen einer Bezugsperiode 0 bzw. $t-1$ und einer Berichtsperiode 1 bzw. t. Aus dem zeitlichen Vergleich von zwei Einzelerscheinungen entsteht eine Indexzahl, die sich auf eine feste Basis bezieht. Bei zusätzlichen Gewichtungen der Werte der Einzelerscheinungen entstehen erweiterte Indexformeln.

Gewöhnliche Indexzahlen

Vergleich der Merkmalserscheinungen S_t über mindestens zwei Perioden $n \geq 2$ ohne Angabe von Gewichtungen $g = 1$ ihrer Werte. Bei fortlaufender Zeitbasis werden variable Indexzahlen v, beim gleichbleibenden Bezug auf die Basisperiode 0 der Messreihe vom Umfang n feste Indexzahlen f ausgewiesen.

$$v_t = \frac{S_t}{S_{t-1}}, \quad t = 1, 2, \ldots, n$$

$$f_t = \frac{S_t}{S_0}, \quad t = 1, 2, \ldots, n$$

Beispiel: Die Wohnungsgenossenschaft SAMARIT E. G. verzeichnet einen Rückgang bei der Vermietung ihrer im Basisjahr voll vermieteten Wohnungseinheiten; daraus resultieren fallende Mieteinnahmen (Tabelle I.5). Die Folge jährlicher und die auf das Basisjahr bezogenen Veränderungen der Mieteinnahmen sollen als Indexzahlen ermittelt werden (Tabelle I.6).

Tabelle I.5: Mieteinnahmen der SAMARIT E. G.

i [Nr.]	*t* [a]	*S* [€/a]	*i* [Nr.]	*t* [a]	*S* [€/a]
1	0	165495,07	3	2	121849,57
2	1	130847,91	4	3	118913,76

Lösung: Analysenzeitraum n = 4 a

Tabelle I.6: Variable und feste Indexzahlen der Mieteinnahmen in der SAMARIT E. G.

t	*v* [%]	*f* [%]
1	79,06	79,06
2	93,12	73,63
3	97,59	71,85

Summenindexzahlen

Feste Indexzahlen f_t und variable Indexzahlen v_t der mit den Gewichten g_t multiplizierten arithmetischen Mittel y_i der Merkmalserscheinungen im Vergleich zweier Zeitabschnitte. Sie sind in der Statistik auch unter den Fachnamen „Laspeyre Indexzahl" und „Paasche Indexzahl" verbreitet. Für die Erhebungspraxis des „Laspeyres Preisindex" und „Laspeyres Mengenindex" ist bedeutsam, dass über längere Zeitintervalle die Gewichte konstant bleiben, während beim „Paaschen Preisindex" und „Paaschen Mengenindex" veränderte Extensitäten verwendet werden. Als Gewichte treten Gewinne, Preise, Kosten, Löhne usw. auf, als Merkmalseinheiten Volumina, Stückzahlen usw. In der amtlichen Statistik dienen die Indexzahlen zur Darstellung von zeitlichen Veränderungen (Umsätze, Einkommen usw.).

$$v_t = \frac{y_t \cdot g_t}{y_{t-1} \cdot g_{t-1}}$$

$$f_t = \frac{y_t \cdot g_t}{y_0 \cdot g_0}$$

Beispiel: Der Vorstand der WOHNGLÜCK E. G. hat durch die Umwandlung der verzinsten Stammeinlagen der Genossenschafter in Eigenkapitalinvestitionen für die Modernisierung der Quartiere eine Erhöhung der Nutzwerte *g* bei gleichzeitiger Verringerung der spezifischen Preise *y* erzielt (Tabelle I.7). Für den Aufsichtsrat der Genossenschaft sollen die variablen und festen Indexzahlen der Realpreise ermittelt werden (Tabelle I.8).

Tabelle I.7: Quadratmeterpreise und Nutzwerte in der WOHNGLÜCK E. G.

t	y [Cent/m²]	g [%]
0	458,00	68,11
1	423,17	75,99
2	399,89	83,02
3	381,98	87,98

Lösung: Analysezeitraum n = 4 a

Tabelle I.8: Indexzahlen der WOHNGLÜCK E. G.

t	Realpreise $y \cdot g$ [Cent · %/m²]	variabel v [%]	fest f [%]
0	311,94	100,00	100,00
1	321,57	103,08	103,08
2	331,99	103,24	106,43
3	336,07	101,23	107,73

Aggregatindexzahl

Eine *Aggregatindexzahl* zeigt je nach dem Ziel der Analyse die zeitliche Änderung einer Erscheinung mit k Elementen unter dem Einfluss einer Merkmalsgröße y oder Bezugsgröße g an. Die feste Größe dient jeweils als Maßzahl. Entsprechend dem Zweck der Analyse ist die Basis- und Berichtsperiode als Bezugsstruktur festzulegen (Tabelle I.9).

Tabelle I.9: Eigenschaften der Bezeichner S

Bezeichnung	S
Aggregatindexzahl mit variablen Merkmalsgrößen, bezogen auf die Bezugsstruktur	i_y
Aggregatindexzahl mit variablen Bezugsgrößen, bezogen auf die Merkmalsstruktur	i_g
Erscheinungsgewicht im Jahr t	g_t
Indexzahl für die Elemente einer Erscheinung	k
Anzahl der Elemente einer Erscheinung	m
Indexzahl für die jeweilige Bezugsstruktur	t
Stand der Erscheinung im Jahr t	y_t

Harmonische und arithmetische Indexzahlen bezeichnen Formen zur Ermittlung von Aggregatindexzahlen bei nicht vollständigen Daten, ohne eigenen statistischen Inhalt zu besitzen. Liegen für bestimmte Zeiträume einzelne Faktoren y_{0k}, y_{1k}, n_{0k}, n_{1k} nicht vor, um die gesamte Veränderung der Merkmalsgröße y unter Berücksichtigung der Struktur der Bezugsgröße n zu erfassen, werden genäherte fiktive Summen entweder mit der Berichtsstruktur S_{y0} oder mit der Basisstruktur S_{y1} bestimmt.

Die *harmonische Indexzahl* ι_h drückt die Veränderung der Merkmalserscheinung y unter Bezug auf die Berichtsstruktur von n aus, mit der fiktiven Summe im Nenner:

$$\iota_h = \frac{\sum_{k=1}^{m}(y_1 \cdot n_1)_k}{S_{y0}},$$

$$S_{y0} = \sum_{k=1}^{m}(y_0 \cdot n_1)_k = \frac{\sum_{k=1}^{m} y_{0k} \cdot \sum_{k=1}^{m}(y_1 \cdot n_1)_k}{\sum_{k=1}^{m} y_{1k}}.$$

Die *arithmetische Indexzahl* ι_a bemisst die Veränderung der Merkmalserscheinung y unter Bezug auf die Basisstruktur von n mit der fiktiven Summe im Zähler:

$$\iota_a = \frac{S_{y1}}{\sum_{k=1}^{m}(y_0 \cdot n_0)_k},$$

$$S_{y1} = \sum_{k=1}^{m}(y_1 \cdot n_0)_k = \frac{\sum_{k=1}^{m} y_{1k} \cdot \sum_{k=1}^{m}(y_0 \cdot n_0)_k}{\sum_{k=1}^{m} y_{0k}}.$$

Die *Idealindexzahl* stellt eine Näherung mit dem Ziel dar, in einem Term die Wirkung der Basis- und der Berichtsstruktur zu erfassen. Am bekanntesten ist der Lösungsansatz von I. Fisher, aus beiden Aggregatindexzahlen das geometrische Mittel zu bilden.

$$\bar{i} = \sqrt{i_y \cdot i_g}$$

$$i_y = \frac{\sum_{k=1}^{m}\left(y_1 \cdot \sum_{t=0}^{1} g_t\right)_k}{\sum_{k=1}^{m}\left(y_0 \cdot \sum_{t=0}^{1} g_t\right)_k}$$

$$i_g = \frac{\sum_{k=1}^{m}\left(g_1 \cdot \sum_{t=0}^{1} y_t\right)_k}{\sum_{k=1}^{m}\left(g_0 \cdot \sum_{t=0}^{1} y_t\right)_k}$$

Beispiel: Die Geschäftsführung der KLEBUS GMBH möchte für drei Sorten, die bestimmend für den Umsatz sind, aus den verkauften Stückzahlen und den erzielten Preisen (Tabelle I.10) den Einfluss der Veränderungen des Preises i_y und der Stückzahlen i_g auf die Erlöse wissen.

Tabelle I.10: Preise y und Stückzahlen g für die Sorten k

k	*i*	*y* [€/St.]	*g* [St.]
1	0 1	432,35 417,27	930 1087
2	0 1	238,37 197,03	403 457
3	0 1	582,53 547,55	633 657

Lösung: Einfluss der Umsatzgrößen i_g = 110,95 %
Einfluss der Preise i_y = 93,92 %
Idealindexzahl $\bar{i}$ = 102,08 %

Indifferenzkurve

Funktionsgrafik für die Kombinationen von mehreren Warenkörben, wie z. B. A, B, C, mit der Feststellung der Nutzensgleichheit aufgrund von verschiedenen Budgets, wie z. B. I, II, mit den Geldmengen G_{k-1}, G_k. Aus den Indifferenz- und Budgetkurven, die sich wegen $G_{k-1} < G_k$ niemals überschneiden, wird ersichtlich, dass die Kurvenpunkte anzeigen, welche Kombinationen theoretisch und praktisch zu bevorzugen sind (Bild I.1).

Geometrisch verbindet die Indifferenzkurve diejenigen Punkte eines Konsumgüterbündels, bei denen es finanziell gleichgültig für den Verbraucher ist, welche Kombination der Gütermenge α aus dem Warenkorb A oder β aus dem Warenkorb B er erhält:

$$\alpha(\beta) = \frac{G_k}{\beta}.$$

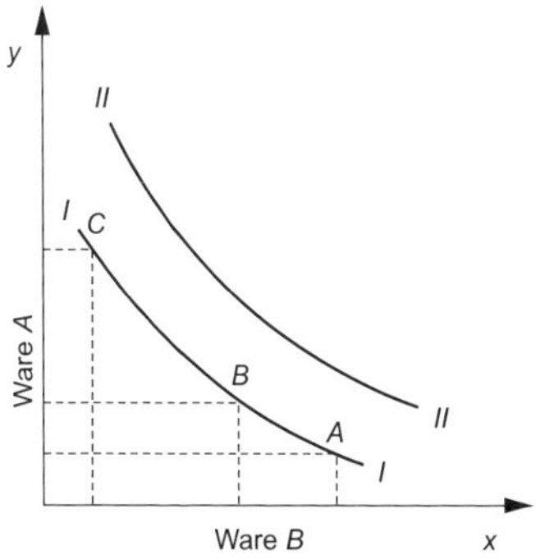

Bild I.1: Indifferenzpunkte und Budgetkurven *I*, *II*

Der Anstieg der Kurven ist negativ:

$$\frac{\mathrm{d}\alpha}{\mathrm{d}\beta} = -\frac{G_k}{\beta^2}.$$

Er kennzeichnet die *Grenzrate der Substitution* der Güterkombination in den beiden Warenkörben.

Integralberechnung einer Normalzeitmenge

Flächenbestimmung als bestimmtes Integral mittels einer Stammfunktion F bezüglich einer stetigen nicht-negativen Funktion f mit Integrationsgrenzen x_a, x_e (Bild I.2)*:*

$$F = \int_{x_a}^{x_e} f(x) \cdot \mathrm{d}x.$$

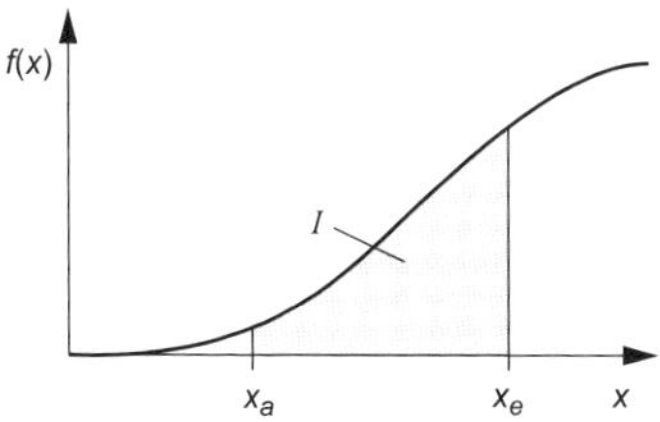

Bild I.2: Fläche unter einer Kurve

Die Fläche ergibt sich als Grenzwert der Summen endlich vieler endlicher Flächenstreifen im angegebenen Intervall x_a, x_e zwischen Abszisse und Kurve. Ist

$$x_0 = x_a < x_1^{(n)} < \ldots < x_{n-1}^{(n)} < x_n^{(n)} = x_e$$

eine beliebige Zerlegung des Integrationsintervalls, so kann das Integral als Grenzwert der Summe von Rechteckflächen gewonnen werden, die zu den Teilintervallen gehören, wenn die Zerlegung immer feiner und feiner wird:

$$\int_{x_a}^{x_e} f(x) \cdot \mathrm{d}x = \lim_{\delta^{(n)} \to 0\,(n \to \infty)} \sum_{i=1}^{n} \left(x_i^{(n)} - x_{i-1}^{(n)}\right) \cdot f(\xi_i),$$

$$x_{i-1} \le \xi \le x_i, \quad x_i^{(n)} - x_{i-1}^{(n)} \le \delta^{(n)} = \max_i \left\{x_i^{(n)} - x_{i-1}^{(n)}\right\}, \quad i = 1, 2, \ldots, n.$$

Bei der betriebswirtschaftlichen Analyse sind mathematische Funktionen häufig zu integrieren. Ein Anwendungsfall ist die Bestimmung der Prozesskontinuität K_P von *Leistungsprozessen* als Quote von Normalzeit t_N, die eine sequentielle Bearbeitung repräsentiert, zur Normalzeitdichte $F(t)$ als Integral der Stundenzuwachskurve über der Prozessdauer T.

$$K_P = \frac{t_N}{F} \quad \text{mit} \quad F = t_N \cdot \int_0^T \sin^\kappa\left(\frac{\pi}{2} \cdot \frac{t}{T}\right) \cdot \mathrm{d}t$$

Beispiel: Das Controlling der MAB AG benötigt eine Aussage über die Prozesskontinuität einer Kleinserienfertigung von Getrieben aufgrund der vorliegenden Stundenzuwachskurve.

Prozessdauer	T	=	15	d
Normalzeit	t_N	=	183,50	h/Los
Stundenzuwachsexponent	κ	=	3,10754	
Lösung: Prozesskontinuität	K_P	=	15,94	%/d
Normalzeitmenge	F	=	1150,97	h·d/Los

Interpolation bei Zahlenfolgen oder Funktionen

Bestimmung von „fehlenden" Gliedern in Zahlenfolgen beziehungsweise von fehlenden „Funktionswerten" bei Funktionen.

Lineare Interpolation

Bei *linearer Interpolation* werden zwischen den gegebenen Gliedern a_0, a_e die m Glieder von arithmetischen Zahlenfolgen eingefügt.

$$d = \frac{a_e - a_0}{m+1}$$

$$a_{i+1} = a_i + d, \quad i = 0, 1, 2, \ldots, m-1, \quad e = m+1$$

Beispiel: Notizen eines Erblassers, der jährlich einen festen Betrag auf seinem Sparkonto angelegt hatte, vermerken abzüglich Zinsen je ein Jahresguthaben für das 1. und das 4. Jahr. Der Erbe wünscht zur Nachberechnung der Jahreszinsen für die Zwischenjahre die Daten für die jährliche Einzahlung *d* und die jährlichen Kontostände a_t.

Anzahl der einzufügenden Glieder	m	=	2	
Interpolierte Zwischenglieder	a_1	=	13020,98	€
Interpolierte Zwischenglieder	a_4	=	42110,96	€
Lösung: Interpolierte Zwischenglieder	a_2	=	22717,64	€
Interpolierte Zwischenglieder	a_3	=	32414,30	€
Differenz der Zahlenfolge	d	=	9696,66	€

Geometrische Interpolation

Durch geometrische Interpolation werden die Zwischenglieder von geometrischen Zahlenfolgen bestimmt. Zwischen die gegebenen Glieder a_0 und a_e sind m Zwischenglieder geometrisch zu interpolieren.

$$q = \sqrt[m+1]{\frac{a_e}{a_0}}$$

$$a_{i+1} = a_i \cdot q, \quad i = 0, 1, 2, \ldots, m-1, \quad e = m+1$$

Beispiel: Aus älteren Unterlagen kennt die Geschäftsführung den Umsatz des Basisjahres. Sie unterstellt ein exponentielles Wachstum und fordert eine Feststellung der Umsatzzahlen durch geometrische Interpolation für die bis zum Berichtsjahr fehlenden Jahre.

Umsatz im Basisjahr	a_0	=	8690000,00	€
Umsatz im Berichtsjahr	a_5	=	28710343,09	€
Anzahl der einzufügenden Glieder	m	=	4	
Quotient der Zahlenfolge	q	=	1,2700	
Lösung: Interpolierte Zwischenglieder	a_1	=	11036300,01	€
	a_2	=	14016101,01	€
	a_3	=	17800448,30	€
	a_4	=	22606569,35	€

Lagrangesche Interpolation

Durch die Lagrangesche Interpolation wird der unbekannte Funktionswert einer empirisch ermittelbaren Funktion an einer Stelle x geschätzt, wobei von dieser Funktion g + 1 bekannte Funktionswerte y_0, y_1, ..., y_g

an den Stellen x_0, x_1, ..., x_g benutzt werden. Die Funktion wird dabei durch das eindeutig bestimmte Polynom höchstens g-ten Grades ersetzt, welches durch die Punkte (x_0, y_0), (x_1, y_1), ..., (x_g, y_g) verläuft und folgende Parameter benötigt bzw. bestimmt: i-tes Lagrangesches Polynom L_i, Näherungspolynom höchstens g-ten Grades des geschätzten Funktionswertes an der Stelle (x, y), Umfang der Messreihe n.

$$y = f(x) = L_0(x) \cdot y_0 + L_1(x) \cdot y_1 + \ldots + L_g(x) \cdot y_g$$

$$L_i(x) = \frac{(x - x_0) \cdot (x - x_1) \cdots (x - x_{i-1}) \cdot (x - x_{i+1}) \cdots (x - x_g)}{(x_i - x_0) \cdot (x_i - x_1) \cdots (x_i - x_{i-1}) \cdot (x_i - x_{i+1}) \cdots (x_i - x_g)},$$

$$i = 0, 1, \ldots, g, \quad n > g$$

Beispiel: Der Fertigungsplanung der FREISTAHL GMBH liegt für eine Serie vom Umfang q_S eine Stichprobe nachkalkulierter Aufwandsdaten (Tabelle I.11) vor. Der Aufwand für das 40. Erzeugnis soll durch eine Interpolation vierten Grades abgeschätzt werden; benutzt werden daher folgende Aufwandswerte: A_{17}, A_{25}, A_{35}, A_{45}, A_{55}.

Tabelle I.11: Aufwandsdaten für einzelne Serienprodukte

q	**A_q [€]**	**q**	**A_q [€]**
1	3200,00	65	398,50
9	1263,67	75	391,70
12	960,25	90	390,30
17	813,50	110	389,27
25	730,40	130	389,03
35	661,70	160	388,90
45	567,60	200	388,70
55	490,80	–	–

Seriengröße	q_S =	220	St./Serie
Grad des Polynoms	g =	4	
Lösung: Fertigungskosten	A_{40} =	613,39	€

J

Jahresumsatz mit Saisongipfel

Funktionelle Darstellungen der monatlichen Umsatzverteilung (Bild J.1) *unter Berücksichtigung eines saisonalen Gipfels. Sie sind Gegenstand der Marktanalyse und ein Teilgebiet der statistischen Zeitreihenanalyse.*

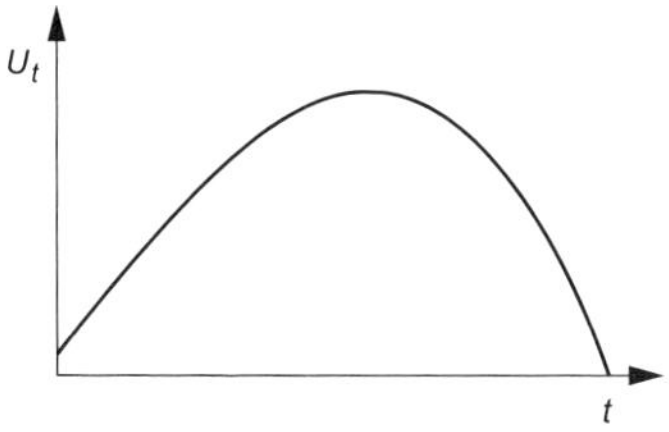

Bild J.1: Saisonale Monatsverteilung des Umsatzes an Erfrischungsgetränken

Trendfunktion mit saisonalem Gipfel

Für die Umsatzfunktion $U(t)$ werden aus einer Zeitreihe der Umsätze U_i in den der Perioden t_i die Parameterwerte a_0, a_1, a_3 approximiert. Sie dient der Berechnung des Gesamtumsatzes U und des Umsatzmaximums an der Stelle t_m mit dem Saisongipfel U_m.

$$U(t) = a_0 + a_1 \cdot t - a_3 \cdot t^3 \quad \Leftrightarrow \quad [a_0, a_1, a_3] \equiv \sum_{i=1}^{n} (U(t_i) - U_i)^2 \to \text{Min}$$

$$\sigma = \sqrt{\frac{\sum_{i=1}^{n} (U(t_i) - U_i)^2}{n-3}}$$

$$t_m = \sqrt{\frac{a_1}{3 \cdot a_3}} \quad \Rightarrow \quad U_m = a_0 + a_1 \cdot t_m - a_3 \cdot t_m^3$$

$$U = \sum_{t=1}^{12} U_t$$

Beispiel: Die Hotelleitung der ALPENBLICK GMBH benötigt zur Rationalisierung der Lagerhaltung eine kurzfristige Prognose für den monatlichen Umsatz an Erfrischungsgetränken bei Berücksichtigung des einmaligen

Jahresgipfels der Nachfrage im Sommer. Die vorjährigen Umsatzdaten an Erfrischungsgetränken sollen die Grundlage bilden (Tabelle J.1). Die Parameter der Trendfunktion sollen approximiert und die Prognosewerte ausgegeben werden (Tabelle J.2).

Tabelle J.1: Monatlicher Umsatz an Erfrischungsgetränken

i	*t* [Mon.]	*U* [€/Mon.]	*i*	*t* [Mon.]	*U* [€/Mon.]
1	1	278858,80	5	8	811199,54
2	3	568948,05	6	9	721653,99
3	6	831607,62	7	10	569897,99
4	7	845553,04	8	12	52856,07

Lösung:

Koeffizient der Bedarfsfunktion	a_0	=	120027,32	€/Mon.
Koeffizient der Bedarfsfunktion	a_1	=	159991,03	€/Mon.^{2}
Koeffizient der Bedarfsfunktion	a_3	=	1149,94	€/Mon.^{4}
Umfang der Zeitreihe	n	=	8	Mon.
Stelle des Umsatzmaximums	t_m	=	6,81	Mon.
Jahresumsatz	U	=	6923373,86	€
Umsatzmaximum	y_m	=	846389,76	€/Mon.
Standardabweichung	σ	=	49,37	€/Mon.

Tabelle J.2: Umsatzprognose für Erfrischungsgetränke

t	*U* [€/Mon.]	*t*	*U* [€/Mon.]
1	278868,41	7	845534,02
2	430809,84	8	811184,65
3	568951,95	9	721638,01
4	686395,08	10	569994,44
5	776239,58	11	349354,27
6	831585,78	12	52817,85

Kennzahlen der Umsatzprognose

Bei einer Umsatzfunktion:

$$U(t) = a_0 + a_1 \cdot t - a_3 \cdot t^3,$$

tritt ein Festumsatz a_0 und die zeitabhängige Beziehung $S(t)$ mit den Koeffizienten a_1, a_3 auf:

$$S(t) = a_1 \cdot t - a_3 \cdot t^3.$$

Damit kann sowohl der saisonale Monatsumsatz als auch der Gesamt- und Saisonumsatz inkl. der mittleren Monatsdaten ermittelt werden (diskrete Formeldarstellung).

$$S_t = a_1 \cdot t - a_3 \cdot t^3, \quad S_t \geq 0, \quad S = \sum_{t=1}^{12} S_t, \quad S_d = \frac{S}{12}$$

$$J = U - S, \quad J_d = \frac{J}{12}, \quad U_d = \frac{U}{12}$$

Beispiel: Für die Geschäftsführung des Hotels ALPENBLICK GMBH sind die Kennzahlen für den Monatsumsatz an Erfrischungsgetränken aus den Ergebnissen der kurzfristigen Prognose zu berechnen und die von der Saison abhängigen monatlichen Umsätze zu ermitteln und auszugeben (Tabelle J.3).

Jahresumsatz	U	=	6923373,86	€
Monatsgrundumsatz	a_0	=	120027,32	€/Mon.
Koeffizient der Bedarfsfunktion	a_1	=	159991,03	€/Mon.^{2}
Koeffizient der Bedarfsfunktion	a_3	=	1149,94	€/Mon.^{4}
Lösung: Jahresfestumsatz	J	=	1373104,52	€/a
Mittlerer Monatsfestumsatz	J_d	=	114425,38	€/Mon.
Jahressaisonumsatz	S	=	5550269,34	€/a
Mittlerer Monatssaisonumsatz	S_d	=	462522,45	€/Mon.
Mittlerer monatlicher Umsatz	U_d	=	576947,82	€/Mon.

Tabelle J.3: Prognose des monatlichen Saisonumsatzes für Erfrischungsgetränke

t	*S* [€/Mon.]	*t*	*S* [€/Mon.]
1	158841,09	7	725507,79
2	310782,54	8	691158,96
3	448924,71	9	601613,01
4	566367,96	10	449970,30
5	656212,65	11	229331,19
6	711559,14	12	0,00

Jevons-Index

Dynamische Kennzahl für ein mittleres Preisniveau, das der Tendenz zu Preisunterschiedslosigkeit entspricht. Sie folgt dem Grundsatz, dass sich auf Dauer bei einem vollkommenen Markt für ein Gut nur ein Preis einstellen kann, wenn sich die Marktbetreiber und -teilnehmer nach dem Rationalprinzip verhalten. Das allerdings setzt eine „vollkommene" Konkurrenz im Unterschied zu Monopolstrukturen voraus.

Der statistische Ausdruck für diese Tendenz beruht auf der von Jevons getroffenen Annahme, dass die jeweiligen Angebots- bzw. Marktpreise P_i, $i = 1, 2, \ldots, n$, von den n verschiedenen Anbietern eines Gutes aus dem gleichen Warenkorb für den Berichtszeitraum $t = 1$ und den Basiszeitraum $t = 0$ zu einem einheitlichen Niveau tendieren, das dem Jevons-Index entspricht.

$$J = \sqrt[n]{\prod_{i=1}^{n} \frac{P_{i_1}}{P_{i_0}}}, \quad P_{i_0}, P_{i_1} > 0.$$

Johnson-Funktion

Zeitabhängige Schwanenhalsfunktion mit Sättigungsniveau und Wendepunkt, für die gilt:

$$\ln y(t) = \frac{-a}{b+t} + c.$$

Anders als die logistische Funktion nähert sie sich dem Sättigungswert langsam an. Sie ist vor allem geeignet zur Prognose der Bestandsentwicklung bzw. als Nachfragemodell (Bild J.2).

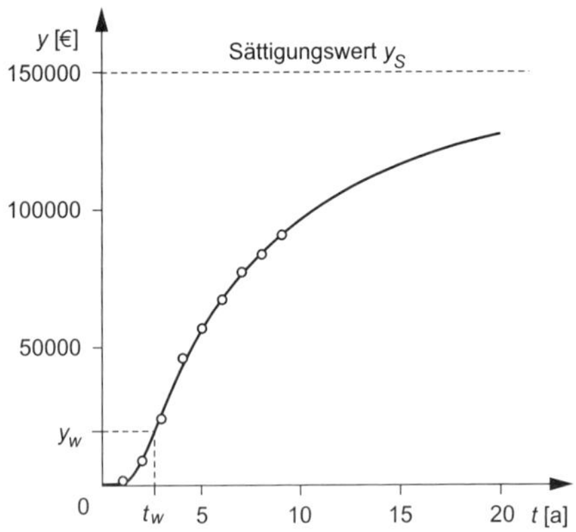

Bild J.2: Von der Zeit abhängiger Verlauf der Nachfragemenge

Bei einer Approximation ermöglichen ihre drei maßgebenden Parameter: der Bestandsexponent α, die Abstandskonstante b und der Sättigungswert y_S, eine hohe Anpassungsgüte an charakteristische Stichprobendaten. Bestimmend für das Nachfrageverhalten sind u. a. der Anfangsbestand $y(0)$, der die Wirksamkeit der Markteinführung ausdrückt, und der Sättigungsbestand y_S, der von der potenziellen Nachfrage abhängt.

$$y(t) = y_S \cdot \frac{1}{e^{\frac{\alpha}{b+t}}} \quad \begin{cases} 0 \le t < \infty \\ \alpha > 0 \\ b > 0 \end{cases} \quad \Leftrightarrow \quad [y_s, \alpha, b] \equiv \sum_{i=1}^{n} (y(t_i) - y_i)^2 \rightarrow \text{Min}$$

$$t_w = \frac{\alpha}{2} - b \quad \Rightarrow \quad y_w = y_S \cdot e^{-\frac{\alpha}{b+t_w}}$$

$$\sigma = \sqrt{\frac{\sum_{i=1}^{n} (y(t_i) - y_i)^2}{n-3}}$$

Beispiel: Die RENDITEGLÜCK GMBH hat die jährlichen Prämieneinzahlungen für ihre Versicherungskunden stetig gesteigert (Tabelle J.4). Die Bestandsentwicklung ist zu prognostizieren und dafür sind die Werte der Funktionsparameter zu ermitteln.

Tabelle J.4: Prämieneinzahlungen für Versicherungsnehmer

***t* [a]**	***y* [€]**	***t* [a]**	***P* [€]**
0	0,00	5	56682,81
1	1700,32	6	67404,31
2	9007,05	7	77092,08
3	23979,82	8	83540,50
4	45951,73	9	90424,42

Lösung: Umfang der Stichprobe	n	=	9	
Sättigungsbestand	y_S	=	167594,94	€
Bestandsexponent	α	=	5,48364	
Bestandskonstante	b	=	0	
Bestandswendewert	y_w	=	22681,51	€
Wendestelle	t_w	=	2,74	a
Standardabweichung	σ	=	2110,40	€/a

K

Kapazitätsanalyse

Untersuchung der Kapazitätsstruktur (Tabelle K.1) *eines Systems, wie z. B. Arbeitsplatz, Maschinengruppe, Kostenstelle, Betriebsabschnitt, Betrieb, in einer Bezugsperiode, wie z. B. Schicht, Tag, Woche, Monat, Jahr, bei optimalem Einsatz der Produktionsfaktoren.*

Tabelle K.1: Kapazitätsstruktur und Systemzustände

Kapazität		Systemgrößen
Technische	C_t	Maschinenpark, projektierter Marktanteil und freier Beschaffungsmarkt
Mögliche	C_m	Personalbestand, Marktlage und technische Kapazität
Geplante	C_p	Finanzdeckung der Liefermengen und Lagerleistungen, vertraglich gebundener bzw. aktualisierter Auftragsbestand und mögliche Kapazität
Kinetische	C_v	Tatsächlich erbrachte Leistung

Systemgrößen sind die verfügbare Maschinenzeit T_A bzw. Personalzeit T_P, die Anlagenschranken A_j bzw. Bedarfszahlen B_j, die Stückpreise P_j der Sorten $i = 1, 2, \ldots, b$, die Normalzeiten t_{Ni} und ggf. der Materialeinsatz. Gesucht werden die Leistungsmengen x_i.

Bei der ökonomischen Analyse eines Unternehmens drückt der Grad der Ausnutzung der

- technischen Kapazität a_t: Verhältnis von technischer Kapazität C_t zur möglichen Kapazität C_m,
- möglichen Kapazität a_m: Verhältnis von möglicher Kapazität C_m zur geplanten Kapazität C_p,
- geplanten Kapazität a_p: Verhältnis von geplanter Kapazität C_p zur Istleistung C_v,

den wirtschaftlichen Einsatz der Produktionsfaktoren aus (Tabelle K.2).

Die *Sortenkapazität* wird i. d. R. in Stück, Litern, Kubikmetern usw. ausgedrückt.

Die *Sortimentskapazität* wird mit Hilfe der linearen Optimierung unter Restriktionen, wie Arbeits- und Maschinenzeiten, Bedarfsgrößen usw., analysiert. Es ist kein Naturalausdruck möglich, weil die Sorten verschiedene Qualitäten haben. Deswegen werden Preise verwendet.

Tabelle K.2: Kapazitätsausnutzung und Produktionsfaktoren

Ausnutzungsgrad		Aussage der Kennzahl
Technischer	a_t	Eignung des Potenzialfaktorsystems für das Unternehmensziel
Möglicher	a_m	Anpassung der Belegschaftsstruktur an die Marktbedingungen
Geplanter	a_p	Ausdruck der Leistungsfähigkeiten des operativen Managements

Kennzahlen der Sortenkapazität

Die *Analyse* erfasst die *technische Kapazität* C_t: Verhältnis von Betriebsmittelzeit T_A zur Normalzeit t_N, die *mögliche Kapazität* C_m: Verhältnis von Arbeitszeit T_P zur Normalzeit t_N, die *geplante Kapazität* C_p: den kleineren Wert zwischen der möglichen Kapazität C_m und der Auftragslage B, in Verbindung mit den dazugehörigen Auslastungsgraden a_t, a_m, a_p.

$$C_t = \frac{T_A}{t_N}, \quad C_m = \frac{T_P}{t_N}, \quad C_p = \mathrm{Min}\{B; C_m\}$$

$$a_t = \frac{C_m}{C_t}, \quad a_m = \frac{C_P}{C_m}, \quad a_p = \frac{C_v}{C_p}$$

Beispiel: Die ELASTE GMBH analysiert für das vorangegangene Jahr die Kapazität für die Herstellung von Isolierschläuchen, gemessen in Volumeneinheiten, und die erzielte Auslastung.

Auftragslage (Geplanter Bedarf)	B	=	19525,00	m^3/a
Verkaufte Menge (Gedeckter Bedarf)	C_v	=	19800,00	m^3/a
Betriebsmittelzeit	T_A	=	18965,00	h/a
Normalzeit	t_N	=	0,54	h/m^3
Personalzeit	T_P	=	16235,00	h/a

Lösung:

Mögliche Kapazitätsausnutzung	a_m	=	64,94	%
Geplante Kapazitätsausnutzung	a_p	=	101,41	%
Technische Kapazitätsausnutzung	a_t	=	85,61	%
Mögliche Kapazität	C_m	=	30064,81	m^3/a
Geplante Kapazität	C_p	=	19525,00	m^3/a
Technische Kapazität	C_t	=	35120,37	m^3/a

Technische Sortimentskapazität

Analyse der technischen Höchstleistung C_t für die Sortimentstückzahlen x_i (i, $i = 1, 2, \ldots, b$) entsprechend der Stückpreise P_i, Kapazitätsschranken A_i und Normalzeiten t_{Ni} bei Belegung der Betriebsmittelzeit T_A.

$$C_t = \sum_{i=1}^{b} P_i \cdot x_i \rightarrow \text{Max}$$

$$\frac{1}{60} \cdot \sum_{i=1}^{b} t_{N_i} \cdot x_i \leq T_A$$

$$\begin{array}{ccccc} 0 & \leq & x_1 & \leq & A_1 \\ \vdots & & \vdots & & \vdots \\ 0 & \leq & x_b & \leq & A_b \end{array}$$

Beispiel: Das Controlling der PLASTE & ELASTE AG benötigt die Kennzahl für die technische Jahreskapazität aufgrund von Plandaten(Tabelle K.3).

Tabelle K.3: Anlageschranken, Verkaufspreise und Normalzeiten

i [Nr.]	*A* [m³]	*P* [€/m³]	t_N [h/m³]
1	20000,00	564,75	32,35
2	10000,00	898,87	49,23
3	100000,00	766,98	20,54

Betriebsmittelzeit	T_A	=	48965,00	h/a
Sortimentsbreite	b	=	3	Erz.
Lösung: Technische Kapazität	C_t	=	92523055,49	€/a
Menge 1. Sorte	x_1	=	12105,10	m³/a
Menge 2. Sorte	x_2	=	10000,00	m³/a
Menge 3. Sorte	x_3	=	100000,00	m³/a

Mögliche Sortimentskapazität

Analyse der maximal möglichen Leistung C_m bei voller Ausnutzung der Personalzeit T_P unter Berücksichtigung der technischen Kapazität C_t.

$$C_m = \sum_{i=1}^{b} P_i \cdot x_i \rightarrow \text{Max}$$

$$\frac{1}{60} \cdot \sum_{i=1}^{b} t_{N_i} \cdot x_i \leq T_P, \quad \text{es gilt: } T_P \leq T_A \quad \text{d.h. } C_P \leq C_t$$

$$\begin{array}{ccccc} 0 & \leq & x_1 & \leq & A_1 \\ \vdots & & \vdots & & \vdots \\ 0 & \leq & x_b & \leq & A_b \end{array}$$

$$a_t = \frac{C_m}{C_t}$$

Beispiel: Die PLASTE & ELASTE AG ermittelt für drei Haupterzeugnisse die technische Jahreskapazität. Die Preise P liegen fest, die Normalzeiten t_N sind durch Zeitaufnahmen belegt (Tabelle K.4).

Tabelle K.4: Anlageschranken, Verkaufspreise und Normalzeiten

i [Nr.]	Anlageschranke A [m³]	Stückpreis P [€/m³]	Normalzeit t_N [h/m³]
1	20000,00	564,75	32,35
2	10000,00	898,87	49,23
3	100000,00	766,98	20,54

Technische Kapazität	C_t	=	92523055,49	€/a
Personalzeit	T_P	=	42965,00	h/a
Sortimentsbreite	b	=	3	Erz.
Lösung: Mögliche Kapazität	C_m	=	86238356,88	€/a
Technische Kapazitätsausnutzung	a_t	=	93,21	%
Menge 1. Sorte	x_1	=	976,82	m³/a
Menge 2. Sorte	x_2	=	10000,00	m³/a
Menge 3. Sorte	x_3	=	100000,00	m³/a

Planbare Sortimentskapazität

Analyse der maximalen Planleistung C_p unter Berücksichtigung der Auftragslage B und der möglichen Kapazität mit Angabe ihres Ausnutzungsgrades und desjenigen der Istleistung a_p.

$$C_p = \sum_{i=1}^{b} P_i \cdot x_i \rightarrow \text{Max}$$

$$\frac{1}{60} \cdot \sum_{i=1}^{b} t_{N_i} \cdot x_i \le T_P \quad \Rightarrow \quad T_P \le T_A$$

$$\begin{array}{ccc} 0 & \le x_1 \le & \text{Min}\{A_1, B_1\} \\ \vdots & \vdots & \vdots \\ 0 & \le x_b \le & \text{Min}\{A_b, B_b\} \end{array}$$

$$a_m = \frac{C_P}{C_m}, \quad a_p = \frac{C_v}{C_p}$$

Beispiel: Die Plankapazität der PLASTE & ELASTE AG soll ermittelt werden (Tabelle K.5).

Tabelle K.5: Anlageschranken *A*, Auftragslage *B*, Stückpreise *P* und Normalzeiten t_N

i [Nr.]	*A* [m³]	*B* [m³]	*P* [€/m³]	t_N [h/m³]
1	20000	22375	564,75	32,35
2	10000	8995	898,87	49,23
3	100000	88961	766,98	20,54

Mögliche Kapazität	C_m =	86238356,88	€/a
Istleistung	C_v =	86487180,48	€/a
Betriebsmittelzeit	T_P =	42965,00	h/a
Sortimentsbreite	b =	3	Erz.
Lösung: Plankapazität	C_p =	81690361,18	€/a
Mögliche Kapazitätsausnutzung	a_m =	105,87	%
Geplante Kapazitätsausnutzung	a_p =	101,41	%
Menge 1. Sorte	x_1 =	9515,22	m³/a
Menge 2. Sorte	x_2 =	8995,00	m³/a
Menge 3. Sorte	x_3 =	88961,00	m³/a

Kombinatorik

Mathematische Disziplin zur Bestimmung der Anzahl von Möglichkeiten, unter denen aus einer gegebenen Menge von n Elementen k Elemente ausgewählt und zu einer Komplexion zusammengestellt werden können. Dabei spielt eine Rolle, ob es auf die Anordnung der ausgewählten Elemente ankommt (Variationen – sonst Kombinationen) und ob jedes Element nur einmal oder aber wiederholt ausgewählt werden darf. Die Permutation ist eine Auswahl der Zahlen 1, 2, ..., n, bei der die Anzahl k der ausgewählten Elemente n identisch ist (Tabelle K.6) *und die Reihenfolge zu beachten ist.*

Tabelle K.6: Anzahl von Komplexionen unter den vier möglichen Bedingungen

Kriterien	**Variation**	**Kombination**	**Permutation**
	mit Beachtung der Reihenfolge	**ohne Beachtung der Reihenfolge**	**Grund-anordnung**
Wiederholung:	n^k	$\binom{n+k-1}{k}$	
Ohne Wiederholung:	$\frac{n!}{(n-k)!}$	$\binom{n}{k}$	$n!$

Fakultät *n*!

Produkt $1 \cdot 2 \cdot \ldots \cdot n$ der natürlichen Zahlen von Eins bis zur angegebenen Zahl n. Die Fakultät $n!$ der Zahl Null ist als Eins definiert: $0! = 1$. Die Fakultät vermittelt die Anzahl aller Permutationen von n Elementen (also unter Berücksichtigung ihrer Reihenfolge). Für die Anzahl n der Elemente gibt es $n!$ Möglichkeiten einer Permutation (Tabelle K.7).

Tabelle K.7: 6 Permutationen der Zahlen 1, 2, 3

i	**Anordnungen**		
1	1	2	3
2	2	1	3
3	3	1	2
4	1	3	2
5	2	3	1
6	3	2	1

$$y_n = n!, \quad n = 0, 1, 2, \ldots$$

Beispiel: Ein Redakteur des Verlages LEBENSLÄUFE GMBH soll in einer Stadt fünf Interessenten für einen Eintrag ihrer Kurzbiographien in das Werk „BERÜHMTE LEUTE“ aufsuchen. Er überlegt sich die möglichen Reihenfolgen der Visiten bei den Anschriften *Allee, Markt, Platz, Straße und Weg* (Tabelle K.8).

Anzahl der Visiten $n = 5$

Lösung: Mögliche Besuchsfolgen $y_5 = 120$

Tabelle K.8: Mögliche Besuchsfolgen bei fünf Adressen, eine Sequenz angezeigt (schattiert)

5	**4**	**3**	**2**	**1**	$y_n = 120$
Allee	Markt	Markt	Markt	Weg	
Markt	Platz	Platz	Weg		
Platz	Straße	Weg			
Straße	Weg				
Weg					
Allee	Straße	Platz	Markt	Weg	

Kombinationen ohne Wiederholung

Aus n verschiedenen Objekten werden $k(\leq n)$ verschiedene Objekte ausgewählt, wobei deren Reihenfolge unbeachtet bleibt. Die Anzahl C_n^k der Möglichkeiten einer solchen Auswahl ist:

$$C_n^k = \binom{n}{k} = \frac{n!}{(n-k)! \cdot k!}$$

Beispiel: Die zehn Mitglieder des Aufsichtsrates des Bundesligaklubs KNIPSER E. V. berufen für eine Tiefenprüfung der Geschäftsführung jeweils unter Leitung eines Aufsichtsrates einen Ausschuss für Finanzen und einen für Marketing. Eine Doppelfunktion ist ausgeschlossen. Wie viele Wahlmöglichkeiten für den Vorsitz sind gegeben, wenn alle zehn Mitglieder für die Kandidatur zur Verfügung stehen?

Anzahl an Ausschussvorsitzenden	k	=	2
Mitglieder des Aufsichtsrates	n	=	10
Lösung: Wiederholungsfreie Kombinationen	C_{10}^2	=	45

Kombinationen mit Wiederholung

Aus n verschiedenen Objekten werden $k(\leq n)$ Objekte ausgewählt, die nicht notwendigerweise verschieden sind (z. B. realisiert durch „Zurücklegen" jedes Objektes nach seiner Ziehung). Die Anzahl ${}^wC_n^k$ der Möglichkeiten einer solchen Auswahl ist:

$${}^wC_n^k = \binom{n+k-1}{k} = \frac{(n+k-1)!}{(n-k)! \cdot k!}$$

Beispiel: Die zehn Mitglieder des Aufsichtsrates des Bundesligaklubs KNIPSER E. V. berufen für eine Tiefenprüfung der Geschäftsführung jeweils unter Leitung eines Aufsichtsrates einen Ausschuss für Finanzen und einen für Marketing. Auch eine Doppelfunktion ist erlaubt. Wie viele Wahlmöglichkeiten für den Vorsitz sind gegeben, wenn alle zehn Mitglieder für die Kandidatur entweder in die Doppelfunktion oder in die Einzelfunktionen zur Verfügung stehen?

Anzahl an Ausschussvorsitzenden	k	=	2
Mitglieder des Aufsichtsrates	n	=	10
Lösung: Wiederholungsfreie Kombinationen	C_{10}^2	=	495

Variationen ohne Wiederholung

Unter einer Variation von n Elementen zur k-ten Klasse (oder: der Ordnung k) versteht man eine Zusammenstellung von k Elementen, die aus n verschiedenen Elementen ausgewählt werden, in einer bestimmten Anordnung. Für die Anzahl V_n^k aller Variationen von n Elementen zur k-ten Klasse gilt:

$$V_n^k = n \cdot (n-1) \cdot \ldots \cdot (n-k+1) = \frac{n!}{(n-k)!}$$

V_n^k gibt also die Anzahl der k-elementigen Folgen an, die man aus einer Menge von n verschiedenen Elementen bilden kann.

Beispiel: Der Aufsichtsrat des Bundesligaklubs KNIPSER E. V. hat laut Geschäftsordnung aus seinen zehn Mitgliedern den Vorsitzenden, dessen Stellvertreter und den Schriftführer zu bestimmen. Doppelfunktionen sind nicht gestattet! Wie viel Wahlmöglichkeiten sind gegeben?

Zu besetzende Funktionen	k	=	3
Anzahl möglicher Bewerber	n	=	10
Lösung: Wahlmöglichkeiten	V_{10}^3	=	720

Variationen mit Wiederholung

Kann jedes der n Elemente in der k-elementigen Folge auch mehrfach vorkommen, so spricht man von Variationen mit Wiederholungen. Es gibt also n^k k-elementige Folgen, wobei an jeder Stelle n verschiedene Objekte eingesetzt werden können, deren Anzahl ist:

$${}^wV_n^k = n^k$$

Beispiel: Der Aufsichtsrat des Bundesligaklubs KNIPSER e. V. hat laut Geschäftsordnung aus seinen zehn Mitgliedern den Vorsitzenden und dessen Stellvertreter zu bestimmen. Doppelfunktionen sind erlaubt. Wie viel Wahlmöglichkeiten gibt es?

Zu besetzende Funktionen	k	=	2
Anzahl möglicher Bewerber	n	=	10
Lösung: Wahlmöglichkeiten	V_{10}^2	=	100

Konfidenzschätzung

Konstruktion eines Konfidenzintervalls aus einer Stichprobe, in dem sich mit vorgegebener Wahrscheinlichkeit (i. Allg. 95 % oder 99 %) der wahre, aber unbekannte Parameter der Verteilung in der Grundgesamtheit befindet. Das Konfidenzniveau resultiert aus der Vorgabe eines Wahrscheinlichkeitswertes „in der Nähe von, aber nicht 100 %", mit welchem das Intervall den wahren Wert des zu schätzenden Parameters enthält.

Erwartungswert bei bekannter Varianz einer Normalverteilung

Ist X eine normalverteilte Zufallsgröße mit dem i. Allg. unbekannten Erwartungswert μ und der als bekannt vorausgesetzten Varianz σ^2, so kann anhand einer entsprechenden Stichprobe $(X_1, ..., X_n)$ ein Vertrauensintervall bzw. Konfidenzintervall $J = (G_u, G_o)$ mit vorgegebenem $1-\alpha$ (Konfidenzniveau; $0 < \alpha < 1$) konstruiert werden, d. h.

$$\mu = EX \quad \text{und} \quad \sigma^2 = \text{var}(X) \quad \text{und} \quad P(G_u < \mu < G_o) = 1-\alpha .$$

Mit dem $z_{1-\frac{\alpha}{2}}$-Quantil der Ordnung $1-\frac{\alpha}{2}$ der standardisierten Normalverteilung ist

$$G_u = \overline{X} - z_{1-\frac{\alpha}{2}} \cdot \frac{\sigma}{\sqrt{n}} \quad \text{bzw.} \quad G_o = \overline{X} + z_{1-\frac{\alpha}{2}} \cdot \frac{\sigma}{\sqrt{n}} \quad \text{mit}$$

$$\overline{X} = x_m = \frac{1}{n} \cdot \sum_{i=1}^{n} X_i$$

Beispiel: Bei der ökonomischen Analyse des Einkaufsverhaltens für das Einkaufszentrum TAGESWARE AG wurde aus einer großen Stichprobe n die mittlere Einkaufszeit x_m festgestellt. Das Vertrauensintervall G_u, G_o für den Mittelwert $\mu = x_m$ der normalverteilten Grundgesamtheit mit bekannter Standardabweichung σ wird bei geringer Irrtumswahrscheinlichkeit α gesucht.

Umfang der Stichprobe	n	=	151	Pers.
Mittelwert der Stichprobe	x_m	=	15,00	min
Irrtumswahrscheinlichkeit	α	=	1,00	%
Quantil der Normalverteilung	λ	=	2,81187	
Standardabweichung in der Grundgesamtheit	σ	=	7,18	min
Lösung: Obere Vertrauensgrenze	G_o	=	16,64	min
Untere Vertrauensgrenze	G_u	=	13,36	min

Erwartungswert bei unbekannter Varianz einer Normalverteilung

Ist X normalverteilt mit dem i. Allg. unbekannten Erwartungswert μ und der unbekannten Varianz σ^2, so kann anhand einer Stichprobe $(X_1, ..., X_n)$ ein Konfidenzintervall $J = (G'_u, G'_o)$ mit vorgegebenem $1-\alpha$ (Konfidenzniveau; $0 < \alpha < 1$) konstruiert werden:

$$\mu = EX \quad \text{und} \quad \sigma^2 = \text{var}(X) \quad \text{und} \quad P(G'_u < \mu < G'_o) = 1-\alpha .$$

Dabei ist

$$G'_u = \overline{X} - t_{n-1;1-\frac{\alpha}{2}} \cdot \sqrt{\frac{S^2}{n}} \quad \text{bzw.} \quad G'_o = \overline{X} + t_{n-1;1-\frac{\alpha}{2}} \cdot \sqrt{\frac{S^2}{n}}$$

mit dem $t_{n-1;1-\frac{\alpha}{2}}$-Quantil der Ordnung $1-\frac{\alpha}{2}$ der t-Verteilung bei $f = n - 1$ Freiheitsgraden

$$\overline{X} = \frac{1}{n} \cdot \sum_{i=1}^{n} X_i \quad \text{und} \quad S^2 = \frac{1}{n-1} \cdot \sum_{i=1}^{n} (X_i - \overline{X})^2$$

Beispiel: Für Planungszwecke wurde für das Einkaufszentrum TAGESWARE AG die mittlere Dauer x_m der Parkplatzbelegung und die Standardabweichung σ aus einer repräsentativen Stichprobe mittleren Umfangs n ermittelt. Das Vertrauensintervall für den unbekannten Mittelwert μ bei unbekannter Standardabweichung σ wird bei einer 1%igen Irrtumswahrscheinlichkeit gesucht.

Approximierte Parameteranzahl	m =	2	Pers.
Umfang der Stichprobe	n =	100	Pers.
Quantil der Student-Verteilung (f, α)	t_a =	2,62722	
Mittelwert der Stichprobe	x_m =	22,50	min
Irrtumswahrscheinlichkeit	α =	1,00	%
Standardabweichung in der Stichprobe	σ =	9,64	min
Lösung: Freiheitsgrad	f =	98	
Obere Vertrauensgrenze	G'_o =	25,03	min
Untere Vertrauensgrenze	G'_u =	19,97	min

Konfidenzintervall für eine unbekannte Wahrscheinlichkeit

Für ein Ereignis A (als Ergebnis eines zufälligen Versuches) mit der unbekannten Wahrscheinlichkeit $p = P(A)$, $0 \leq p \leq 1$ kann auf der Grundlage von n unabhängigen Wiederholungen dieses zufälligen Versuches und der dabei beobachteten (zufälligen) Anzahl M des Eintretens von A für p ein (asymptotisches) Konfidenzintervall (P_u, P_o) mit vorgegebenem $1-\alpha$ (Konfidenzniveau; $0 < \alpha < 1$) konstruiert werden, d. h.

$$P(P_u \leq p \leq P_o) \approx 1-\alpha.$$

Dabei ist mit dem $z_{1-\frac{\alpha}{2}}$-Quantil der Ordnung $1-\frac{\alpha}{2}$ der standardisierten Normalverteilung:

$$P_u = \frac{2 \cdot M + z^2_{1-\frac{\alpha}{2}} - z_{1-\frac{\alpha}{2}} \cdot \sqrt{4 \cdot M \cdot (1-p) + z^2_{1-\frac{\alpha}{2}}}}{2 \cdot \left(n + z^2_{1-\frac{\alpha}{2}}\right)}$$

$$P_o = \frac{2 \cdot M + z^2_{1-\frac{\alpha}{2}} + z_{1-\frac{\alpha}{2}} \cdot \sqrt{4 \cdot M \cdot (1-p) + z^2_{1-\frac{\alpha}{2}}}}{2 \cdot \left(n + z^2_{1-\frac{\alpha}{2}}\right)}$$

Beispiel: Im Einkaufszentrum TAGESWARE AG wurde eine Anzahl n an Kunden eine Zeit lang über ihre durchschnittliche Einkaufsdauer befragt. Eine bedeutende Anzahl M gab eine mittlere Einkaufszeit t_m von 15 Minuten an. In welchen Grenzen ist diese mittlere Einkaufszeit in der Grundgesamtheit aller Kunden bei einer Irrtumswahrscheinlichkeit α zu erwarten, will das Management wissen.

Umfang der Stichprobe	n	=	750	Pers.
Anzahl mit gleicher Aussage	M	=	487	Pers.
Irrtumswahrscheinlichkeit	α	=	5,00	%
Quantil der Normalverteilung	λ	=	2,24140	
Lösung: Obere Vertrauensgrenze	P_o	=	68,73	%
Untere Vertrauensgrenze	P_u	=	60,94	%
Häufigkeitsanteil mit gleichem Schätzwert	p	=	64,93	%

Der Anteil aller Kunden, die das Kaufhaus mit dieser mittleren Verweildauer besuchten, liegt mit einer statistischen Sicherheit von 95,00 % zwischen 60,94 % und 68,73 %.

Kontingenzverteilung

Testverfahren für zwei oder mehrere messbare qualitative Merkmale zur Prüfung der Hypothese H_u, ob die Merkmale voneinander

- *abhängig: $H_u = 1$,*
- *unabhängig: $H_u = 0$,*

sind. Der Chi-Quadrat-Test liefert für den Freiheitsgrad f und eine gewünschte Irrtumswahrscheinlichkeit a eine Aussage über den Zusammenhang der analysierten Merkmale. Die Gesamtheit, aus der die Stichprobe stammt, braucht keiner Normalverteilung zu genügen.

Zur Quantifizierung der Kontingenz werden die Häufigkeiten der möglichen Kombinationen von Ausprägungen zweier oder mehrerer interessierender Merkmale in einer Kontingenztabelle aufgelistet. Zwei Merkmalsverteilungen bilden eine Vierfeldertafel (Tabelle K.9).

Tabelle K.9: Häufigkeiten der Merkmalserscheinungen h_{ij} und Summenhäufigkeiten $h_{i.j.}$

Merkmal	**Merkmal *X***		
Y ↓	**Ja**	**Nein**	
Ja	h_{11}	h_{21}	$h_{.1}$
Nein	h_{12}	h_{22}	$h_{.2}$
Σ	$h_{1.}$	$h_{2.}$	n

Kontingenzkennzahl

$$t=(h_{1.}+h_{2.})\cdot\frac{(h_{11}\cdot h_{22}-h_{12}\cdot h_{21})^2}{h_{1.}\cdot h_{2.}\cdot h_{.1}\cdot h_{.2}} \Leftarrow \begin{cases} h_{.1}=h_{11}+h_{21}\\ h_{1.}=h_{11}+h_{12}\\ h_{.2}=h_{12}+h_{22}\\ h_{2.}=h_{21}+h_{22}\end{cases}$$

$$H_u=\begin{cases}1,\text{ wenn } t<\chi^2\\ 0,\text{ wenn } t\geq\chi^2\end{cases} \Leftarrow [\chi^2]\equiv 1-\alpha=\frac{1}{2^{\frac{f}{2}}\cdot\Gamma\left(\frac{f}{2}\right)}\cdot\int_0^{\chi^2} x^{\frac{f}{2}-1}\cdot e^{-\frac{x}{2}}\cdot dx$$

Beispiel: Eine im Regierungsbezirk HAIDA von der Industrie- und Handelskammer veranlasste Stichprobe über den Einfluss von Unternehmensberatungen auf den Geschäftserfolg bei *A* Firmen, die länger als zwei Jahre bestehen (Tabelle K.10), soll Aufschluss geben, inwieweit eine bestimmte Schwelle des Jahresgewinns deswegen überboten worden ist, weil bei der Firmengründung eine Beraterfirma mitgewirkt hat. Beantwortet werden soll die Frage, ob der Geschäftserfolg von der Unternehmensberatung abhängig oder unabhängig war.

Tabelle K.10: Vierfelder einer Stichprobe

Schwelle überschritten	**Unternehmensberatung *X***	
Y ↓	**Ja**	**Nein**
Ja	85	139
Nein	35	13

Irrtumswahrscheinlichkeit	α	=	5,00	%
Anzahl unbekannter Parameter	m	=	1	

Lösung: Anzahl der Unternehmen	A	=	272
Unabhängigkeitshypothese	H_u	=	0
Freiheitsgrad	f	=	3
Umfang der Stichprobe	n	=	4
Testgröße	t	=	19,61
Quantil der Chiquadratverteilung	$\chi^2_{1;\,0,99}$	=	7,82

Die Stichprobe liefert keinen Anhaltspunkt, dass der Erfolg der Unternehmensgründung von einer Beratung bei der Firmengründung beeinflusst wird: Die beiden Ereignisse sind wegen $H_u = 0$ voneinander unabhängig.

Konzentrationsgrad

Kennzahl zur Messung insbesondere von wirtschaftlichen Ballungen aufgrund der Häufigkeitsverteilung relevanter Einfluss- oder Erfolgsgrößen der beobachteten Merkmalsträger. Der relative Konzentrationsgrad wird durch die Verteilung der Anteile des betrachteten Merkmals in Bezug auf eine als Ausdruck von Nichtkonzentration zu bewertende Gleichverteilung beschrieben (Bild K.1).

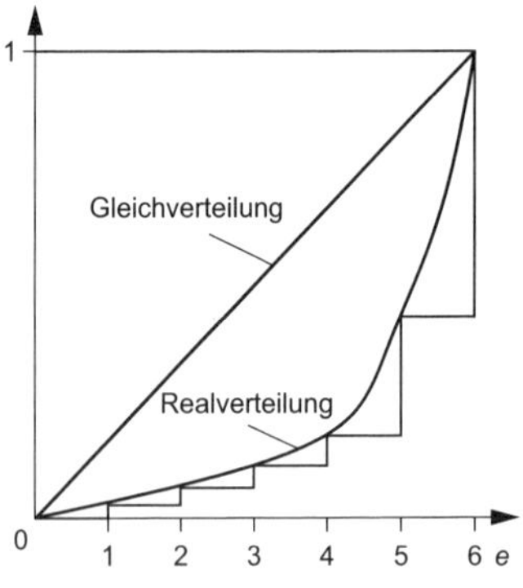

Bild K.1: Konzentrationskurven einer Gleich- und Ungleichverteilung

Betriebswirtschaftlich ist sowohl nach der Struktur der Elemente als auch nach relativer und absoluter Konzentration zu unterscheiden. Die „absolute Konzentration“ wird i. Allg. mit dem Herfindahl-Koeffizienten gemessen, berechnet mit den Anteilen p_i, $i = 1, \ldots, n$, an der Summe aller Beträge n und dem Variationskoeffizienten v:

$$K_H = \sum_i p_i^2 \quad \text{bzw.} \quad K_H = \frac{v^2 + 1}{n}.$$

Der Konzentrationsgrad K von Elementen x_i, $i = 1, \ldots, n$, wird mit dem arithmetischen Mittel der Abstände k_i zwischen der Gleichverteilungsfunktion y_i und einer (empirischen) *Konzentrationsfunktion* p_i der relativen, aufsteigend geordneten diskreten Häufigkeiten ausgedrückt.

$$y_i = \frac{i}{n} \quad \text{und} \quad p_i = \frac{1}{\sum_{i=1}^{n} x_i} \cdot \sum_{j=1}^{i} x_j \quad \Rightarrow \quad k_i = y_i - p_i$$

$$K = \frac{1}{n} \cdot \sum_{i=1}^{n} k_i$$

Beispiel: Die PERFEKT AG benötigt für die Planung von Rationalisierungsmaßnahmen in ihren sechs Betrieben eine Kennzahl über die Konzentration der betrieblichen Umsätze (Tabelle K.11).

Tabelle K.11: Aufteilung der Häufigkeiten des Umsatzes auf Betriebsteile

i	*p* [%]	Umsatz [€/a]	*i*	*p* [%]	Umsatz [€/a]
1	3,09	936000,00	4	19,62	2161440,00
2	7,24	1257660,00	5	47,16	8350000,00
3	12,49	1592580,00	6	100,00	16018000,00

Lösung: Konzentrationsgrad K = 26,73 %
Umfang der Erhebung n = 6
Gesamter Umsatz U = 30315680,00 €/a

Korrelationsrechnung

Man spricht von einer Korrelation (im weiteren Sinne) zwischen verschiedenen Merkmalen, wenn die statistischen Gesetzmäßigkeiten, die für eines dieser Merkmale gültig sind, sich in Abhängigkeit von dem anderen Merkmal ändern können. Ist diese Änderung stark, so ist die Korrelation eng, ist sie gering, so ist die Korrelation schwach. Die engste Korrelation, die zwischen Merkmalen bestehen kann, ist der funktionale (d. h. deterministische) Zusammenhang, die schwächste Korrelation ist die lineare Unabhängigkeit der Merkmale.

Mathematisch können die Korrelationen durch Korrelationskoeffizienten beschrieben werden, z. B. bei der Beschreibung zweiseitiger stochastischer Abhängigkeiten zweier zufälliger Merkmale X und Y durch den einfachen Korrelationskoeffizienten

$$\rho_{XY} = \frac{E(X - EX) \cdot (Y - EY)}{\sqrt{\operatorname{var}(X) \cdot \operatorname{var}(Y)}}$$

(EX bzw. EY – Erwartungswert der Zufallsgröße X bzw. Y; var(X) bzw. var(Y) – Varianz der Zufallsgröße X bzw. Y und die Kovarianz cov(X,Y) $= E(X - EX) \cdot (Y - EY)$).

Ein solcher einfacher Korrelationskoeffizient kann mittels einer zu (X, Y) gehörenden Stichprobe $(X_1, Y_1), (X_2, Y_2), \ldots, (X_n, Y_n)$ durch den sog. Stichprobenkorrelationskoeffizienten

$$\hat{\rho} = \frac{\sum_{i=1}^{n} (X_i - \overline{X}) \cdot (Y_i - \overline{Y})}{\sqrt{\sum_{i=1}^{n} (X_i - \overline{X})^2 \cdot \sum_{i=1}^{n} (Y_i - \overline{Y})^2}} \quad \text{mit}$$

$$\overline{X} = \frac{1}{n} \cdot \sum_{i=1}^{n} X_i \quad \text{und} \quad \overline{Y} = \frac{1}{n} \cdot \sum_{i=1}^{n} Y_i$$

geschätzt werden.

Im Falle von mehr als zwei betrachteten Merkmalen betrachtet man sog. partielle und multiple Korrelationskoeffizienten.

Korrelationskoeffizient

Aus dem empirischen oder Bravais-Pearsonschen Korrelationskoeffizienten folgt das *Bestimmtheitsmaß* B_{xy} für eine zweidimensionale empirische Verteilung zweier Merkmale x, y, gegeben durch die n Paare der beobachteten (gemessenen) Werte (x_i, y_i). Der Korrelationskoeffizient selbst ist ein Maß für die Stärke und Richtung des linearen Zusammenhangs zwischen den Merkmalswerten. Tendiert der Korrelationskoeffizient gegen

- +1 oder –1, dann wird der Zusammenhang zwischen den Parametern immer stärker,
- 0, dann ist ein linearer Zusammenhang nicht vorhanden; eine Aussage, ob ein nichtlinearer Zusammenhang bestehen könnte, wird damit allerdings nicht getroffen.

$$r = \frac{S_{xy}}{\sqrt{S_x^2 \cdot S_y^2}}, \quad r = r_{xy} = r_{yx} \quad (-1 \le r \le 1)$$

$$B_{xy} = r_{xy}^2 \quad (0 \le B_{xy} \le 1)$$

$$S_{xy} = \frac{\sum_{i=1}^{n} x_i \cdot y_i - n \cdot \overline{x} \cdot \overline{y}}{n-1}$$

$$S_x^2 = \frac{\sum_{i=1}^{n} x_i^2 - n \cdot \bar{x}^2}{n-1}$$

$$S_y^2 = \frac{\sum_{i=1}^{n} y_i^2 - n \cdot \bar{y}^2}{n-1}$$

$$\bar{x} = \frac{\sum_{i=1}^{n} x_i}{n} \qquad \text{(Mittelwert der } x\text{-Werte)}$$

$$\bar{y} = \frac{\sum_{i=1}^{n} y_i}{n} \qquad \text{(Mittelwert der } y\text{-Werte)}$$

Beispiel: Die Montageleitung der BAURING AG will in ihrem Jahresbericht an die Generaldirektion den Einfluss darlegen, der zwischen den Stundenleistungen auf den Montagebaustellen und der Gewinnerzielung besteht. Grundlage ist eine Nachkalkulation der Iststunden je Auftrag und der über den Kosten liegenden Erlöse (Tabelle K.12). Der Beweis soll statistisch durch den Korrelationskoeffizienten erbracht werden, um den Zusammenhang quantitativ auszudrücken.

Tabelle K.12: Iststunden der erledigten Bauaufträge x_i und Erlösüberschüsse y_i

i	x_i [h/Auftrag]	y_i [€/Auftrag]	i	x_i [h/Auftrag]	y_i [€/Auftrag]
1	163,00	3409,00	4	418,48	4622,00
2	223,31	3987,00	5	529,42	4983,00
3	292,38	4211,00	6	576,21	5341,00

Lösung: Bestimmtheitsmaß	B_{xy}	=	0,9680	
Varianz der x-Werte (var X)	S_x^2	=	28126,02	
Varianz der y-Werte (var Y)	S_y^2	=	491824,70	
Kovarianz der Messreihe (cov X, Y)	S_{xy}	=	115715,36	
Anzahl der Messwerte	n	=	6	
Korrelationskoeffizient	r	=	0,9839	
Arithmetischer Mittelwert der x-Werte	$\bar{x}$	=	367,13	h/Auftr.
Arithmetischer Mittelwert der y-Werte	$\bar{y}$	=	4425,50	€/Auftr.

Rangkorrelationskoeffizient

Maß des Zusammenhangs zweier verbundener statistischer Merkmale mit Hilfe von Rangwerten. Der hier angewandte Rangkorrelationskoeffizient r mit $-1 \leq r \leq 1$ nach Spearman beruht auf der Rangordnung der x,y-Glieder der Messreihen. Er liefert eine Aussage, ob die Messwerte gegen eine Kurve streben, die monoton

- steigt: $r \to +1$,
- fällt: $r \to -1$,

oder keinen Zusammenhang: $r \to 0$, besitzen. Die i-indizierten Glieder der Reihe sind in eine nach ihrem Wert gestaffelte Rangordnung (R_x, R_y) zu bringen. Daraus sind die Differenzen zwischen den i-Indexen für jeden Rang der Reihe zu bilden.

$$r = 1 - \frac{6 \cdot \sum_{i=1}^{n} (R_{x_i} - R_{y_i})^2}{n \cdot (n^2 - 1)}$$

Beispiel: Die Gesellschafterversammlung der KARPFGUT GMBH plant eine Intensivierung der Fischaufzucht und Teichbewirtschaftung. Das Konzept sieht eine Vertiefung der Gewässer vor, um die Erträge zu steigern. Neben den Eigenmitteln für die Investition sollen auch Mittel aus Förderprogrammen beantragt werden. Zur Beantragung sollen ökonomische Analysen angefertigt werden. Aus einer Stichprobe der bewirtschafteten Teiche, die etwa gleiche Fläche aufweisen, geht für die jeweilige Tiefe x der Jahresertrag y an Fischen hervor (Tabelle K.13). Es soll die Rangordnung der Messwerte (Tabelle K.14) ermittelt und der Zusammenhang geprüft werden, ob man von einer monoton steigenden Kurve zwischen Wassertiefe und Fischertrag ausgehen kann.

Tabelle K.13: Mittlere Teichtiefen und Jahreserträge an Fischen

i	x_i [m]	y_i [t]	i	x_i [m]	y_i [t]
1	24	312	4	12	345
2	75	433	5	58	401
3	20	367			

Lösung: Umfang der Messreihe n = 5
Rangkorrelationskoeffizient r = 0,70

Tabelle K.14: Rangordnung der Messreihe

i	R_{xi}	R_{yi}	$R_i = R_{xi} - R_{yi}$
1	3	1	2
2	5	5	0
3	2	3	–1
4	1	2	–1
5	4	4	0

Kostenelastizität

Ausdruck der Relationen beim Verzehr der Leistungsfaktoren zwischen den Einheitskosten K_S und den alternierenden K_a, fixen K_k und proportionalen Kosten K_p unter dem Einfluss der Leistungszeit bei Diensten oder der Leistungsmenge bei Gütern (Tabelle K.15).

Tabelle K.15: Zeit- oder Mengenverhalten der Kostenelemente

Kostenart		Mengen- oder Zeiteinfluss
Proportional	K_p	Ohne Einfluss auf Einheitskosten
Alternierend	K_a	Einheitskosten steigen bei fallenden Zeiten oder Mengen
Fix	K_k	Einheitskosten sinken bei steigenden Zeiten oder Mengen
Einheit	K_S	Kosten je Zeit- oder Mengeneinheit

Kostenelastizität mit Zeitparametern

Bestimmung der Einheitskosten $K_S(T)$ aus der Kostenfunktion $K(a,T)$ mit der Dienstzeit (Belegungszeit) T und der Alternanzzahl a:

$$K_S(T) = \frac{K(a,T)}{T} \quad \text{mit} \quad a = \left\lceil \frac{T}{w} \right\rceil, \quad \begin{cases} w \ldots \text{gegeben} \\ a = 1, 2, \ldots \end{cases}$$

für die Anzahl der Wechsel zur Sicherung der Leistungsqualität in der Periode w während der Dienstzeit T. Für die Kostenfunktion $K(a,T)$ werden die Alternanzkosten K_a, Fixkosten K_k und Proportionalkosten K_p benötigt:

$$K(a,T) = K_k + a \cdot K_a + T \cdot K_p .$$

Im vorliegenden Anwendungsfall sind die vorgenannten Kostenelemente K_a, K_k, K_p aus einer Stichprobe von Belegungskosten $K(a,T)$ zu schätzen.

$$K(a,T) = K_k + a \cdot K_a + T \cdot K_p$$

$$[K_a, K_k, K_p] \equiv \sum_{i=1}^{n} (K(a_i,T_i) - K_i)^2 \rightarrow \text{Min}, \quad a = \left\lceil \frac{T}{w} \right\rceil$$

$$K_S = K_p + a \cdot \frac{K_a}{T} + \frac{K_k}{T}, \quad a = 1, 2, \ldots,$$

$$\sigma = \sqrt{\frac{\sum_{i=1}^{n} (K(a_i,T_i) - K_i)^2}{n-3}}$$

Beispiel: Dem Projektmanagement der PROHOT GMBH liegt eine repräsentative Stichprobe von Vier-Sterne-Hotels einer sächsischen Region vor. Sie enthält die mittleren Kosten K je Belegungszeit T (Tabelle K.16). Für Projektierungszwecke sollen die fixen Kosten K_k für Buchung, Betreuung, Marketing usw., die Wechselkosten K_a für die periodisch im festliegenden Abstand w notwendigen Dienste, wie z. B. Wäschewechsel, Grundreinigung, und die proportionalen Tageskosten K_p approximiert und die Einheitskosten K_S in Abhängigkeit von der Buchungsdauer T bis zu vierzig Buchungstagen aufgelistet werden (Tabelle K.17).

Tabelle K.16: Mittlere Hotelkosten in einer sächsischen Region

T [d]	*K* [€/T]	*T* [d]	*K* [€/T]	*T* [d]	*K* [€/T]
1	83,25	15	574,25	36	1378,50
5	224,00	16	638,50	41	1563,50
6	268,50	21	823,50	46	1748,50
10	389,00	26	1008,50	51	1933,50
11	453,50	31	1193,50	56	2118,50

Wechselzeit w = 5 d

Lösung:

Tabelle K.17: Tageskosten in Abhängigkeit von der Dienstzeit

T [d]	K_S [€/d]	*T* [d]	K_S [€/d]	*T* [d]	K_S [€/d]	*T* [d]	K_S [€/d]
1	84,18	11	41,27	21	39,22	31	38,50
2	57,93	12	40,47	22	38,88	32	38,28
3	49,18	13	39,79	23	38,57	33	38,08
4	44,80	14	39,21	24	38,28	34	37,90
5	42,18	15	38,71	25	38,01	35	37,72
6	44,84	16	39,92	26	38,79	36	38,29
7	42,96	17	39,44	27	38,53	37	38,11
8	41,55	18	39,01	28	38,28	38	37,94
9	40,45	19	38,62	29	38,05	39	37,78
10	39,57	20	38,27	30	37,84	40	37,62

Alternanzkosten K_a = 26,50 €/Wechsel
Fixkosten K_k = 26,00 €/Buchung
Proportionalkosten K_p = 31,68 €/d
Umfang der Stichprobe n = 15
Standardabweichung σ = 4,66 €/d

Kostenelastizität mit Mengenparametern

Die *mengenvariable Elastizität* der Einheitskosten K_S ist eine Funktion der Seriengröße Q und Losanzahl a, aus denen die Losgröße n als Quotient folgt. Sie hat die Gestalt einer gewölbten Kostenfläche (Bild K.2).

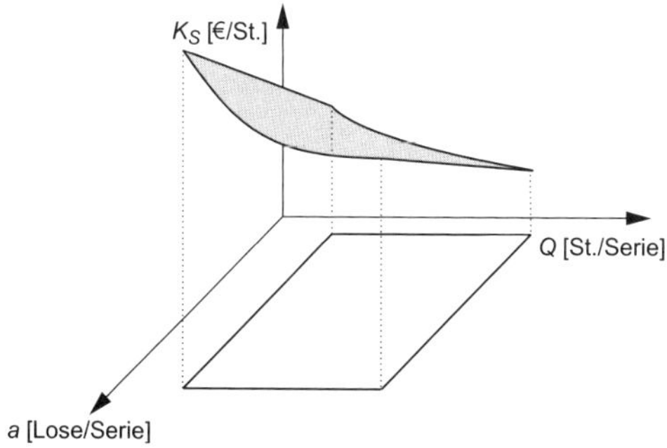

Bild K.2: Einheitskosten K_S in Abhängigkeit von der Seriengröße Q und der Losanzahl a mit Alternanzkosten K_a, Fixkosten K_k und Proportionalkosten K_p

$$K = Q \cdot K_p + a \cdot K_a + K_k$$

$$K_S = K_p + a \cdot \frac{K_a}{Q} + \frac{K_k}{Q}$$

Beispiel: Die Fertigungsplanung der NYMODUL AG soll für eine Serie Q von Zahnrädern mit der Losanzahl a aus den Kalkulationsdaten K_a, K_k, K_p die Gesamtkosten, die Einheitskosten und die Losgröße n berechnen.

Alternanzkosten	K_a	=	635,60	€/Los
Fixkosten	K_k	=	12050,00	€/Serie
Proportionalkosten	K_p	=	12,75	€/St.
Mengenumfang (Seriengröße)	Q	=	2000	St./Serie
Alternanzzahl (Losanzahl)	a	=	25	Lose/Serie

Lösung:

Gesamtkosten (Kosten der Serie)	K	=	53440,00	€/Serie
Einheitskosten	K_S	=	26,72	€/St.
Losgröße	n	=	80	St./Los

L

Lagerhaltungsmodelle

Quantitative Beziehungen zwischen Wirtschaftlichkeit und Lagerstrukturen wie Art, Gestaltung und Standort mit Einfluss auf die Lagerbestände. Sie entstehen bei der Beschaffung von materiellen Gütern und bei deren Absatz. Die Beschaffungsmengen werden meist als optimale Größe aus mehreren Faktoren ermittelt, wie Art, Beschaffenheit und Haltbarkeit des Materials, Jahresprogramm, Kapitalbindung und Lagerkapazität, Bezugs- und Transportart.

Lagerbestände werden durch Unstetigkeiten zwischen den internen Leistungsprozessen einerseits und den externen Zirkulationsprozessen andererseits verursacht. Ihr Zweck besteht darin, durch das Anlegen von materiellen Puffern zwischen den internen und externen Prozessen einen quantitativen und zeitlichen Ausgleich herzustellen und eine weitgehende Kontinuität der Leistungsprozesse zu gewährleisten.

Lageranteil

Er wird durch Kennzahlen für das Verhältnis von Lagervermögen I_L zum Lagerpersonal P, des Anteils der Transport-, Umschlags- und Lagermittel I_T zum Anlagevermögen I_L sowie des Lagerbestandes L_B zum Umsatz U und zum Betriebsvermögen B angegeben. Die Verhältniszahlen sind Ausdruck auch von Betriebsstrukturen.

$$a_B = \frac{L_B}{B}, \quad a_T = \frac{I_T}{I_L}, \quad a_U = \frac{L_B}{U}$$

$$A^\circ = \frac{I_L}{P}$$

Beispiel: Aufgrund der gesuchten Kennzahlen zwischen den Lagergrößen und dem im Unternehmen arbeitenden Vermögen soll die Materialintensität als Lageranteil am Betriebsvermögen festgestellt werden.

Betriebsvermögen	B	=	27700608,00	€
Lagervermögen	I_L	=	9155370,00	€
Transport-, Umschlags-, Lagermittel	I_T	=	6954230,00	€
Lagerbestand	L_B	=	5243230,00	€
Personalbestand des Lagers	P	=	16	Pers.
Umsatz	U	=	17221830,00	€

Lösung:

Ausstattungsgrad der Lageristen	$\overset{\circ}{A}$ =	434639,38	€/Pers.
Lageranteil am Betriebsvermögen	a_B =	18,93	%
Anteil der Transport-, Umschlags- und Lagermittel	a_T =	75,96	%
Lageranteil am Umsatz	a_U =	30,45	%

Lagerbestandsabnahme

Kennzahl für den Bestandsanteil k_a am Maximalbestand B_h mit Angabe der mittleren Kapitalbindung K_m. Sie folgt aus der Hälfte des Verhältnisses von Lagermenge $n - n_v$ zur Fertigungslosgröße n, wofür die Verbrauchslosgröße n_v bei gegebener Losgröße n bestimmend ist. Innerhalb der Verbrauchszeit t_v des Materials für das Fertigungslos vollzieht sich der von der Zeit abhängige Bestandsabbau n_t:

$$n_t = n \cdot \left(1 - \frac{t}{t_v}\right),$$

$$K_m = B_h \cdot k_a, \quad k_a = \frac{n - n_v}{2 \cdot n}.$$

Lagerbestandskennzahlen

Disponibler Lagerbestand B_d, eingelagerter Bestand B_L und Bestandsintensität k_B als Verhältnis von mittlerem Lagerbestand und Warenumsatz U, berechnet für die Bestände an Betriebs-, Hilfs- und Rohstoffen, Fertig- und Halbfabrikaten, eingelagerter Handelsware sowie als Teil des in Betriebslagern, in auswärtigen Lagern und in Kommission befindlichen Umlaufvermögens. Eingangsparameter sind der Lageranfangsbestand B_0, der Bestandsabgang B_A, der Bestellbestand B_B, der Lagerendbestand B_n, der Bestandsverzug B_V und der Bestandszugang B_Z.

$$k_B = \frac{B_0 + B_n}{2 \cdot U}$$

$$B_d = B_L + B_B - B_V$$

$$B_L = B_0 + B_Z - B_A$$

Beispiel: Das Controlling der KNOPFDRUCK GMBH fordert von der Lagerverwaltung über den Bestand an Roh-, Hilfs- und Betriebsstoffen, halbfertigen und fertigen Erzeugnissen inkl. der Handelsware durch laufende Notierung der Zu- und Abgänge im Lager und deren Fortschreibung (Skontration) ermittelte Lagerkennzahlen an.

Lageranfangsbestand	B_0	=	80465,00	€
Bestandsabgang	B_A	=	12450,00	€
Bestellbestand	B_B	=	7400,00	€
Lagerendbestand	B_n	=	87643,10	€
Bestandsverzug	B_V	=	900,00	€
Bestandszugang	B_Z	=	10300,00	€
Warenumsatz	U	=	276542,00	€
Lösung: Disponibler Lagerbestand	B_d	=	84815,00	€
Eingelagerter Bestand	B_L	=	78315,00	€
Bestandsintensität	k_B	=	30,39	%

Lagerbestellmenge

Optimale Losgröße q_o einer Verbrauchs- bzw. Bezugsmenge q_v, die unter Beachtung des Kapitalkostensatzes z eine minimale Summe aus Beschaffungskosten K_f und Lagerkosten K_L ergibt. Vorausgesetzt werden stetige Zugänge und Abgänge im Lager sowie keine besonderen Forderungen für die Einhaltung eines Mindestbestandes, wie das sonst bei Modellen der Lagerhaltung üblich ist. Die Losanzahl a_q ist so festzulegen, dass sie ein ganzes Vielfaches der Verbrauchs- bzw. Bezugsmenge bildt.

$$q_o = \sqrt{\frac{2 \cdot q_v \cdot K_f}{z \cdot K_L}}$$

$$a_q = \frac{q_v}{q_o}, \quad a_q = 1, 2, \ldots$$

Beispiel: Vom Controlling der BLECHSICKE GMBH wird eine Modellrechnung für die Optimierung der Bestellmengen der einzelnen Produkte angefordert. Sie soll bei der Beschaffung und dem Absatz von Gütern kostengünstige Entscheidungen zum Ausgleich quantitativer und zeitlicher Diskontinuitäten ermöglichen, insbesondere durch günstige Bestellgrößen eine Kostendegression bewirken.

Lagerungskosten	K_L	=	46,00	€/St.
Beschaffungskosten je Teillieferung	K_f	=	350,00	€/Los
Verbrauchs- bzw. Bezugsmenge	q_v	=	24000	St./a
Zinssatz	z	=	9,13	%/a
Lösung: Anzahl der Lieferlose	a_q	=	12	Lose
Optimale Bestellmenge	q_o	=	2000	St./Los

Lagerbestellzeitpunkt

Zeitpunkte T_a für das Auslösen von Materialbestellungen für eine Folge von a Losen der optimalen Losgröße q_o unter Berücksichtigung des

Serienbedarfs B, der Kalendertage T_K und Werktage T_W einer Arbeitswoche, des Serienbeginns T_S, eines Gleichzeitigkeitsfaktor bei der Losbearbeitung g, der Bestell- und Lieferzeit t_B sowie der Durchlaufzeit eines Loses t_d.

$$T_a \approx T_S + \frac{T_K}{T_W} \cdot \left((a-1) \cdot \frac{t_d - t_B}{g} - t_B \right), \quad a = 1, 2, \dots, a_q, \quad a_q = \left\lceil \frac{B}{q_o} \right\rceil$$

Beispiel: In der Fertigung von Getrieben überlagern sich jeweils 2 Lose. Der Serienbeginn ist auf den 90. Arbeitstag des Jahres festgelegt. Die Kalendertage werden nicht berechnet. Die Bestellzeitpunkte für eine Serienfertigung sollen bestimmt und aufgelistet werden (Tabelle L.1).

Serienbedarf	B	=	24000	St./Serie
Kalendertage	T_K	=	7	d
Tag des Serienbeginns	T_S	=	90	d
Werktage	T_W	=	5	d
Gleichzeitigkeitsfaktor bei der Losbearbeitung	g	=	2	
Optimale Bestellmenge	q_o	=	4000	St./Los
Bestell- und Lieferzeit für ein Los	t_B	=	8	d
Durchlaufzeit eines Loses	t_d	=	42	d

Lösung:

Optimale Anzahl an Lieferlosen	a_q	=	6	Lose

Tabelle L.1: Lieferlosnummer a und Bestellkalenderpunkte T_a für die Bestellmenge q_o

a	T_a [d]	*a*	T_a [d]
1	78	4	150
2	102	5	174
3	126	6	197

Lagerdauer

Jahresdurchschnittliche produktionsbedingte Lagerdauer t_L, die ein monatlicher Durchschnittslagerbestand B_d benötigt. Sie ist Teil der Produktionszeit und abhängig vom Beschaffungs- und Absatzmarkt. Die Umschlagszahl u stellt das Verhältnis vom Jahresumsatz des Lagers U_a zum Durchschnittslagerbestand dar. Weitere Berechnungsgrößen sind der Anfangsbestand B_0 und die monatlichen Schlussbestände B_t im Lager.

$$B_d = \frac{1}{1+12} \cdot \left(B_0 + \sum_{t=1}^{12} B_t \right)$$

$$u = \frac{U_a}{B_d}$$

$$t_L = \frac{360}{u}$$

Beispiel: Im Fertigungsbetrieb für Solarzellen sollen die durchschnittliche Zeit t_L, die das eingesetzte Material bis zur Entnahme am Lager bleibt, die Umschlagszahl u und der monatliche Durchschnittsbestand aus den monatlichen Schlussbeständen (Tabelle L.2) errechnet werden.

Tabelle L.2: Jeweiliger Schlussbestand B_t in der t-ten Lagerperiode

t [Mon.]	*B* [€]	*t* [Mon.]	*B* [€]	*t* [Mon.]	*B* [€]
1	10755,45	5	13063,12	9	10213,38
2	14984,89	6	10426,34	10	10506,06
3	12023,98	7	10554,58	11	10633,26
4	12356,65	8	9984,97	12	10634,76

Anfangsbestand im Lager	B_0 =	12250,00	€
Jahresumsatz des Lagers	U_a =	205460,00	€/a

Lösung:

Durchschnittsbestand im Lager	B_d =	11414,42	€/Mon.
Lagerdauer	t_L =	20	d
Umschlagszahl	u =	18	

Lagerflächenbedarf

Nach den Zielen einer hohen Raum- und Kapazitätsausnutzung sowie niedriger Kosten bestimmte Lagerfläche F. Berücksichtigt werden der Flächenbedarf f für das Produkt, die Kosten für einen Lagerauftrag K_A, die Lagerhaltungskosten K_H, der Lagerzinssatz p, die Seriengröße Q inkl. Reservelagergröße Q_r und die durchschnittliche Lagerdauer t_d.

$$F = f \cdot \left(\frac{Q_r}{2} + \sqrt{\frac{2 \cdot Q \cdot K_A}{K_H \cdot t_d \cdot p}} \right)$$

Beispiel: Für eine Serie von Produkten kann der Flächenbedarf aus der Optimierung der Lagerlosgrößen berechnet werden. Der Flächenbedarf für das Sortiment ist über die Summierung der für die einzelnen Serien ermittelten Bedarfsgrößen festzustellen.

Flächenbedarf für ein *i*-tes Produkt	f =	0,23	m²/St.
Kosten für einen Lagerauftrag	K_A =	24,75	€/Los
Lagerhaltungskosten	K_H =	0,24	€/St.
Lagerzinssatz	p =	7,20	%

Größe der *i*-ten Serie	Q	=	2000	St./Serie
Reservelagergröße für die Serie	Q_r	=	50	St./Serie
Durchschnittliche Lagerdauer	t_d	=	12	d/a
Lösung: Lagerflächenbedarf	F	=	164,67	m^2/Serie

Lagerflächennutzungsgrad

Relation h_F der Lagernutzfläche für n Lagerobjekte zur Hauptfunktionsfläche F. Die Lagernutzflächen ergeben sich aus den Plätzen i gleicher Lagerobjekte g_i und den Raummaßen b_i, l_i (Bild L.1) der mit Lagergütern und Lagerungshilfsmitteln belegten Flächen, der Verkehrsflächen zwischen den Stapeleinheiten und der für die Lagereinrichtung benötigten Flächen.

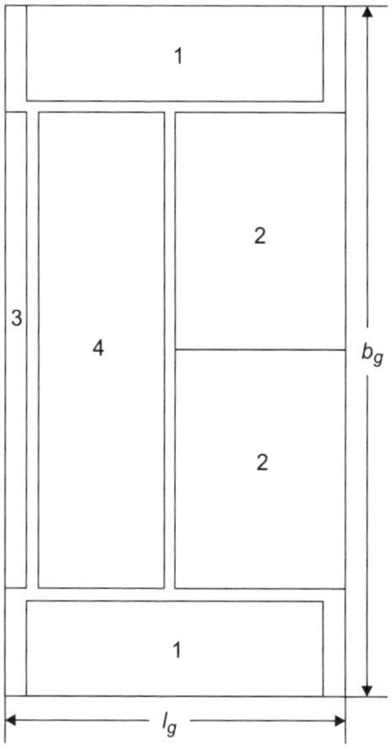

Bild L.1: Lagerflächenlayout (Beispiel)

$$h_F = \frac{\sum_{i=1}^{n} b_i \cdot g_i \cdot l_i}{F}$$

Beispiel: Der Flächennutzungsgrad eines Stückgutlagers soll aufgrund des Lagerflächenlayouts, der Raummaße und der Anzahl gleicher Lagerobjekte (Tabelle L.3) errechnet werden.

Tabelle L.3: Breite b_i und Länge l_i einer Lagerfläche und Anzahl gleicher Lagerobjekte g

i	*b* [m]	*g*	*l* [m]
1	8,00	2	26,00
2	20,00	2	15,00
3	40,00	1	2,00
4	40,00	1	11,00

Gesamte Lagerfläche F = 1875,00 m^2

Lösung:

Flächennutzungsgrad des Lagers h_F = 81,92 %

Anzahl unterschiedlicher Lagerobjekte n = 4

Liefermenge

Eine im Verbrauchszeitraum t_v stetig angelieferte Bedarfsmenge Q wird in die Menge q_k und den Lieferzeitraum t_k bei stetiger und in die Menge q_h und den Lieferzeitraum t_h bei unstetiger Lagerentnahme unterteilt. Maßstab der Unterteilung sind die Bestell- und Beschaffungskosten K_B, die Fehlmengenkosten K_F und die Lagerhaltungskosten K_L.

$$q_k = \sqrt{\frac{2 \cdot Q \cdot K_B}{t_v \cdot K_L}}, \quad q_k = 1, 2, \ldots$$

$$t_k = t_v \cdot \frac{q_k}{Q}$$

$$q_h = q_k \cdot \sqrt{1 + \frac{K_L}{K_F}}, \quad q_h = 1, 2, \ldots$$

$$t_h = \sqrt{\frac{2 \cdot t_v \cdot K_B}{Q \cdot K_L}} \cdot \sqrt{1 + \frac{K_L}{K_F}}$$

Beispiel: Der Beschaffungsumfang für die Herstellung von Computergehäusen soll als optimale Größe ermittelt werden.

Bestell- und Beschaffungskosten	K_B	=	450,00	€/Los
Fehlmengenkosten	K_F	=	0,03	€/(St.·d)
Lagerhaltungskosten	K_L	=	0,06	€/(St.·d)
Bedarfsmenge	Q	=	12000	St.
Verbrauchszeitraum	t_v	=	180	d

Lösung:

Liefermenge bei unstetigem Abgang	q_h	=	2000	St.
Liefermenge bei stetigem Abgang	q_k	=	1000	St.
Lieferzeitraum bei unstetigem Abgang	t_h	=	26	d
Lieferzeitraum bei stetigem Abgang	t_k	=	15	d

Lagerkosten

Kosten für die Bevorratung von Beschaffungsgütern, die für deren Bestellung und Beschaffung, die Vorhaltung und Bereitstellung von Lagerkapazität sowie die Vorbereitung, Durchführung und Nachbereitung der Lagerprozesse anfallen.

Klassische Optimierung der Lagerkosten

Minimierung einer Kostenfunktion $K(a)$ für eine Seriengröße Q bei gleichabständigen Lagerabgängen sowie gegenläufigen Lagerhaltungskosten $K_H(a)$ und Bestellkosten je Los $K_B(a)$: Je häufiger a bestellt wird, um so größer sind die Beschaffungs- und desto kleiner die Lagerhaltungskosten (Bild L.2). Gesucht wird die optimale Bestellmenge n_o bzw. Bestellanzahl a_o mit den minimalen Lagerkosten K, Bestellkosten K_B und Lagerkosten K_H anhand der Lagerungskosten je Erzeugnis P, eines Sicherungsvorrates B_m und des Zinssatzes für Bestandskredite p.

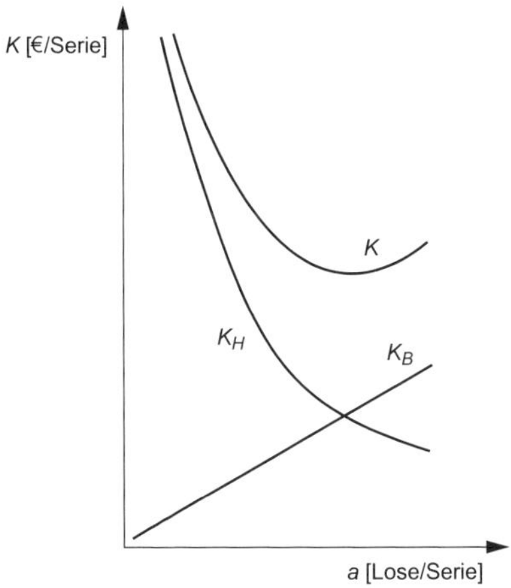

Bild L.2: Gesamtkosten K für Beschaffung K_B und Lagerhaltung K_H über der Bestellanzahl a

$$K(a) = K_B(a) + K_H(a) \begin{cases} K_B(a) = a \cdot K_A \\ K_H(a) = \dfrac{Q \cdot P \cdot p}{2 \cdot a} \end{cases} \quad a = 1, 2, \ldots$$

$$a_o = \sqrt{\frac{p \cdot P \cdot Q}{2 \cdot K_A}}, \quad a_o = 1, 2, \ldots$$

$$n_o = \frac{Q}{a_o}, \quad n_o \geq B_m$$

Beispiel: Der Auftrag über eine Jahresserie von Armaturen mit monatlich konstanten Liefermengen soll bei optimalen Lagerkosten und mit solchen Lagerfristen bzw. Mindestbeständen untersetzt werden, die dem Lager genügend schnelle Lieferungen an die Kunden gestatten.

Minimaler Lagervorrat	B_m	=	100	St./Los
Beschaffungskosten je Lieferlos	K_A	=	80,00	€/Los
Lagerungskosten je Erzeugnis	P	=	40,00	€/St.
Zinssatz für Bestandskredite	p	=	7,60	%/a
Jahresserie	Q	=	3600	St./a
Lösung: Optimale Lagerkosten	K	=	1324,00	€/a
Optimale Bestellkosten	K_B	=	640,00	€/a
Optimale Lagerhaltungskosten	K_H	=	684,00	€/a
Optimale Bestellanzahl	a_o	=	8	Lose/a
Optimale Bestellmenge	n_o	=	450	St./Los

Dynamische Optimierung der Lagerkosten

Bei unterschiedlich großem Bedarf in den Abrufperioden t können die Lagerkosten K mit rekursiven *Modellen* optimiert werden. Zu Beginn der in Planungszeiträume *gegliederten* Lagerperiode n wird der Kauf aller Lagergüter unterstellt. Die dabei anfallenden Lagerkosten K werden mit der Anzahl der Bestellungen a berechnet. Die Bedarfsmengen B_t im Zeitraum t werden in die Kaufmenge M_i so lange übernommen und eingelagert, wie die Lagerkosten kleiner sind als die Bestellkosten K_B. Übersteigen die Lagerkosten einer Bedarfsmenge B_t die Bestellkosten, dann wird eine neue Kauf- und Lagermenge gebildet und berechnet, welche künftigen Bedarfsmengen dazu gehören. Der Lagerbestand vor der ersten und nach der letzten Periode wird vernachlässigt, da er die Optimierung nicht beeinflusst. Die Bestellkosten werden i. Allg. um so geringer, je größer infolge längerer Bestellfristen der Lagerbestand ist.

$$M_i = \begin{cases} \sum_{t=i}^{i+t} B_t, & \text{wenn} \quad K_B > B_t \cdot K_L \\ \text{sonst} & B_t \end{cases} \Rightarrow K = a \cdot K_B + \sum_{t=1}^{n} B_t \cdot K_L$$

Beispiel: Für einen Auftrag über die Lieferung von Festplatten mit stark differierenden Liefermengen (Tabelle L.4, Spalte 2) sind die Lagerhaltungskosten zu optimieren. Die Bestellmengen n_K und Lagermengen n_L mit den optimalen Lagerkosten sollen ermittelt werden.

Bestellkosten je Lieferlos	K_B =	450,00	€/Los
Monatliche Lagerungskosten	K_L =	0,07	€/St.

Lösung: Optimale Lagerkosten	K =	991,70	€
Lagerkosten bei einmaligem Kauf	K =	1227,70	€
Kosten bei monatlicher Beschaffung	K =	2700,00	€

Tabelle L.4: Kauf- und Lagermengen für eine halbjährliche Lagerperiode

t [Mon.]	B [St./Mon.]	n_K [St.]	n_L [St.]
1	1205	1885	680
2	405	0	210
3	110	0	100
4	100	0	0
5	2130	2450	320
6	320	0	0

Lebensdauer nach Erlang-Verteilung

Die einer Erlang-Verteilung (Bild L.3) *folgende Erlebenswahrscheinlichkeit eines Gegenstandes beruht auf seinem stofflichen Verzehr zwischen Inbetriebnahme und Ausfall.*

Eine Lebensdauer T heißt erlang-verteilt, falls deren Verteilung die Dichte f besitzt (Bild L.4).

$$f(t) = \frac{(k \cdot \lambda)^k}{(k-1)!} \cdot \frac{t^{(k-1)}}{e^{t \cdot \mu}}, \quad \begin{cases} k = 1, 2, \ldots \\ \mu = \dfrac{1}{\lambda} \\ t \geq 0 \end{cases} \quad [k, \lambda] \equiv \sum_{i=1}^{n} (f(t_i) - h_i)^2 \rightarrow \text{Min}$$

$$\sigma = \sqrt{\frac{\sum_{i=1}^{n} (f(t_i) - h_i)^2}{n-2}} \quad (t_i - \text{äquidistant})$$

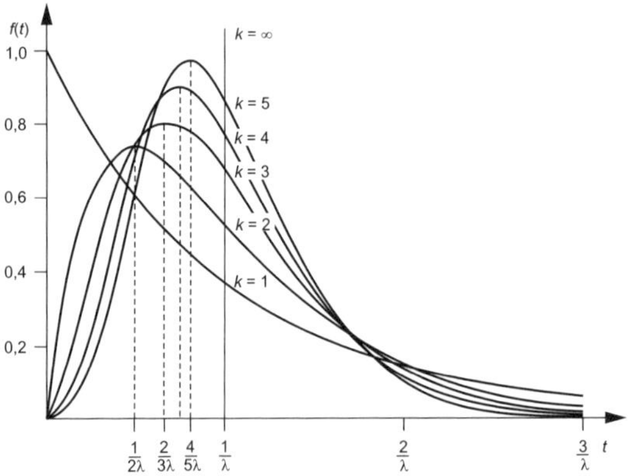

Bild L.3: Dichtefunktionen *f* der Erlang-Verteilung für verschiedene Schiefeparameter *k*

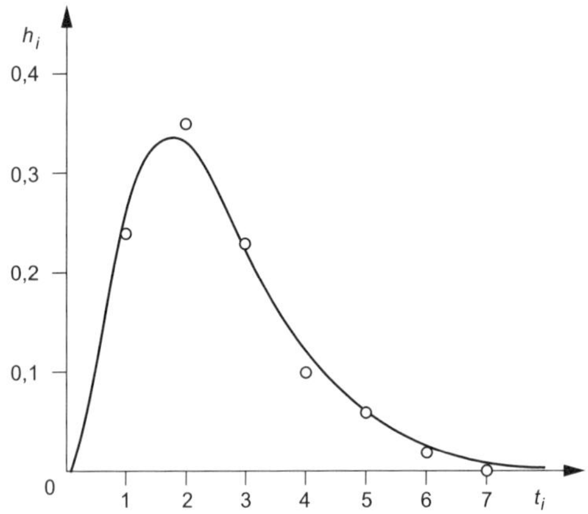

Bild L.4: Histogramm der Häufigkeiten einer Bauelemente-Funktionsdauer mit approximierter Dichtefunktion der Erlang-Verteilung

Beispiel: Bei der Herstellung von Kondensatoren wurden bei Tests die Häufigkeiten h_i ihrer zeitlichen Ausfälle t_i innerhalb der Nutzungsdauer T ermittelt (Tabelle L.5). Für dieses Bauelement sollen der Schiefeparameter k, der Erwartungswert λ, der Mittelwert μ und Streuung σ der Funktionsdauer approximiert werden.

Tabelle L.5: Ausfallhäufigkeiten von Kondensatoren über der Einsatzdauer

i	t_i	h_i	i	t_i	h_i
1	0,00	0,00	5	4,00	0,10
2	1,00	0,24	6	5,00	0,06
3	2,00	0,35	7	6,00	0,02
4	3,00	0,23	8	7,00	0,00

Lösung: Geschätzter Schiefeparameter k = 3
Anzahl der Messwerte n = 8
Geschätzter Erwartungswert
der Erlang-Verteilung λ = 0,39
Mittelwert der Erlang-Verteilung μ = 2,55 a
Standardabweichung der Messwerte σ = 0,02 a

Leistungskennzahlen

Sie stellen quantitative Ausdrücke für die Ergiebigkeit betrieblicher Leistungsprozesse dar als

- *Leistungsergebnis, mengenmäßig z. B. die vorgenommenen Buchungen, die produzierte Stückzahl, die bearbeiteten Vorgänge, geldlich z. B. der Erlös, der Gewinn;*
- *Leistungsquote eines Leistungsergebnisses und von Einsatzfaktoren, wie z. B. Personal, Betriebsmittel oder von Kombinationen der Einsatzfaktoren;*
- *Leistungskurve für den Verlauf des personellen Leistungsvermögens in der Arbeitszeit aufgrund einer ganzen rationalen Funktion vom Grad (n – 1) mit approximierten Koeffizienten aus Messwerten der Leistung mit den Stützstellen t_i (i = 1, 2, ..., n).*

Für einen Gesamt- oder Teilprozess zeigen die Kennzahlen je nach dem Grad des Zusammenhangs und der Möglichkeit des Einwirkens anderer Faktoren den Zuwachs oder die Abnahme des Leistungsvermögens an.

Leistungsausnutzung

Grad des Einsatzes der Kapazität von Betriebsmitteln, vorzugsweise der Produktionsanlagen. Die Leistungsdaten liegen i. Allg. in Naturaleinheiten (Stück, m^3, m^2, t, km) vor. Unterschieden wird zwischen der effektiven Leistungszeit L_e der Arbeitstätigkeit und der technischen Leistungszeit L_t des Betriebsmittels. Für die kapazitiven Zeiten gilt:

- nominelle Zeit T_n: Kalendertage geteilt durch 24 Stunden;
- geplante Zeit T_g: nominelle Zeit minus geplanter Stillstände;
- nutzbare Zeit T_v: geplante Zeit minus Zeiten für sonstige Leistungen.

Weitere Eingabegrößen sind die genutzte Kapazität C_L und die nominelle Kapazität C_n. Ergebnisgrößen sind der kapazitive Nutzungsgrad h_C, der leistungsabhängige Nutzungsgrad h_L sowie der Zeitnutzungsgrad nach Plan h_t und nach Nutzbarkeit h_v

$$h_C = \frac{C_L}{C_n},\quad h_L = \frac{L_e}{L_t},\quad h_t = \frac{T_g}{T_n},\quad h_v = \frac{T_v}{T_n}$$

Beispiel: Die Ausnutzung der Jahreskapazität und die Leistungsnutzung für die jährlichen Arbeitsstunden sollen durch Kennzahlen belegt werden.

Genutzte Kapazität	C_L	=	566100	St./a
Nominelle Kapazität	C_n	=	794880	St./a
Effektive Leistungszeit	L_e	=	8,64	min/St.
Technische Leistungszeit	L_t	=	6,29	min/St.
Geplante kapazitive Zeit	T_g	=	5836,00	h/a
Nominelle kapazitive Zeit	T_n	=	8660,00	h/a
Nutzbare kapazitive Zeit	T_v	=	5593,00	h/a
Lösung: Kapazitiver Nutzungsgrad	h_C	=	71,22	%
Leistungsabhängiger Nutzungsgrad	h_L	=	72,80	%
Zeitnutzungsgrad nach Plan	h_t	=	67,39	%
Zeitnutzungsgrad nach Nutzbarkeit	h_v	=	64,58	%

Leistungsgrade der Arbeit

Verschiedene Kennzahlen zur Beurteilung der beeinflussbaren tatsächlichen Leistung und der potenziellen Leistung, ausgedrückt durch deren Wirksamkeit der Erstellung von Gütern oder von Diensten. Maßstab ist das Verhältnis

- von Arbeitsergebnis, wie z. B. Jahresmenge Q, vorgegebene q_v und wirkliche Stundenmenge q_w sowie Produktpreis P,
- zu Aufwandsgrößen, wie z. B. mittlere Arbeiteranzahl A, Anzahl s an Normalschichten, gebrauchte Leistungszeit in einer Schicht T_g, gebrauchte Leistungszeit für ein Produkt t_g und Normalzeit für ein Produkt t_N.

Typische Kennzahlen sind der Stundennutzungsgrad l_h, die Schichtleistung l_K, die Stundenleistung l_N, die Schichtleistung je Arbeiter l_P, der Normalleistungsgrad p_h, der Mengenleistungsgrad p_m und der Produktleistungsgrad p_z.

$$l_K = \frac{Q}{s},\quad l_P = \frac{Q}{s \cdot A},\quad l_N = 60 \cdot P \cdot \frac{A}{t_N}$$

$$l_h = \frac{l_K}{T_g}, \quad p_h = \frac{l_h}{l_N}, \quad p_m = \frac{q_w}{q_v}, \quad p_z = \frac{t_N}{t_g}$$

Beispiel: Für die Analyse der Leistung je Arbeitsort und Arbeitstag bzw. je Stunde sind die wichtigsten Kennzahlen, wie z. B. das geldliche oder mengenmäßige Resultat der Schichten oder der Beschäftigten in einer Normalschicht oder einer Normalstunde, anzugeben.

Mittlere Arbeiteranzahl	A	=	7	Pers.
Produktpreis	P	=	9,91	€/St.
Jahresleistung an Produkten	Q	=	67241045,00	€
Vorgegebene Stundenmenge	q_v	=	894	St./h
Wirkliche Stundenmenge	q_w	=	950	St./h
Anzahl an Normalschichten	s	=	1467	Schichten
Gebrauchte Leistungszeit in einer Schicht	T_g	=	51,38	h/Schicht
Gebrauchte Leistungszeit für ein Produkt	t_g	=	4,38	min/St.
Normalzeit für ein Produkt	t_N	=	4,50	min/St.

Lösung: Stundennutzungsgrad	l_h	=	892,09	€/h
Schichtleistung	l_K	=	45835,75	€/Schicht
Normalstundenleistung	l_N	=	924,93	€/h
Schichtleistung je Arbeiter	l_P	=	6547,96	€/Schicht
Nutzungsgrad der Normalleistung	p_h	=	96,45	%
Mengenleistungsgrad	p_m	=	106,26	%
Produktleistungsgrad	p_z	=	102,74	%

Leistungsgrade von Struktureinheiten

Kennzahlen der Wirksamkeit des arbeitsteilig strukturierten Produktionsfaktors menschliche Arbeit, über die zur Lösung der dispositiven und erzeugenden Aufgaben verfügt werden kann. Sie erfassen das intellektuelle, physische und psychische Potenzial des Personals in einzelnen Struktureinheiten, wie z. B. den Leistungsgrad

- des Unternehmens g_U, gemessen an den Umsätzen U_i im Sortiment i, $i = 1, 2, \ldots, n$, und den Löhnen K_L,
- der Transportabteilung g_T, gemessen an den Transportkostenanteilen an den Umsätzen v_i sowie den geleisteten Transportstunden h_a und dem Durchschnittslohn l_0.

$$g_U = \frac{\sum_{i=1}^{n} U_i}{K_L}, \quad g_T = \frac{l_0 \cdot h_a}{\sum_{i=1}^{n} v_i \cdot U_i}$$

Beispiel: Der Effekt des Zusammenwirkens des Personals bei der Arbeit insgesamt und im betrieblichen Fuhrpark für die Leistungserstellung des Unternehmens soll insbesondere aufgrund der Umsatzerlöse (Tabelle L.6) quantitativ ausgedrückt werden.

Gesamtaufwendungen für Löhne und Gehälter	K_L	=	2687195,12	€/a
Jahresstunden im Transport	h_a	=	8164,00	h/a
Stundenlohn im Transport	l_0	=	18,37	€/h
Sortimentsbreite	n	=	7	
Lösung: Leistungsgrad des Transports	g_T	=	11,08	%
Leistungsgrad des Unternehmens	g_U	=	742,99	%

Tabelle L.6: Nettoumsatz U und Transportkostenanteil v in der i-ten Warengruppe

i	*U* [€]	*v* [%]	*i*	*U* [€]	*v* [%]
1	1062463,12	5,24	5	1892042,91	5,84
2	2350889,31	6,15	6	1974080,45	7,73
3	2820110,52	5,73	7	5895312,40	8,05
4	3970801,67	6,41			

Normalschichtige Leistungskurve

Verlauf des Leistungsvermögens $N(t)$ eines Arbeitnehmers in der Normalschicht, dargestellt durch eine ganze rationale Funktion vom Grad $n-1$ mit arbeitsphysiologisch bedingten Extremwerten in der Leistungsfunktion: zwei Gipfelpunkten und einem Talpunkt (Bild L.5).

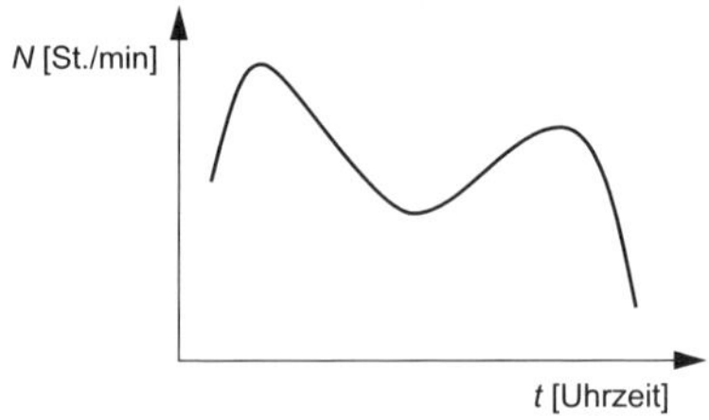

Bild L.5: Mittleres Leistungsvermögen in einer Normalschicht

$$N(t) = \sum_{i=0}^{n-1} a_i \cdot t^i \quad \Rightarrow \quad \begin{cases} \dot{N}(t_1) = 0 & \Rightarrow \quad N_1 = N(t_1) \\ \dot{N}(t_2) = 0 & \Rightarrow \quad N_2 = N(t_2) \\ \dot{N}(t_3) = 0 & \Rightarrow \quad N_3 = N(t_3) \end{cases}$$

Beispiel: Die Arbeitsdirektion der ROHRSICKEN GMBH hat eine Stichprobe über die stündliche Ausbringung von Produktionsmengen in der Normalschicht erheben lassen, gemessen am geldwerten Ausstoß guter Teile aus einer Fließstraße (Tabelle L.7). Die beiden Leistungsmaxima und das Leistungsminimum sollen errechnet werden.

Tabelle L.7: Ausstoß an Gutproduktion je Stunde in der Normalschicht

i	*t* [Uhr]	*N* [€/h]	*i*	*t* [Uhr]	*N* [€/h]
1	8.00	1330,00	5	13.00	1318,00
2	9.00	1575,00	6	14.00	1409,00
3	10.00	1506,00	7	15.00	1408,00
4	12.00	1278,00	8	16.00	1056,00

Lösung:

Höchster Leistungswert am Vormittag	N_1	=	1575,10	€/h
Minimaler Leistungswert	N_2	=	1277,13	€/h
Höchster Leistungswert am Nachmittag	N_3	=	1433,39	€/h
Anzahl der Messungen	n	=	8	
Zeit der höchsten Leistung am Vormittag	t_1	=	9.15	Uhr
Zeit der niedrigsten Leistung	t_2	=	12.12	Uhr
Zeit der höchsten Leistung am Nachmittag	t_3	=	14.55	Uhr

Mehrschichtige Leistungskurve

Darstellung der Arbeitsleistung $N(t)$ in Abhängigkeit von der Tageszeit durch eine Bereitschaftskurve, gemessen im Schichtbetrieb und ausgewertet mit einer ganzen rationalen Funktion vom Grad $n - 1$. Grundlage bildet eine Stichprobe. Die Funktion besitzt die für die Leistungskurve erforderliche Eigenschaft, dass an den Stützstellen die Funktionswerte mit den Messwerten übereinstimmen. Aus arbeitsphysiologischen Analysen geht hervor, dass die Leistungskurve bei Mehrschichtarbeit i. Allg. zwei Gipfel- und zwei Talpunkte aufweist (Bild L.6).

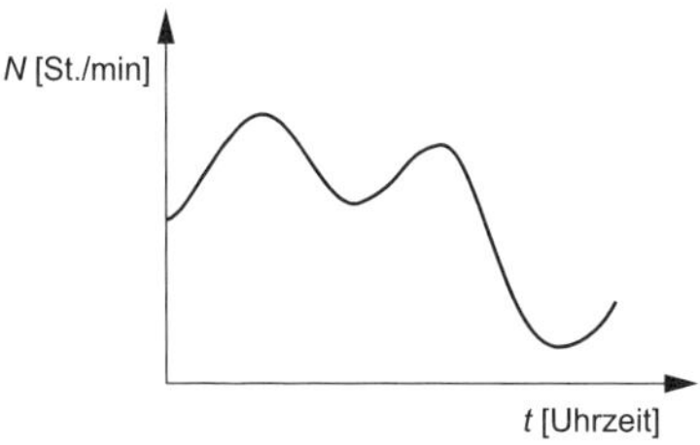

Bild L.6: Mittleres Leistungsvermögen bei Zweischichtarbeit

$$N(t)=\sum_{i=0}^{n-1}a_i\cdot t^i \quad\Rightarrow\quad \begin{cases}\dot N(t_1)=0 & \Rightarrow\quad N_1=N(t_1)\\ \dot N(t_2)=0 & \Rightarrow\quad N_2=N(t_2)\\ \dot N(t_3)=0 & \Rightarrow\quad N_3=N(t_3)\\ \dot N(t_4)=0 & \Rightarrow\quad N_4=N(t_4)\end{cases}$$

Beispiel: Der Arbeitsdirektion der ROHRSICKEN GMBH liegt eine Stichprobe über die stündliche Ausbringung im Mehrschichtbetrieb am Fließband vor (Tabelle L.8). Die Leistungsmaxima und Leistungsminima sollen errechnet werden.

Tabelle L.8: Ausstoß an Gutproduktion je Stunde im Mehrschichtbetrieb

i	*t* [Uhr]	*N* [€/h]	*i*	*t* [Uhr]	*N* [€/h]
1	0	0,00	6	15	1242,39
2	2	607,00	7	16	1244,00
3	4	711,00	8	19	1484,00
4	6	1108,00	9	23	507,00
5	11	1610,26	10	24	500,00

Lösung:

Höchster Leistungswert am Vormittag	N_1	=	1629,92	€/h
Minimaler Leistungswert am Tag	N_2	=	1242,39	€/h
Höchster Leistungswert am Nachmittag	N_3	=	1499,30	€/h
Minimaler Leistungswert in der Nacht	N_4	=	459,35	€/h
Anzahl der Messungen	n	=	9	
Höchste Leistungszeit am Vormittag	t_1	=	10.19	Uhr
Zeit der niedrigsten Tagesleistung	t_2	=	15.00	Uhr
Zeit der höchsten Leistung am Nachmittag	t_3	=	18.53	Uhr
Zeit der niedrigsten Nachtleistung	t_4	=	23.55	Uhr

Leistungsverhalten

Verlauf der Schwankungen der Leistung um die normale Leistungserbringung, gemessen mit

- Ist-Kosten K_I und geplanten Kosten der Leistungserstellung K_P,
- Mengen, wie z. B. an Ausschussprodukten Q_A, der Vorgabemenge an Produkten Q_L, der erbrachten Leistung Q_I, der Menge nachgearbeiteter Produkte Q_N, der Leistungsmenge nach Plan Q_P und der mit Terminverzug gelieferten Leistungsmenge Q_V.

Daraus lässt sich das Leistungsverhalten mit verschiedenen der Gütekennzahl k_G, der Kostenkennzahl k_K, der Mengenkennzahl k_M und der Terminkennzahl k_T darstellen.

$$k_G = 1 - \frac{Q_A + Q_N}{Q_L}, \quad k_K = \frac{Q_I \cdot K_I}{Q_P \cdot K_P}, \quad k_M = \frac{Q_I}{Q_P}, \quad k_T = 1 - \frac{Q_V}{Q_P}$$

Beispiel:

Ist-Kosten der Leistungserstellung	K_I	=	65,72	€/St.
Geplante Kosten der Leistungserstellung	K_P	=	65,00	€/St.
Menge an Ausschussprodukten	Q_A	=	7	St.
Erbrachte Leistung	Q_I	=	645	St.
Vorgabemenge an Produkten	Q_L	=	675	St.
Menge nachgearbeiteter Produkte	Q_N	=	17	St.
Leistungsmenge nach Plan	Q_P	=	665	St.
Leistungsmenge, mit Terminverzug geliefert	Q_V	=	54	St.
Lösung: Gütekennzahl	k_G	=	96,44	%
Kostenkennzahl	k_K	=	98,07	%
Mengenkennzahl	k_M	=	96,99	%
Terminkennzahl	k_T	=	91,88	%

Bedarfsquote an Fertigungsmitteln

Kennzahlen für den Geldbedarf an Fertigungsmitteln für eine Serie B_F und je Zeiteinheit b_F, bezogen auf die aus eingestellter Fertigung verwendbaren, neu benötigten und bereits vorhandenen, wie z. B. universellen, standardisierten, handelsüblichen, Fertigungsmittel. Eingangsgrößen sind der Stückpreis P, die Seriengröße Q, der Steigerungsfaktor f zu höheren Fertigungsarten, der Koeffizient k_a der vorhandenen Fertigungsmittel und der neuen Fertigungsmittel k_n, die Losgröße n, der Kompliziertheitsfaktor des Erzeugnisses r, die Vorbereitungs- und Abschlusszeit t_A und die Stückzeit t_S.

$$B_F = P \cdot Q \cdot f \cdot r \cdot (k_a + k_n), \quad b_F = \frac{n \cdot B_F}{Q \cdot (t_A + n \cdot t_S)}$$

Beispiel: Die Fertigungsleitung der TRAGFLÄCHEN GMBH benötigt Kennzahlen für den *Fertigungsmitteleinsatz einer neuen Serie.*

Stückpreis	P	=	533,33	€/St.
Seriengröße	Q	=	6000	St./Serie
Steigerungsfaktor zu höheren Fertigungsarten	f	=	1,66	
Koeffizient der vorhandenen Fertigungsmittel	k_a	=	0,18	
Koeffizient der neuen Fertigungsmittel	k_n	=	0,07	
Losgröße	n	=	180	St./Los
Kompliziertheitsfaktor des Erzeugnisses	r	=	1,25	

Vorbereitungs- und Abschlusszeit	t_A =	540,00	min/Los
Stückzeit	t_S =	1,25	min/St.
Lösung: Fertigungsmittelbedarf je Serie	B_F =	1000000,00	€/Serie
Fertigungsmittelbedarf je Arbeitsminute	b_F =	39,22	€/min

Ausstattungsquoten der Leistungsstellen

Die *energetische Tagesausstattung a_e der Leistungsstellen* wird durch die installierte Energieaufnahme bzw. den Energieverbrauch E, die energetische Schichtausstattung a_h unter Berücksichtigung des Schichtfaktors s, der *organische Ausstattungsgrad* a_0 durch das Anlagevermögen an Betriebsmitteln K_0 und der *technische Ausstattungsgrad* a_T durch den Wert der technischen Betriebsmittel K_T jeweils im Verhältnis zur Summe der Normalzeiten t_{Ni} für die Sorten i, $i = 1, 2, \ldots, n$, charakterisiert. Stellvertretend für die Normalzeiten kann auch der Personalbestand und das dadurch nutzbare Zeitbudget verwendet werden, um bei Mehrsortenproduktion die Bildung der Produkte „Normalzeit mal Seriengröße" zu vermeiden. Üblich ist zwar der Bezug auf die Normalschicht, exakter jedoch ist die Berücksichtigung des Schichtbetriebes.

$$a_e = \frac{E}{S},\quad a_h = s \cdot a_e,\quad a_0 = \frac{s \cdot K_0}{S},\quad a_T = \frac{s \cdot K_T}{S} \quad \Leftarrow \quad S = \sum_{i=1}^{n} (Q \cdot t_N)_i$$

Beispiel: Die energetische, organische und technische Ausstattung der Leistungsstellen für die Fertigung von Elektroporzellan sollen aufgrund der Plankapazität (Tabelle L.9) berechnet werden.

Tabelle L.9: Geplante Stückzahlen und Normalzeiten

i	*Q* [St./a]	t_N [h/St.]	*i*	*Q* [St./a]	t_N [h/St.]
1	1642	0,45	5	892	0,14
2	1350	0,08	6	1974	0,07
3	1820	0,37	7	895	1,05
4	970	0,45	8	760	1,15

Installierte oder verbrauchte Energie	E =	1423600,00	W
Anlagewert der Betriebsmittel	K_0 =	3928064,70	€
Anlagewert der Fertigungsmittel	K_T =	714236,00	€
Anzahl der Sorten	n =	8	
Schichtfaktor	s =	1,60	

Lösung:

Energetische Tagesausstattung	a_e =	352,93	W/h
Energetische Schichtausstattung	a_h =	564,70	W/h
Organischer Ausstattungsgrad	a_0 =	1558,13	€/h
Technischer Ausstattungsgrad	a_T =	283,31	€/h

Lineare Optimierung

Die lineare Optimierung behandelt die Maximierung oder Minimierung einer linearen Funktion (Zielfunktion) unter einer endlichen Anzahl von linearen Gleichungs- oder Ungleichungsbedingungen.

Als allgemeine Form einer linearen Optimierungsaufgabe verwendet man i. Allg.

$$Z(x_1, \ldots, x_s) = \sum_{j=1}^{s} c_j \cdot x_j \to \min \qquad \text{(Z)}$$

(im Falle der Maximierung betrachtet man anstelle von $Z(x_1, \ldots, x_s)$ die Funktion $-Z(x_1, \ldots, x_s)$)

$$\left.\begin{array}{ll} \sum_{j=1}^{s} a_{ij} \cdot x_j \le b_i & (i = 1, \ldots, r) \\ \sum_{j=1}^{s} a_{ij} \cdot x_j = b_i & (i = r+1, \ldots, m) \end{array}\right\} \qquad \text{(N)}$$

sowie $x_j \ge 0,\ j = 1, \ldots, q \le s.$ (NN)

Dabei sind a_{ij} ($i = 1, ..., m; j = 1, ..., s$), b_i ($i = 1, ..., m$) reelle Konstanten.

Da jede der r Ungleichungen (bei (N)) durch Hinzufügen einer nicht-negativen Veränderlichen (sog. Schlupfvariable) $x_{s+i} \ge 0\,(i = 1, \ldots, r)$ in eine Gleichungsform:

$$\sum_{j=1}^{s} a_{ij} \cdot x_j + x_{s+i} = b_i \quad (i = 1, \ldots, r),$$

gebracht werden kann und jede reelle Veränderliche x_j ($j = q + 1, ..., s$) als Differenz zweier nicht-negativer Veränderlicher:

$$x_j = x'_j - x''_j \quad \text{mit} \quad x'_j, x''_j \ge 0 \quad (j = q+1, \ldots, s),$$

dargestellt werden kann, sind lineare Optimierungsaufgaben stets in der Form

$$\min\left\{\boldsymbol{c}^T \boldsymbol{x} : \boldsymbol{A} \cdot \boldsymbol{x} = \boldsymbol{b}, \boldsymbol{x} \ge \boldsymbol{0}\right\} \qquad \text{(P)}$$

angebbar, d. h.

$$Z(\boldsymbol{x}) = \boldsymbol{c}^T \boldsymbol{x} \to \min \qquad (\tilde{\text{Z}})$$

unter den Nebenbedingungen

$$\boldsymbol{A} \cdot \boldsymbol{x} = \boldsymbol{b} \qquad (\tilde{\text{N}})$$

sowie mit den Nichtnegativitätsbedingungen

$$\boldsymbol{x} \geq \boldsymbol{0}. \qquad (\tilde{\text{N}}\tilde{\text{N}})$$

Dabei sind $\boldsymbol{c} = \begin{pmatrix} c_1 \\ \vdots \\ c_n \end{pmatrix}$ der Zielfunktionsvektor, $\boldsymbol{b} = \begin{pmatrix} b_1 \\ \vdots \\ b_m \end{pmatrix}$ der Ressourcenvektor und

$$\boldsymbol{A} = (a_{ij})_{\substack{i=1,\ldots,m \\ j=1,\ldots,n}}$$

eine $m \cdot n$-(Koeffizienten-)Matrix sowie $\boldsymbol{x} = \begin{pmatrix} x_1 \\ \vdots \\ x_n \end{pmatrix}$ mit $n = s + r + s - q$ der gesuchte Vektor der Variablen.

Falls der zulässige Bereich

$$\mathfrak{B} = \left\{ \boldsymbol{x} \in R^n : \boldsymbol{A} \cdot \boldsymbol{x} = \boldsymbol{b}, \boldsymbol{x} \geq 0 \right\}$$

nicht leer ist und die Zielfunktion $Z = Z(\boldsymbol{x})$ auf $\mathfrak{B}$ nach unten beschränkt ist, besitzt das lineare Optimierungsproblem

$$\min\left\{ \boldsymbol{c}^T \boldsymbol{x} : \boldsymbol{A} \cdot \boldsymbol{x} = \boldsymbol{b}, \boldsymbol{x} \geq 0 \right\} \qquad (\mathbf{P})$$

mindestens eine Lösung.

(Da im Falle $\mathfrak{B} \neq 0$ eine konvexe und polyedrische Menge ist, gehört wenigstens ein Extremalpunkt von $\mathfrak{B}$ zur Lösungsmenge von (**P**).)

Eine Lösung $\boldsymbol{x}$ des linearen Gleichungssystems $\boldsymbol{A} \cdot \boldsymbol{x} = \boldsymbol{b}$ heißt *Basislösung*, wenn die Spalten $\boldsymbol{A}_j$ der $m \cdot n$-Matrix $\boldsymbol{A}$ für

$$j \in J(x) = \left\{ j : x_j \neq 0 \right\} \subset \{1, \ldots, n\}$$

linear unabhängige (m-dimensionale) Vektoren sind. Ist $\boldsymbol{x} \geq \boldsymbol{0}$, so heißt diese Basislösung zulässig für (P). Ist die Anzahl der Indices, die zu $J(x)$ gehören, kleiner als m (d. h. card($J(x)$) < m), so heißt $\boldsymbol{x}$ eine entartete Basislösung, sonst (card($J(x)$)) eine nicht-entartete Basislösung.

Ist $\boldsymbol{x}$ nicht-entartet, so ist die Matrix

$$B = (A_j)_{j \in J(\boldsymbol{x})}$$

eine quadratische Matrix, die eine Umkehrmatrix B^{-1} (inverse Matrix) besitzt. Sie heißt Basismatrix.

Die Menge $J(\boldsymbol{x}) = \left\{ j_1, \ldots, j_m \right\}$ heißt Basisindexmenge und diejenigen Variablen x_j mit $j \in J(x)$ Basisvariable, die restlichen Variablen x_j mit

$j \notin J(x)$ Nichtbasisvariable. Jede zulässige Basislösung ist ein Eckpunkt von $\mathfrak{B}$, und eine optimale Lösung von (P) ist eine derartige zulässige Basislösung.

Die lineare Optimierungsaufgabe

$$\max\{\boldsymbol{b}^T \boldsymbol{y} : \boldsymbol{y}^T \boldsymbol{A} \le \boldsymbol{c}^T\} \qquad (\mathbf{P^D})$$

heißt die zu (**P**) *duale Aufgabe*. Zwischen beiden Aufgaben (**P**) und ($\mathbf{P^D}$) bestehen folgende Zusammenhänge:

- Für alle $\boldsymbol{x}$ mit $\boldsymbol{A} \cdot \boldsymbol{x} = \boldsymbol{b}$, $\boldsymbol{x} \ge 0$ und $\boldsymbol{y}$ mit $\boldsymbol{y}^T \boldsymbol{A} \le \boldsymbol{c}^T$ gilt $\boldsymbol{c}^T \boldsymbol{x} \ge \boldsymbol{b}^T \boldsymbol{y}$ (schwacher Dualitätssatz).
- Die Aufgabe (**P**) ist genau lösbar, wenn die Aufgabe ($\mathbf{P^D}$) lösbar ist. Für die optimalen Lösungen $\tilde{\boldsymbol{x}}$ von (**P**) bzw. $\tilde{\boldsymbol{y}}$ von ($\mathbf{P^D}$) gilt $\boldsymbol{c}^T \tilde{\boldsymbol{x}} = \boldsymbol{b}^T \tilde{\boldsymbol{y}}$ (starker Dualitätssatz).

Für das sog. primale Problem (**P**) und das duale Problem ($\mathbf{P^D}$) besteht folgende Dualität:

Primales Problem (P)	Duales Problem ($\mathbf{P^D}$)
Minimumproblem	Maximumproblem
Maximumproblem	Minimumproblem
Variable	Echte Nebenbedingung
Vorzeichenbeschränkte Variable	Ungleichung (≥ beim Minimumproblem, ≤ beim Maximumproblem)
Nicht vorzeichenbeschränkte Variable	Gleichung
Koeffizienten der Variablen in der Zielfunktion	Rechte Seite der echten Nebenbedingung
Echte Nebenbedingung	Variable
Ungleichung (≥ beim Minimumproblem, ≤ beim Maximumproblem)	Vorzeichenbeschränkte Variable
Gleichung	Nicht vorzeichenbeschränkte Variable
Rechte Seite der echten Nebenbedingung	Koeffizienten der Variablen in der Zielfunktion
Koeffizientenmatrix	Transponierte der Koeffizientenmatrix

Das gebräuchlichste Verfahren zur Lösung linearer Optimierungsaufgaben ist das Simplexverfahren.

Die lineare Optimierung erfährt zahlreiche Anwendungen in den Wirtschaftswissenschaften, z. B. bei der Produktionsplanung, bei Zuschnittproblemen, bei Energieflussproblemen, bei Zuordnungsproblemen, bei Transport- und Versorgungsproblemen, bei der Lösung von Zwei-

Personen-Nullsummenspielen und bei der Lösung optimaler Wertfunktionen bei stochastischen dynamischen zeitdiskreten Systemen sowie optimaler Stoppzeiten bei Auswahlverfahren.

Gewinnmaximierung für die Auftragsbelegung

Die variablen Mengendaten x_i der Zielfunktion $Z(x_1, x_2, \ldots, x_n)$ mit ihren Gewinnsätzen z_i sind aufgrund der Aufwandsmatrix $\boldsymbol{A} = (a_{ij})$ und den gesetzten Vektoren der Potenzialschranken R bezüglich des Zeitbudgets in den Fertigungsstufen und der oberen B_{oj} sowie unteren B_{uj} Bedarfsbeschränkungen zu optimieren: Die Optimierung wird vom betriebswirtschaftlichen *Ziel* „höchster Gewinn" und aus den *Potenzialdaten*, wie z. B. Kapital, Personal, Anlagevermögen, Angaben über die Bedarfs- und Absatzlage, die als Bedarfsuntergrenzen und/oder Bedarfsobergrenzen auftreten (Marketinginformationen), und *technologischen Stamminformationen* bestimmt, wie z. B. Normalzeiten, Materialeinsatz und Kennzahlen über Kostenträger usw.

$$Z(x) = \sum_{j=1}^{n} x_j \cdot z_j \to \text{Max!}$$

$$\begin{array}{llllllll}
a_{11} \cdot x_1 & + & a_{12} \cdot x_2 & + \cdots + & a_{1n} \cdot x_n & \le R_1 \\
a_{21} \cdot x_1 & + & a_{22} \cdot x_2 & + \cdots + & a_{2n} \cdot x_n & \le R_2 \\
\vdots \\
a_{m1} \cdot x_1 & + & a_{m2} \cdot x_2 & + \cdots + & a_{mn} \cdot x_n & \le R_m \\
x_1 & + & 0 & + \cdots + & 0 & \ge B_{u1} \\
x_1 & + & 0 & + \cdots + & 0 & \le B_{o1} \\
0 & + & x_2 & + \cdots + & 0 & \ge B_{u2} \\
0 & + & x_{21} & + \cdots + & 0 & \le B_{o2} \\
\vdots \\
0 & + & 0 & + \cdots + & x_n & \ge B_{un} \\
0 & + & 0 & + \cdots + & x_n & \le B_{on}
\end{array}$$

$$\begin{array}{llll}
x_j & \ge & 0, & j = 1, 2, \ldots, n \\
R_i & > & 0, & i = 1, 2, \ldots, m \\
B_{uj} & \ge & 0, & j = 1, 2, \ldots, n \\
B_{oj} & > & B_{uj}
\end{array}$$

Beispiel: In der HALBZEUGE GMBH werden drei Haupterzeugnisse in den Fertigungsstufen Umformtechnik, Modulherstellung und Endmontage auf der Grundlage von Stammdaten (Tabelle L.10) gefertigt. Für die Fertigungsplanung soll ein optimales Produktionsprogramm mit Stückzahlen berechnet werden, das ein Gewinnmaximum Z ergibt.

Tabelle L.10: Optimierungswerte für den Produktionsplan

Parameter		**Index**	$j = 1$	$j = 2$	$j = 3$
Aufwand	a_{ij} **[min/St.]**	$i = 1$	4,00	3,00	8,00
		$i = 2$	2,00	2,00	4,00
		$i = 3$	6,00	2,00	8,00
Absatz-grenzen	B_{uj} **[St./a]**		600	800	600
	B_{oj} **[St./a]**		9500	6400	2750
Gewinnwerte	z_j **[€/St.]**		10,00	8,00	12,00

Lösung: Zeitbudget Umformtechnik	R_1	=	600000,00	min/a
Zeitbudget Modulherstellung	R_2	=	800000,00	min/a
Zeitbudget Endmontage	R_3	=	65000,00	min/a
Gewinnoptimum	Z	=	137400,00	€
Produktionsmenge 1. Erzeugnis	x_1	=	7900	St./a
Produktionsmenge 2. Erzeugnis	x_2	=	6400	St./a
Produktionsmenge 3. Erzeugnis	x_3	=	600	St./a

Parametrische Optimierung

Das Modell stellt die parametrische Erweiterung einer linearen Extremalaufgabe dar und untersucht, inwieweit die Lösung von einem mit Ausgangsdaten belegten Parameter abhängt. Damit kann das Problem gelöst werden, den möglichen Einfluss vorher i. Allg. nicht bestimmbarer Wertveränderungen eines zusätzlichen Parameters t auf den Optimalwert innerhalb seines zulässigen Bereichs T zu ermitteln. Die Koeffizienten der Zielfunktion oder die rechten Seiten der Restriktionen oder beide werden nicht mehr als konstant angenommen. Der zusätzliche, meist zeitabhängige Parameter t weist folgende Besonderheiten auf:

- Er ist unabhängig und kann sowohl in der Zielfunktion als auch in der Nebenbedingung auftreten.
- Die optimale Lösung ist eine Funktion des Parameters t.

Für die Sortimentsbreite n, $j = 1, 2, \ldots, n$, wird die Simplexmethode mit dem Kostensatz k und dem Exponenten der Durchlaufzeit f sowie den Durchlaufzeitbasen c_j, Mengeneinheiten x_j, Gewinnsätzen g_j sowie der oberen Zeitschranke T_o und unteren Zeitschranke T_u modifiziert.

$$Z(x) = \sum_{j=1}^{n} x_j \cdot \left(g_j - k \cdot c_j^{f \cdot t}\right), \quad x_j \geq 0$$

$$\sum_{j=1}^{n} a_{ij} \cdot x_j \leq R_i \quad \text{mit} \quad R_i \geq 0 \quad \text{für} \quad i = 1, 2, \ldots, m$$

$T_u \leq t \leq T_o \quad \text{mit} \quad T_u, T_o \geq 0$

Beispiel: In der Fertigungsleitung der KONDENSATMODUL GMBH ist die Fragestellung aufgetaucht, für zwei Bauelemente außer der gewinnoptimalen Chargengröße x_i auch die Durchlaufzeit innerhalb vorgegebener Grenzen T_u, T_o zu ermitteln. Diese Grenzen sind einzuhalten, da die Durchlaufzeit die Alterung des Einsatzmaterials beeinflusst. Werden der untere oder der obere Grenzwert überschritten, sind die Bauelemente als Ausschussteile wertlos. Der Einfluss wird über einen Kostensatz der Durchlaufzeit c_j als Basis des freien Parameters erfasst, der mit dem Gewinnsatz g_j auf die Zielfunktion wirkt. Die Chargen laufen über drei Fertigungsstufen. Die Normalzeiten und das Zeitbudget der Fertigungsstufen R_i liegen vor (Tabelle L.11)

Tabelle L.11: Normalzeiten und Zeitbudget

Parameter		*i*	**Chemie**	**Physik**	**Test**
Normalzeit	a_{ij} **[h/kg]**	1 2	3,00 5,00	4,00 3,00	9,00 1,00
Zeitbudget	*R* **[h/Charge]**		133,00	159,00	145,00

Obere Zeitschranke	T_o	=	2,50	h/Charge
Untere Zeitschranke	T_u	=	0,10	h/Charge
Exponent der Durchlaufzeit	f	=	0,75165	1/h
Kostensatz der Durchlaufzeit	k	=	1,66	€/kg
Durchlaufzeitbasis 1. Produkt	c_1	=	1,27	
Durchlaufzeitbasis 2. Produkt	c_2	=	0,05	
Gewinnsatz für das 1. Produkt	g_1	=	67,50	€/kg
Gewinnsatz für das 2. Produkt	g_2	=	26,90	€/kg
Lösung: Zielfunktionswert	Z	=	1408,44	€/Charge
Gesuchter Zeitwert	t	=	1,14	h/kg
Lösungsvariable der 1. Spalte	x_1	=	14,10	kg/Charge
Lösungsvariable der 2. Spalte	x_2	=	18,14	kg/Charge

Logistische Verteilung

Funktionelle Darstellung von Sättigungsprozessen aus der Klasse der sog. Schwanenhalsfunktionen („S-shaped" functions) mit unbegrenzter zeitlicher Ausdehnung. Dabei heißt eine stetig verteilte Zufallsgröße X logistisch verteilt mit den Parametern μ *und* σ *(* $\mu \in \mathbb{R}$, $\sigma > 0$*), wenn für ihre Wahrscheinlichkeitsdichte* f_X *bzw. ihre Verteilungsfunktion* F_X *gilt:*

$$f_X(x) = \frac{g \cdot e^{-g \cdot y}}{\sigma \cdot (1 + e^{-g \cdot y})^2} \quad bzw. \quad F_X(x) = \frac{1}{1 + e^{-g \cdot y}}.$$

Die standardisierte logistische Verteilung ($\mu = 0$, $\sigma = 1$) wird durch die folgende Dichtefunktion

$$f_X(x) = \frac{e^{-x}}{(1+e^{-x})^2} \quad (x \geq 0)$$

und Verteilungsfunktion

$$F_X(x) = \frac{1}{1+e^{-x}} \quad (x \geq 0)$$

charakterisiert (Bild L.7).

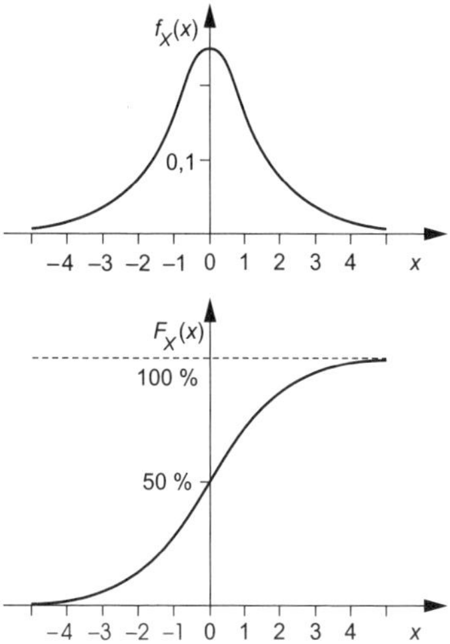

Bild L.7: Dichtefunktion und Verteilungsfunktion

Die logistische Verteilungsfunktion charakterisiert eine stetige eindimensionale Verteilung, die monoton von Null auf den positiven Wert des Sättigungsparameters y_S wächst, wenn die beiden anderen Funktionsparameter α, b ebenfalls positive Werte annehmen. Sie ist aufgrund ihres typischen Verlaufs mit einer progressiven und degressiven Phase besonders zur Darstellung von Wachstumsprozessen mit Sättigungscharakter geeignet. Der Wechsel von der Progression zur Degression des Wachstums vollzieht sich am Wendepunkt y_w, t_w. Ihre betriebswirtschaftliche Anwendung eignet sich für zeitabhängige Prozesse mit langer Dauer und der Eigenschaft, dass die zeitliche Größenzunahme sich proportional mit dem Faktor α zum Produkt aus Bestand y und noch möglicher Bestandszunahme $y_S - y$ verhält:

$$\dot{y} = \alpha \cdot y \cdot (y_S - y).$$

Die Werte der Funktionsparameter werden aus einer Stichprobe mit Messwerten der bisherigen Entwicklung oder mit geschätzten Werten für künftige Prozesse approximiert. Die Approximation ist schwierig, weil die Funktion neben dem zu schätzenden Sättigungswert y_S im Nenner noch eine Exponentialfunktion mit unbekanntem Faktor b und unbekanntem Exponenten α in einem additiven Term enthält. Daher erfordert das Lösungsverfahren, das additive Restglied y_S auf einen logisch begründeten Anfangswert zu setzen. Im Zweifelsfall kann dies der höchste Messwert sein. Falls bei einer konkreten Approximation äquidistante Stützstellen vorausgesetzt werden müssen, dann sind die fehlenden Zwischenglieder durch Interpolation zu berechnen und einzufügen.

$$y(t) = \frac{y_S}{1 + b \cdot \mathrm{e}^{-\alpha \cdot t}}, -\infty < t < \infty \Leftrightarrow [\alpha, b, y_S] \equiv \sum_{i=1}^{n} (y(t_i) - y_i)^2 \to \text{Min}$$

$$\sigma = \sqrt{\frac{\sum_{i=1}^{n} (y(t_i) - y_i)^2}{n - 3}}$$

$$t_w = \frac{\ln(b)}{\alpha}, \quad y_w = \frac{y_S}{2}$$

Beispiel: Der Industrie- und Handelskammer der Region HAIDA liegt eine repräsentative Stichprobe über die bisherige Entwicklung des Bestandes an Solarzellen in den Grundstücken der Region vor (Tabelle L.12). Die künftige Bestandsentwicklung von Solarzellen soll prognostiziert werden. Dafür sind die Parameterwerte der logistischen Funktion zu schätzten.

Tabelle L.12: Geldlicher Verlauf des Einsatzes von Solarzellen

i	*t*	*y* [€]	*i*	*t*	*y* [€]
1	5	25475,00	8	14	92427,00
2	8	41127,00	9	15	100329,80
3	9	47691,00	10	16	101458,49
4	10	50967,80	11	17	125856,00
5	11	60335,67	12	18	137287,00
6	12	72385,00	13	19	149842,72
7	13	82065,00	14	20	159261,87

Lösung: Verteilungsexponent α = 0,16520
Logistischer Faktor b = 24,12783

Umfang der Stichprobe	n	=	14	
Wendestelle	t_w	=	19	a
Sättigungswert	y_S	=	302743,21	€
Wendewert	y_w	=	151371,60	€
Standardabweichung	σ	=	3666,05	€

Lorenz-Funktion

Mathematischer Zusammenhang zwischen zwei voneinander abhängigen kumulierte Häufigkeitsverteilungen zur Beschreibung der Einkommensverteilung in Wirtschaftsgebieten (Regionen, Staaten usw.) und Unternehmenssparten (Branchen, Konzerne usw.).

Die Einkommenshöhe wird aufsteigend nach gleich großen Anteilsklassen (v, $0 \le v \le 1$) der Einkommensempfänger geordnet und der kumulative Anteil (l, $0 \le l \le 1$) des in diese Klasse entfallenden Bevölkerungseinkommens errechnet. Die Merkmalswerte werden als abhängige Veränderliche auf der Ordinate, die Anteile der zugehörigen Merkmalsträger als unabhängige Veränderliche auf der Abszisse aufgetragen. Die Gerade ist ein Spezialfall der Lorenz-Funktion mit dem Wert Null $\lambda = 0$ des Exponenten und bezeichnet eine Gleichverteilung des Einkommens, weil alle Merkmalsträger den gleichen Merkmalswert haben (Bild L.8).

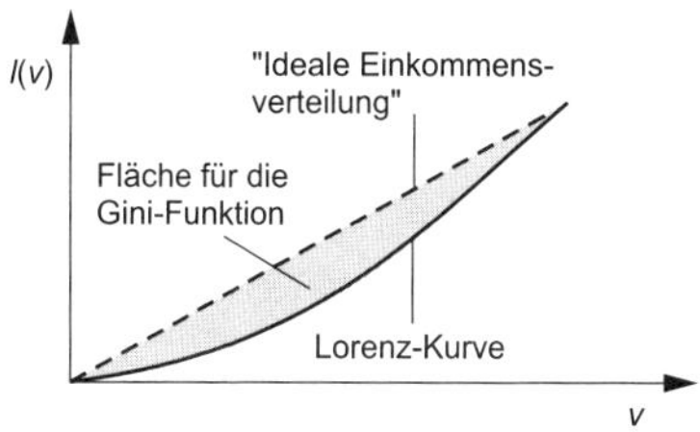

Bild L.8: Lorenz-Kurven einer realen ungleichen Einkommensverteilung und einer Gleichverteilung

$$l(v) = v \cdot \sin^{-\lambda} \frac{\pi}{4} \cdot \sin^{\lambda} \frac{\pi \cdot v}{4}, \quad \begin{cases} 0 \le v \le 1 \\ 0 \le l \le 1 \end{cases} \Leftrightarrow$$

$$[\lambda] \equiv \sum_{i=1}^{n} (l(v_i) - l_i)^2 \to \text{Min}$$

$$\sigma = \sqrt{\frac{\sum_{i=1}^{n} (l(v_i) - l_i)^2}{n-1}}$$

Beispiel: Der Stadtverwaltung von HAIDA liegt eine Übersicht über die Einkommensverteilung der Bevölkerung der Stadt und ihrer Einzugsterritorien vor (Tabelle L.13). Die Werte der Lorenz-Parameter sollen approximiert und die Lorenz-Kurve dargestellt werden (Bild L.9).

Tabelle L.13: Verteilungshäufigkeiten des Einkommens in der Region HAIDA

v [%]	*l* [%]	*v* [%]	*l* [%]
10,00	6,52	60,00	53,95
20,00	15,16	70,00	65,51
30,00	24,43	80,00	79,21
40,00	32,95	90,00	89,77
50,00	43,77	100,00	100,00

Lösung: Lorenz-Exponent λ = 0,20244
Anzahl der Messwerte n = 10
Standardabweichung σ = 0,93

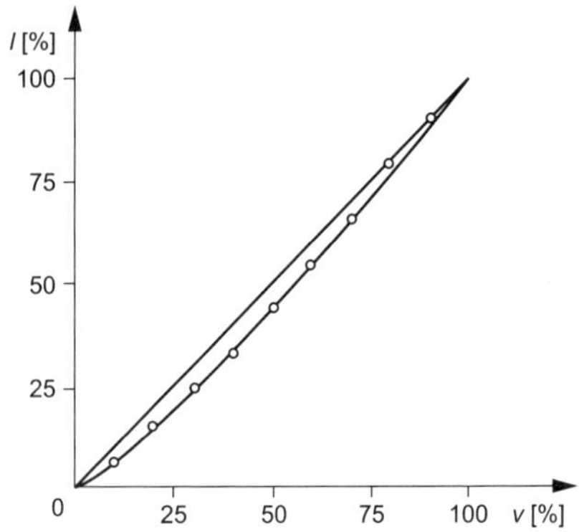

Bild L.9: Lorenz-Kurve der realen Einkommensverteilung

M

Makroökonomisches Modell

Das Modell dient der ökonometrischen Analyse der Input-Output-Beziehungen makroökonomischer Prozesse mit dem knappsten, die Produktion begrenzenden sog. limitationalen Produktionsfaktor. Die dafür von Leontief entwickelte Produktionsfunktion geht von Proportionalität zwischen dem Einsatz an Produktionsfaktoren mit dem

- *Input x_{ij} an Gütern und Leistungen, die vom Sektor i an Sektor j fließen (j = 1, 2, ..., n):*

  $$\sum_{j=1}^{n} x_{ij} = X_i,$$

- *Output aus dem i-ten Sektor, dem Zeilenvektor X_i (i = 1, 2, ..., n) der Güter und Leistungen*

in Branchen, Regionen, Ländern, usw. aus.

Für eine Sektorenanzahl n lautet das offene, evolutorische und dynamische Matrizenmodell:

$$\sum_{j=1}^{n} a_{ij} \cdot X_j + \sum_{j=1}^{n} b_{ij} \cdot X_j + y_i = X_i,$$

das dem bei Verflechtungsbilanzen üblichen Schema entspricht. Bei der linear limitationalen Funktion werden hauptsächlich die Produktions- und die Preisverflechtungen in der von W. Leontief entwickelten Form oder in einer Matrix dargestellt (Tabelle M.1).

Tabelle M.1: Schachbretttafel nach W. Leontief

an	**Sektor**					
von	1	2	3	...	n	X_i
1	x_{11}	x_{12}	x_{13}	...	x_{1n}	X_1
2	x_{21}	x_{22}	x_{23}	...	x_{2n}	X_2
3	x_{31}	x_{32}	x_{33}	...	x_{3n}	X_3
⋮	⋮	⋮	⋮	⋮	⋮	⋮
n	x_{n1}	x_{n2}	x_{n3}	...	x_{nn}	X_n

Die betriebswirtschaftliche Interpretation der linear limitationalen Funktion führt auf Problemstellungen der linearen Optimierung.

Marktanteil

Kennzahlen des Marketing über den Mengen- und Geldanteil des Umsatzes des Unternehmens am Absatz- oder Beschaffungsmarkt mit Vorrang des Absatzmarktes, aus dem über die Bedeutung des Unternehmens am Markt und seine Konkurrenzkraft geschlossen werden kann.

Am einfachsten ist die Bestimmung des mittleren Marktanteils a eines Zeitraumes, i. d. R. eines Jahres, nach den Daten des Firmenumsatzes U und des Umsatzes des betrachteten Sortimentes G in einer Volkswirtschaft, einer Region, einer Branche usw.

$$a = \frac{U}{G}.$$

Während es allerdings relativ einfach ist, über die eigenen Unternehmensdaten U zu verfügen, gelingt es oft nur schwer, die Analysedaten über die Umsätze G auf den dafür ausgewählten Gesamt- oder Teilmärkten zu beschaffen.

Umsatz mit Saisonkomponenten

Der mit einer Sorte oder einem Sortiment erzielte saisonale Umsatz $U(t)$ eines Unternehmens ist ein Ausdruck seiner Marktpräsenz in Zeiten schwacher, mittlerer und starker Nachfrage. Seine Berechnung beruht auf einer Zeitreihenanalyse der Unternehmensumsätze. Die zeitabhängige Umsatzkurve (Bild M.1) resultiert aus einer Trendfunktion mit Trendfaktor k und Trendexponenten α sowie einer Saisonfunktion mit dem Saisonfaktor a_S, der Frequenzzahl m und der Abstandszeit t_a.

$$U(t) = k \cdot e^{\alpha \cdot t} + a_S \cdot \cos\left(\pi \cdot \frac{t + t_a}{m}\right) \quad \Leftrightarrow \quad t = 1, 2, \ldots, 12$$

$$[\alpha, k, a_S, t_a, m] \equiv \sum_{i=1}^{n} (U(t_i) - U_i)^2 \to \text{Min}$$

Beispiel: Im Auftrag des Managements der BERGTAL GMBH sollen aus den Umsatzdaten einer Restaurantkette (Tabelle M.2) mittels einer Zeitreihenanalyse die Werte der Funktionsparameter für das Saisonverhalten des Umsatzes approximiert werden.

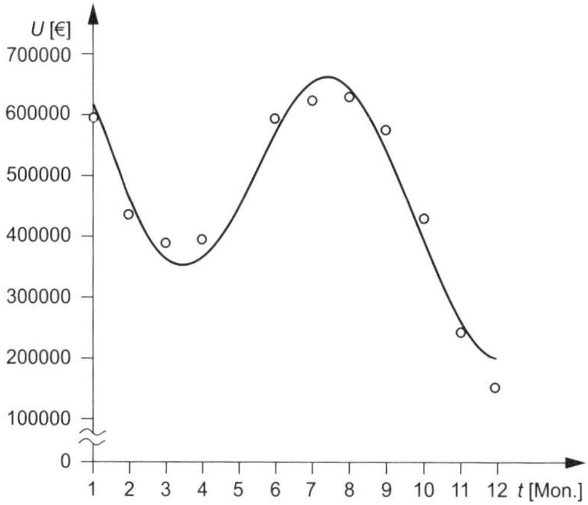

Bild M.1: Saisonaler Umsatz, approximiert aus einer Zeitreihe

Tabelle M.2: Umsatz einer Restaurantkette (für den Monat Mai fehlt der Umsatz)

t	*U* [€/Mon.]	*t*	*U* [€/Mon.]	*t*	*U* [€/Mon.]
1	595555,00	6	595300,00	10	430100,00
2	436000,00	7	624660,00	11	243950,00
3	390300,00	8	630860,00	12	153000,00
4	395300,00	9	575700,00		

Lösung: Saisonexponent α = – 0,03790 1/Mon.
Saisonfaktor a_S = 192029,00 €/Mon.
Trendfaktor k = 603485,10 €/Mon.
Frequenzzahl m = 4,48 Mon.
Anzahl der Messwerte n = 11
Abstandszeit t_a = 1,26279 Mon.

Saisonaler Marktanteil

Wird der mit einer Sorte oder einem Sortiment auf einem Markt erreichte saisonale Gesamtumsatz $U_g(t)$ und der Umsatz eines Unternehmens $U(t)$ approximiert, dann kann festgestellt werden, wie sich der saisonale Marktanteil $s(t)$ (Bild M.2) verhält. Die Auswertung erlaubt Schlüsse für die zeitweilige Verbesserung der Werbung, die verbesserte Anpassung der Angebote an die saisonabhängige Nachfrage usw.

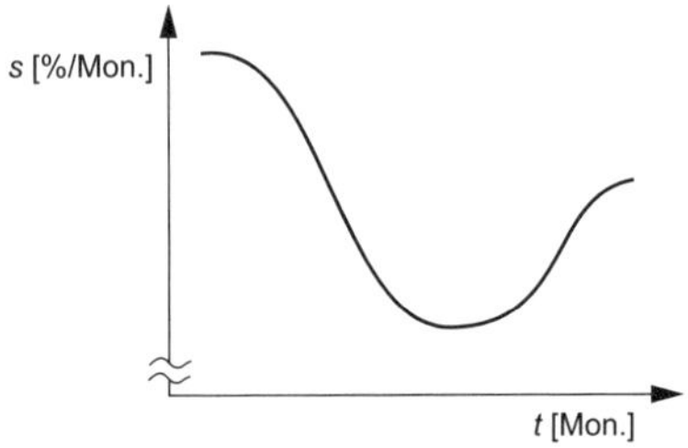

Bild M.2: Unternehmensanteil am saisonalen Umsatz eines Marktbereiches

$$s(t)=\frac{k\cdot e^{\alpha\cdot t}+a_S\cdot\cos\left(\pi\cdot\frac{t+t_a}{m}\right)}{k_g\cdot e^{\alpha_g\cdot t}+a_g\cdot\cos\left(\pi\cdot\frac{t+t_g}{m_g}\right)}\quad\Leftrightarrow\quad\begin{cases}[\alpha,k,a_S,t_a,m]\equiv\\ \sum_{i=1}^{n}(U(t_i)-U_i)^2\rightarrow\text{Min}\\ t=1,2,\ldots,12\end{cases}$$

Beispiel: Die BERGTAL GMBH verfügt über Besucher- und Umsatzdaten von Hotels, Reisebüros, Fremdenverkehrsverbänden usw. (Tabelle M.3). Durch Approximation aufgrund der Monatsumsätze auf dem relevanten Markt sind die Parameterwerte für die Umsatzfunktion im gesamten Marktbereich zu ermitteln. Aus diesen und den zuvor ermittelten Parameterwerten für die Umsatzfunktion der Restaurantkette soll deren saisonaler Marktanteil berechnet und als Liste ausgegeben werden (Tabelle M.4).

Tabelle M.3: Umsatzdaten von Restaurants in einem Marktgebiet

t	*U* [€/Mon.]	t	*U* [€/Mon.]	*t*	*U* [€/Mon.]
1	2932867,00	5	2516707,00	9	3572393,00
2	3187412,00	6	3481505,00	10	2790247,00
3	2089872,00	7	3953746,00	11	1559893,00
4	1696933,00	8	4019526,00	12	1707899,00

Saisonexponent	α	=	– 0,03790	1/Mon.
Saisonfaktor	a_S	=	192029,00	€/Mon.
Trendfaktor	k	=	603485,10	€/Mon.
Frequenzzahl	m	=	4,48	Mon.
Anzahl der Messwerte	n	=	11	
Abstandszeit	t_a	=	1,26279	Mon.
Lösung: Saisonexponent	α_g	=	– 0,00937	1/Mon.
Saisonfaktor	a_g	=	1128009,70	€/Mon.
Trendfaktor	k_g	=	3048766,56	€/Mon.
Anzahl der Messwerte	n	=	12	
Abstandszeit	t_g	=	0,60136	Mon.

Tabelle M.4: Unternehmensanteil s am Gesamtumsatz U_g im Marktbereich

t	*s* [%/Mon.]	*t*	*s* [%/Mon.]	*t*	*s* [%/Mon.]
1	16,92	5	18,29	9	15,97
2	16,97	6	17,24	10	15,70
3	18,06	7	16,51	11	14,52
4	18,92	8	16,13	12	11,99

Messreihenbildung

Entwicklung einer Messreihe aus einer Stichprobe und Bestimmung ihrer statistischen Merkmale entsprechend der Verteilung der Daten, bestehend aus der Klasseneinteilung und ihren statistischen Parametern Mittelwert, Streuung und Variationskoeffizient.

Klasseneinteilung

Die Methode bezweckt, eine Urliste von Daten mit deren Klassenanzahl, Klassenbreite und Variationsbreite zu strukturieren.

Die Klassenanzahl k bezeichnet den Umfang an Teilmengen zur Gliederung numerischer Daten einer Reihe der Größe n. Sie sollte so gewählt werden, dass in jeder Klasse mindestens fünf Daten vorhanden sind; in den Randklassen wird i. Allg. auch nur ein Messwert akzeptiert. Nach Abschätzung der Klassenanzahl ist die Messreihe daraufhin zu prüfen und das Ergebnis ggf. nochmals zu modifizieren, um die Forderung zu erfüllen.

Die Klassenbreite d ergibt sich als Quotient aus der Variationsbreite R und der Klassenanzahl. Korrespondierende oder im Vergleich stehende Stichproben sollten möglichst gleich breit sein. Kommen in mehreren Klassen der bei einer Stichprobenanalyse angefertigten Urliste aufgrund der Klasseneinteilung weniger als fünf Werte vor, dann sind die Klassenbreite und die Klassenanzahl entsprechend zu verändern.

Die Variationsbreite oder Spannweite R drückt den Abstand zwischen dem maximalen und dem minimalen Wert einer Urliste aus bzw. die Differenz zwischen dem Anfangswert und dem Endwert der geordneten Messreihe.

$$R = x_h - x_n$$

$$k = \begin{cases} 1 & \text{für} \quad n < 40 \\ \approx 5 \cdot \lg n & \text{für} \quad 40 \le n \le 10^4 \\ 20 & \text{für} \quad n > 10^4 \end{cases}$$

$$d \approx \frac{R}{k}$$

Beispiel: Der Einkaufsabteilung der ROBUST GMBH liegt eine Stichprobe über die Erfassungsdauer von Wareneingangsdaten vor (Tabelle M.5). Die sinnvolle Anzahl der Klassen und die Klassenbreite sollen bestimmt und aus der Urliste die in Klassen eingeteilte Messreihe gebildet werden.

Tabelle M.5: Urliste mit Datenerfassungszeiten t_d und ihrer absoluten Häufigkeit h

i	t_d [s]	h_i	i	t_d [s]	h_i	i	t_d [s]	h_i
1	27	1	9	37	7	17	45	7
2	30	4	10	38	5	18	46	5
3	31	2	11	39	10	19	47	3
4	32	7	12	40	10	20	48	7
5	33	4	13	41	7	21	49	5
6	34	11	14	42	12	22	50	4
7	35	7	15	43	12	23	51	3
8	36	5	16	44	10	24	52	2
								150

Umfang der Stichprobe	n =	150	
Lösung: Klassenanzahl der Messreihe	k =	11	
Spannweite der Messreihe	R =	25	s
Klassenbreite	d =	2	s

Die Auswertung der Urliste zeigt, dass bei der Einteilung in den drei Klassen i = 1, 2 und 11 weniger als fünf Daten vorhanden sind. Deswegen sind die ursprünglichen elf Klassen zu verringern und die Beobachtungswerte aus der Urliste für die statistische Weiterbearbeitung in eine dementsprechend klassifizierte *Messreihe* (Tabelle M.6) umzuwandeln:

Korrigierte Klassenanzahl der Messreihe	k =	6	
Korrigierte Klassenbreite	d =	5	s

Tabelle M.6: Aus der Urliste gebildete Messreihe von Datenerfassungszeiten x

i	Mittelwerte x_i [s]	Klassengrenzen	Absolute Häufigkeit h_i
1	28,5	26 ... < 31	5
2	33,5	31 ... < 36	31
3	38,5	36 ... < 41	37
4	43,5	41 ... < 46	48
5	48,5	46 ... < 51	24
6	53,5	51 ... < 56	5

Mittelwert und Streuung

Die hauptsächlichen statistischen Größen einer Messreihe $x_1, x_2, \ldots, x_n$ vom Umfang n sind der arithmetische Mittelwert $\bar{x}_m$ und die Standardabweichung σ. Sie resultiert als Wurzel aus der Varianz der empirischen Verteilung. Diese bezeichnet die mittlere quadratische Differenz der Werte x_i vom arithmetischen Mittel:

$$\sigma^2 = \frac{\sum_{i=1}^{n}(x_i - \bar{x}_m)^2}{n-1} \quad \text{mit} \quad \bar{x}_m = \frac{1}{n} \cdot \sum_{i=1}^{n} x_i \,.$$

Der arithmetische Mittelwert $\bar{x}_m$ einer Stichprobe und ihre Varianz σ^2 beruhen auf der Verteilungscharakteristik der Daten im Verteilungsintervall. Die Datenmenge in den einzelnen Klassen $j = 1, 2, \ldots, k$ erlaubt die Bestimmung der relativen Häufigkeit

$$r_j = \frac{h_j}{n}$$

des absoluten Auftretens h_j der Werte in der j-ten Klasse und des Klassenmittels $\tilde{x}_j$ der j-ten Klasse. Bei unbekanntem Erwartungswert wird die Streuung unter Berücksichtigung des Umfanges n der Stichprobe berechnet:

$$\bar{x}_m = \frac{1}{n} \cdot \sum_{j=1}^{k} \tilde{x}_j \cdot h_j = \sum_{j=1}^{k} x_j \cdot r_j \,,$$

$$\sigma = \sqrt{\frac{1}{n-1} \cdot \sum_{j=1}^{k} h_j \cdot (\tilde{x}_j - \bar{x}_m)^2} \,.$$

Variationskoeffizient (empirischer)

Der Variationskoeffizient v ist definiert als relatives Streuungsmaß und ergibt sich als Quotient aus Standardabweichung und arithmetischem Mittel einer Messreihe $x_1, x_2, \ldots, x_n$ vom Umfang n. Er ist Bestandteil der statistischen Analyse der Streuung, insbesondere im Vergleich zweier Messreihen in Bezug auf ihre Abweichung vom Mittelwert:

$$v = \frac{\sqrt{n \cdot \sum_{i=1}^{n}(x_i - \bar{x}_m)^2}}{\sum_{i=1}^{n} x_i} \quad \text{mit} \quad \bar{x}_m = \frac{1}{n} \cdot \sum_{i=1}^{n} x_i \,.$$

Messsystem

Modell zur Anwendung eines nach theoretischen sowie methodischen Aspekten und nach physikalischen Grundsätzen konzipierten Messverfahrens.

Im Messsystem wird eine real existierende Größe aufgenommen und ihr Wert in einem Bildraum dargestellt. Im Allgemeinen wird der Wert der Messgröße über eine Kennlinie im System ermittelt und als Messwert auf einer Skala angezeigt oder auf einem Datenträger ausgegeben. In einem Referenzmesssystem wird der Wert der Messgröße aus dem direkten Vergleich mit einer bekannten Größe gewonnen.

Das Modell des Messsystems ergibt sich aus

- der Definition der Messgrößen,
- der Aufnahme der Messungen,
- der Ausgabe der Messwerte,
- dem Kennlinienverlauf.

Hauptfunktionen des Messsystems sind: Messen des Objektes, Feststellen des Messwertes und Übermittlung der Messdaten.

Der mittlere Fehler einer Messung kann aufgrund des Gesetzes der Fehlerfortpflanzung bestimmt werden. Für die Messreihe w mit den als fehlerfrei angenommenen Koeffizienten a_i und den mit den mittleren Fehlern φ behafteten Messwerten x, y, z, ...

$$w = a_x \cdot x + a_y \cdot y + a_z \cdot z + \ldots$$

lautet der mittlere Fehler im allgemeinen Fall:

$$\varphi_w = \sqrt{\left(\frac{\delta f}{\delta x}\right)^2 \cdot \varphi_x^2 + \left(\frac{\delta f}{\delta y}\right)^2 \cdot \varphi_y^2 + \left(\frac{\delta f}{\delta z}\right)^2 \cdot \varphi_z^2 + \ldots}$$

Fehler des mittleren Ersatzbedarfs

Bei einem stabilen Bestand aus gleichen Betriebsmitteln folgt der durchschnittliche Ersatzbedarf aus dem Quotienten von Sättigungswert des Bestandes S und mittlerer Lebensdauer l. Beide Messgrößen sind mit den bekannten Fehlern φ_S, φ_l behaftet. Der mittlere Fehler des mittleren jährlichen Ersatzbedarfs wird durch das folgende Modell bestimmt.

$$q = \frac{S}{l}, \quad \frac{dq}{dS} = \frac{1}{l}, \quad \frac{dq}{dl} = -\frac{S}{l^2}$$

$$\varphi_q = \sqrt{\left(\frac{1}{l}\right)^2 \cdot \varphi_S^2 + \left(\frac{S}{l^2}\right)^2 \cdot \varphi_l^2}$$

Beispiel: In der WEBNETZ GMBH wird der mittlere Bestand S der ständig eingesetzten Computer mit einer bestimmten Fehlerhaftigkeit angegeben. Die mittlere Lebensdauer l mit ihrer mittleren Standardabweichung ist ebenfalls bekannt. Zur Kalkulation des erwarteten jährlichen Ersatzbedarfs sollen dessen Mittelwert und die Abweichung berechnet werden.

Mittlere Lebensdauer	l	=	4,00	a
Bestandssättigungswert	S	=	720	St.
Streuung der mittleren Lebensdauer	φ_l	=	1,62	a
Mittlere Abweichung vom Bestandssättigungswert	φ_S	=	50	St.
Lösung: Mittlerer Fehler	φ_q	=	74	St./a
Mittlerer Ersatzbedarf	q	=	180	St./a

Fehler beim Praktikerverfahren

Das Verfahren dient der Ermittlung des komplexen Unternehmenswertes W, bezogen auf die vermutliche wirtschaftliche Nutzungsdauer T des Unternehmens. Bestimmungsgrößen sind der gegenwärtige Sachwert S des Unternehmens, der Barwert K des jährlich erwarteten durchschnittlichen Unternehmensreinertrages E und der Barwert L des voraussichtlichen Erlöses P bei der Liquidation des Unternehmens, jeweils unter Beachtung eines Kapitalkostenfaktors q:

$$K = \frac{E}{q^T} \cdot \frac{q^T - 1}{q - 1} \quad \text{und} \quad L = \frac{P}{q^T}.$$

Der nach Ablauf der Nutzungsdauer vermutete Liquidationserlös P, der angenommene jährliche Unternehmensreinertrag E, der Substanzwert S, der den Vermögenswert am Bewertungsstichtag darstellt, und der zur Barwertbestimmung benutzte Kapitalkostenfaktor $q = 1 + p$ sind mit Fehlern behaftet; letzterer schon der Zinssätze p auf dem Geldmarkt wegen.

$$W = \frac{1}{2} \cdot (K + S + 2 \cdot L) = \frac{E}{2 \cdot q^T} \cdot \frac{q^T - 1}{q - 1} + \frac{P}{q^T} + \frac{S}{2}$$

$$\Delta K = \frac{\delta W}{\delta E} = \frac{q^T - 1}{2 \cdot q^T \cdot (q - 1)}, \quad \Delta L = \frac{\delta W}{\delta P} = \frac{1}{q^T}$$

$$\Delta S = \frac{\delta W}{\delta S} = \frac{1}{2}, \quad \Delta q = \frac{\delta W}{\delta q} = \frac{E}{2 \cdot (q-1)^2} \cdot \left(\frac{T \cdot (q-1)}{q^{T+1}} + \frac{1}{q^n} - 1 \right) - \frac{T \cdot P}{q^{T+1}}$$

$$\varphi_W = \sqrt{(\Delta K \cdot \varphi_E)^2 + (\Delta L \cdot \varphi_P)^2 + (\Delta S \cdot \varphi_S)^2 + (\Delta q \cdot \varphi_q)^2}$$

Beispiel: Die BRÜCKENWEG GMBH plant durch Gesamtrechtsnachfolge die Übertragung ihres ganzen Vermögens auf einen neu zu gründenden Rechtsträger unter Beteiligung der Gesellschafter, um neue Möglichkeiten der Kapitalbeschaffung zu erschließen. Die Gesellschafterversammlung schlägt zur vorläufigen Ermittlung des Unternehmungswertes die Anwendung des Praktikerverfahrens vor.

Mittlerer Ertrag des Unternehmens	E	=	254098,00	€/a
Liquidationserlös des Unternehmens	P	=	672612,00	€
Substanzwert des Unternehmens	S	=	34780751,00	€
Nutzungsdauer des Unternehmens	n	=	8	a
Kapitalkostenfaktor	q	=	1,06750	
Fehler des Kalkulationszinssatzes	φ_q	=	1,0125	
Fehler des Liquidationserlöses	φ_P	=	100375,00	€
Fehler des Substanzwertes	φ_S	=	0,00	€
Fehler des Ertrages	φ_E	=	25409,80	€/a
Lösung: Unternehmenswert	W	=	18555289,14	€
Kapitalbarwert des Unternehmens	K	=	1532105,33	€
Liquidationswert des Unternehmens	L	=	398860,97	€
Differenzieller Barwertfaktor	ΔK	=	3,01	
Differenzieller Liquidationswertfaktor	ΔL	=	0,59	
Differenzieller Kapitalkostenfaktor	Δq	=	5973424,70	
Differenzieller Substanzwertfaktor	ΔS	=	0,50	
Fehler des Unternehmenswertes	φ_W	=	6048870,50	€

Mittel

Arithmetisches Mittel

Das einfache und das gewogene arithmetische Mittel ist eine der am häufigsten gebrauchten Größen. Das einfache arithmetische Mittel für eine Anzahl n von Messwerten x_i ist ein Spezialfall des mit dem Gewicht g_i der Messwerte gewogenen arithmetischen Mittels.

$$x_m = \frac{\sum_{i=1}^{n} g_i \cdot x_i}{\sum_{i=1}^{n} g_i}, \quad \text{für} \quad \begin{cases} g_i = 1 \\ i = 1, 2, \ldots, n \end{cases} \quad \Rightarrow \quad x_m = \frac{\sum_{i=1}^{n} x_i}{n}$$

Beispiel: Zu Kalkulationszwecken ist aus den Stückpreisen der einzelnen Produktsorten und ihren Verkaufsgrößen (Tabelle M.7) der Durchschnittspreis für das gesamte Sortiment als gewogenes arithmetisches Mittel zu berechnen.

Tabelle M.7: Stückpreise x und Verkaufsgrößen g der einzelnen Sorten

g [St./a]	*x* [€/St.]	*g* [St./a]	*x* [€/St.]
20	1067,32	30	1386,82
50	1175,09	10	1491,51
60	1279,21	40	1597,15

Lösung: Umfang der Messreihe	n	=	6	
Gewogenes arithmetisches Mittel	x_m	=	1320,28	€/St.
Einfaches arithmetisches Mittel	x_m	=	1332,85	€/St.

Geometrisches Mittel

Das *geometrische Mittel* wird speziell bei dynamischen, also zeitabhängigen wirtschaftlichen Erscheinungen verwendet, beispielsweise für die Darstellung von Größen bei Wachstumsprozessen.

$$x_g = \sqrt[n]{\prod_{i=1}^{n} x_i}, \quad \text{wenn} \quad x_i > 0$$

Beispiel: Dem Management eines Unternehmens liegt für mehrere Jahre das jährliche Wachstum des Umsatzes vor (Tabelle M.8). Das für diesen Zeitraum typische geometrische Mittel soll errechnet werden.

Tabelle M.8: Jährlicher Umsatz

t [a]	*x* [€/a]	*t* [a]	*x* [€/a]
1	271633,00	4	410868,00
2	310759,00	5	499595,00
3	379162,00	6	601978,00

Lösung: Stichprobenumfang	n	=	6	a
Geometrischer Mittelwert	x_g	=	397669,25	€/a

Harmonisches Mittel

Das *harmonische Mittel* h einer Messreihe $x_1, ..., x_n$ wird für das Verhältnis skalierter Merkmalswerte gebildet; der reziproke Wert des harmonischen Mittels ist dem arithmetischen Mittel ihrer Kehrwerte gleich. Es ist zwischen dem einfachen und dem gewogenen harmonischen Mittel (mit den Gewichten $g_i > 0$, $i = 1, ..., n$) zu unterscheiden.

$$h=\frac{\sum_{i=1}^{n} x_i}{\sum_{i=1}^{n}\frac{g_i}{x_i}},\quad \text{für } g_i=1\,(i=1,2,\ldots,n) \text{ ist } h=\frac{\sum_{i=1}^{n} x_i}{\sum_{i=1}^{n}\frac{1}{x_i}}$$

Beispiel: Ein Händler erhält verschiedene Sorten an Krawatten in unterschiedlichen Stückzahlen und zu stark abgestuften Preisen geliefert (Tabelle M.9). Der Durchschnittspreis soll ermittelt werden.

Tabelle M.9: Preise und Stückzahlen verschiedener Sorten

g [St.]	*x* [€/St.]	*g* [St.]	*x* [€/St.]
20	1067,32	30	1386,82
50	1175,09	10	1491,51
60	1279,21	40	1597,15

Lösung: Umfang des Sortiments	n	=	6	Sorten
Gewogenes harmonisches Mittel	h	=	1299,72	€/St.

Monte-Carlo-Prognose

Verfahren der Erzeugung zufallsabhängiger Prozessdaten x_t zur Optimierung von Parameterwerten durch Simulation. Das Ziel ist die Ermittlung einer Lösung mit niedrigsten Einsatzfaktoren.

Die Simulation erlaubt es, betriebswirtschaftliche, von zufälligen Ereignissen beeinflusste Prozesse durch Modelle zu erfassen. Darüber hinaus können von probabilistischer Wirkung freie Vorgänge modelliert werden, die lediglich deswegen mit Hilfe der Monte-Carlo-Methode bearbeitet werden, weil sie sonst schwierig zu modellieren sind.

Kurzfristige Vorhersage von Auftragsmengen

Die *optimale tägliche Bestellmenge* Q innerhalb der Bestellperiode m wird aufgrund des aus der jeweils kurzfristigen Bedarfsprognose stammenden Erwartungswertes $B = E(Q)$ und ihrer Standardabweichung $\mathrm{var}(Q) = \sigma_B^2$ nach der Monte-Carlo-Technik bestimmt:

$$Q=B+\frac{1}{m}\cdot\sum_{t=1}^{m} x_t,\quad \text{Monte}-\text{Carlo} \Rightarrow\ -2\cdot\sigma_B \le x_t \le 2\cdot\sigma_B .$$

Dabei ist sowohl die optimale Auftragsmenge für die Eigenleistung $B = B_o$ aus der Losgröße N und der Losanzahl a:

$$B_o = a\cdot N,\quad a=1,2,\ldots,$$

gesucht als auch die exogen durch Fremdleistungen oder Lagerware abzudeckende Differenzmenge D:

$$D = Q - B_o .$$

Für das Lieferlos fallen die Alternanzkosten k_a an, wie z. B. die Be- und Entladeaufwände für das Lieferlos, für jede exogene Einheit die Fremdleistungskosten k_p. Optimal ist eine solche Aufteilung der Bestellmenge Q, die ein Minimum an Gesamtkosten K sichert (Bild M.3):

$$K = \underset{a}{\mathrm{Min}}\left\{a \cdot k_a + k_p \cdot D\right\} \;\Rightarrow\; K = \underset{a}{\mathrm{Min}}\left\{a \cdot k_a + k_p \cdot (Q - a \cdot N)\right\},$$

$$a \cdot N \le Q.$$

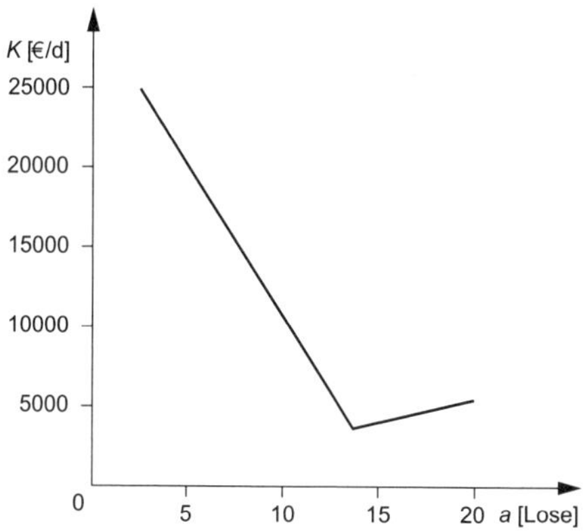

Bild M.3: Kostenminimale Anzahl a von Lieferlosen

Die Größe eines Lieferloses N unterliegt i. Allg. Schwankungen. Diese können kapazitiv im Arbeitsvermögen begründet sein, aus technischen Ursachen resultieren, in Gütegründen zu suchen sein usw. In diesem Fall ist die Losgröße ein Erwartungswert μ mit der Standardabweichung σ_N und wird für die Bestellperiode nach Monte-Carlo simuliert:

$$N = \mu + \frac{1}{m} \cdot \sum_{t=1}^{m} x_t , \quad \text{Monte-Carlo} \Rightarrow \; -2 \cdot \sigma_\mu \le x_t \le 2 \cdot \sigma_\mu .$$

Bei Vorliegen eines Festwertes μ ohne Schwankung der Leistung nimmt die Standardabweichung den Wert Null an.

$$Q = B + \frac{1}{m} \cdot \sum_{t=1}^{m} x_t , \quad \text{Monte-Carlo} \Rightarrow \; -2 \cdot \sigma_B \le x_t \le 2 \cdot \sigma_B$$

$$N = \mu + \frac{1}{m} \cdot \sum_{t=1}^{m} x_t, \quad \text{Monte-Carlo} \Rightarrow \quad -2 \cdot \sigma_\mu \le x_t \le 2 \cdot \sigma_\mu$$

$$K = \underset{a}{\text{Min}} \left\{ a \cdot k_a + k_p \cdot (Q - a \cdot N) \right\}, \quad a = 1, 2, \ldots, r, \quad r = \left\lceil \frac{B + 2 \cdot \sigma_B}{\sigma_B} \right\rceil$$

$$K_F = K - a \cdot k_a, \quad K_A = a \cdot k_a$$

$$B_o = a \cdot N \quad \Rightarrow \quad D = Q - B_o$$

Beispiel: Der Fertigungsplanung der PLANTUS GMBH liegt eine kurzfristige Bestellvorhersage für die Belastungsplanung vor. Zugleich ist der Abschluss kurzfristiger Zulieferungen vorzubereiten, wenn die eigene Liefermenge die Bestellmenge nicht abdecken kann. Aufgrund von technologischen Analysen sind die mittleren Losgrößen und deren Schwankung bekannt. Davon ausgehend sollen die optimalen Parameterwerte für die Bestell- und Belastungsplanung, insbesondere die optimale Auftragsgröße, die Gesamtkosten und die Kosten für die voraussichtlichen exogenen Mengen ermittelt werden.

Erwartungswert der Bestellmenge	B	=	1750	St./d
Kosten je Lieferlos	k_a	=	275,67	€/Los
Exogene Einheitskosten	k_p	=	17,39	€/St.
Bestellperiode	m	=	5	d
Mittlere Losgröße	μ	=	125	St./Los
Standardabweichung der Bestellmenge	σ_B	=	71,00	St./d
Standardabweichung der Losgröße	σ_μ	=	23,50	St./Los

Lösung: Optimale Losanzahl	a	=	12	Lose/d
Optimale Liefermenge	B_o	=	1524	St./d
Exogene Menge	D	=	233	St./d
Optimale Kosten	K	=	7359,91	€/d
Optimale Auftragskosten	K_A	=	3308,04	€/d
Exogene Kosten	K_F	=	4051,87	€/d
Losgröße	N	=	127	St./Los
Optimale Bestellmenge	Q	=	1757	St./d
Kapazitätsschranke	K	=	15	Lose

Multimomentverfahren

Für das Arbeitszeitstudium auf Grundlage der mathematischen Stichprobentheorie entwickelte Häufigkeitsstudie. Sie beruht auf mehrfachen, regelmäßig wiederholten Kurzzeitbeobachtungen an einem oder mehreren Arbeitsplätzen und der Annahme, dass von der Häufigkeit des Auftretens bestimmter Zustände bei zuvor festgelegten Ablaufarten auf die zeitliche Verteilung der einzelnen Zustände geschlossen werden kann.

N

Nachfrage-Preis-Elastizität

Anteilige Änderung der nachgefragten Menge bei einer differenziellen Änderung des Preises oder einer differenziellen Änderung des Einkommens unter Annahme der Gegenläufigkeit beider Variablen. Der Preis erscheint als unabhängige Veränderliche in der Funktion für die Nachfrage nach gewissen Gütern oder Güterarten, wie Konsumgüter, Investitionsgüter, ausgedrückt in Geld oder in Mengen bzw. anderen Einheiten.

Die Reaktion der Nachfrage auf Veränderungen des Preises ist allerdings bei den einzelnen Gütern und für die betrachteten Regionen verschieden groß. Sie hängt vor allem von der Dringlichkeit der Bedürfnisse ab. Steigende Preise bei Komfortwaren bewirken einen rascheren Abschwung der Nachfrage als bei lebensnotwendigen Gütern und umgekehrt, wie z. B. die Nachfrage nach

- Speisesalz: Selbst eine erhebliche Senkung des Salzpreises würde kaum die Nachfrage erhöhen;
- Videorecordern: Eine drastische Reduzierung des Preises hätte einen steilen Anstieg der Nachfrage zur Folge.

Die Kurve einer Nachfragefunktion $Q(P)$ mit dem Preis P als unabhängige Variable und einem Mindestpreis P_0, bei dem die maximal mögliche Nachfrage Q_M eintritt, konvergiert mit wachsenden Preisen zur Sättigungsnachfrage Q_u. Die für eine bestimmte Ware typischen Funktionsparameter sind der Preiszähler η und die Preiskonstante k:

$$Q(P) = \begin{cases} Q_u \cdot e^{\frac{\eta}{P+k}}, & \text{wenn} \quad P_0 < P < \infty \\ Q_M = Q_u \cdot e^{\frac{\eta}{P_0+k}}, & \text{wenn} \quad P \leq P_0 \end{cases}$$

Die Werte der Parameter der Nachfragefunktion werden aus Messwerten approximiert.

Die Funktion der Nachfrage-Preis-Elastizität $E(P)$ resultiert aus dem Verhältnis der differenziellen Änderung der Nachfrage, ausgedrückt in der ersten Ableitung einer Nachfragefunktion Q', zur Entwicklung der durchschnittlichen Nachfrage μ:

$$E(P)=\frac{Q'}{\mu} \quad \text{mit} \quad \begin{cases} Q'=\dfrac{-\eta}{(P+k)^3}\cdot Q(P) \\ \mu=\dfrac{Q(P)}{P} \end{cases}$$

Bei vollkommen elastischer Nachfrage konvergiert die Preiselastizität gegen unendlich, bei vollkommen unelastischer Nachfrage gegen Null. Die relative Mengenänderung ΔQ ist mit der Nachfrage-Preis-Elastizität $E(P)$ proportional abhängig von der anteiligen Preisänderung ΔP:

$$\Delta Q = E(P)\cdot \Delta P.$$

$$Q(P)=\begin{cases} Q_u \cdot e^{\frac{\eta}{P+k}}, & \text{wenn} \quad P_0 < P < \infty \\ Q_M, & \text{wenn} \quad P \le P_0 \end{cases}$$

$$\begin{cases} [Q_M, Q_u, \eta] \equiv \sum\limits_{i=1}^{n} (Q(P_i)-Q_i)^2 \to \text{Min} \\ k=\dfrac{\eta}{(\ln Q_M - \ln Q_u)} - P_0 \end{cases}$$

$$\sigma=\sqrt{\frac{\sum\limits_{i=1}^{n} (Q_N(P_i)-Q_i)^2}{n-3}}$$

$$E(P)=\frac{Q'}{\mu}=\frac{-\eta\cdot P}{(P+k)^3}$$

$$\Delta Q = E(P)\cdot \Delta P$$

Beispiel: Die Großmühle KORN GMBH hat in ihrem Angebot ein Sortiment an Teigwaren aus biologischem Getreideanbau. Nach Testverkäufen ist eine Stichprobe verfügbar (Tabelle N.1), die einen Zusammenhang zwischen den Preisen des Angebots und den Tagesumsätzen vermittelt. Die Werte der Parameter der Nachfragefunktion sollen abgeschätzt und die Nachfrage-Preis-Elastizität ausgewiesen werden (Tabelle N.2).

Tabelle N.1: Angebotspreise P und Tagesumsätze Q

***P* [€/kg]**	***Q* [€/d]**	***P* [€/kg]**	***Q* [€/d]**
21,75	5600,00	37,33	3234,67
25,75	3481,25	37,99	3027,30
30,66	3345,95	38,95	2855,85
33,50	3599,61	46,75	2217,90
34,95	3381,20	57,00	1069,60

Relative Preiserhöhung	ΔP =	20,00	%
Mindestpreis	P_0 =	21,75	€/kg
Lösung: Sättigungsnachfrage	Q_u =	8,45	€/d
Maximal mögliche Nachfrage	Q_M =	5612,29	€/d
Preiszähler	η =	1013,42	€/d
Preiskonstante	k =	134,20	€/kg
Umfang der Stichprobe	n =	10	
Standardabweichung	σ =	591,14	€/d

Tabelle N.2: Relative Erhöhung ΔP des Preises P und relative Änderung ΔQ der Nachfrage

P [€/St.]	*ΔQ* [‰]	*P* [€/St.]	*ΔQ* [‰]
25,00	– 1,26	45,00	– 1,59
30,00	– 1,37	50,00	– 1,62
35,00	– 1,46	55,00	– 1,65
40,00	– 1,53	60,00	– 1,66

Nachfragetrend mit Wendepunkt

Funktion der periodischen Nachfrage z(t), entwickelt aus einer Schwanenhalsfunktion („S-shaped“ trend) y(t) mit dem Nachfrageexponenten κ *für ein betrachtetes Gut unter der Voraussetzung, dass für die Kumulation des Nachfragevolumens bis zum Erreichen eines Sättigungswertes* y_s *ein progressiver Anstieg und eine degressive Abnahme vorliegen. Die Nachfrage beginnt zum Zeitpunkt* $t = 0$ *mit einem festen Anfangswert* y_a*, der minimal den Wert Null* $y_a = 0$ *aufweist. Der Sättigungswert* y_s *wird am Ende der Nachfrage* $t = T$ *erreicht* (Bild N.1).

Die periodisch auftretende Nachfrage weist die folgende Dichtefunktion auf:

$$z(t) = \begin{cases} (y_s - y_a) \cdot \dfrac{\kappa \cdot T}{e^{\frac{\kappa}{2} \cdot T^2} - 1}, & t < 0 \\ (y_s - y_a) \cdot \kappa \cdot (T - t) \cdot \dfrac{e^{\frac{\kappa}{2} \cdot t \cdot (2 \cdot T - t)} - 1}{e^{\frac{\kappa}{2} \cdot T^2} - 1}, & 0 \le t < T \\ 0, & t \ge T \end{cases}$$

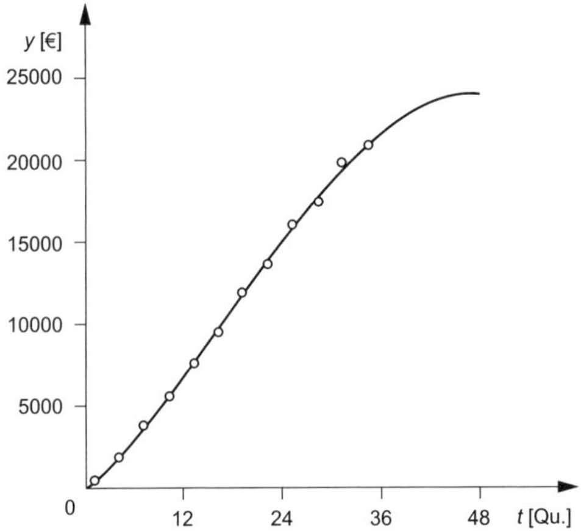

Bild N.1: Approximierter exponentieller Nachfragetrend

Die Stelle t_w des Wendepunktes der Nachfragefunktion ergibt sich aus der Nullsetzung der ersten Ableitung der Dichtefunktion:

$$\dot{z} = \kappa \cdot (T - t) \cdot y(t) - y(t) = \kappa^2 \cdot (T - t)^2 - 1 \quad \Rightarrow \quad t_w = \frac{T \cdot \kappa - 1}{\kappa}.$$

Ein Wendepunkt y_w tritt innerhalb der Laufzeit nur auf, wenn das Produkt aus positivem Wert des Exponenten κ und der Laufzeit T größer als Eins ist; sonst liegt eine negative, lediglich theoretische Wendestelle vor.

$$y(t) = \begin{cases} 0, & t < 0 \\ y_a + (y_s - y_a) \cdot \dfrac{e^{\frac{\kappa}{2} \cdot t \cdot (2 \cdot T - t)} - 1}{e^{\frac{\kappa}{2} \cdot T^2} - 1}, & 0 \le t < T, \\ y_s, & t \ge T \end{cases}$$

$$[y_a, T, \kappa] \equiv \sum_{i=1}^{n} (y(t_i) - t_i)^2 \to \text{Min}$$

$$t_w = \frac{\kappa \cdot T - 1}{\kappa}, \quad \kappa = \frac{1}{T - t_w}, \quad t_w \ne T$$

Beispiel: Die MOBILSERVICE AG liefert in der Region das Gesamtsortiment an Kommunikationstechnik. Für eine neue Spielkonsole liegen mehrere Monatsumsätze fest (Tabelle N.3). Die potenzielle Käufergesamtheit bildet den Sättigungswert y_s des kumulierten Umsatzes. Das Marketing interessiert die Nachfragedauer und -verteilung bis zum Sättigungswert (Tabelle

N.4). Deswegen sind die Parameterwerte der Nachfragefunktion abzuschätzen.

Tabelle N.3: Umsatzzahlen für eine Spielkonsole

i	*t* [Quart.]	*y* [€]	*i*	*t* [Quart.]	*y* [€]
1	1	541,34	7	19	11875,72
2	4	1937,27	8	22	13716,30
3	7	3842,22	9	25	15983,97
4	10	5580,00	10	28	17391,92
5	13	7572,50	11	31	19834,74
6	16	9528,43	12	34	20858,69

Sättigungswert der Nachfrage	y_s	=	24000,00	€
Lösung: Umfang der Stichprobe	n	=	12	
Nachfragedauer	T	=	46,27	Quart.
Theoretische Wendestelle	t_w	=	− 714,13	Quart.
Anfangswert der Nachfrage	y_a	=	6,94	€
Nachfrageexponent	κ	=	0,00132	1/Qu.

Tabelle N.4: Nachfrageprognose für eine Spielkonsole

i	*t* [Quart.]	*y* [€]	*i*	*t* [Quart.]	*y* [€]
13	28	17740,01	17	40	23189,40
14	31	19484,62	18	43	23777,45
15	34	21006,00	19	46	23998,48
16	37	22254,87			

Nordwesteckenverfahren

Empirisches Verfahren, um eine voll zulässige Basislösung für substitutionsfähige Transportleistungen (gleiche Güterarten) eines Transportproblems zu finden. Zwischen jedem Vorrats- und Bedarfsort existiert genau ein Transportweg ohne einen anderen dieser Orte zu berühren. Die Vorräte sollen verbraucht, die Bedarfe befriedigt werden, d. h. die vorhandenen Vorräte stimmen mit der nachgefragten Menge überein.

Vom oberen Feld in der linken Ecke der Transportmatrix aus („Nordwestecke“) vergleicht man zunächst den in der linken Spalte stehenden Vorrat C_i so lange nacheinander mit den in der oberen Zeile eingeschriebenen Bedarf B_j und setzt den kleineren Wert q_{ij} in das dazugehörige $i \cdot j$-Matrixfeld ein, bis der betrachtete Vorrat aufgebraucht ist.

$$K = \sum_{i=1}^{m} \sum_{j=1}^{n} (k \cdot q)_{ij}$$

Beispiel: Von den Vorratsorten C_i sind die Mengen zu den Bedarfsorten B_j entsprechend dem Bedarf zu transportieren (Tabelle N.5). Die Transporte verursachen Kosten k_{ij} von den Orten i zu den Bedarfsträgern j (Tabelle N.6); sie verhalten sich proportional zu der transportierten Gütermenge. Kapazitätsbeschränkungen der Transportmittel werden nicht wirksam *(unkapazitiertes Transportproblem).* Gesucht ist ein Transportplan bei minimalen Gesamtkosten, der angibt, wie viele Mengeneinheiten jeweils auf den verschiedenen Wegen transportiert werden sollen.

Tabelle N.5: Verteilungsmatrix mit den Feldelementen „Liefermengen q_{ij}" von jeweils C nach jeweils B

C \ *B*	30 [kt]	60 [kt]	50 [kt]	40 [kt]	20[kt]
40 [kt]	30	10	0	0	0
70 [kt]	0	50	20	0	0
60 [kt]	0	0	30	30	0
30 [kt]	0	0	0	10	20

Tabelle N.6: Matrix der Lieferkosten k_{ij} [Tsd. €/kt]

i \ *j*	1	2	3	4	5
1	62	21	80	70	50
2	40	37	72	50	90
3	20	10	33	69	40
4	50	60	40	84	36

Lösung: Der jeweilige Bedarfswert ist um den in der Matrix eingetragenen Wert q_{ij} zu vermindern. Nach Verbrauch des Vorrates C_i sind die restlichen Felder der betreffenden Zeile i auszunullen. Sie ist dadurch sofort beim Übergang zum nächsten Vorratsort voll besetzt. Alle folgenden Vorräte werden zeilen- und spaltenweise analog aufgeteilt. Resultat ist eine zulässige Transportlösung der Mengenverteilung q_{ij}, die noch nicht optimal zu sein braucht.

(Annähernd) optimale Transportkosten K = 9980000,00 €

Normalverteilung

Eine stetig verteilte Zufallsgröße X heißt normalverteilt mit den Parametern μ $(-\infty < \mu < \infty)$ *und* σ^2 $(\sigma > 0)$ *(oder* $N(\mu, \sigma^2)$ *-verteilt), wenn sie die Wahrscheinlichkeitsdichte*

$$\varphi(x;\mu,\sigma^2) := f_X(x) = \frac{1}{\sqrt{2\cdot\pi\cdot\sigma^2}}\cdot \mathrm{e}^{-\frac{(x-\mu)^2}{2\cdot\sigma^2}} \qquad (-\infty < x < \infty)$$

besitzt.

Die grafische Darstellung von f_X ist die sog. Gaußsche Glockenkurve (Maximum bei μ, Wendepunkte bei $\mu \pm \sigma$). Die Punkte $x \pm \sigma$, $\mu \pm 2\cdot\sigma$ bzw. $\mu \pm 3\cdot\sigma$ heißen $1\cdot\sigma$-, $2\cdot\sigma$- bzw. $3\cdot\sigma$-Grenzen. Die Zufallsgröße X nimmt Werte innerhalb dieser Grenzen mit den folgenden Wahrscheinlichkeiten an:

$$P(|X-\mu| < \sigma) = 0{,}6827,$$

$$P(|X-\mu| < 2\cdot\sigma) = 0{,}9545 \text{ bzw.}$$

$$P(|X-\mu| < 3\cdot\sigma) = 0{,}9973.$$

Da zahlreiche zufällige Erscheinungen in praktischen Anwendungsfällen aus einer additiven Überlagerung einer Vielzahl (meist unabhängiger) zufälliger Einzeleffekte resultieren, ergibt sich aus dem zentralen Grenzwertsatz die besondere Bedeutung und das häufige Auftreten der Normalverteilung. Von besonderer Bedeutung ist der Grenzwertsatz von Moivre-Laplace: Ist $S_n, n \in \mathbb{N}$, binomialverteilt mit den Parametern n und p, so gilt

$$P\left(\frac{S_n - n\cdot p}{\sqrt{n\cdot p\cdot(1-p)}} < x\right) \underset{n\to\infty}{\longrightarrow} \Phi(x).$$

Dabei ist Φ:

$$\Phi(x) = \frac{1}{\sqrt{2\cdot\pi}}\cdot\int_{-\infty}^{x} \mathrm{e}^{-\frac{t^2}{2}}\cdot \mathrm{d}t,$$

die Verteilungsfunktion der standardisierten Normalverteilung.

Dichte der Normalverteilung

Bei der grafischen Darstellung ergibt die Dichtefunktion der Normalverteilung symmetrisch zur Geraden $x = \mu$ eine glockenförmige Kurve, die „Gaußsche Glockenkurve" (Bild N.2). Dabei ist für alle μ $(-\infty < \mu < \infty)$ und alle $\sigma > 0$:

$$P(\mu - \sigma < X < \mu + \sigma) \approx 0{,}683,$$
$$P(\mu - 2 \cdot \sigma < X < \mu + 2 \cdot \sigma) \approx 0{,}955,$$
$$P(\mu - 3 \cdot \sigma < X < \mu + 3 \cdot \sigma) \approx 0{,}997.$$

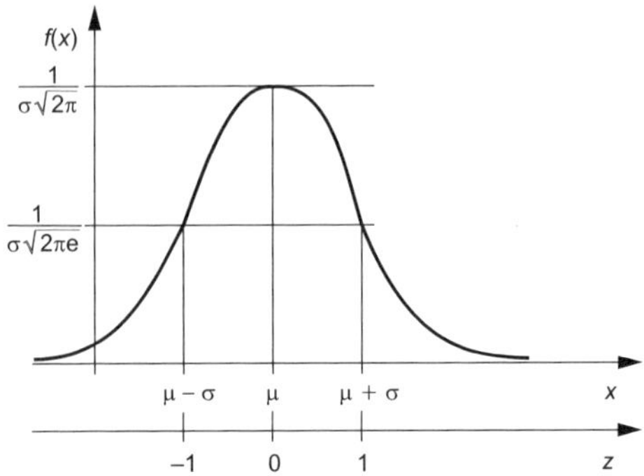

Bild N.2: Dichtefunktion einer μ-normalverteilten Zufallsvariablen X mit Wendepunkten bei den Abszissen

Die folgende Funktion

$$y = \varphi(x) = \frac{e^{-\frac{x^2}{2}}}{\sqrt{2 \cdot \pi}} \quad (-\infty < x < \infty)$$

stellt die Dichte der standardisierten Normalverteilung (d. h. $\mu = 0$, $\sigma = 1$) dar.

Standardisierte Normalverteilung

Eine Zufallsgröße X heißt standardisiert normalverteilt, falls sie die Dichte $f_X = \varphi$ mit

$$\varphi : \varphi(x) = \frac{e^{-\frac{x^2}{2}}}{\sqrt{2 \cdot \pi}} \quad (-\infty < x < \infty)$$

besitzt. Ist Y normalverteilt mit $\mu = EY$ und $\sigma^2 = \mathrm{var}(X)$, so ist

$$X = \frac{Y - \mu}{\sigma}$$

standardisiert normalverteilt. Außerdem gilt für die Verteilungsfunktion F_X von X:

$$F_X(x) = \Phi(x;\mu,\sigma) = \Phi\left(\frac{x-\mu}{\sigma}\right) \quad \text{für} \quad -\infty < x < \infty.$$

Dabei ist Φ die Verteilungsfunktion der standardisierten Normalverteilung:

$$\Phi(x) = \int_{-\infty}^{x} \varphi(t)\cdot \mathrm{d}t = \frac{1}{\sqrt{2\cdot\pi}}\cdot\int_{-\infty}^{x} \mathrm{e}^{-\frac{t^2}{2}}\cdot \mathrm{d}t.$$

Intervallwahrscheinlichkeit

Sie gibt die Wahrscheinlichkeit für die Lage der normalverteilten Zufallsgröße X mit Erwartungswert μ und Varianz σ^2 in einem definierten Intervall an, begrenzt durch die untere Grenze α und die obere Grenze β.

$$P(\alpha \le X \le \beta) = \frac{1}{\sqrt{2\cdot\pi}}\cdot\int_{g_1}^{g_2} \mathrm{e}^{-\frac{\lambda^2}{2}}\cdot \mathrm{d}\lambda \quad \text{mit} \quad \begin{cases} g_1 = \dfrac{\alpha-\mu}{\sigma} \\ g_2 = \dfrac{\beta-\mu}{\sigma} \end{cases}$$

Beispiel: Bei der Taktzeit der Fertigung von Personalcomputer handelt es sich um eine normalverteilte Zufallsgröße. Wie groß ist die Wahrscheinlichkeit für den Ausstoß eines PC in folgenden Zeitgrenzen?

Mittelwert	μ	=	31,00	s/St.
Standardabweichung	σ	=	1,25	s/St.
Untere Schranke	α	=	29,00	s/St.
Obere Schranke	β	=	32,00	s/St.
Lösung: Unteres Quantil	g_1	=	– 1,60	
Oberes Quantil	g_2	=	0,80	
Intervallwahrscheinlichkeit $P(\alpha \le X \le \beta)$	P	=	73,33	%

Normung statistischer Reihen

Transformation von speziellen Daten zum Zweck ihrer Unifizierung, um deren Lage in Bezug auf den Durchschnitt zu kennzeichnen.

Eine Messreihe $(x_1, x_2, \ldots, x_n)$ wird als unifiziert bezeichnet, wenn die Messgrößen den Mittelwert Null und die Standardabweichung Eins haben; d. h.

$$\sum_{i=1}^{n} x_i = 0, \quad \frac{1}{n}\cdot\sum_{i=1}^{n} x_i^2 = 1.$$

Die Normung statistischer Reihen dient vor allem zur Sicherung eines inhaltlich korrekten sowie statistisch gesicherten Vergleichs verschiedener Parameter, der mit absoluten Werten keine Aussage erbrächte.

Um die Verteilungscharakteristik zweier Messreihen mit Hilfe relativierter Messwerte vergleichen zu können, werden die ursprünglichen Merkmalswerte v, u linear transformiert. Dazu wird das

1. allgemeine absolute Niveau durch Subtraktion des Durchschnitts,
2. absolute Niveau der Abweichungen vom Durchschnitt durch Division der Abweichungen der Größen von ihrem Mittelwert mit der Varianz

ausgeschaltet. Die beiden Umformungen ergeben neue Werte x_i, z. B. für v_i, $i = 1, 2, \ldots, n$, die nun mit den entsprechenden Werten y_i einer anderen statistischen Reihe u_i, $i = 1, 2, \ldots, n$, direkt vergleichbar sind, da die absoluten Unterschiede der Größen sowohl im Niveau überhaupt als auch hinsichtlich der Abweichungen ausgeschaltet sind:

$$x_i = \frac{v_i - \bar{v}}{\sigma},$$

$$\sigma = \frac{\sqrt{\sum_{i=1}^{n} (v_i - \bar{v})^2}}{\sqrt{n-1}} \quad \text{mit} \quad \bar{v} = \sum_{i=1}^{n} v_i .$$

Die Originalgrößen werden praktisch durch die Umformung in Streuungseinheiten ausgewiesen.

Nullstellen des Kapitalflusses

Bei jeder Investition sind Auszahlungen $A(t)$ zu leisten. Im Gegenzug erwartet der Investor Einzahlungen $E(t)$. Ihre Differenzen heißen Nettozahlungen $D(t) = E(t) - A(t)$. Da jede Investition grundsätzlich mit einer Auszahlung A_0 beginnt und dieser keine sofortige Einzahlung gegenüber steht, nehmen die Nettozahlungen $D(t)$ anfangs einen negativen Wert an. Deswegen interessiert genau jene Stelle, an der erstmals die Summe der Nettozahlungen nicht mehr negativ ist. Es ist die Nullstelle $D(t_o) = 0$, an dem diese Summe aus dem Minusbereich in den Plusbereich wechselt.

Die Betrachtung ist richtig, wenn das eingesetzte Kapital frei von Kapitalkosten ist. Das ist ein (äußerst günstiger) Ausnahmefall. Im Allgemeinen verursacht die Finanzierung von Investitionen sog. Kapitalkosten, die durch den Kapitalkostensatz r ausgedrückt werden. Um die periodisch anfallenden Nettozahlungen $D(t)$ vergleichbar zu machen, werden sie mit dem Kapitalkostensatzes r auf Barwerte $K(t)$ diskontiert. Das ergibt kapitalisierte Nettozahlungen bzw. Kapitalströme $K(t)$:

$$K(t) = \frac{D(t)}{(1+r)^t} = \frac{D(t)}{e^{\rho \cdot t}}, \quad \Leftarrow \quad \rho = \ln(1+r), \quad K(t) = D(t) \quad \text{für } r = 0.$$

Zwei Mittelflüsse $D(t)$, $K(t)$ erzeugen vom Zeitpunkt der Anschaffungsauszahlung $P(0, A_0)$ zwei Nullstellen mit zwei Intervallen (Bild N.3):

- *Geldrückflussdauer* t_o, $D(t_o) = 0$, Kapitalkostensatz $r = 0$ %/a (statische Investitionsrechnung),
- *Kapitalrückflussdauer* t_u, $K(t_u) = 0$, Kapitalkostensatz $r > 0$ %/a: Die Nettozahlungen werden auf ihre Barwerte diskontiert (dynamische Investitionsrechnung).

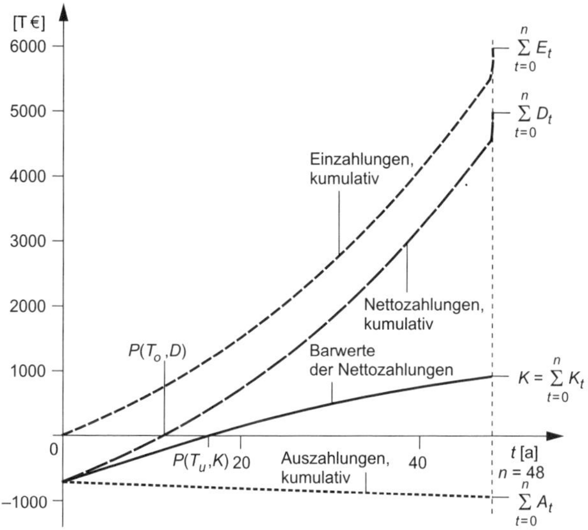

Bild N.3: Zahlungen über der Investitionsdauer T für ein Investitionsobjekt (Der während der Investitionsdauer T fließenden periodischen (diskreten) Zahlungen wegen werden anstelle der bisherigen stetigen nunmehr die diskreten Bezeichner verwendet, wie z. B. K_t statt $K(t)$)

Für Prognosezwecke werden die kumulierten Nettozahlungen durch Summenfunktionen des organischen Wachstums mit den positiven Exponenten ρ, ε, α des Kapitalkostensatzes r, des Steigerungssatzes p_E der Einzahlungen und desSteigerungssatzes p_A der Auszahlungen dargestellt.

Die Zahlungen des 1. Jahres E_1, A_1 werden als Basisfaktoren benutzt. Die Anschaffungsauszahlung A_0 zu *Investitionsbeginn* $t = 0$ und der Liquidationserlös E_L an deren Ende $t = T$ sind weitere Bestimmungsgrößen:

$$A(t)=\begin{cases} A_0, & \text{wenn } t=0 \\ A_0+\dfrac{A_1}{e^{\rho}}\cdot\dfrac{e^{(\alpha-\rho)\cdot t}-1}{e^{\alpha-\rho}-1}, & \text{wenn } 1\le t\le T \end{cases} \quad \text{mit} \begin{cases} \alpha=\ln(1+p_A) \\ \rho=\ln(1+r) \end{cases}$$

$$E(t)=\begin{cases} \dfrac{E_1}{e^{\rho}}\cdot\dfrac{e^{(\varepsilon-\rho)\cdot t}-1}{e^{\varepsilon-\rho}-1}, & \text{wenn } 1\le t<T \\ \dfrac{E_1}{e^{\rho}}\cdot\dfrac{e^{(\varepsilon-\rho)\cdot t}-1}{e^{\varepsilon-\rho}-1}+\dfrac{E_L}{e^{\rho\cdot T}}, & \text{wenn } t=T \end{cases} \quad \text{mit} \begin{cases} \varepsilon=\ln(1+p_E) \\ \rho=\ln(1+r) \end{cases}$$

Die Zeitspannen t_o, t_u des Mittelrückflusses dienen der Beurteilung, wie vorteilhaft, aber nicht, wie rentabel eine Investition ist. Unter Risikoaspekten ist daher die Anwendung der dynamischen Investitionsrechnung mit anschließender Rentabilitätsrechnung sinnvoll. Da aber mit wachsendem Zeithorizont die Genauigkeit der Berechnung abnimmt, gilt ein Investitionsobjekt mit einer früheren Nullstelle als weniger riskant.

Die Abschätzung der Nullstellen t_o, t_u mit der Funktion des Kapitalflusses $K(t)$ beruht auf der Forderung, dass an ihr der Kapitalwert den Wert Null annimmt.

$$K(t)=\begin{cases} A_0, & \text{wenn } t=0 \\ \dfrac{E_1}{e^{\rho}}\cdot\dfrac{e^{(\varepsilon-\rho)\cdot t}-1}{e^{\varepsilon-\rho}-1}-A_0-\dfrac{A_1}{e^{\rho}}\cdot\dfrac{e^{(\alpha-\rho)\cdot t}-1}{e^{\alpha-\rho}-1}, & \text{wenn } 1\le t<T \\ \dfrac{E_1}{e^{\rho}}\cdot\dfrac{e^{(\varepsilon-\rho)\cdot T}-1}{e^{\varepsilon-\rho}-1}+\dfrac{E_L}{e^{\rho\cdot T}}-A_0-\dfrac{A_1}{e^{\rho}}\cdot\dfrac{e^{(\alpha-\rho)\cdot T}-1}{e^{\alpha-\rho}-1}, & \text{wenn } t=T \end{cases}$$

$$t_o \equiv K(t,\rho=0)=0$$

$$t_u \equiv K(t,\rho>0)=0 \text{ mit } \rho=\ln(1+\mathrm{r})$$

Beispiel: Die Geschäftsführung der CETERIS GMBH benötigt für die Entscheidung über den Kauf eines Unternehmens die Nullstellen der Investition bei Konstanz aller übrigen Parameter des Kapitalflusses.

Anschaffungsauszahlung	A_0	=	700000,00	€
Auszahlungsbetrag im 1. Jahr	A_1	=	5000,00	€/a
Einzahlungsbetrag im 1. Jahr	E_1	=	61115,00	€/a
Liquidationserlös, Jahr *T*	E_L	=	400000,00	€
Wachstum der Auszahlungen	p_A	=	0,25	%/a

Wachstum der Einzahlungen	p_E	=	2,50	%/a
Kapitalkostensatz	r	=	5,00	%/a
Laufzeit	T	=	48	a
Lösung: Nullstelle, statisch	t_o	=	10,90	a
Nullstelle, dynamisch	t_u	=	15,29	a
Exponent der Auszahlungen	α	=	0,00250	1/a
Exponent der Einzahlungen	ε	=	0,02469	1/a
Kapitalkostenexponent	ρ	=	0,04879	1/a

Nutzfahrzeugpark-Optimum

Kostenminimale Anzahl von Nutzfahrzeugen in einem Fuhrunternehmen, ermittelt nach der Monte-Carlo-Methode. Der Verlauf der Gesamtkosten K(a) über der Anzahl der eigenen Transportfahrzeuge a markiert anschaulich das Kostenoptimum (Bild N.4).

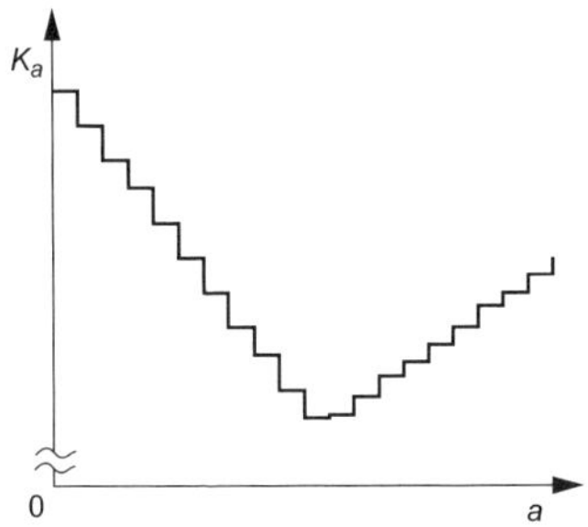

Bild N.4: Gesamtkosten, dargestellt über der Größe des Fuhrparks, d. h. der Anzahl der für den Ladungstransport verfügbaren eigenen Nutzfahrzeuge

Stochastischer Ladungsanfall

Zur Bestimmung der zufälligen täglichen Ladungsanfälle q_t, $t = 1, 2, \ldots, T$, innerhalb einer Arbeitswoche T und des mittleren zufälligen Ladungsanfalls q werden bei bekanntem mittlerem Ladungsanfall q_m eines Tages mit dessen Standardabweichung σ_q vom Computer erzeugte *Zufallszahlen* x_t benutzt.

$$q_t = q_m + \sigma_q \cdot x_t, \quad -2 \le x_t \le 2$$

$$q = \frac{1}{m} \cdot \sum_{t=1}^{m} q_t$$

Beispiel: Der Niederlassung eines Versandhauses liegt die mittlere tägliche Liefermenge mit ihrer Standardabweichung vor. Der zufällige Tagesanfall an auszuliefernden Ladungen inkl. der Zufallszahlen soll ermittelt werden (Tabelle N.7).

Transportperiode	m =	5	d
Mittlerer Ladungsanfall in der Periode m	q_m =	1000	St./d
Standardabweichung des mittleren Ladungsanfalls	σ_q =	100	St./d
Lösung: Mittlerer zufälliger Ladungsanfall in der Periode m	q =	1001	St./d

Tabelle N.7: Bei der Berechnung automatisch generierte Größen

t	Zufallszahl *x*	Ladungsanfall *q* [St./d]
1	1,156	1116
2	0,647	1065
3	0,329	1033
4	– 1,188	881
5	– 0,917	908

Stochastischer Lieferungsanfall

Hierbei wird davon ausgegangen, dass die Lieferungen nach unterschiedlich großen Losen n_t für das einzelne Kraftfahrzeug aufgeteilt sind. Von diesen sei der mittlere Wert n_m und dessen Standardabweichung σ_n bekannt.

$$n_t = n_m + \sigma_n \cdot x_t,\ -2 \le x_t \le 2$$

$$n = \frac{1}{m} \cdot \sum_{t=1}^{m} n_t$$

Beispiel: Der aus den Monte-Carlo-Schwankungen zu erwartende Mittelwert der Transportlosgröße n soll simuliert werden (Tabelle N.8).

Transportperiode	m =	5	d
Mittlere Losgröße in der Periode m	n_m =	100	St./Los
Standardabweichung der mittleren Losgröße	σ_n =	10	St./Los
Lösung: Mittlere zufällige Transportlosgröße	n =	98	St./Los

Tabelle N.8: Nach Monte-Carlo simulierte Transportlosgrößen

t [d]	1	2	3	4	4
n [St./Los]	104	101	95	105	86

Kostenminimierung

Aufgrund des mittleren zufälligen Ladungsanfalls q, der mittleren zufälligen Transportlosgröße n, der eigenen Kosten je Fahrzeug k_f und der Fremdtransportkosten je Ladung k_p wird die optimale *Größe des Nutzfahrzeugparks* berechnet, dargestellt durch die Anzahl eigener Nutzfahrzeuge a. im Zusammenhang damit werden die optimalen Gesamtkosten K_G, die eigenen Transportkosten K_E und die Fremdtransportkosten K_F mit errechnet. Der in eckiger Klammer stehende Term ist als Positivteilwert zu berechnen.

$$K = \min_a \left\{ a \cdot k_f + \left[k_p \cdot (q - a \cdot n) \right]^+ \right\}, \quad a = 1, 2, \ldots$$

$$K_F = K - K_E, \quad K_E = a \cdot k_f$$

Beispiel: Ein Versandhaus benötigt eine Aussage über die optimale Größe des Fuhrparks für eine in Gründung stehende ortsfremde Niederlassung. Durch Stichproben ermittelte empirische Daten sind vorhanden. Die Gesamtkosten, die Kosten für die voraussichtlichen Fremdtransporte und die Kosten für den eigenen Fuhrpark sollen errechnet werden.

Eigene Kosten je Fahrzeug	k_f	=	250,67	€/d
Proportionale Fremdtransportkosten je Ladung	k_p	=	7,39	€/St.
Mittlerer zufälliger Ladungsanfall	q	=	1001	St./d
Mittlere zufällige Transportlosgröße	n	=	98	St./Fahrt
Lösung: Optimale Anzahl eigener Nutzfahrzeuge	a	=	10	Fahrzeuge
Optimale Kosten	K	=	2661,89	€/d
Eigene Transportkosten	K_E	=	2506,70	€/d
Fremdtransportkosten	K_F	=	155,19	€/d

O

Optimale Qualitätsstruktur

Bestes Verhältnis r(g) zwischen der von der Qualitätskennzahl g abhängigen Nutzensfunktion N(g) und der Kostenfunktion K(g), das sich durch eine bessere Marktstellung und in höheren Erlösen durch Preise und Mengen auszahlt. Bei Überschreiten des Optimalpunktes steigen die Qualitätskosten der Entwicklung rascher als der Verkaufswert des Gutes bzw. der erzielbare Nutzen durch bessere Qualität. Eine Senkung der Qualitätskosten bei der Herstellung verursacht einen weit größeren Verlust V(g) an Nutzen (Bild O.1).

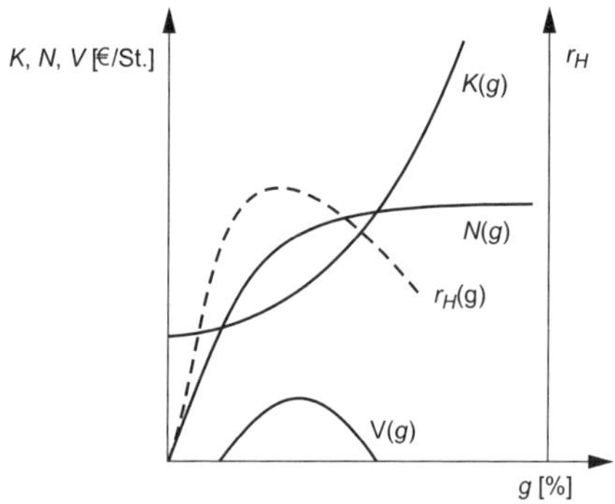

Bild O.1: Verlauf der Nutzens- und Kostenkurve über der Qualitätskennzahl

Qualitätskennzahl

Bei der Qualität geht es um das günstigste Verhältnis, an dem mit den geringsten Kosten die höchste Rentabilität eintritt. Es ist nicht so gut wie möglich, sondern in der nötigen Qualität zu produzieren. Die Kosten fallen im Rahmen der Qualitätssicherung an. Die Qualitätskennzahl g wird aus der von der Gütekontrolle für das Gut entwickelten Operationscharakteristik abgeleitet und aus dem Serienwert Q_S berechnet, der sich i. d. R. in einem Intervall mit einem unteren Richtwert Q_m und einem oberen Richtwert Q_R der Operationscharakteristik bewegt.

$$g_0 = 1 - \frac{Q_S - Q_R}{Q_m - Q_R}, \quad Q_m \le Q_S \le Q_R$$

Beispiel: Die OBSILYTH AG erzeugt Spezialgläser für die Beleuchtungsindustrie, insbesondere für technische Anwendungen. Eine der geforderten Qualitätseigenschaften betrifft die Lichtbrechung, ausgedrückt in der Brechzahl $n = Q$. Die Qualitätskennzahl soll errechnet werden.

Unterer Qualitätsrichtwert	n_m	=	1,46444	
Oberer Qualitätsrichtwert	n_R	=	1,92250	
Brechzahl des Spezialglases	n_S	=	1,61279	
Lösung: Qualitätskennzahl der Operationscharakteristik	g_0	=	32,39	%

Kosten der Qualitätssicherung

Die Kosten der Qualität entstehen durch die technische Gütesicherung in der Fertigungsvorbereitung, d. h. in der Konstruktion, der Technologie, bei der Entwicklung der Betriebsanlagen und deren Beschaffung, sowie bei der den Qualitätsanforderungen gerecht werdenden Beschaffung und Kontrolle der Einsatzstoffe, der Gütekontrolle in der Fertigung, bezogen auf die Arbeitsprozesse, die Betriebsmittel und die Arbeitsgegenstände, und durch die Fortbildung des Personals, insbesondere die Schulung der Prüfer und Auswerter. Die für ihre Ermittlung erforderlichen Daten werden entweder aus der Vorkalkulation oder der Nachkalkulation gewonnen. In die Berechnung fließen diejenigen Kostenelemente ein, die aus Qualitätsanforderungen resultieren und mit ihnen wachsen (Bild O.2).

Die Kostenparameter α, β werden mit dem Kostenfaktor k_0 und der Qualitätskennzahl der Operationscharakteristik g_0 aus Nachkalkulationsdaten approximiert.

$$K(g) = \frac{k_0}{2} \cdot (e^{\alpha \cdot g} + e^{-\beta \cdot g}), \quad 0 \le g \le 1, \quad \alpha, \beta > 0$$

$$[\alpha, \beta] \equiv \sum_{i=1}^{n} (K(g_i) - K_i)^2 \to \text{Min}$$

$$\sigma = \sqrt{\frac{\sum_{i=1}^{n} (K(g_i) - K_i)^2}{n-2}}$$

$$K_g = \frac{k_0}{2} \cdot (e^{\alpha \cdot g_0} + e^{-\beta \cdot g_0})$$

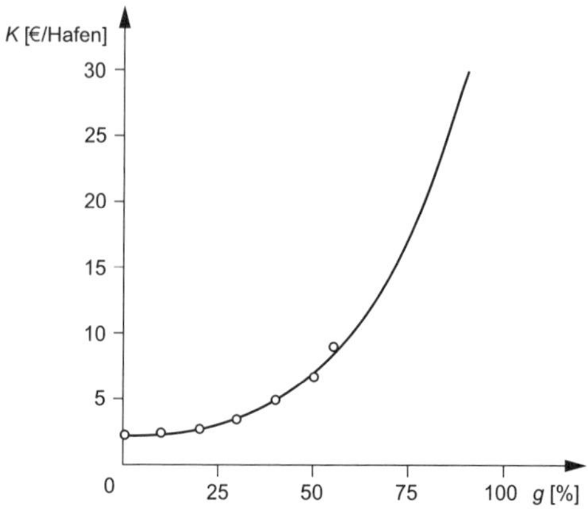

Bild O.2: Kostenkurve in Abhängigkeit von der Qualitätskennzahl

Beispiel: Die technische Planung der OBSILYTH AG benötigt in Auswertung von Qualitätsdaten (Tabelle O.1) für die Fertigung von Kronglas eine Regressionsfunktion über die Abhängigkeit der Kosten der Qualitätssicherung von der Qualitätskennzahl. Die Grundkosten sind bekannt. Die Kosten für die ermittelte Qualitätskennzahl sollen errechnet werden.

Tabelle O.1: Qualitätskennzahl und Qualitätskosten der Kronglasherstellung

i	*g* [%]	*K* [€/Hafen]
1	0	2,41
2	10	2,43
3	20	2,75
4	30	3,56
5	40	4,95
6	50	6,83
7	55	9,02

Kostenfaktor	k_0	=	2,41	€/Hafen
Qualitätskennzahl der Operationscharakteristik	g_0	=	32,39	%

Lösung:

Kosten der Qualitätssicherung	K_g	=	3,94	€/Hafen
Umfang der Stichprobe	n	=	7	
Kostenexponent	α	=	0,03577	
Kostenexponent	β	=	0,07488	
Standardabweichung	σ	=	0,27	€/Hafen

Nutzen aus der Qualität

Der Vorteil der Qualitätssicherung resultiert aus dem Vermeiden von Fehlerfolgekosten und daraus resultierenden Erlöseinbußen durch Austauschkosten für Gutprodukte (Gegenteil von Ausschussprodukten), Differenzen zwischen Normal- und Ausschusserlösen, Gewährleistungskosten aus Garantiefällen, Preisnachlässen, Nacharbeitskosten, Rücksendekosten und Sortierkosten. Der messbare Nutzen tritt erst mit dem Erzielen von Preisvorteilen bei der Vermarktung von Produkten ein, die höheren Qualitätsansprüchen genügen, und die sich folglich über den Erlös in der Nutzensfunktion *N*(*g*) ausdrücken. Das ist i. d. R. dann der Fall, wenn die planmäßige Qualitätskennzahl der Operationscharakteristik g_0 überschritten wird (Bild O.3).

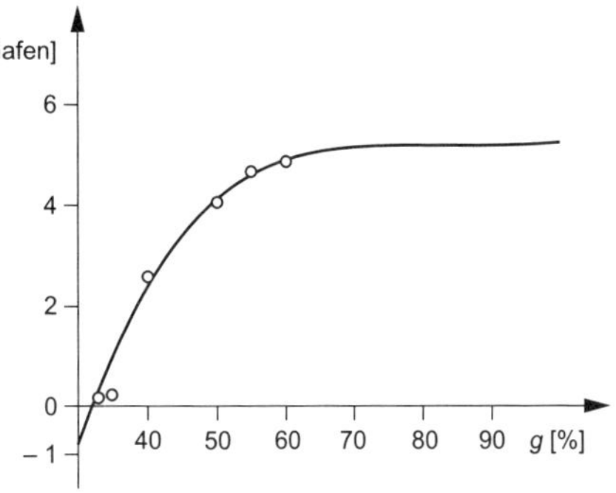

Bild O.3: Nutzen in Abhängigkeit von der Qualitätskennzahl

Der Nutzensexponent v und Nutzensfaktor N_0 werden mit der Qualitätskennzahl der Operationscharakteristik g_0 aus den nachkalkulierten Erlösdaten approximiert.

$$N(g) = \begin{cases} 0, & \text{wenn } g < g_0 \\ N_0 \cdot \dfrac{e^{v\cdot(g-g_0)} - e^{v\cdot(g_0-g)}}{e^{v\cdot(g-g_0)} + e^{v\cdot(g_0-g)}}, & \text{wenn } g_0 \le g \le 1 \end{cases}$$

$$[\alpha, \beta] \equiv \sum_{i=1}^{n} (K(g_i) - K_i)^2 \rightarrow \text{Min}$$

$$\sigma = \sqrt{\frac{\sum_{i=1}^{n} (K(g_i) - K_i)^2}{n-2}}$$

Beispiel: Die technische Planung der OBSILYTH AG besitzt Marketingdaten über den Nutzen der Qualitätssicherung (Tabelle O.2). Sie bilden die Grundlage für die Approximation der Parameterwerte der Nutzensfunktion für Kronglas in Abhängigkeit von der Qualitätskennzahl.

Tabelle O.2: Nutzen aus der Qualitätssicherung in Abhängigkeit von der Qualitätskennzahl

i	*g* [%]	*N* [€/Hafen]
1	33,00	0,12
2	35,00	0,22
3	40,00	2,57
4	50,00	4,01
5	55,00	4,63
6	60,00	4,82

Qualitätskennzahl der Operationscharakteristik	g_0	=	32,39	%
Lösung: Nutzensfaktor	N_0	=	5,18	€/Hafen
Nutzensexponent	v	=	6,11936	
Umfang der Stichprobe	n	=	6	
Standardabweichung	σ	=	0,35	€/Hafen

Optimierung der Qualitätskennzahl

Die Optimierung der Qualitätskennzahl g_h und Nutzenskennzahl r_o für ein Unternehmen geht davon aus, dass die Qualitätssicherung einen Erlös ergibt, der über den Kosten ihrer Sicherung liegt. Das Verhältnis von Nutzen zu Kosten muss daher maximal sein. Für die Berechnung werden die aus der Bestimmung der Kosten- und Nutzensfunktion approximierten Parameterwerte benötigt: Nutzensfaktor N_0, Qualitätskennzahl der Operationscharakteristik g_0, Kostenfaktor k_0, Kostenexponent α, Kostenexponent β und Nutzensexponent v.

$$r_o = \underset{g_0 < g_h \leq 1}{Max}\{r(g)\}, \quad r = \frac{N(g)}{K(g)} \quad \Leftarrow \quad \begin{cases} N(g) = N_0 \cdot \dfrac{e^{v\cdot(g-g_0)} - e^{v\cdot(g_0-g)}}{e^{v\cdot(g-g_0)} + e^{v\cdot(g_0-g)}} \\ K(g) = \dfrac{k_0}{2}\cdot(e^{\alpha\cdot g} + e^{-\beta\cdot g}) \end{cases}$$

Beispiel: Nutzensfaktor	N_0	=	5,18	€/Hafen
Qualitätskennzahl	g_0	=	32,39	%
Kostenfaktor	k_0	=	2,41	€/Hafen
Kostenexponent	α	=	0,03577	
Kostenexponent	β	=	0,07488	
Nutzensexponent	v	=	6,11936	

Lösung: Optimale Qualitätskennzahl	g_h	=	48,39	%
Optimale Nutzenskennzahl	r_o	=	57,04	%

Rentabilitätszahlen der Qualitätserhöhung

Rentabilitätszahlen der Qualitätserhöhung r_d ergeben sich aus dem Stückpreis P_0 der Produktmenge q_0 vor und dem Stückpreis P der Produktmenge q nach der Qualitätsverbesserung sowie einer verlängerten Nutzungsdauer T_0 gegenüber der geplanten Nutzungsdauer T:

$$r_d = \frac{(T - T_0) \cdot (q_0 \cdot P_0 - q \cdot P)}{K \cdot (1 + p)^{T - T_0}}.$$

Weitere Berechnungsgrößen sind die Kosten der Qualitätsverbesserung K und der Zinssatz p für deren zeitliche Bewertung.

Kennzahl des relativen Nutzens

Ziel der Entwicklung der Qualität ist eine hohe Rentabilitätskennzahl. Liegen verschiedene Produktqualitäten mit charakteristischen Qualitätskennzahlen vor, dann erreicht i. d. R. die Rentabilitätskennzahl ein Maximum, wenn ein Spitzenprodukt mit sehr guter Qualitätskennzahl auch in Herstellung und Vertrieb internationalen Maßstäben entspricht. Maßstab dafür ist die Kennzahl der ideellen Qualitätsverbesserung r_I und diejenige der reellen Nutzensverbesserung r_r:

$$r_I = \frac{K_0}{K - K_0} \cdot \frac{g_h - g_0}{g_0},$$

$$r_r = \frac{G - G_0}{K - K_0}.$$

Dabei sind folgende Größen bereit zu stellen: Nutzen nach der Qualitätsverbesserung G, ursprünglicher Nutzen G_0, erforderliche Kosten K, ursprüngliche Kosten K_0, Qualitätskennzahl der Operationscharakteristik g_0 und die optimale Qualitätskennzahl g_h.

P

Pareto-Einkommensverteilung

Soziologisch begründete Funktion der Einkommensverteilung auf die Bewohner einer Region, Stadt usw. oder die Beschäftigten in Branchen, Staaten und Unternehmen usw. (Bild P.1).

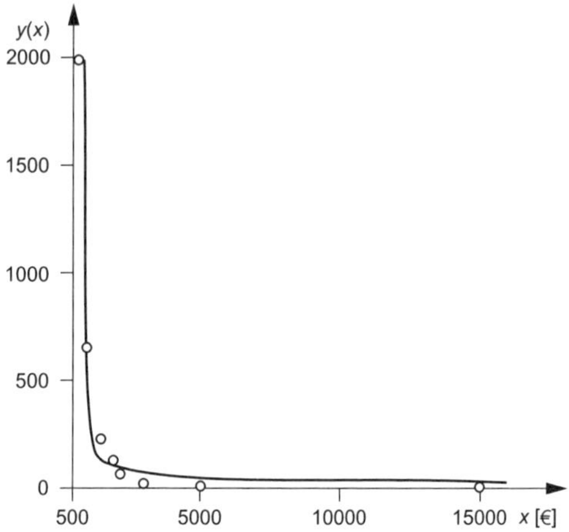

Bild P.1: Approximierte Einkommensverteilung, Anzahl der Bezieher $y(x)$ in Abhängigkeit von der Einkommenshöhe x

Die Modellierung erfolgt mit der Funktion $y(x)$ einer hyperbolischen Verteilung:

$$y(x) = \frac{y_1}{x^\alpha}, \quad x > 0, \quad y_1 > 0, \quad \alpha > 0.$$

Das auf eine Grundgesamtheit von Beschäftigten jeweils bis zu einer unteren Grenze entfallende Einkommen x wird als Argument und die kumulierte Anzahl der Personen, die das Einkommen ab dieser Höhe beziehen, als davon abhängige Größe y abgebildet.

Der Exponent α ist ein Maß für die Ausgewogenheit der Einkommensverteilung: Je stärker sein absoluter Wert von Null an positiv wächst, um so ungleicher sind die Einkommen verteilt. Er kann daher für den Vergleich verschiedener Einkommensverteilungen herangezogen werden. Denn von ihm hängt das Verdopplungsniveau des Einkommens ab:

$$p = \frac{y(2 \cdot x)}{y(x)} = \frac{y_1}{y(x) \cdot (2 \cdot x)^{\alpha}} = \frac{y_1}{y(x) \cdot 2^{\alpha} \cdot x^{\alpha}} = \frac{y(x)}{y(x) \cdot 2^{\alpha}} = \frac{1}{2^{\alpha}}.$$

Die Verdopplungsgesetzmäßigkeit p des Einkommens besagt, dass die Anzahl aller Einkommensbezieher stets auf ein konstantes neues Niveau p absinkt, wenn die Einkommenshöhe eine Verdopplung erfährt. Daraus folgt für die Berechnung des Exponenten die Beziehung:

$$\alpha = -\frac{\ln 2}{\ln p}.$$

Eine rasche Abnahme p der Personenanzahl tritt dann ein, wenn die Anzahl der höher qualifizierten Mitarbeiter gegenüber den minder qualifizierten sehr hoch ist und umgekehrt.

$$y(x) = \frac{y_1}{x^{\alpha}}, \quad x, y_1, \alpha > 0 \quad \Leftrightarrow \quad [\alpha, y_1] \equiv \sum_{i=1}^{n} (y(x_i) - y_i)^2 \rightarrow \text{Min}$$

$$p = \frac{1}{2^{\alpha}}$$

Beispiel: Der Personaldirektor der OSTGLOBAL AG verfügt für eine osteuropäische Tochtergesellschaft über die Statistik der Monatslöhne und -gehälter (Tabelle P.1). Zu Vergleichszwecken benötigt er die hyperbolische Verteilung des Arbeitseinkommens der dortigen Beschäftigten nach Pareto. Die Werte der Funktionsparameter sollen approximiert werden.

Tabelle P.1: Bereiche des Arbeitseinkommens und Anzahl der Beschäftigten

x [€/Pers.]	**Σ y [Pers.]**	**y [Pers.]**	**x [€/Pers.]**	**Σ y [Pers.]**	**y [Pers.]**
≥ 10000	1	1	≥ 1000	128	64
≥ 4000	5	4	≥ 750	232	104
≥ 2000	21	16	≥ 500	663	431
≥ 1200	64	43	≥ 270	1993	1330

Lösung: Verteilungsexponent	α	=	1,96220	
Umfang der Stichprobe	n	=	8	
Verdopplungssatz	p	=	25,66	%
Funktionskonstante	y_1	=	118150194,23	€

Periodische Schwankung

Regelmäßig auftretende, meistens fest bleibende Veränderung einer im Wesentlichen gesetzmäßig verlaufenden Erscheinung, die oft für längere Zeiträume beobachtet werden kann.

Je nach Verbindung der periodisch wirkenden Faktoren mit zufälligen anderen ist erst der Trend zu bestimmen, ehe die periodische Schwankung modelliert (Tabelle P.2) wird.

Tabelle P.2: Bezeichner S und Benennung der Parameter

S	Benennung
C_i	Größe der periodischen Schwankung für die Erscheinung *i* bei absolutem Zuschlag
m	Datenmenge der Erscheinung innerhalb der jeweiligen Periode (z. B. Monat)
P_i	Größe der periodischen Schwankung bei relativem Zuschlag
S	Summe der Größen der Erscheinung für alle Perioden
T	Anzahl der Perioden (z. B. Jahr)
y_t	Größe der Erscheinung in der Periode *t*
$y_{t,i}$	Größe der Erscheinung *i* in der Periode *t*
$\varepsilon_{t,i}$	Zufällige Größe des besonderen Zuschlags der Erscheinung *i* in der Periode *t*

So verdeutlicht z. B. die periodische Schwankung von Getreiden die Zusammenhänge der Ernteerträge bei linear ansteigendem Trend und der Preise bei quadratischem Trend (Bild P.2).

Das Vorgehen ist je nach Analysenfall unterschiedlich, denn die Amplitude, mit der die periodische Schwankung auftritt, kann

- unabhängig von der Ausprägung des Trends über den gesamten Zeitraum annähernd absolut gleich bleiben. In diesem Fall (**A**) ist die periodische Schwankung absolut dem Trend zuzuschlagen;
- vom Trend abhängen, also mit ihm wachsen, während sich ihr relativer Ausschlag kaum verändert. In diesem Fall (**B**) ist die periodische Schwankung als relativer Zuschlag zur Trendgröße aufzufassen.

Die tatsächliche Größe der Erscheinung setzt sich nach diesen beiden Fällen wie folgt zusammen:

$$y_{t,i} = C_i + f(t) + \varepsilon_{t,i} \qquad (\mathbf{A}) \qquad (f(t)\text{-Trend}).$$

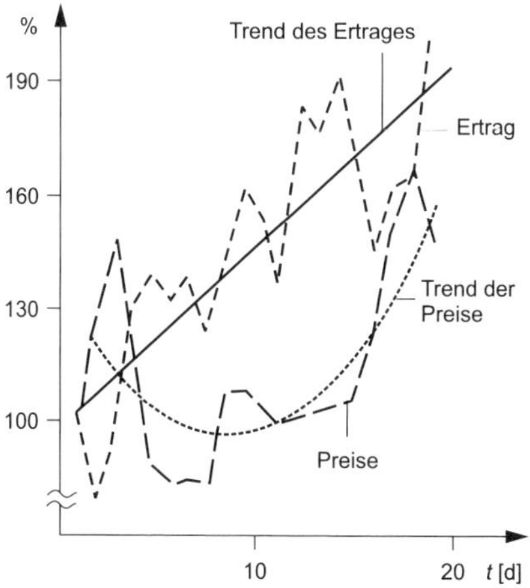

Bild P.2: Ertrags- und Preistrend von Getreide mit Darstellung der periodischen Schwankung

Für jeden i-ten Zeitabschnitt sind einzeln, also getrennt, die Differenzen der tatsächlichen Größen zum Trend zu bilden. Die durchschnittliche Differenz für den i-ten Zeitabschnitt in allen Perioden ist dann die gesuchte Größe C_i.

Für jeden Zeitabschnitt sind die Quotienten aus den Istgrößen und Trendwerten zu bilden. Ihr Mittel ist dann die gesuchte Größe P_i:

$$y_{t,i} = P_i \cdot f(t) \cdot \varepsilon_{t,i} \qquad \textbf{(B)} \qquad (f(t)\text{-Trend}).$$

Außerdem gilt für die Größe y_t der Erscheinung in der Periode t und die Summe S der Größen der Erscheinung für alle Perioden T:

$$y_t = \sum_{i=1}^{m} y_{t,i} \quad \text{und} \quad S = \sum_{t=1}^{T} y_t .$$

Eine beispielhafte Fragestellung besteht in der Darstellung der Entwicklung von Erträgen und Preisen von Getreide bezogen auf ihren Trend (Bild P.3). Ist es bei einer Verteilung problematisch, sich auf eine der beiden Arten der Verbindung von Trend und periodischer Schwankung sofort festzulegen, so kann durch Bildung der folgenden Reihen analysiert werden, in welcher von ihnen annähernd Konstanz herrscht:

$$y_{t,i} - f(t) \quad \text{oder} \quad \frac{y_{t,i}}{f(t)}.$$

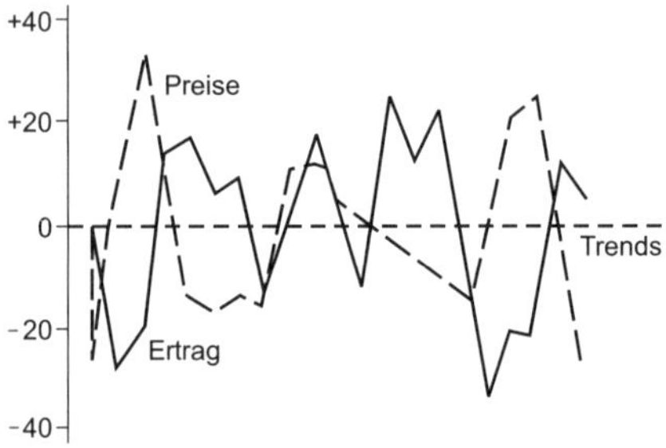

Bild P.3: Jährliche Abweichung der Getreideerträge und -preise mit dem Trend als Abszisse

Personalfreisetzung

Quantitative Analyse der Kosten eines verringerten Personalbedarfs im unmittelbaren Leistungsprozess eines Unternehmens bei Förderung des freiwilligen Ausscheidens der nicht mehr erforderlichen Mitarbeiter durch Abfindungsangebote.

Die Kosten der Reduzierung des Personalbedarfs beziehen sich auf diejenige Verbesserung des Technisierungsgrades r der Arbeit, die den Personalbedarf um einen Mitarbeiter verringert. Er drückt das Verhältnis der an die Betriebsmittel gebundenen Arbeit t_M zur manuellen t_H und an die Betriebsmittel gebundenen Arbeit t_M aus:

$$r = \frac{t_M}{t_H + t_M}.$$

Die Investitionen dafür sind unter dem Aspekt der in der Branche geringsten Kosten zur Arbeitszeitersparnis unter Berücksichtigung der Grenzkosten für die Auflassung von Arbeitsplätzen zu bewerten. Zwischen dem Technisierungsgrad der Arbeit r und den dafür notwendigen Investitionen $K(r)$ existiert ein betriebswirtschaftlicher Zusammenhang (Bild P.4).

Die folgende Funktion der Investitionskosten $K(r)$ mit einem Strukturfaktor k und einer Arbeitsplatzkonstanten K_1 modelliert deren Abhängigkeit vom Technisierungsgrad r.

$$K(r) = \frac{K_1 \cdot e^r}{1 + k \cdot (1 - r)} \quad \Leftrightarrow \quad [K_1, k] \equiv \sum_{i=1}^{n} (K(r_i) - K_i)^2 \rightarrow \text{Min}$$

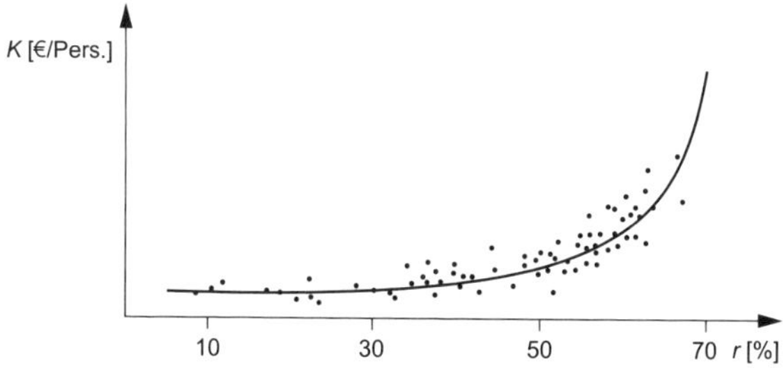

Bild P.4: Kosten K für die Freisetzung eines Arbeitsplatzes in Abhängigkeit vom Technisierungsgrad r

Beispiel: Dem Abteilungsleiter Arbeitsanalyse der REFAS AG liegen für mehrere Jahre angefertigte Analysen über den Technisierungsgrad r der Arbeit und die Kosten der Freisetzung eines Arbeitsplatzes K vor (Tabelle P.3). Die Funktionsparameter K_1, k sollen approximiert und die Freisetzungskosten K_v für einen Arbeitsplatz mit dem Technisierungsgrad r_v ermittelt werden.

Tabelle P.3: Nach dem Technisierungsgrad geordnete Freisetzungskosten

i	*r* [%]	*K* [€/Platz]	*i*	*r* [%]	*K* [€/Platz]
1	5	782,17	8	40	9862,44
2	10	1655,11	9	45	12172,80
3	15	2623,47	10	50	14792,81
4	20	3753,68	11	55	18147,82
5	25	5062,77	12	60	22271,36
6	30	6374,61	13	65	27575,31
7	35	7923,80	14	70	34644,40

Technisierungsgrad	r_v	=	76,00	%
Lösung: Strukturfaktor	k	=	62930,16	
Arbeitsplatzkonstante	K_1	=	2912466,20	€/Platz
Freisetzungskosten	K_v	=	41231,19	€/Platz
Umfang der Stichprobe	n	=	14	

Poisson-Verteilung

Grenzverteilung von Binomialverteilungen mit den Parametern p und n, bei der die Anzahl n der Versuche unbegrenzt wächst, aber die Erwartungswerte p · n gegen einen konstanten Wert λ streben. Die Wahrscheinlichkeit p des Eintretens des alternativen Merkmals muss gering, die Anzahl der untersuchten Einheiten n dagegen sehr groß sein.

Eine diskret verteilte Zufallsgröße X, die die Werte $k = 0, 1, 2, \ldots$ annehmen kann, heißt poisson-verteilt mit einem Parameter $\lambda > 0$, wenn sie folgende Verteilungstabelle besitzt:

x_k	0	1	2	...	k	...
$p_k = P(X = x_k)$	$\frac{\lambda^0}{0!} \cdot e^{-\lambda}$	$\frac{\lambda^1}{1!} \cdot e^{-\lambda}$	$\frac{\lambda^2}{2!} \cdot e^{-\lambda}$	...	$\frac{\lambda^k}{k!} \cdot e^{-\lambda}$	...

Dabei ist $EX = \mathrm{var}(X) = \lambda$.

Die Einzelwahrscheinlichkeiten lassen sich mittels der Rekursionsformel

$$p_{k+1} = \frac{\lambda}{k+1} \cdot p_k$$

mit $p_0 = e^{-\lambda}$ für $k = 0, 1, \ldots$ ermitteln.

Die Poisson-Verteilung hat besondere Bedeutung bei Grenzverteilungen (Poissonscher Grenzwertsatz) und erfährt mannigfaltige Verwendung in diesbezüglichen Anwendungsdisziplinen wie der Warteschlangen(Bedienungs)-Theorie.

Beispiel: In der BAUMON-AG mit über zweitausend Beschäftigten sind unter im Wesentlichen gleichbleibenden Bedingungen auf den Bau- und Montageplätzen im mittleren Jahresdurchschnitt zwölf schwere Unfälle (dauernde Arbeitsunfähigkeit) eingetreten. Es interessiert die Wahrscheinlichkeit dafür, dass diese Anzahl sich auf acht Unfälle verringert.

Poissonparameter	λ	=	12	
Elementeanzahl	k	=	8	
Lösung: Wahrscheinlichkeit	P_k	=	6,55	%

Positivteilwert

Auswahlfunktion, die nichtnegative Zahlen reproduziert und negative auf Null setz:.

$$y = x^+ = \begin{cases} x, & \text{wenn } x \geq 0 \\ 0, & \text{wenn } x < 0 \end{cases}$$

Potenzexponentialverteilung

Schwanenhalsfunktion (S-förmige Funktion) für zeitabhängige Variable mit endlicher Prozessdauer (Bild P.5).

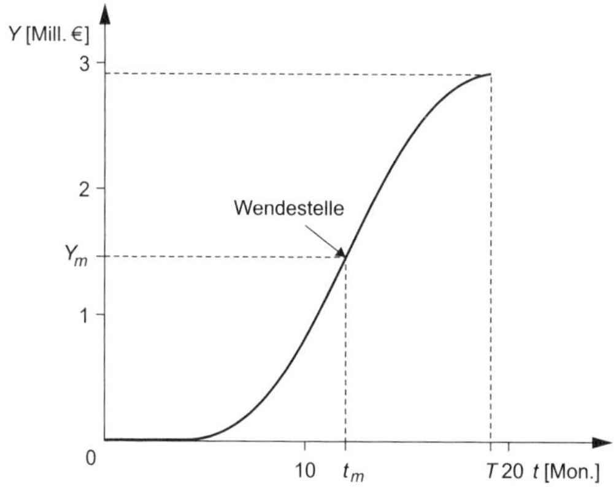

Bild P.5: Schwanenhalskurve der Auszahlungen für eine Investition über ihrer Laufzeit

Charakteristisch für die endliche Sättigung ist der Zuwachs d*y*/d*t* mit dem Proportionalitätsfaktor α zum erreichten Bestand y und zum Verhältnis von verbrauchter Zeit $T - t$ zu verfügbarer Prozesszeit t:

$$\dot{y} = \alpha \cdot y \cdot \frac{T-t}{t}, \quad y(0) = y_a, \quad y(T) = y_s.$$

Zu Beginn des Prozesses $t = 0$ ist ein Anfangswert y_a vorhanden. Minimal weist er den Wert Null $y_a = 0$ auf. Der Sättigungswert y_s wird am Vorgangsende $t = T$ erreicht. Aus der Lösung der Differentialgleichung folgt die Potenzexponentialfunktion mit einer progressiven und degressiven Phase, die grafisch einen Schwanenhals abbildet:

$$y(t) = y_a + (y_s - y_a) \cdot \left(\frac{t}{T}\right)^{\kappa \cdot T} \cdot \mathrm{e}^{\kappa \cdot (T-t)} \quad \text{mit} \quad 0 \le t \le T.$$

Die erste Ableitung der Funktion (Bild P.6) liefert die Dichtefunktion $k(t)$:

$$k(t) = \dot{y}(t) = \alpha \cdot (y_s - y_a) \cdot \left(\frac{t}{T}\right)^{\alpha \cdot T - 1} \cdot \mathrm{e}^{\alpha \cdot (T-t)} \cdot \left(1 - \frac{t}{T}\right).$$

Zu Beginn und am Ende der Zahlungsperioden nimmt die Lösungsvariable den Wert Null an, wenn nachstehende Bedingung eingehalten wird:

$$k(0) = k(T) = 0, \quad \text{wenn} \quad \alpha \cdot T > 1.$$

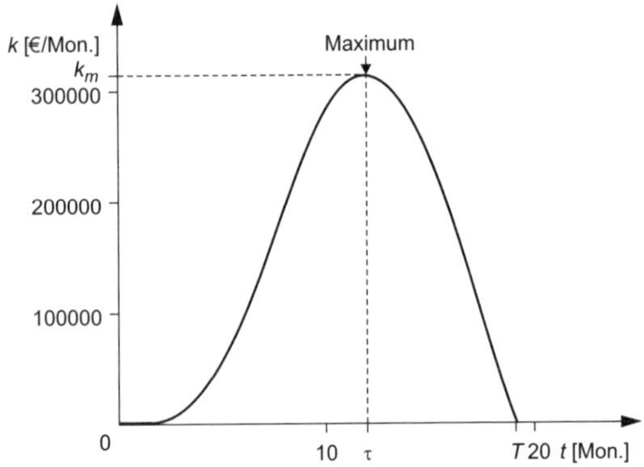

Bild P.6: Dichtekurve der ersten Ableitung $k(t)$ der Potenzexponentialfunktion über der Laufzeit T

Aus der zweiten Ableitung der Schwanenhalsfunktion:

$$\frac{\dot{k}(t)}{\mathrm{d}t} = \ddot{y}(t) = \alpha \cdot (y_s - y_a) \cdot \left(\frac{t}{T}\right)^{\alpha \cdot T - 2} \cdot \mathrm{e}^{\alpha \cdot (T-t)} \cdot \left(\alpha \cdot \left(1 - \frac{t}{T}\right)^2 - \frac{1}{T}\right),$$

folgt der Ansatz für die Bestimmung des Wendepunktes der Schwanenhalsfunktion $y(t)$ bzw. der Extremstelle τ ihrer Dichtefunktion $k(t)$:

$$\ddot{y}(\tau) = 0 \;\Rightarrow\; \tau = T \cdot \left(1 - \sqrt{\frac{1}{\alpha \cdot T}}\right), \quad 0 < \tau < T, \quad \text{wenn } \alpha \cdot T > 1.$$

Verbunden mit der Dichtefunktion $k(t)$ der Potenzexponentialfunktion ergibt die Extremstelle τ den Extremwert der Schwanenhalsdichte k_m:

$$k_m = k(\tau) \;\Rightarrow\; k_m = \alpha \cdot (y_s - y_a) \cdot \left(1 - \sqrt{\frac{1}{\alpha \cdot T}}\right)^{\alpha \cdot T - 1} \cdot \mathrm{e}^{\sqrt{\alpha \cdot T}} \cdot \sqrt{\frac{1}{\alpha \cdot T}}.$$

Aus der Extremstelle τ lässt sich der Verteilungsexponent α: ermitteln:

$$\alpha = \frac{T}{(T-\tau)^2}.$$

Die Approximation der Parameter der Potenzexponentialfunktion bezieht sich auf den Verteilungsexponenten α und den Anfangswert y_a. So wird für die monatlich anfallenden Auszahlungen die erste Ableitung der Funktion in einer diskreten Form verwendet, bei der die Periodenwerte als Argument in die Berechnung eingehen.

$$y(t) = y_a + (y_s + y_a) \cdot \left(\frac{t}{T}\right)^{\alpha \cdot T} \cdot e^{\alpha \cdot (T-t)}$$

$$[y_a, \alpha] \equiv \sum_{i=1}^{n} (y(t_i) - y_i)^2 \rightarrow \text{Min}$$

$$\tau = T \cdot \left(1 - \sqrt{\frac{1}{\alpha \cdot T}}\right)$$

Mit der Periodenlänge l und den folgenden Zuordnungen:

$$h = \frac{T}{l}, \quad h = 1, 2, \ldots, \quad 0 < T,$$

ergibt sich dann die diskrete Form der Potenzexponentialfunktion.

$$k_i = \begin{cases} y_a, & i \le 0 \\ \dfrac{(y_s - y_a) \cdot e^{\alpha \cdot l \cdot (h-i+1)}}{T^{\alpha \cdot T}} \cdot \left(\dfrac{(i \cdot l)^{\alpha \cdot T}}{e^{\alpha}} - ((i-1) \cdot l)^{\alpha \cdot T} \right), & i = 1, \ldots, h \\ y_s, & i > h+1 \end{cases}$$

Beispiel: Der MONT GMBH obliegt die Aufgabe, einen aufgelassenen Schachtbetrieb zu sanieren und als Bauland auszugestalten. Die dafür aufzuwendenden Mittel entsprechen der Kostenschätzung (Tabelle P.4) nach DIN 276. Sie wurden kumuliert und in ungleichen Monatsabständen aufgeteilt. Die Parameter der Schwanenhalsfunktion sollen approximiert werden. Die monatlich anfallenden Auszahlungsbeträge sollen errechnet und aufgelistet werden (Tabelle P.5). Der ermittelte Plan soll als Grundlage der Verhandlungen mit der kreditgebenden Bank genutzt werden.

Tabelle P.4: Auszahlungsschätzung y nach Auszahlungsmonaten t, abgeschätzt in Jahren

t [Mon.]	*y* [€]	*t* [Mon.]	*y* [€]
4	1306200,00	24	14746468,00
12	5062586,00	28	15301200,00
16	8770200,00	T = 36	y_s = 18660000,00

Lösung: Laufzeit	T	=	36	Mon.
Umfang der Stichprobe	n	=	6	
Sättigungswert der Auszahlungen	y_s	=	18660000,00	€
Feste Erstauszahlung	y_a	=	1228822,43	€
Verteilungsexponent	α	=	0,09754	1/Mon.
Monat höchster Auszahlung	τ	=	16,79	Mon.

Tabelle P.5: Plan der monatlichen Auszahlungen für das Sanierungsobjekt

t [Mon.]	*y* [€]	*t* [Mon.]	*y* [€]	*t* [Mon.]	*y* [€]
0	1228822,43	12	770479,65	24	634196,60
1	16964,57	13	811830,84	25	580773,29
2	51963,47	14	842002,14	26	524994,59
3	105475,51	15	861037,64	27	467640,04
4	173721,95	16	869256,94	28	409425,83
5	252176,69	17	867196,51	29	351001,79
6	336321,30	18	855557,28	30	292950,14
7	422019,58	19	835158,42	31	235785,77
8	505695,98	20	806897,62	32	179957,61
9	584403,33	21	771717,25	33	125851,05
10	655825,71	22	730576,22	34	73790,94
11	718243,84	23	684426,88	35	24045,19
				36	0,00

Probengrößenabschätzung

Der Stichprobenumfang n ist die Anzahl der zu einer Stichprobe $x_1, ..., x_n$ *gehörenden Elemente (Mess-, Beobachtungswerte) aus einer Grundgesamtheit.*

Bei mehrstufigen Stichprobenverfahren ist der Stichprobenumfang die Anzahl der Elemente in der letzten Stufe. Bei den meisten statistischen Verfahren wird der Stichprobenumfang als fest vorgegebene Größe betrachtet, d. h., mit der statistischen Auswertung wird erst begonnen, wenn alle Stichprobenwerte $x_1, ..., x_n$ zur Verfügung stehen.

Vom Stichprobenumfang hängt die statistische Genauigkeit der Schlussfolgerungen von der Stichprobe auf die Grundgesamtheit ab. Je größer der Stichprobenumfang, desto größer ist diese Genauigkeit. So nimmt z. B. die Genauigkeit (charakterisiert durch die Standardabweichung) bei dem Stichprobenmittel $\frac{1}{n}(x_1 + x_2 + \dots + x_n)$ proportional zu $\sqrt{n}$ zu („$\sqrt{n}$ - Gesetz “).

Als Stichprobenanteil (oder Auswahlansatz) f wird bei endlichen Grundgesamtheiten das Verhältnis des Stichprobenumfangs n zum Gesamtumfang N der Grundgesamtheit bezeichnet:

$$f = \frac{n}{N} \quad \text{oder} \quad f = \frac{n}{N} \cdot 100\,\%.$$

Schichtet man die Stichprobe (in p Teile) oder betrachtet man mehrstufige und mehrphasige Stichprobenverfahren, so kann für jede Schicht, jede Stufe bzw. jede Phase ein Stichprobenanteil angesetzt werden, der mittels eines Hochrechnungsfaktors h_i ($i = 1, ..., p$) ermittelt wird.

Zur Schätzung der Gesamtsumme der Einzelwerte in einer Grundgesamtheit vom Umfang N sind diese mit Hochrechnungsfaktoren zu multiplizieren, die sich in folgender Weise ergeben. Setzt sich die Grundgesamtheit aus p Schichten oder Kategorien mit Umfängen $N_1, ..., N_p$ ($N_1 + \dots + N_p = N$) zusammen, aus denen n_1, n_2, ... bzw. n_p Elemente (Stichprobenelemente) ausgewählt werden, so sind die Hochrechnungsfaktoren

$$h_1 = \frac{N_1}{n_1}, \dots, h_p = \frac{N_p}{n_p} \quad (n_1 + n_2 + \dots + n_p = n).$$

Ist der Anteil der Stichprobenelemente in den Schichten identisch und damit gleich $\frac{n}{N} \cdot 100\,\%$, so sind alle Hochrechnungsfaktoren gleich $\frac{N}{n}$ und man erhält eine *selbstgewogene* Stichprobe, d. h.

$$\frac{N_i}{n_i} = \frac{N}{n} \quad \text{für alle } i = 1, \dots, p.$$

In diesem Fall ist der Stichprobenmittelwert – im Sinne der kleinsten Varianz – die beste Schätzung des theoretischen Mittelwertes (Erwartungswertes) der Grundgesamtheit. Im anderen Fall sind die Hochrechnungsfaktoren als Gewichte eines gewogenen arithmetischen Mittels einzusetzen.

Produktionsfunktion

Mathematische Beziehungen für die betriebswirtschaftliche Analyse der Leistungsentwicklung nach eingesetzten Produktionsfaktoren, die je nach dem Zweck der Analyse erweitert bzw. eingegrenzt werden.

Ein solches Modell für das Wachstum der Leistung l nach den Einsatzverhältnissen r_i der Produktionsfaktoren i, $i = 1, 2, 3$, mit ihren Exponenten p_i stellt die modifizierte, ursprünglich für zwei Produktionsfaktoren entwickelte Cobb-Douglas-Funktion mit der Basisleistung l_0 dar:

$$l_t = l_0 \cdot \prod_{i=1}^{3} r_i^{p_i}.$$

Wichtig ist die Austauschbarkeit von Produktionsfaktoren. Das zeigt sich am einfachsten Fall der Kombination von zwei teilweise substituierbaren Produktionsfaktoren zur Fertigung nur einer Produktart. Beide Produktionsfaktoren sollen so austauschbar sein, dass der Ertrag bei Verminderung der Einsatzmenge oder des Einsatzverhältnisses eines Faktors gleich bleibt, wenn der andere Faktor um eine bestimmte Menge bzw. einen gewissen Anteil erhöht wird. Eine völlige Substitution von r_1 durch r_2 oder umgekehrt ist deswegen ausgeschlossen, weil dies den Übergang zu einem anderen Produktionsverfahren bedeuten würde. Für eine Produktionsfunktion dieser Art gilt:

$$E = f(r_1, r_2).$$

Die technisch möglichen Kombinationen enthalten jeweils einige, die zum gleichen Ertrag führen. Deren Verbindung ergibt eine *Indifferenzkurve*, die so bezeichnet wird, weil sich alle durch die Linie verbundenen Kombinationen in Bezug auf ihren Ertrag indifferent verhalten. Die gleichzeitige Reduktion oder Mehrung beider Produktionsfaktoren hebt oder vermindert über die Leistungsveränderung die Ertragslage, das Ertragsniveau ändert sich (Bild P.7).

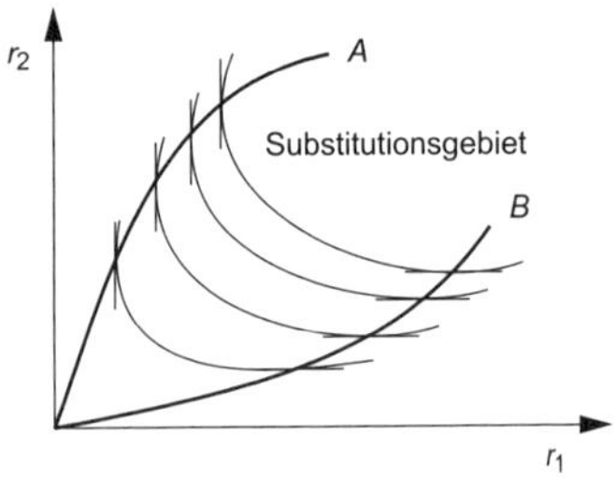

Bild P.7: Indifferenzkurven

Das an einem Indifferenzpunkt zum Ersatz eines anderen Produktionsfaktors notwendige Einsatzverhältnis, um eine Menge dieses anderen Faktors bei unverändertem Ertrag zu ersetzen, wird als *Substitutionsverhältnis* oder *Grenzrate der Substitution* bezeichnet. Die Punkte *E*, *F* markieren indifferente Ertragslagen: Der Ertrag ändert sich nicht, wenn im Punkt

- *E*: *0A* Mengen r_1 und *0C* Mengen r_2,
- *F*: *0B* Mengen r_1 und *0D* Mengen r_2

eingesetzt werden. Demnach enthält die Ertragslage *E* mehr Mengen des Faktors r_2 und *F* mehr Mengen des Faktors r_1.

Da beide Ertragslagen hinsichtlich der Leistung indifferent sind, gilt für die Durchschnittsrate r_d der Substitution von r_1 und r_2 zwischen den Ertragslagen *E* und *F*:

$$AB \text{ von } r_1 \approx DC \text{ von } r_2 \quad \Rightarrow \quad r_d = \frac{AB}{DC}.$$

Die Durchschnittsrate ist der Tangens des Winkels α_2 zwischen der Ordinate und der Sekante, die in den Punkten *E* und *F* die Indifferenzkurve schneidet (Bild P.8).

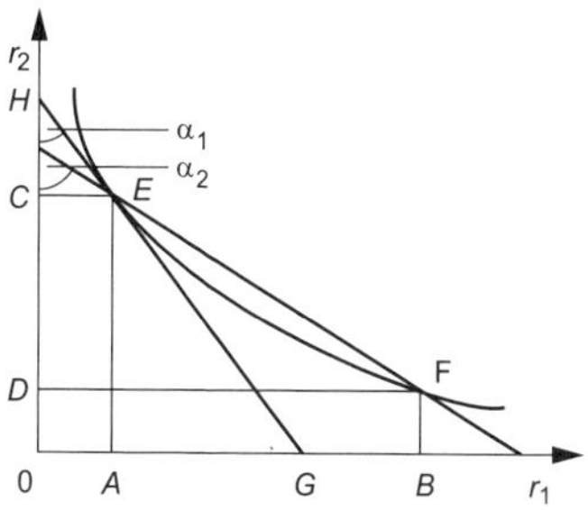

Bild P.8: Indifferenzkurve mit zwei Produktionsfaktoren r_1, r_2

Wird der Punkt *F* auf der Indifferenzkurve zum Punkt *E* bewegt, so beginnt sich die Sekante um den Punkt *E* zu drehen und nähert sich in ihrer Lage der Tangente an die Indifferenzkurve im Punkt *E*. Der Tangens des Winkels α_1 zwischen der *y*-Achse und der Tangente ist die Grenzrate der Substitution von r_1 durch r_2 im Punkt *E*. Der Schnittpunkt dieser Tangente mit der Abszisse im Punkt *G* und jener mit der Ordinate im Punkt *H* kennzeichnet den Tangens des Winkels α_1 und dient der Ermittlung derGrenzrate der Substitution r_g im Punkt *E* im Verhältnis:

$$r_g = \frac{OG}{OH}.$$

Die Gerade zwischen den Punkten *GH* wird als Substitutionstangente jenes Punktes der Ertragslage bezeichnet, in dem sie die Indifferenzkurve berührt. Je größer die Grenzrate der Substitution, desto mehr Einheiten eines Produktionsfaktors sind erforderlich, um den Ertragsausfall zu kompensieren, der durch die Verminderung der Einsatzmengen des anderen Faktors eingetreten ist.

Konstanz des Gesamtertrags angenommen, muss notwendigerweise, falls gleich große Mengen der Faktoren r_1, r_2 ausgetauscht werden, ihr

Grenzertrag gleich groß sein. Ist dagegen der Grenzertrag von $r_1 = 1$ und der Grenzertrag von $r_2 = 0{,}25$, so sind 4 Mengen r_2 erforderlich, um eine Menge r_1 zu ersetzen. Je größer folglich die Substitutionsrate, desto niedriger der Grenzertrag des Produktionsfaktors, der den anderen ersetzt:

Die Substitutionsmengen der Faktoren r_1 und r_2 verhalten sich zueinander wie ihre Grenzerträge.

Aus dem Umstand, dass ein und derselbe Ertrag verschiedenen Kombinationen von Produktionsfaktoren einer Indifferenzkurve zugeordnet werden kann, lässt sich noch nicht schließen, welche Kombination zu den geringsten Kosten führt. Dazu müssen die Preise der Produktionsfaktoren bekannt sein.

Es sollen nach obigen Angaben 4 Mengen r_2 nötig sein, um eine Menge r_1 zu ersetzen. Ist der Preis $r_1 = 10{,}00$ €, $r_2 = 3{,}00$ €, so tritt eine Verminderung der Kosten um $\Delta K = -\ 10{,}00$ € und eine Erhöhung der Kosten um $\Delta K = 12{,}00$ € ein, wenn 1 Menge r_1 durch 4 Mengen r_2 ersetzt wird. Die Kosten sind folglich bei gleichem Ertrag höher als vorher, und eine Substitution wäre unwirtschaftlich. Würde der Preis von r_2 nur 2,50 € betragen, dann stünde einer Kostenminderung von 10 € (≈ 1 Menge r_1) eine Kostensteigerung von 10 € (≈ 4 Mengen r_2) gegenüber.

Die Minimalkostenkombination ist erreicht, wenn der auf eine Geldeinheit bezogene Grenzertrag der an der Kombination beteiligten Produktionsfaktoren in allen Verwendungen gleich wird, wenn sich also die Grenzerträge der Produktionsfaktoren verhalten wie ihre Preise.

Produktionsfunktionen erlauben es, diese Zusammenhänge in einem Leistungsprozess zu beschreiben, zu erfassen und zu analysieren. Anhand einer Stichprobe mit den Messreihen: Leistung L_t, Materialeinsatz M_t und Personaleinsatz P_t, können die Werte der Parameter der Produktionsfunktion: Leistungsfaktor l_0, Zeitexponent β, Personalexponent κ und Materialexponent μ, approximiert werden.

$$l_t = l_0 \cdot \mathrm{e}^{\beta} \cdot m_t^{\ \mu} \cdot p_t^{\ \kappa} \quad \Leftarrow \quad \begin{cases} l_t = \dfrac{L_t}{L_{t-1}} \\ m_t = \dfrac{M_t}{M_{t-1}} \\ p_t = \dfrac{P_t}{P_{t-1}} \end{cases}$$

$$[l_0, \beta, \mu, \kappa] \equiv \sum_{t=1}^{T} [l_t - m_t, p_t]^2 \rightarrow \mathrm{Min}$$

Beispiel: Dem Controlling der SPEKTRALUS AG liegen Veränderungsindexe der Leistung l_t und der Einsatzfaktoren vor (Tabelle P.6). Aufgrund der von der Geschäftsleitung für das Folgejahr vorgesehenen Änderungen beim Einsatz der Produktionsfaktoren m_{T+1}, p_{T+1} soll der Erwartungswert der Leistung l_{T+1} für das Folgejahr abgeschätzt werden. Die Werte der Parameter der Produktionsfunktion sind zu approximieren und der für das Folgejahr anzusetzende Leistungsumfang ist zu errechnen.

Tabelle P.6: Anteilige Entwicklung der Leistung und der Einsatzfaktoren, bezogen auf das Vorjahr

t	*m* [%]	*p* [%]	*l* [%]
1	101,17	96,90	106,00
2	100,09	99,90	115,40
3	100,01	101,10	109,30
4	99,13	97,90	121,40
5	98,76	102,20	129,40

Wachstumsvorgabe Materialeinsatz	m_6	=	98,20	%/a
Wachstumsvorgabe Personaleinsatz	p_6	=	97,50	%/a

Lösung:

Wachstum des Leistungsumfangs	l_6	=	114,23	%/a
Anlagenexponent	β	=	1,99808	
Personalexponent	κ	=	2,00000	
Leistungsfaktor	l_0	=	1,96302	%
Materialexponent	μ	=	– 1,54656	

R

Rationalisierungsmodell

Mathematische Modellierung des „Lernens durch Praxis“ bei der Einarbeitung in Leistungsprozesse und des Rationalisierungseffektes durch Erhöhung der Leistungsmengen (Bild R.1).

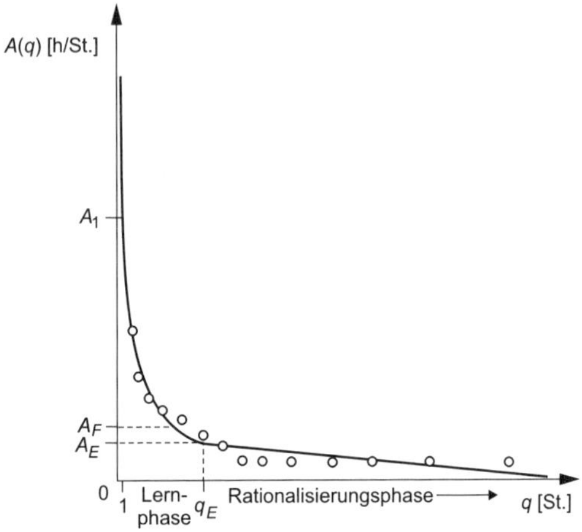

Bild R.1: Aufwandsdegression $A(q)$ über Leistungsmengen q (q ... laufende Nummer der Erzeugnisse bis zur Gesamtmenge Q bzw. Stückzahlnummer) aufgrund von Lern- und Rationalisierungswirkungen mit A_1 ... Erstaufwand, A_F ... Rationalisierungsaufwand für die erste Leistungseinheit, A_E, q_E ... Abschlusspunkt des „Lernens durch Praxis“

Die Rationalisierungsfunktion $A(q)$ erfasst die Wirkungen bei der Beherrschung neuer Leistungsprozesse durch das Personal und der fortschreitenden Rationalisierung der Prozesse:

$$A(q) = A_1 \cdot \frac{e^{\kappa_1 \cdot (1-q)}}{q_M^{\kappa_2}} \quad \Leftarrow \quad q_M = \underset{q}{\mathrm{Min}}\{q, q_E\}, \quad q = 1, \ldots, q_E, \ldots, Q$$

mit den Parametern: Aufwand für das 1. Erzeugnis A_1, Erfahrungsmenge q_E, Leistungsmenge Q, Erfahrungsexponent κ_2 und Rationalisierungsexponent κ_1. „Lernen durch Praxis“ reduziert den Aufwand in Relation zur anteilig wachsenden Leistungsmenge bis zum Abschlusspunkt A_E, q_E, an dem die Einarbeitung des Personals, die Bereitstellung aller Betriebsmittel usw. im wesentlichen abgeschlossen ist. Bei der Degression durch Rationalisierung sinkt proportional zur absolut wachsenden Stückzahl der gefertigten Produkte der Aufwand relativ ab. Die Aufwandssenkung wird vom Leistungsbeginn an durch die Rationalisierung inkl. dem wissenschaftlichen und technischen Fortschritt bewirkt.

Für die Approximation von Parameterwerten der Rationalisierungsfunktion wird eine Stichprobe des Aufwandes A_q, $q = 1, 2, \ldots, Q$, benötigt.

$$A(q) = A_1 \cdot \frac{e^{\kappa_1 \cdot (1-q)}}{q_M^{\kappa_2}} \Leftarrow q_M = \underset{q}{\mathrm{Min}}\{q, q_E\}, \quad q = 1, \ldots, q_E, \ldots, Q$$

$$[q_E, \kappa_1, \kappa_2] \equiv \sum_{i=1}^{n} (A(q_i) - A_{q_i})^2 \to \mathrm{Min} \quad \Leftrightarrow \quad \sigma = \sqrt{\frac{\sum_{i=1}^{n} (A(q_i) - A_{q_i})^2}{n-3}}$$

Beispiel: Die Abteilung Planung der FLUGMODULE AG benötigt aus nachkalkulierten Aufwänden je Los *l* der Größe *n* (Tabelle R.1) für eine Serie von Cockpits die Werte des Rationalisierungsexponenten κ_1, des Erfahrungsexponenten κ_2 und der Erfahrungsmenge q_E. Der zuletzt genannte Wert ist von besonderem Interesse, weil er Aussagen über den Lerneffekt beim Personal vermittelt.

Tabelle R.1: Nachkalkulationsdaten nach Losen für ein Cockpit

l [Lfd. Nr.]	*q* [Nr.]	*A* [€/Los]	*n* [St./Los]
1	01 ... 02	6400,00	2
2	08 ... 10	3791,00	3
3	11 ... 14	3841,00	4
4	15 ... 20	4881,00	6
5	21 ... 30	7394,00	10
6	31 ... 40	6617,00	10
7	41 ... 50	5676,00	10
8	51 ... 60	4908,00	10
9	61 ... 70	3985,00	10
10	71 ... 80	3917,00	10
11	81 ... 100	7800,00	20
12	101 ... 120	7788,40	20
13	121 ... 140	7780,00	20
14	141 ... 180	15556,00	40
15	181 ... 220	15548,00	40

Die nach Losen *l* aufgelisteten Daten sind auf den Aufwand A_q für einzelne Erzeugnisse umzurechnen. Bei ungerader Losgröße wird die Nummer für das mittlere Erzeugnis im Los, bei gerader Losgröße die Nummer des vor der Losmitte liegenden Produktes benutzt (Tabelle R.2). Der Aufwand für das 1. Erzeugnis A_1 wird als arithmetischer Mittelwert übernommen.

Tabelle R.2: Aufbereitete Nachkalkulationsdaten je Erzeugnis

q [Nr.]	A_q [€/St.]	q [Nr.]	A_q [€/St.]
1	3200,00	65	398,50
9	1263,67	75	391,70
12	960,25	90	390,30
17	813,50	110	389,27
25	730,40	130	389,03
35	661,70	160	388,90
45	567,60	200	388,70
55	490,80		

Erstaufwand (q = 1. Produkt)	A_1	=	3200,00	€/St.
Lösung: Umfang der Stichprobe	n	=	15	Lose
Erfahrungsmenge	q_E	=	41	St.
Rationalisierungsexponent	κ_1	=	0,00341	1/St.
Erfahrungsexponent	κ_2	=	0,44821	
Standardabweichung	σ	=	64,98	€/St.

Lern- und Rationalisierungseffekt

Für den Ausweis des durch Rationalisierung erzielten Nutzens und der Einsparungen in Folge der Erfahrungseffekte werden die dadurch bewirkten Aufwandsabnahmen herangezogen. Die Wirkungen werden jeweils aus der Rationalisierungsfunktion eliminiert. Bestimmungsgröße ist der Rationalisierungsaufwand A_F. Die Aufwandsabnahmen werden aus den Parametern A_1, q_E, κ_1, κ_2 der Rationalisierungsfunktion errechnet. Daraus ergeben sich die eingesparte Aufwandssumme ΔA für die Leistungsmenge Q, die durch Rationalisierung eingesparte Aufwandssumme ΔA_R und die durch Erfahrung eingesparte Aufwandssumme ΔA_E sowie deren Durchschnitte δA_R, δA_E.

$$\Delta A = \sum_{q=1}^{Q} \left(A_1 \cdot \frac{e^{\kappa_1 \cdot (1-q)}}{q_M^{\kappa_2}} \right) - Q \cdot A_Q \Leftarrow \begin{cases} A_S = A_1 \cdot \dfrac{e^{\kappa_1 \cdot (1-q_E)}}{q_E^{\kappa_2}} \\ q_M = \underset{q}{\mathrm{Min}}\{q, q_E\} \end{cases}$$

$$\delta A_R = \frac{\Delta A_R}{Q} \Leftarrow \Delta A_R = A_F \cdot \sum_{q=1}^{Q} \left(1 - e^{\kappa_1 \cdot (1-q)}\right) \Leftarrow A_F = \frac{A_1}{q_E^{\kappa_2}}$$

$$\delta A_E = \frac{\Delta A_E}{Q} \quad \Leftarrow \quad \Delta A_E = \Delta A - \Delta A_R$$

Beispiel: Die Geschäftsführung der FLUGMODULE AG fordert von der Arbeitsvorbereitung für die abgeschlossene Fertigung von Cockpits eine quantitative Analyse über die Abnahme des gesamten Aufwandes und desjenigen Aufwandes, der durch Rationalisierung und der durch Erfahrung bis zur Erfahrungsmenge eingetreten ist.

Erstaufwand	A_1	=	3200,00	€/St.
Leistungsmenge	Q	=	200	St.
Erfahrungsmenge	q_E	=	41	St.
Rationalisierungsexponent	κ_1	=	0,00341	1/St.
Erfahrungsexponent	κ_2	=	0,44821	
Lösung: Rationalisierungsaufwand	A_F	=	605,74	€/St.
Normalaufwand	A_S	=	528,50	€/St.
Eingesparter Gesamtaufwand	ΔA	=	42469,00	€/Serie
Einsparung durch Erfahrung	ΔA_E	=	9293,56	€
Einsparung durch Rationalisierung	ΔA_R	=	33175,44	€
Mittlere Erfahrungseinsparung	δA_E	=	226,67	€/St.
Mittlere Rationalisierungseinsparung	δA_R	=	165,88	€/St.

Erfahrungs- und Rationalisierungsexponent

Bestimmung der Exponenten κ_1, κ_2 der Rationalisierungsfunktion aus den Werten der folgenden Parameter: Erstaufwand A_1, Aufwand für das q_E-te Produkt A_E, Rationalisierungsaufwand A_F, Aufwand für das q-te Produkt A_q, Fortschrittszahl q und Erfahrungsmenge q_E.

$$\kappa_1 = \frac{\ln A_E - \ln A_q}{q - q_E}, \quad q > q_E$$

$$\kappa_2 = \frac{\ln A_1 - \ln A_F}{\ln q_E}$$

Beispiel: Die Technologische Planung der BARKAS GMBH benötigt Angaben über das in einem Leistungsprozess bewirkte Tempo der Abnahme des Aufwandes aus aufbereiteten Daten der Nach- und Zwischenkalkulation.

Erstaufwand	A_1	=	3201,96	€/St.
Aufwand für das q_E-te Produkt	A_E	=	995,75	€/St.
Rationalisierungsaufwand	A_F	=	1000,78	€/St.
Aufwand für das q-te Produkt	A_q	=	900,12	€/St.
Fortschrittszahl	q	=	300	St.
Erfahrungsmenge	q_E	=	28	St.

Lösung: Rationalisierungsexponent κ_1 = 0,00037 1/St.
Erfahrungsexponent κ_2 = 0,34901

Abschätzung der Erfahrungsmenge

Die Erfahrungsmenge q_E markiert den funktionellen Übergang auf die Aufwandssenkung durch Rationalisierung und den Abschlusspunkt des „Lernens durch Praxis". Dieser ist für die Einschätzung des Einarbeitungsprozesses von praktischer und theoretischer Bedeutung.

Berechnungsformel: Innerhalb des Intervalls $q = 1, 2, \ldots, q_E$ wird der Aufwand A_1 durch die zunehmenden Erfahrungen des Personals auf die Höhe A_F reduziert. Mit Hilfe des Erfahrungsexponenten κ_2 kann die Stelle q_E abgeschätzt werden:

$$q_E = \sqrt[\kappa_2]{\frac{A_1}{A_F}}.$$

Approximation bei unbekanntem Rationalisierungsaufwand A_F: Bei bekannten Aufwänden A_1, A_E und Vorliegen früherer Richtwerte für den Rationalisierungsexponenten κ_1 und den Erfahrungsexponenten κ_2 ist eine Näherung möglich, wenn konstruktive, organisatorische und technologische Äquivalenzen zwischen den alten und neuen Leistungsprozessen bestehen. Dann stimmt die Charakteristik der Verteilung des Aufwandes für neue Leistungsprozesse mit derjenigen abgeschlossener weitgehend überein. Voraussetzung für den Erfolg der Approximation ist die Erfüllung einer Testbedingung:

$$q_E \approx \frac{k_0 \cdot (\kappa_1 + \kappa_2)}{k_0 \cdot \kappa_1 + \kappa_2} \quad \Leftarrow \quad k_0 = \sqrt[\kappa_2]{\frac{A_1}{A_E}},$$

$$\text{Bedingung}: \ q_E < T = 1 + \frac{\kappa_2}{10 \cdot \kappa_1}.$$

Iteration: Bei Nichterfüllung der Testbedingung wird aufgrund der Aufwandsparameter A_1, A_E und der positiven Exponenten κ_1, κ_2 ein Anfangswert q_{E_0} mit dem Iterationszähler $i = 0, 1, 2$ iterativ verbessert:

$q_{E_{i+1}}$.

Die Einhaltung einer Konvergenzbedingung T ist zu gewährleisten:

$$q_{E_0} = 1 + \frac{\ln A_1 - \ln A_E}{\kappa_1},$$

$$q_{E_{i+1}} = q_{E_0} - \ln q_{E_i} \cdot \frac{\kappa_2}{\kappa_1},$$

$$q_E > T = \frac{\kappa_2}{\kappa_1}.$$

Regressionsrechnung

Die Regressionsrechnung (auch Regressionsanalyse) geht von der Aufgabenstellung aus, sog. „einseitige" statistische Abhängigkeiten (d. h. statistische Ursache-Wirkungs-Beziehungen) durch sog. Regressionsfunktionen zu beschreiben. Dazu verwendet man oft lineare Funktionen, aber auch quadratische Funktionen und Exponentialfunktionen.

Für quantitative Wirtschaftsanalysen sind besonders geeignet:

- Wachstumsfunktionen, wie z. B. das Gesetz des organischen Wachstums, die Zinseszinsrechnung,
- Abschwingfunktionen, wie z. B. die hyperbolische Verteilungsfunktion, die Korachsche Preisfunktion,
- Schwanenhalsfunktionen, wie z. B. die logistische Funktion, die Johnson-Funktion, Potenzexponentialfunktion,
- degressive Saturationsfunktionen, wie z. B. die Gompertz-Funktion, die Törnquist-Funktion.

Den Ausgangspunkt für eine Regressionsanalyse bilden Wertepaare $(y_i(x_1^{(i)}, \ldots, x_m^{(i)}), i = 1, ..., n)$ bez. der Ergebnisgröße y („Wirkung") einerseits und der Gesamtheit der Einflussgrößen $x_1, ..., x_m$ („Ursachen") andererseits.

Um Anschluss an die Methoden in der Statistik zu gewinnen, setzt man voraus, dass die Werte y_i Realisierungen von zufälligen Merkmalen (Zufallsgrößen) Y_i der Form

$$Y_i = f(x_1^{(i)}, \ldots, x_m^{(i)}) + \varepsilon_i \quad (i = 1, \ldots, n) \quad \text{(Regressionsansatz)} \qquad (*)$$

sind. Dabei sind f eine vorgegebene Funktion (Regressionsfunktion) und ε_i unabhängige Fehler mit dem Erwartungswert $E\varepsilon_i = 0$ und der Varianz $\mathrm{var}(\varepsilon_i) = \sigma^2 = \text{const}$.

Im Falle eines Regressionsansatzes mit einer linearen Funktion

$$y = f(x_1, \ldots, x_m) = \alpha_0 + \sum_{k=1}^{m} \alpha_k \cdot x_k$$

ergibt sich für (*) der lineare Regressionsansatz:

$$Y_i = \alpha_0 + \alpha_1 \cdot x_1^{(i)} + \ldots + \alpha_m \cdot x_m^{(i)} + \varepsilon_i \quad (i = 1, \ldots, n).$$

Dabei sind α_0, ..., α_m i. Allg. unbekannte Parameter, die auch als Regressionskoeffizienten bezeichnet werden.

Sog. quasilineare Regressionsansätze

$$Y_i = a_0 + a_1 \cdot f_1(x_1^{(i)}, \ldots, x_m^{(i)}) + \ldots + a_l \cdot f_l(x_1^{(i)}, \ldots, x_m^{(i)}) + \varepsilon_i$$
$$(i = 1, \ldots, n)$$

können durch die Transformationen

$$\begin{matrix} \xi_1^{(i)} = f_1(x_1^{(i)}, \ldots, x_m^{(i)}) & \\ \vdots & (i = 1, \ldots, n) \\ \xi_l^{(i)} = f_l(x_1^{(i)}, \ldots, x_m^{(i)}) & \end{matrix}$$

auf einen linearen Regressionsansatz zurückgeführt werden:

$$Y_i = a_0 + a_1 \cdot \xi_1^{(i)} + \ldots + a_l \cdot \xi_l^{(i)} + \varepsilon_i .$$

Der lineare Regressionsansatz (*), der in Matrix-Schreibweise die Form

$$\boldsymbol{Y} = \boldsymbol{X} \cdot \boldsymbol{\alpha} + \boldsymbol{\varepsilon}$$

mit

$$\boldsymbol{Y} = \begin{pmatrix} Y_1 \\ \vdots \\ Y_n \end{pmatrix}, \quad \boldsymbol{X} = \begin{pmatrix} 1 & x_1^{(1)} & \ldots & x_m^{(1)} \\ \vdots & \vdots & & \vdots \\ 1 & x_1^{(n)} & \ldots & x_m^{(n)} \end{pmatrix}, \quad \boldsymbol{\alpha} = \begin{pmatrix} \alpha_0 \\ \vdots \\ \alpha_m \end{pmatrix}, \quad \boldsymbol{\varepsilon} \begin{pmatrix} \varepsilon_1 \\ \vdots \\ \varepsilon_n \end{pmatrix}$$

besitzt, gestattet es im Falle $n > m + 1$ und falls der Rang von X gleich $m + 1$ ist, Schätzungen (nach der Methode der kleinsten Quadrate) $\hat{\alpha}_0, \ldots, \hat{\alpha}_m$ für $\alpha_0, \ldots, \alpha_m$ in der Form

$$\hat{\boldsymbol{\alpha}} = \begin{pmatrix} \hat{\alpha}_0 \\ \hat{\alpha}_1 \\ \vdots \\ \hat{\alpha}_m \end{pmatrix} = (\boldsymbol{X}^T \cdot \boldsymbol{X})^{-1} \cdot \boldsymbol{X}^T \cdot \boldsymbol{Y}$$

anzugeben. Diese Schätzungen $\hat{\alpha}_0, \ldots, \hat{\alpha}_m$ heißen Stichprobenregressionskoeffizienten. Für die Streuung σ^2 der Fehler ε_i erhält man die Schätzung

$$\hat{\sigma}^2 = \frac{1}{n - m - 1} \cdot \sum_{i=1}^{n} \left(Y_i - \hat{\alpha}_0 - \hat{\alpha}_1 \cdot x_1^{(i)} - \ldots - \hat{\alpha}_m \cdot x_m^{(i)}\right)^2 .$$

Im Falle $m = 1$ ergeben sich – bei Vorliegen konkreter Wertepaare (x_i, y_i), $i = 1, \ldots, n$ (Bild R.2) – folgende Schätzwerte $\tilde{\alpha}_0, \tilde{\alpha}_1$ für die Regressionskoeffizienten α_0, α_1:

$$\tilde{\alpha}_0 = \bar{y}_0 - \tilde{\alpha}_1 \cdot \bar{x}^{(\bullet)} \quad \text{mit}$$

$$\bar{y}_\bullet = \frac{1}{n} \cdot \sum_{i=1}^{n} y_i \quad \text{und} \quad \bar{x}^{(\bullet)} = \frac{1}{n} \cdot \sum_{i=1}^{n} x_i \quad \text{und}$$

$$\tilde{\alpha}_1 = \frac{\sum_{i=1}^{n} \left(x^{(i)} - \bar{x}^{(\bullet)}\right) \cdot \left(y_i - \bar{y}_\bullet\right)}{\sum_{i=1}^{n} \left(x^{(i)} - \bar{x}^{(\bullet)}\right)^2}.$$

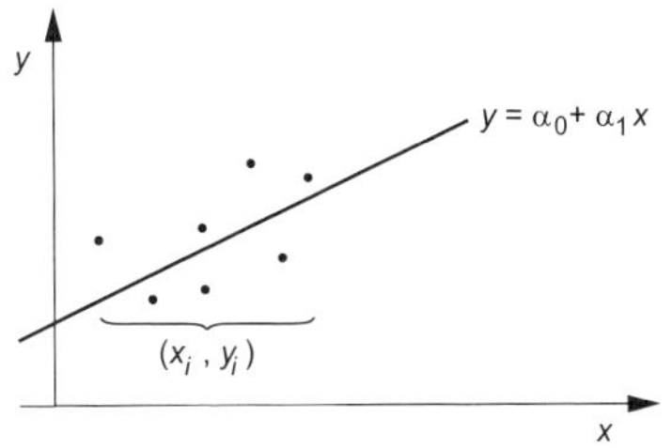

Bild R.2: Punkteschwarm mit Regressionskurve

Die Richtungsfaktoren einfacher und multipler linearer Regressionsfunktionen heißen *Regressionskoeffizienten* bzw. *partielle Regressionskoeffizienten*. Sie sind wichtige Indikatoren der ökonomischen Analyse, weil die zugrunde liegenden Regressionsgeraden die Zusammenhänge zwischen der abhängigen und unabhängigen Veränderlichen verdeutlichen.

Lineare Regression

Der Verlauf von Kosten $K(q)$ steht in Beziehung zur bearbeiteten Menge q und kann oft durch eine lineare Funktion dargestellt werden:

$$K(q) = K_0 + k \cdot q.$$

Man nehme drei Regressionsgeraden mit ihren unterschiedlichen Richtungsfaktoren (Bild R.3):

- **$k > 0$:** Gleichläufigkeit: Großen Werten der unabhängigen Variablen q entsprechen große Werte der abhängigen Variablen K.

- **$k < 0$:** Gegenläufigkeit: Große Werte der unabhängigen Variablen q verursachen abnehmende Werte der abhängigen Variablen K.
- **$k = 0$:** Unabhängigkeit: Kein Zusammenhang zwischen den Variablen q, K. Die Regressionsgerade ist eine Parallele zur q-Achse im Abstand von K_0.

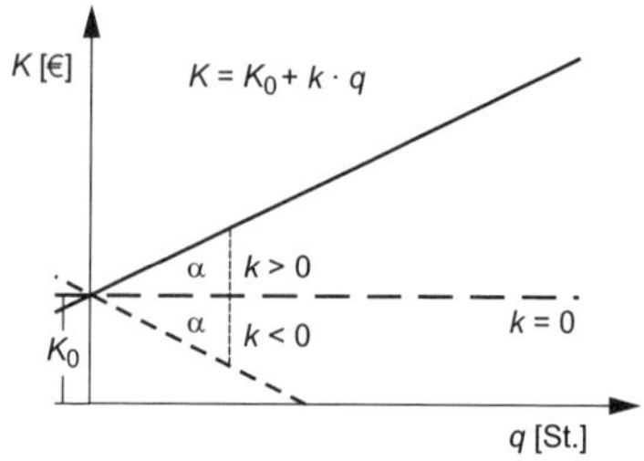

Bild R.3: Drei Regressionsgeraden mit ihren Parametern k

$$K(q) = K_0 + k \cdot q$$

Beispiel: Für eine Regressionsanalyse liegt mit den Messreihen

- Fall *A:* Die Bearbeitung eines Loses von Werkstücken weist steigende Bearbeitungskosten auf, die Fixkosten umfassen den Aufwand für die einmalige Materialbereitstellung.
- Fall *B:* Die Vereinzelung einer Packung von jeweils zwanzig Werkstücken wird immer weniger aufwendig, je mehr Teile q im Behälter verbleiben, die Fixkosten umfassen den Aufwand für die komplette Vereinzelung eines Paketes.
- Fall *C:* Das Veredeln der Oberfläche von Werkstücken ist innerhalb einer Charge von bis zu tausend Teilen unabhängig von der Anzahl der behandelten Werkstücke.

eine Stichprobe (Tabelle R.3) mit unterschiedlichen, mehr oder weniger von der Stückzahl q abhängigen Kosten K vor. Die Resultate der Analyse sollen interpretiert werden (Tabelle R.4).

Tabelle R.3: Stichproben über die Kostenabhängigkeit von Stückzahlen

Fall		$q = 2$	$q = 5$	$q = 9$	$q = 12$	$q = 18$	F [€]
A	K [€/St.]	1,92	4,01	7,00	8,58	12,93	0,60
B	K [€/St.]	0,51	0,49	0,31	0,25	0,04	0,60
C	K [€/St.]	0,00	0,00	0,00	0,00	0,00	0,60

Lösung:

Tabelle R.4: Ergebnisse und Auswertung der Regressionsanalyse

Fall	Richtungsfaktor *k* [€/St.]	Auswertung
A	0,68309	Gleichläufige Beziehung, d. h., großen Werten der unabhängigen Variablen q entsprechen auch große Werte der abhängigen Variablen K.
B	– 0,03062	Gegenläufige Beziehung, d. h., große Werte der unabhängigen Variablen q verursachen abnehmende Werte der abhängigen Variablen K.
C	0,00	Keine Wechselwirkung zwischen der unabhängigen Variablen q und der abhängigen Variablen K. Die Kosten verhalten sich neutral zur Stückzahl, die Regressionsgerade ist eine Parallele zur q-Achse im Abstand von K_0.

Reparaturzyklus

Zeitlicher Abstand zwischen zwei vorbeugenden Reparaturen eines Betriebsmittels bzw. Betriebsmittelsystems. Der Reparaturzyklus soll so beschaffen sein, dass die Differenz zwischen den Kosten für den planmäßigen Ersatz des Betriebsmittels und den mit dem Ausfallwagnis bewerteten Stillstands- und Ausfallkosten ein Minimum erreicht.

Der optimale Reparaturzyklus wird im Wesentlichen bestimmt durch

- den Verschleißverlauf, der in der Weibull-Verteilung zum Ausdruck kommt, deren Parameterwerte durch Modellrechnungen ermittelt werden (Bild R.4),
- das Verhältnis zwischen den Kosten und Verlusten für eine Schadensbeseitigung und für eine vorbeugende Reparatur.

Etwa gleiche Materialkosten vorausgesetzt, ist die vorbeugende Reparatur stets billiger als eine Havariereparatur, weil durch die Vorbereitung und zügige Vornahme vorbeugender Maßnahmen selten Stillstandsverluste sowie keine zusätzlichen Beschaffungs-, Lager- und Lohnkosten, wie z. B. für Überstunden oder Feiertags-, Nacht- und Wochenendarbeiten, auftreten.

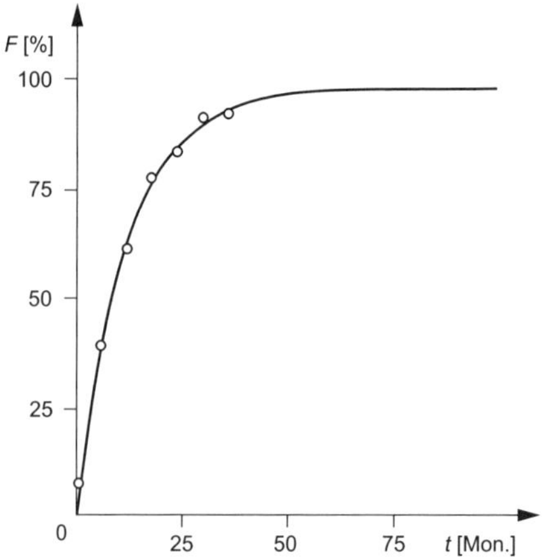

Bild R.4: Weibull-Verteilung

Weibull-verteilter Verschleiß

Der optimale Zyklus vorbeugender Reparaturen der Betriebsmittel inklusive des Ersatzes von Funktionseinheiten wird i. d. R. nach der Weibull-Verteilung ermittelt. Falls die Werte der Ausfallparameter nicht bekannt sind, können diese aufgrund von Daten (t_i, F_i), $i = 1, ..., n$, des Ausfallverhaltens approximiert werden.

$$F(t) = \begin{cases} 1 - e^{-\left(\frac{t}{\eta}\right)^{\delta}}, & \text{für } t > 0 \\ 0, & \text{für } t \le 0 \end{cases} \quad \Leftrightarrow \quad [\delta, \eta] \equiv \sum_{i=1}^{n} (F(t_i) - F_i)^2 \rightarrow \text{Min}$$

$$\sigma = \sqrt{\frac{\sum_{i=1}^{n} (F(t_i) - F_i)^2}{n-2}}$$

Beispiel: Der Direktion des Bereiches Betriebsanlagen der MODUL AG liegen für die funktionsbestimmenden Baueinheiten von Präzisionswerkzeugmaschinen Stichproben der Häufigkeiten F_t ihres Ausfallverhaltens t vor (Tabelle R.5). Für Zwecke der Wirtschaftlichkeitsberechnung sollen aus der Stichprobe die Werte der Weibull-Parameter approximiert werden.

Tabelle R.5: Häufigkeiten des Ausfallverhaltens F_t über der Zeit t

i	*t* [Mon.]	F_t [%]	*i*	*t* [Mon.]	F_t [%]
1	1	7,74	5	24	84,76
2	6	39,85	6	30	92,79
3	12	61,92	7	36	94,02
4	18	78,89			

Lösung: Weibull-Exponent	δ	=	0,99280	
Weibull-Quotient	η	=	12,07211	
Umfang der Stichprobe	n	=	7	
Standardabweichung	σ	=	1,27	%/Mon.

Optimaler Reparaturzyklus

Zur Ermittlung des optimalen Austauschzeitpunktes t_o von Baueinheiten werden Kostenwerte für die Austauschzyklen berechnet. Dabei wird unterstellt, dass die *Zeit für den vorbeugenden Austausch der alten Baueinheit durch die neue* im Gegensatz zum Ersatz bei einer Havarie zu vernachlässigen ist, weil diese geplante und meist außerhalb der Fertigungszeit liegende Austauschmaßnahme keine, zumindest keine erwähnenswerten Verluste bewirkt. Falls eine maximale Verfügbarkeit des Betriebsmittels statt einer minimalen Kostendifferenz das Kriterium ist, dann lässt sich unter gewissen Bedingungen das Verhältnis der mittleren Stillstandszeit einer Schadensreparatur zur Dauer einer vorbeugenden Reparatur optimieren.

Die Differenz zwischen fallenden Kosten für vorbeugende Reparatur und ansteigenden bei Havarieausfällen in Abhängigkeit von der Zeit unterliegt zwei Haupteinflüssen: Mit der Einsatzzeit fallen die Kosten für den Ersatz der alten Baueinheit, weil der Zeitwert des zu tauschenden Betriebsmittels sinkt; das Ausfallwagnis dagegen steigt, weil mit längerer Funktionsdauer der Baueinheit die theoretische Wahrscheinlichkeit für einen Ausfall entsprechend der Ausfallverteilung anwächst (Bild R.5).

In das Modell des optimalen Austauschzeitpunktes t_o gehen ein: Die Warte- und Ersetzungsdauer w als Frist vom Ausfall bis zum Beginn des Austauschs oder der Reparatur und von da bis zum Schluss des Austauschs oder der Reparatur, der Neuwert des auszutauschenden Betriebsmittels P, die Weibull-Parameter δ, η, der Leistungssatz für das ausfallende Betriebsmittel k und die Laufzeit n.

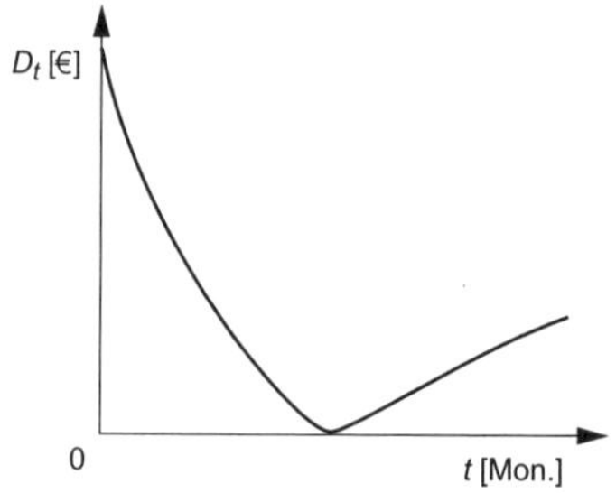

Bild R.5: Differenzkosten zwischen Ersatz und Havariewagnis

$$t_o = \underset{t}{\mathrm{Min}}\{\Delta K_t\} \Leftarrow \Delta K_t = \left| P \cdot \left(2 - \frac{t}{n}\right) - k \cdot w \cdot \left(1 - \mathrm{e}^{-\left(\frac{t}{\eta}\right)^{\delta}}\right) \right|,$$

$$t = 1, 2, \ldots, T$$

Beispiel: Neuwert des auszutauschenden Betriebsmittels	P	=	3284,98	€
Leistungssatz für das ausfallende Betriebsmittel	k	=	297,25	€/h
Laufzeit des Betriebsmittels	T	=	60	Mon.
Warte- und Ersetzungsdauer	w	=	18	h
Weibull-Exponent	δ	=	0,99280	
Weibull-Quotient	η	=	12,07211	
Lösung: Differenzkosten	D_t	=	0,00	€
Optimaler Reparaturzyklus	t_o	=	30	Mon.

Rundfahrtmodell

Zuordnungsproblem, wie eine Anzahl n von Punkten bei festen Verbindungen zwischen je zwei Punkten durch eine geschlossene Fahrtroute optimal zu verbinden ist und wie dabei bestimmte Optimalitätskriterien, wie der günstigste Weg bei minimalen Reisekosten, die Dauer der Fahrt usw., zu beachten sind.

Von einem Punkt bzw. Ort ausgehend sind $n - 1$ Orte mindestens einmal anzufahren, um dann wieder zum Ausgangsort zurückzukehren. Die Entfernungen und Kosten zwischen den Orten liegen in der sog. Entfernungsmatrix fest. Die Rundfahrtkosten K erfassen diejenigen a_k der Teilfahrten, die Anzahl der Orte n, die minimalen Kosten jeder Zeile u_i, und Spalte v_j sowie die Anzahl der Teilfahrten z für jene Elemente der

Entfernungsmatrix, die nicht bereits in der Spaltensumme oder Zeilensumme enthalten sind, und umgekehrt, wie es dann auch in der Ergebnismatrix zum Ausdruck kommt. Das heißt, das Modell wird auf ein simples Zuordnungsproblem für eine Rundfahrt $i_1 = j_n$ mit der Anschlussbedingung $i_v = j_{v-1}$ überführt, wobei aber, um die Ungarische Methode anwenden zu können, nicht gleiche Indexe einander zugeordnet werden dürfen:

$$K = \sum_{i=1}^{n} u_i + \sum_{j=1}^{n} v_j + \sum_{k=1}^{z} a_k$$

$$\underline{C} = (c_{ij})$$

$$\sum_{v=1}^{n} (c_{ij})_v \rightarrow \text{Min}$$

$$Z : \{1, i_2, i_3, \ldots, i_n, 1\}$$

Beispiel: Für eine Rundfahrt liegt eine Entfernungsmatrix (Tabelle R.6). vor, aus der die optimalen Teilfahrten und die Ergebnismatrix entsprechend der Vorschrift zu entwickeln sind.

Tabelle R.6: Beispiel einer Fahrkostenmatrix

	1	2	3	4	5	u_i
1	–	23	47	37	55	23
2	23	–	68	45	56	23
3	47	68	–	23	41	23
4	37	45	23	–	18	18
5	55	55	41	18	–	18
Σ						105

Lösung:

Tabelle R.7: Ergebnismatrix der Beispielrechnung

	1	2	3	4	5
1	*M*	0			
2	0	*M*	22	22	14
3	24	45	*M*	0	0
4	37	45	0	*M*	0
5	37	37	0	0	*M*

Daraus folgen die Teilfahrten:

$A = 1 \rightarrow 2 \rightarrow 1,$

$B = 3 \rightarrow 4 \rightarrow 5 \rightarrow 3.$

Aufgrund einer heuristischen Bewertung der Kombination der Teilfahrten ergibt sich als günstigste Lösung:

$1 \rightarrow 3 \rightarrow 4 \rightarrow 5 \rightarrow 2 \rightarrow 1.$

Ein anderes Lösungsmodell liefert die *Methode Branding and Bounding*, die auf eine geschlossene Berechnung verzichtet, dafür iterativ die Teilfahrten bewertet und die Iteration mit den günstigsten Teilfahrten so lange fortsetzt, bis sie kürzer sind als die kürzeste bereits ermittelte Gesamtroute.

S

Schadenskennzahl

Anteil der aus Betriebsmittelschäden entstandenen Kosten am Zeitwert der aktivierten Betriebsmittel, deren zeitliche Verteilung aus den bisherigen Schäden ermittelt wird.

Sowohl der statische Schadensfaktor und -anteil als auch die dynamische mittlere Schadenskennzahl dienen der Vorausschau auf die wahrscheinlichen Ausfallkosten. Aus ihrer Analyse können Maßnahmen abgeleitet werden, um den Eintritt von Gefahren und Schäden zu verhüten.

Statischer Schadensanteil

Die Kennzahl drückt den Schadensanteil s_t eines Betriebsmittels oder einer Betriebsmittelgruppe für eine bestimmte Periode t, $t = 1, 2, \ldots, T$, aus. Summiert über alle Perioden T ergibt sich der mittlere Schadensanteil μ. Eingangsgrößen sind die periodisch aufgetretenen Schadenskosten K_S und der Buchwert K_B des betreffenden Betriebsmittels.

$$s_t = \left(\frac{K_B + K_S}{K_B} \right)_t, \quad \mu = \frac{1}{T} \cdot \sum_{t=1}^{T} s_t$$

Beispiel: Dem Bereich Betriebsanlagen der MODUL AG liegen für sechs Jahre die Zeitwerte der aktivierten Betriebsmittel K_B und die Kosten K_S wegen Betriebsmittelausfällen vor (Tabelle S.1). Die Schadensanteile sollen errechnet werden (Tabelle S.2).

Tabelle S.1: Buchwerte und Ausfallkosten von Betriebsmitteln

t	K_B [€/a]	K_S [€/a]	t	K_B [€/a]	K_S [€/a]
1	4213514,80	19875,07	4	6689048,20	0,00
2	4655144,30	20152,14	5	7142098,40	20298,91
3	5729019,00	23576,21	6	7693751,20	9498,75

Lösung:

Tabelle S.2: Jährliche Schadensanteile s

t	s [%]	t	s [%]	t	s [%]
1	100,47	3	100,41	5	100,28
2	100,43	4	100,00	6	100,12

Analysenzeitraum	T	=	6	a
Mittelwert des Schadensanteils	μ	=	100,29	%

Dynamischer Schadensanteil

Die Kennzahl h_T ist das zeitgewichtete geometrische Mittel der Schadensanteile s_t. Ihre Funktion $h(t)$ hängt aufgrund der Zeitexponenten von der Zu- oder Abnahmetendenz der Schadensanteile ab: Sie erhöht sich, wenn die Schadensanteile wachsen, und umgekehrt (Bild S.1).

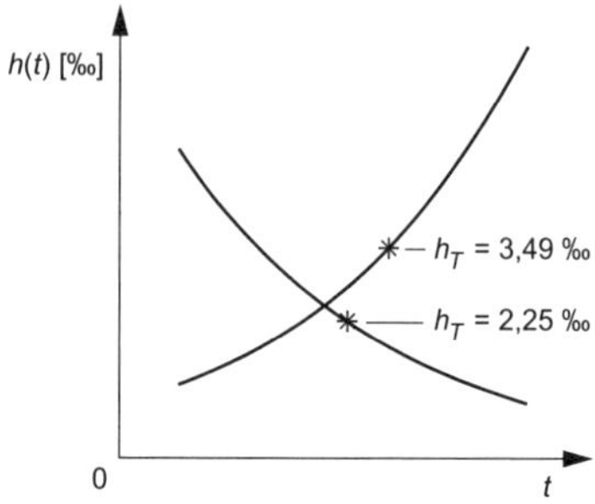

Bild S.1: Schadenskennzahl bei zu- und abnehmenden Schadensanteilen

$$h(t) = \sqrt[\frac{t+t^2}{2}]{\prod_{i=1}^{t} s_i^i} - 1 \quad \Rightarrow \quad h_T = \sqrt[\frac{T+T^2}{2}]{\prod_{t=1}^{T} s_t^t} - 1$$

$$f = \sqrt{\sum_{t=1}^{T} (s_t - 1 - h_T)^2} \cdot \frac{1}{\sqrt{T-1}}$$

Beispiel: Aus dem vorstehenden Ergebnis soll der zeitgewichtete Schadensanteil mit dem dazugehörigen Fehler berechnet werden.

Lösung: Analysenzeitraum	T	=	6	a
Zeitgewichteter Schadensanteil	h_T	=	2,25	‰
Fehler des Schadensanteils	f	=	2,02	‰

Bei umgekehrtem Zeitverlauf (steigende Tendenz der Schadensanteile) lautet die Schadenskennzahl h_T = 3,49 ‰.

Schiefe

Kenngröße einer statistischen Verteilung, die dazu dient, die Symmetrie bzw. Asymmetrie einer empirischen oder theoretischen Verteilung (Bild S.2) *zu beschreiben.*

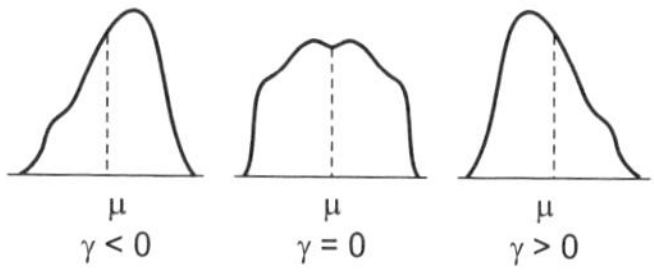

Bild S.2: Verteilungen und Lagen des Moments 3. Ordnung bei unterschiedlicher Tiefe

Die Schiefe einer (theoretischen) Verteilung (mit der Verteilungsfunktion F) ist der Quotient

$$\gamma = \frac{\mu_3}{\sigma^3} \text{ aus dem dritten Moment } \mu_3 = \int_{-\infty}^{\infty} (x-\mu)^3 \cdot F(\mathrm{d}x)$$

(im Falle der Existenz einer Dichte f: $\mu_3 = \int_{-\infty}^{\infty} (x-\mu)^3 \cdot f(x) \cdot \mathrm{d}x$)

und der dritten Potenz der Standardabweichung σ:

$$\sigma^2 = \int_{-\infty}^{\infty} (x-\mu)^2 \cdot F(\mathrm{d}x)$$

(im Falle der Existenz einer Dichte f: $\sigma^2 = \int_{-\infty}^{\infty} (x-\mu)^2 \cdot f(x) \cdot \mathrm{d}x$).

Dabei ist

$$\mu = \int_{-\infty}^{\infty} x \cdot F(\mathrm{d}x)$$

(im Falle der Existenz einer Dichte f: $\mu = \int_{-\infty}^{\infty} x \cdot f(x) \cdot \mathrm{d}x$)

der Erwartungswert der Verteilung.

Schultz-Modell der Nachfrage

Erweitertes zeitabhängiges Mengen-Preis-Modell von Schultz für die Entwicklung der Nachfrage, die außer vom Preis noch von weiteren, den Einfluss des Marktes allgemein charakterisierenden, vom Zeitablauf bestimmten Faktoren abhängt.

Die Schätzung der Parameterwerte der Schultz-Funktion $y(p,t)$ erfolgt aus einer Stichprobe über die zeitabhängige Nachfrage t, $t = 0, 1, \ldots, T$, nach einem bestimmten Nahrungsmittel D in Abhängigkeit vom Angebotspreisindex p je Kilogramm. Als Funktionsparameter treten der Funktionsexponent η, die Basisnachfrage k_0 sowie die beiden zeitabhängigen Funktionsexponenten k_1, k_2 auf. Der Nachfragewert k_0 des Basisjahres $t = 0$ wird aus der Stichprobe übernommen. Bei Vorgabe des Angebotspreisindexes p_v wird für das Folgejahr t_v die Nachfragehöhe y_v berechnet.

$$y(p,t) = k_0 \cdot p^{\eta} \cdot \mathrm{e}^{-k_1 \cdot t + k_2 \cdot \sqrt{t}} \Leftrightarrow [k_1, k_2, \eta] \equiv \sum_{i=1}^{T} (y(p_1, t_i) - y_i)^2 \to \mathrm{Min}$$

Beispiel: Im Zuge einer soziologischen Studie liegt eine nach Jahren geordnete Messreihe der Nachfrage nach Teigwaren (Brot, Brötchen, Kuchen usw.) und des Indexes der Entwicklung des Kilogrammpreises vor (Tabelle S.3). Aus der Stichprobe sollen die Werte der Parameter der Schultz-Funktion approximiert und die voraussichtliche Nachfragehöhe y_v für das Folgejahr berechnet werden, wobei ein leicht fallender Preisindex angesetzt wurde.

Tabelle S.3: Mittlerer Quartalsumsatz im Jahr an Teigwaren mit Preisindex, bezogen auf das Basisjahr

t	*p*	*D* [g/Pers.]	*t*	*p*	*D* [g/Pers.]
0	1,00	102454,04	4	1,20	98397,39
1	1,07	101921,64	5	1,23	96617,92
2	1,10	101062,01	6	1,27	94561,86
3	1,17	99883,47	7	1,28	92248,34

Angebotspreisindex	p_v	=	1,26	
Folgejahr	t_v	=	9	a
Lösung: Basisnachfrage	k_0	=	102454,04	g/Pers.
Funktionsexponent	k_1	=	0,02788	1/a
Funktionsexponent	k_2	=	0,00859	1/a
Stichprobenumfang	T	=	8	a
Nachfragehöhe im Folgejahr	y_v	=	87317,77	g/Pers.
Funktionsexponent	η	=	0,28266	

Seriengrößen- und Losmodell

Modell zur Bestimmung der Seriengröße $q = 1, 2, \ldots, Q$ und Losanzahl $x = 1, 2, \ldots, a \leq Q$ nach dem Kriterium niedrigster Kosten K aus Fertigungskosten K_F und Kapitalbindungskosten K_B:

$$K(x,q) = K_F(x,q) + K_B(x,q),$$
$$K_F(x,q) = q \cdot K_p + x \cdot K_a + K_k,$$
$$K_B(x,q) = \frac{p \cdot t_d(x,q)}{360 \cdot x} \cdot \left(K_k + q \cdot K_M + \frac{q \cdot K_p + x \cdot K_a}{2} \right).$$

Bestimmungsgrößen sind die proportionalen Kosten K_p inkl. Materialkosten K_M, die bei jedem Los auftretenden Alternanzkosten K_a, die Fixkosten K_k, die Durchlaufzeit $t_d(a)$ und der Kostensatz p für die Kapitalbindung. Als Restriktionen treten auf: die maximale Seriengröße q_m und die niedrigste Seriengröße q_n sowie die maximale Durchlaufzeit t_g und kürzeste Durchlaufzeit z. Die Losgröße n ist der ganzzahlige Quotient aus Seriengröße q und Losanzahl a. Die für die Kapitalbindung wichtige Durchlaufzeit steigt proportional mit der Losgröße n:

$$t_d(n) = z \cdot (n)^{\delta}, \quad n = \frac{q}{x} \quad \Rightarrow \quad t_d(x,q) = z \cdot \left(\frac{q}{x}\right)^{\delta},$$

ausgedrückt mit einem Durchlaufexponenten δ und einer Zeitkonstanten z mit Arbeitsgangfolgenummer $g = 1, 2, ..., m$, Normalzeiten t_N, Warte-, Lager- und Transportzeiten t_W sowie der täglich verfügbaren Leistungszeit z_d:

$$z = \frac{1}{z_d} \cdot \sum_{g=1}^{m} (t_N)_g + m \cdot t_W .$$

Der konkrete Wert der Zeitkonstanten z liegt i. d. R. vor. Der Durchlaufexponent δ wird als approximierter Erfahrungswert aus früheren Durchlaufzeiten und Losgrößen gewonnen.

Kostenminimale Serien- und Losgröße

Für die Berechnung der minimalen Kosten $K(a,Q)$ gelten i. Allg. die Randbedingungen:

1. Die Seriengröße Q schwankt nach Auftragslage und Bedarf im Stückzahlbereich $q_n \leq Q \leq q_m$.
2. Die Losanzahl a ist von der technologischen Bedingung abhängig, dass die Durchlaufzeit $t_d(n)$ mit $n = \frac{Q}{a}$ einen Maximalwert t_g nicht überschreiten darf.

$$K(a,Q) = \underset{q,x}{\mathrm{Min}}\{K_F(x,q) + K_B(x,q)\} \quad \text{mit}$$

$$K_F(x,q) = q \cdot K_p + x \cdot K_a + K_k \quad \text{und}$$

$$K_B(x,q)=\frac{p\cdot t_d(x,q)}{360}\cdot\left(K_a+\frac{K_k}{x}+\frac{q}{x}\cdot K_M+\frac{q\cdot K_p}{2\cdot x}\right)$$

$$\text{und den Nebenbedingungen: }\begin{cases}q_n\le q\le q_m\\ t_d(x,q)=\dfrac{z\cdot q^{\delta}}{x^{\delta}}\le t_g\\ 1\le x\le q\end{cases}$$

$$K=K_F+K_B\Leftarrow\begin{cases}K_F=Q\cdot K_p+a\cdot K_a+K_k\\ K_B=\dfrac{p\cdot t_d}{360}\cdot\left(K_a+\dfrac{K_k}{a}+\dfrac{Q}{a}\cdot K_M+\dfrac{Q\cdot K_p}{2\cdot a}\right)\\ t_d=z\cdot\left(\dfrac{Q}{a}\right)^{\delta}\end{cases}$$

Beispiel: Die Abteilung Technologische Planung der KALFAKT AG hat die Aufgabe, die Fertigung einer Großserie vorzubereiten. Die optimale Losanzahl und die Seriengröße ist zu bestimmen.

Materialkosten	K_M	=	346,00	€/St.
Alternanzkosten	K_a	=	6899,32	€/Los
Konstante Kosten	K_k	=	434712,00	€/Serie
Proportionale Kosten	K_p	=	407,39	€/St.
Durchlaufexponent	δ	=	0,15395	
Zinssatz für Kapitalbindung	p	=	8,25	%
Maximale Seriengröße	q_m	=	15000	St./Serie
Niedrigste Seriengröße	q_n	=	12000	St./Serie
Maximal zulässige Durchlaufzeit	t_g	=	20,00	d/Serie
Kürzeste Durchlaufzeit	z	=	5,59	d/Los
Lösung: Fertigungskosten	K_F	=	5461378,40	€/Serie
Minimale Produktionskosten	K	=	5583134,51	€/Serie
Umlaufbestandsverluste	K_B	=	121756,11	€/Serie
Optimale Losanzahl	a_o	=	20	Lose/Ser.
Optimale Seriengröße	Q	=	12000	St./Serie
Durchlaufzeit	t_d	=	14,97	d/Serie

Gewinnmaximale Serien- und Losgröße

Die Berechnung verläuft wie bei der Kostenminimierung, nur die Zielfunktion wird verändert. Bei gleicher Kostenstruktur wird der Erlös als Produkt aus der optimalen Seriengröße Q und dem Preis P je Erzeugnis mit der Forderung eingeführt, dass die Differenz zwischen Erlös und Kosten zu maximieren ist.

$$G(a,Q)=\underset{q,x}{\mathrm{Max}}\left\{q\cdot P-K_F(x,q)-K_B(x,q)\right\} \quad \text{mit}$$

$$K_F(x,q)=q\cdot K_p+x\cdot K_a+K_k \quad \text{und}$$

$$K_B(x,q)=\frac{p\cdot t_d(x,q)}{360}\cdot\left(K_a+\frac{K_k}{x}+\frac{q}{x}\cdot K_M+\frac{q\cdot K_p}{2\cdot x}\right)$$

$$\text{und den Nebenbedingungen:}\quad \begin{cases} q_n\le q\le q_m \\ t_d(x,q)=\dfrac{z\cdot q^\delta}{x^\delta}\le t_g \\ 1\le x\le q \end{cases}$$

$$G=Q\cdot P-K_F-K_B \quad \begin{cases} K_F=Q\cdot K_p+a\cdot K_a+K_k \\ K_B=\dfrac{p\cdot t_d}{360}\cdot\left(K_a+\dfrac{K_k}{a}+\dfrac{Q}{a}\cdot K_M+\dfrac{Q\cdot K_p}{2\cdot a}\right) \\ t_d=z\cdot\left(\dfrac{Q}{a}\right)^\delta \end{cases}$$

Beispiel: Materialkosten	K_M	=	346,00	€/St.
Alternanzkosten	K_a	=	6899,32	€/Los
Konstante Kosten	K_k	=	434712,00	€/Serie
Proportionale Kosten	K_p	=	407,39	€/St.
Verkaufspreis des Erzeugnisses	P	=	630,25	€/St.
Durchlaufexponent	δ	=	0,15395	
Zinssatz für Kapitalbindung	p	=	8,25	%
Maximale Seriengröße	q_m	=	15000	St./Serie
Niedrigste Seriengröße	q_n	=	12000	St./Serie
Maximal zulässige Durchlaufzeit	t_g	=	20,00	d/Serie
Kürzeste Durchlaufzeit	z	=	5,59	d/Los
Lösung: Maximaler Gewinn	G	=	2617195,99	€/Serie
Produktionskosten	K	=	6836554,01	€/Serie
Optimale Seriengröße	Q	=	15000	St./Serie
Optimale Losanzahl	a	=	23	Lose/Ser.
Durchlaufzeit	t_d	=	15,16	d/Serie

Simplexmethode

Universelles Verfahren zur Lösung von Aufgaben der linearen Optimierung, entwickelt u. a. von Dantzig. Von der Normalform des Problems ausgehend gilt für die Nebenbedingungen, dass sie widerspruchsfrei sind und ihre Zahl kleiner ist als die der Variablen.

Ausgangspunkt des Simplexalgorithmus ist die Einführung von freien und künstlichen Variablen. Die Gleichungen und Ungleichungen des Modells müssen so geordnet werden, dass auf der linken Seite die Variablen stehen und die rechte Seite das absolute Glied enthält. Ist das absolute Glied negativ, so ist die Gleichung mit dem Faktor minus Eins zu multiplizieren.

Die Substitution freier und künstlicher Variablen verlangt die Einhaltung folgender Regeln:

1. Für die linke Seite der Nebenbedingungen: Ist diese
   - *kleiner* als das absolute Glied, dann wird auf der linken Seite eine freie Variable eingefügt und die Ungleichung in eine Gleichung umgewandelt. Die freie Variable geht als Zeile in die 1. Simplextabelle ein;
   - *größer* als das absolute Glied, wird links eine freie Variable subtrahiert, eine künstliche Variable addiert und die Ungleichung in eine Gleichung überführt. Nur die künstliche Variable geht als Zeile in die 1. Simplextabelle ein;
   - *gleich* dem absoluten Glied, wird in die Gleichung eine künstliche Variable eingefügt. Diese geht als Zeile in die 1. Simplextabelle ein.
2. Ist die Zielfunktion zu
   - *maximieren*, dann führt man in diese Funktion alle künstlichen Variablen mit dem Koeffizienten $-M$ ein, wobei der Wert von M eine sehr große Zahl ist;
   - *minimieren*, werden die künstlichen Variablen mit dem Koeffizienten $+M$ in die Funktion eingebracht.

Aus den Regeln folgt, dass die Anzahl der Zeilen in der Simplextabelle gleich der Zahl der im Modell auftretenden Bedingungen ist und dass die Anzahl der Variablen, die in der endgültigen Lösung von Null verschiedene Werte annehmen können, höchstens gleich ist der Anzahl der Modellbedingungen.

Bei der Simplexmethode wird eine erste Lösung des Modells als Ausgangspunkt angenommen, die den Bedingungen genügt. Danach wird die Lösung in aufeinanderfolgenden Iterationen so lange verbessert, bis sich nach einer endlichen Anzahl von Schritten die optimale Lösung ergibt (Bild S.3).

Der Simplexalgorithmus gestattet, die Lösungen in linearen Modelle der vorgenannten Eigenschaften zu ermitteln.

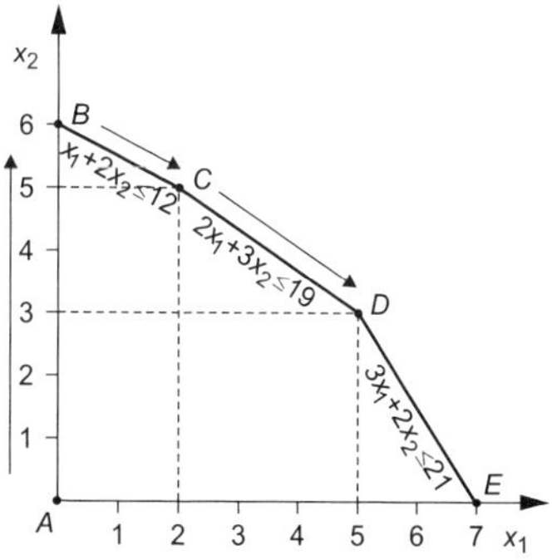

Bild S.3: Iterationsfolge zur optimalen Simplexlösung

Simplexmodellrechnung

Ausgehend von einer Basislösung gilt das Optimum stets für eine zulässige Basislösung der Gleichungen des Systems der Nebenbedingungen. Degeneration ausgeschlossen, wird postuliert, dass die Variablen positiv und die zu ihnen gehörenden Vektoren aus den entsprechenden Koeffizienten der Nebenbedingungen linear unabhängig sind. Durch Einsetzen der Vektoren in die Zielfunktion wird überprüft, ob die angenommene Basislösung bei Einhaltung eines Kriteriums optimal ist oder nicht (Hauptsatz der Simplexmethode, Simplexkriterium oder -theorem). Erfüllt die Lösung nicht das Simplexkriterium, so ist durch Austausch der Basisvariablen eine neue Lösung zu suchen und auf ihre Optimalität zu prüfen.

$$Z = \sum_{i=1}^{n} c_i \cdot x_i \rightarrow \text{Min (oder Max)}$$

$$\begin{aligned} \sum_{i=1}^{n} a_{1i} \cdot x_i &= a_1 \\ \sum_{i=1}^{n} a_{2i} \cdot x_i &= a_2 \qquad x_1, x_2, \ldots, x_n \geq 0, \quad m < n \\ &\vdots \\ \sum_{i=1}^{n} a_{mi} \cdot x_i &= a_m \end{aligned}$$

Beispiel: In der Fertigungsplanung sollen die Produktmengen x_1 und x_2 so bemessen werden, dass der Gewinn $c_i \cdot x_i$ ein Maximum erreicht und die jeweiligen Maschinenlaufzeiten $t_{Ni} \cdot x_i$ das technologisch strukturierte Budget L der Maschinenlaufzeit einhalten (Tabelle S.4).

Tabelle S.4: Maschinenlaufzeiten und Budget

i	t_{N1} [min/St.]	t_{N2} [min/St.]	*L* [min/Mon.]
1	3	6	24000
2	8	4	40000
3	9	3	27000

Gewinnsatz 1. Produkt	c_1	=	9,00	€/St.
Gewinnsatz 2. Produkt	c_2	=	6,00	€/St.

Modell:

$$Z = 9 \cdot x_1 + 6 \cdot x_2 \rightarrow \text{Max}$$

$$3 \cdot x_1 + 6 \cdot x_2 \leq 24000$$

$$8 \cdot x_1 + 4 \cdot x_2 \leq 40000$$

$$9 \cdot x_1 + 3 \cdot x_2 \leq 27000$$

Die Überführung der Ungleichungen in Gleichungen ist wie folgt zu erklären: Bei der ersten Nebenbedingung steht auf der linken Seite die Fertigungszeit, die für die Produktion des 1. Erzeugnisses in der Menge x_1 und des 2. Erzeugnisses in der Menge x_2 unter Beachtung des Zeitbudgets der Maschine M_1 (24000 min/a) benötigt wird. Dieses Zeitbudget ist einzuhalten. Wird die evtl. unausgenutzte Zeit der Maschine M_1 mit S_1 bezeichnet, dann kann man die Ungleichung in die Gleichung umwandeln:

$$3 \cdot x_1 + 6 \cdot x_2 + S_1 = 24000$$

Analog dazu gilt:

$$8 \cdot x_1 + 4 \cdot x_2 + S_2 = 40000$$

$$9 \cdot x_1 + 3 \cdot x_2 + S_3 = 27000$$

Die eingeführten Variablen S_1, S_2, S_3 sind freie Variable. Danach wird das *1. Simplextableau* aufgestellt:

S	**1**	**2**	**3**	$\boldsymbol{x_1}$	$\boldsymbol{x_2}$	
1	1	0	0	3	6	$\frac{24000}{3} = 8000$
2	0	1	0	8	4	$\frac{40000}{8} = 5000$
3	0	0	1	9	3	$\frac{27000}{9} = 3000$

Die Spaltenanzahl ergibt sich aus der Anzahl der Entscheidungs- und der freien Variablen. Die Zeilenanzahl entspricht der Anzahl der freien Variablen. Die Ordnung der Veränderlichen ist beliebig, aber bindend für die weiteren Umformungen. Die Zeilen enthalten die Koeffizienten der Gleichungen. Die 1. Zeile enthält z. B. die Koeffizienten der 1. Nebenbedingung. Die Koeffizienten gehören in ihre entsprechenden Spalten; z. B. der Koeffizient t_{M1} in die Spalte für die Erzeugnismenge x_1. S_1 erhält mit der eingetragenen Eins eine Bindung, S_2 und S_3 sind dagegen Null, da diese Veränderlichen hier nicht auftreten. Das wird plausibel, wenn die Spalten der Tabelle als Gleichung interpretiert werden, z. B.:

$$x_2 = 6 \cdot S_1 + 4 \cdot S_2 + 3 \cdot S_3 .$$

Die Umwandlung der Zeitbudgets bedeutet inhaltlich: Für jede Mengeneinheit x_1 werden 3 Einheiten S_1 verbraucht, von denen 24000 Einheiten verfügbar sind. Das ungenutzte Maschinenzeitbudget M_1 gestattet daher, das 1. Produkt in der Menge

$$\frac{24000}{3000} = 8000$$

einzuführen. Analog dazu gilt:

$$\frac{40000}{8} = 5000$$

$$\frac{27000}{9} = 3000.$$

Das 1. Erzeugnis kann also nur in der Menge 3000 eingeführt werden. Dadurch verschwindet aus dem 1. Simplextableau die Zeile S_3, und an ihrer Stelle erscheint die Zeile x_1 im *2. Simplextableau:*

S	**1**	**2**	**3**	x_1	x_2	
1	1	0	$-\frac{1}{3}$	0	5	$\frac{15000}{3} = 3000$
2	0	1	$-\frac{8}{9}$	0	$\frac{4}{3}$	$\frac{3 \cdot 16000}{4} = 12000$
x_1	0	0	$\frac{1}{9}$	1	$\frac{1}{3}$	$3 \cdot 3000 = 9000$

Zuerst wird die letzte Spalte ausgefüllt. Da das 1. Produkt die Menge 3000 in die neue Lösung eingebracht hat, ist diese Menge in die Zeile x_1 zu schreiben. Für jede Einheit x_1 werden 3 Einheiten von S_1 verwendet (vgl. 1. Simplextableau); das ergibt insgesamt:

$3 \cdot 3000 = 9000$ Einheiten.

Vorher standen für S_1 = 24000 Einheiten zur Verfügung. Da sich diese verringern, umfasst sie nur noch:
24000 – 9000 = 15000 Einheiten.
Analog beträgt der Verbrauch von $S_2 = 8 \cdot 3000 = 24000$ Einheiten und die Restmenge: 40000 – 24000 = 16000; entsprechend müssen sich die Koeffizienten ändern. Um feststellen zu können, ob die nach weiterer Umrechnung im *3. Simplextableau* entstandene Lösung noch verbessert werden kann, sind die neuen Koeffizienten zu berechnen, mit deren Hilfe dann jede in den Spalten stehende Variable durch die in den Zeilen stehenden Variablen ausgedrückt werden kann, wie hier durch x_2, S_2 und x_1:

	S_1	S_2	S_3	x_1	x_2	
x_2	$\frac{1}{5}$	0	$-\frac{1}{15}$	0	1	3000
S_2	$-\frac{4}{15}$	1	$-\frac{4}{5}$	0	0	12000
x_1	$-\frac{1}{15}$	0	$\frac{2}{15}$	1	0	2000

Die weiteren Berechnungen ergeben, dass keine Veränderung der vorstehenden Lösung zu einem höheren Wert der Zielfunktion führt und daher endgültig ist.

Lösung: Zielfunktion	$Z =$	36000,00	€/Monat
Stückzahl 1. Produkt	$x_1 =$	2000	St./Monat
Stückzahl 2. Produkt	$x_2 =$	3000	St./Monat

Mit der Endlösung entsteht noch eine zusätzliche, in den Werten x_1 und x_2 enthaltene Information: Das Zeitbudget der Maschine M_2 wird bei der optimalen Lösung nicht voll in Anspruch genommen. Die Größe S_2 (vgl. 3. Simplextableau) bezeichnet die Höhe der Nichtauslastung.
Es soll noch untersucht werden, wie die einzelnen Lösungen aussehen und welche Werte der Funktion Z ihnen entsprechen (Tabelle S.5).

Tabelle S.5: Lösungsübersicht

	x_1	x_2	Z
1	0	0	0
2	3000	0	27000
3	2000	3000	36000

Der ansteigende Wert der Zielfunktion zeigt, dass die aufeinanderfolgenden Lösungen tatsächlich besser werden.

Spieltheorie

Die mathematische Modellierung von Konflikten zwischen Kontrahenten erfolgt im Rahmen der sog. Spieltheorie. Spiele bilden von alters her die Austragung von Konflikten ab, die auch in der Wirtschaft auftreten. Das können Konflikte zwischen Anbietern auf den Markt sein, Bewerber für den Zuschlag von Ausschreibungen usw. Ein Spiel wird als ein Modell für die Austragung von Konfliktsituationen zwischen verschiedenen Personen oder Parteien, den k Spielern mit kontroversen Interessen aufgefasst. Jeder Spieler S_i, $i = 1, \ldots, k$, hat während des Ablaufs eines Spiels, das i. Allg. aus mehreren Zügen besteht, eine Menge F_i von Entscheidungen oder Folgen von Entscheidungen, sog. Strategien, zur Verfügung (Tabelle S.6).

Tabelle S.6: Spieltheoretische Termini

Begriff	Inhalt
Definierte Strategie	Die für den jeweiligen Spieler (A, B) ausgewählte Strategie (A_i, B_j)
Folge zufälliger Züge	Modellanalytische Häufigkeitsverteilung der möglichen Strategien
Menge der Zufallszüge	Anzahl aller möglichen Züge mit beliebiger stochastischer Auswahl
Optimale Strategie	Erfolgsorientiertes und vernünftiges Verhalten aller Parteien
Persönliche Zuganzahl	Bisher realisierte Züge einer reinen Strategie
Persönlicher Zug	Wahl und Realisierung einer Spielhandlung der reinen Strategie
Spielablauf	Zeitliche Folge von regelgerechten Spielzügen
Spieleranzahl	Zweipersonenspiel bzw. Mehrpersonenspiel ($n > 2$) mit Bündnismöglichkeit
Spielstrategie	Definierte Regeln (u. a. Spielprogramme, z. B. für das Spiel Nim)
Spielzug	Handlungsalternative durch Auswahl einer Strategie nach den Spielregeln
Zufälliger Zug	Stochastische Auswahl eines Zuges entsprechend einer Menge reiner Strategien

Die Strategien kennzeichnen das Verhalten des Spielers während des gesamten Ablaufs eines Spiels und werden durch die (verabredeten) Spielregeln präzisiert.

Jedem Spieler S_i, $i = 1, \ldots, k$, ist weiterhin eine Gewinn- oder Auszahlungsfunktion G_i zugeordnet, deren Werte $G_i = G_i(f_1, \ldots, f_k)$ den Gewinn des i-ten Spielers in Abhängigkeit von der gewählten Strategie $f_j \in F_i$, $j = 1, \ldots, h$, angeben.

Die *Normalform eines k-Personenspiels* (publiziert durch von Neumann, 1928) ist folglich durch das 2k-Tupel $\{F_1, \ldots, F_k; G_1, \ldots, G_k\}$ von Strategien F_i, $i = 1, \ldots, k$, und Gewinnfunktionen G_i, $i = 1, \ldots, k$, der Spieler S_i, $i = 1, \ldots, k$, gegeben.

Ein Spiel heißt ein *Nullsummenspiel*, wenn für jeden möglichen Ausgang des Spiels die Summe aller Spielergewinne gleich Null ist:

$$G_1 + G_2 + \ldots + G_k = 0.$$

Eine besondere Bedeutung besitzen sog. Zweipersonen-Nullsummenspiele. Bezeichnet $X: = F_1$, $Y: = F_2$ und wegen $G_1 + G_2 = 0$: $G_1 = G$, dann wird die Normalform durch $\{X, Y, G\}$ beschrieben, wobei eine ganze Reihe zentraler Begriffe auftreten (Tabelle S.7).

Tabelle S.7: Begriffe von zentraler Bedeutung

Beziehung	Bedeutung
$G(x,y)$	Gewinn von S_1 (= Verlust von S_2), wenn S_1 die Strategie $x \in X$ auswählt bzw. S_2 die Strategie $y \in Y$
$\underline{w}(x) := \inf_{y \in Y} G(x, y)$	Mindestgewinn von S_1, wenn er x „spielt“
$\overline{w}(y) := \sup_{x \in X} G(x, y)$	Höchstgewinn von S_2, wenn er y „spielt“
$\underline{w}(x) := \sup_{x \in X} \underline{w}(x)$	Maximaler Mindestgewinn von S_1 („unterer Wert des Spiels“)
$\overline{w}(y) := \inf_{y \in Y} \overline{w}(y)$	Minimaler Höchstverlust von S_2 („oberer Wert des Spiels“)
$\underline{w}(x) \leq \underline{w} \leq \overline{w} \leq \overline{w}(y)$	Gilt für alle Strategien $x \in X$ und $y \in Y$
$\underline{w} \leq \overline{w}$	Minimaxungleichung
$\underline{w} = \overline{w} =: w$	Wert des Spiels

Eine Strategie x_o (bzw. y_o) heißt eine optimale Strategie (auch: Minimax-Strategie) für S_1 (bzw. S_2), falls gilt:

$$\underline{w}(x_o) = w \quad \text{bzw.} \quad \overline{w}(y_o) = w.$$

Mathematisch ist (x_o, y_o) dann ein sog. Sattelpunkt von G:

$$G(x, y_o) \le G(x_o, y_o) \le G(x_o, y)$$

für alle Strategien $x \in X$ und $y \in Y$.

Besitzt ein Spiel $\{X, Y, G\}$ keinen Wert, so führt man sog. gemischte Strategien ein, d. h., man erweitert das Spiel dadurch, dass man entsprechend von Wahrscheinlichkeitsverteilungen ξ (bzw. η) auf X (bzw. Y) zufällig eine Strategie aus X (bzw. aus Y) auswählt und als „neue" Gewinnfunktion den Mittelwert (d. h. den Erwartungswert) betrachtet. Der Ablauf des auf diese Weise erweiterten Spiels vollzieht sich so, dass die Spieler S_1 und S_2 zunächst eine Wahrscheinlichkeitsverteilung (als „neue" gemischte Strategie ξ (bzw. η) auswählen und dann mit den realisierten Strategien $x \in X$ (bzw. $y \in Y$) das (ursprüngliche) Spiel durchführen.

Sind X und Y endliche Mengen, so hat diese („gemischte") Erweiterung stets einen Wert, beiden Spielern stehen optimale (i. Allg. aber gemischte) Strategien zur Verfügung.

Im Falle von Nicht-Nullsummenspielen tritt anstelle des Sattelpunktes ein allgemeiner Gleichgewichtspunkt $(\tilde{f}_1, \ldots, \tilde{f}_k)$ mit der Eigenschaft:

$$G_i\left(\tilde{f}_1, \ldots, \tilde{f}_k\right) \ge G_i\left(\tilde{f}_1, \ldots, \tilde{f}_{i-1}, \tilde{f}_i, \tilde{f}_{i+1}, \ldots, \tilde{f}_k\right)$$

für alle $f_i \in F_i$ $(i = 1, \ldots, k)$.

Die Gleichgewichtspunkte sind i. Allg. nicht eindeutig bestimmt und stellen damit keine zufriedenstellende Lösung des Konflikts zwischen den Spielern dar. Diese Überlegung ist der Ausgangspunkt für die Betrachtung von sog. kooperativen Spielen, bei denen Vereinbarungen zwischen den Spielern (einen Teil von ihnen oder allen) möglich sind. Eine solche Vorgehensweise ist möglich, da bei Nicht-Nullsummenspielen die Interessen der Spieler nicht notwendig gegensätzlich sind.

Die Spieltheorie besitzt in den Wirtschaftswissenschaften – insbesondere bei ökonomischen Entscheidungsmodellen – eine große und ständig zunehmende Bedeutung, seit J. von Neumann und O. Morgenstern mit ihrer (bis heute viel beachteten) Monografie „Theorie of games and economic behavior" (Princeton 1944) diese mathematische Theorie für die Lösung wirtschaftlicher Probleme „entdeckten".

Stabilitätskennzahl der Arbeitsleistung

Im Zusammenhang mit der statistischen Analyse von Arbeitstagaufnahmen verwendetes Verhältnis zwischen größtem und kleinstem Messwert einer Reihe von Normalzeiten, das den Streubereich der Messwerte statistisch kennzeichnet. Für Arbeitsstudien wird i. Allg. eine 95%ige statistische Sicherheit für diesen Streubereich angenommen.

Die Berechnung des notwendigen Stichprobenumfangs n_o:

$$n_o = \frac{(t_n \cdot \sigma\%)^2}{\varepsilon \cdot \mu},$$

setzt voraus, dass die Analysenwerte t_i, $i = 1, ..., n$, Realisierungen einer normalverteilten Zufallsgröße sind. Im Allgemeinen wird das nur näherungsweise gelten. Deshalb ist die vorstehende Formel als Näherung zu verstehen. Außerdem müssen das Mittel μ und die Varianz σ^2 der Messreihe berechnet werden, wobei die Standardabweichung σ üblicherweise in Prozent eingegeben wird. Es ist also nicht möglich, die „Anzahl der notwendigen Messwerte" im Voraus zu berechnen, sondern nur, bei einer vorliegenden Messreihe zu überprüfen, ob die Anzahl der Messwerte n hinreichend groß ist.

Soll eine Stichprobe von Normalzeiten eine gewisse Genauigkeit garantieren und als stabil gelten, dann muss das Verhältnis k_S von größter x_g und kleinster x_k Normalzeit in der Messreihe einen zulässigen Stabilitätskoeffizienten k_z einhalten, der von folgenden Größen abhängt:

- den Fertigungsarten: Massenfertigung ***M***, Großserienfertigung ***G***, Serienfertigung ***S*** und Kleinserienfertigung ***K***,
- der Art der Arbeit: Maschinen- und Handarbeit ***mh***, Handarbeit ***h***,
- der benötigten Dauer der Arbeitsverrichtung t.

Es wird verlangt, dass die errechnete Kennzahl k_S nicht größer als der dafür zulässige Stabilitätskoeffizient k_z ist. Für den zulässigen Fehler ε liegen ebenfalls von den Fertigungsarten abhängige Richtwerte vor. Für die relative Abweichung ε zwischen dem errechneten Mittelwert μ der Normalzeiten und dem „wahren Mittelwert" x_w gilt:

$$\varepsilon = \frac{\mu - x_w}{\mu}.$$

Vor der Anwendung der Richtwerte ε, k_z muss eine Näherung für die Dauer der Arbeitsverrichtung bekannt sein, die bei der Analyse des Arbeitsganges und seiner Arbeitsstufen vorgenommen werden kann. Dabei ist es sinnvoll, von der kürzesten Dauer auszugehen.

$$k_S = \frac{x_g}{x_k}, \quad \text{Bedingung}: k_S \leq k_z$$

$$n_o = \frac{(t_n \cdot \sigma)^2}{\varepsilon \cdot \mu} \quad \text{mit} \quad \sigma \text{ in } \%$$

Beispiel: In einer Großserienfertigung wurde zum Zweck der Normalzeitbestimmung eine Arbeitstagaufnahme über gebrauchte Normalzeiten t und deren Häufigkeiten h (Tabelle S.8) vorgenommen. Die branchentypische Stabilitätskoeffizienten (Tabelle S.9) und Richtwerte für die Genauigkeiten (Tabelle S.10) sind bekannt. Der Stabilitätskoeffizient k_S, der Stichprobenumfang n_o, der Mittelwert der Messreihe μ und dessen Standardabweichung σ sind zu errechnen und auf Bestätigung zu überprüfen.

Tabelle S.8: Zeitwerte t der Ablaufstudie mit ihren Häufigkeiten h

i	*t* [min/St.]	*h* [%]	*i*	*t* [min/St.]	*h* [%]
1	2,2	4,92	6	2,7	13,93
2	2,3	6,55	7	2,8	9,84
3	2,4	7,38	8	2,9	4,10
4	2,5	27,87	9	3,0	0,82
5	2,6	24,59			

Tabelle S.9: Zulässige Stabilitätskoeffizienten k_z

t [min]		*M*	*G*	*S*	*K*
$0 < t \leq 0{,}05$	*mh*	1,8	2,2	–	–
	h	2,5	2,8	–	–
$0{,}05 < t \leq 0{,}1$	*mh*	1,5	1,8	2,0	2,5
	h	2,0	2,5	2,8	3,0
$0{,}1 < t \leq 0{,}3$	*mh*	1,3	1,5	1,8	2,0
	h	1,7	2,0	2,5	2,8
$0{,}3 < t \leq \ldots$	*mh*	1,2	1,3	1,5	1,8
	h	1,5	1,7	2,0	2,5

Tabelle S.10: Erforderliche Genauigkeiten ε

t [min]		*M*	*G*	*S*	*K*
Genauigkeit	$\varepsilon \rightarrow$	± 5 %	± 8 %	± 10 %	± 15 %

Kalkulation für eine Maschine/Hand-Verrichtung:

Vorgabewert	t_v	=	2,50	min
Relativer zulässiger Fehler	ε	=	8,00	%
Zulässiger Stabilitätskoeffizient	k_z	=	1,50	
Stichprobenumfang	n	=	250	
Wert der Student-Verteilung	t_n	=	1,98	
Größter Wert der Messreihe	x_g	=	3,00	min
Kleinster Wert der Messreihe	x_k	=	2,20	min
Lösung: Stabilitätskoeffizient	k_S	=	1,36364	
Anzahl erforderlicher Messwerte	n_o	=	55	
Mittelwert der Messreihe	μ	=	2,56723	min
Standardabweichung der Messreihe	σ	=	16,95	%

Standardabweichung

Streuungsmaß der Größen einer Messreihe um ihr arithmetisches Mittel.

- Standardabweichung σ einer gleichmäßig diskret verteilten Zufallsgrößen mit Werten $x_1, ..., x_n$

$$\sigma = \sqrt{\frac{1}{n} \cdot \sum_{i=1}^{n} (x_i - \bar{x})^2} \quad \text{und} \quad \bar{x} = \frac{1}{n} \cdot \sum_{i=1}^{n} x_i$$

- Standardabweichung σ einer Stichprobe mit den Werten $x_1, ..., x_n$

$$\sigma = \sqrt{\frac{1}{n} \cdot \sum_{i=1}^{n} (x_i - \bar{x})^2} \cdot \frac{1}{\sqrt{n-1}} \quad \text{und} \quad \bar{x} = \frac{1}{n} \cdot \sum_{i=1}^{n} x_i$$

Standortfindungsverfahren

Methode der technologischen Betriebsprojektierung, um den Transportaufwand durch Ermittlung der günstigsten Anordnung und räumlichen Zuordnung der Elemente (Wege zwischen Betrieben, Betriebsteilen usw.) zu minimieren; das Ergebnis heißt optimaler Standort.

Die Standortfindungsaufgabe im topographischen System sucht die Koordinaten für ein anzuordnendes Element mit optimalen Relationen zu anderen feststehenden Standorten. Das Optimum ist erreicht, wenn die Summe des entstehenden Transportaufwandes als Produkt der Transportintensität q_i und der Luftlinienentfernung s_i, ausgedrückt durch die Standortkoordinaten x_i, y_i (Bild S.4), ein Minimum wird.

Der gewichtete (euklidische) Abstand L erfasst alle Punkte (x_i, y_i) zu (x_M, y_M), wobei x_M, y_M die Koordinaten des gewichteten Mittelpunktes der Punkte (x_i, y_i), $i = 1, 2, \ldots, n$, sind.

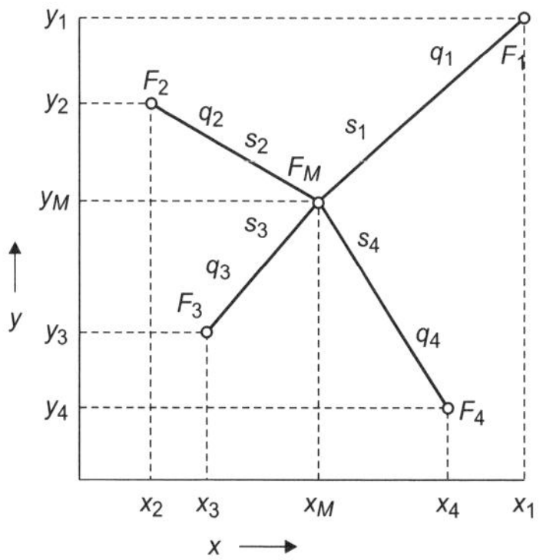

Bild S.4: Optimaler Standort (Gesuchter optimaler Standort F_M, vorhandene Standorte an der i-ten Stelle $F_i = (x_i, y_i)$, $i = 1, 2, \ldots, 4$)

$$L = \sum_{i=1}^{n} q_i \cdot \sqrt{(x_i - x_M)^2 + (y_i - y_M)^2}$$

$$x_M = \frac{\sum_{i=1}^{n} q_i \cdot x_i}{\sum_{i=1}^{n} q_i}$$

$$y_M = \frac{\sum_{i=1}^{n} q_i \cdot y_i}{\sum_{i=1}^{n} q_i}$$

Beispiel: Zwischen den landwirtschaftlichen Auslieferungslagern in vier kleinen Gemeinden soll eine zentrale Lagerhalle errichtet werden. Die Transportintensität wird mit dem mittleren Tagesbedarf einer Niederlassung angegeben. Für die Standorte und die Transportintensität liegen die Daten (Tabelle S.11) vor. Der ideale Standort für das Zentrallager und das tägliche Aufkommen an Transportleistungen sollen errechnet werden.

Tabelle S.11: Transportintensität q_i und Standortkoordinaten x_i, y_i

i	q_i [t/d]	x_i [km]	y_i [km]
1	10,23	10,00	8,39
2	12,07	1,29	7,00
3	25,18	2,98	4,28
4	14,34	9,03	2,18

Lösung:

Mittlere tägliche Transportleistung	L	=	240,41	tkm/d
Anzahl der Standorte F_i	n	=	4	
Abszisse des Standortes F_M	x_M	=	5,22	km
Ordinate des Standortes F_M	y_M	=	5,00	km

Statistische Tests

Die statistischen Tests oder Prüfverfahren dienen dazu, an Hand von Stichproben Annahmen (sog. Hypothesen) über das Verteilungsgesetz in der Grundgesamtheit zu überprüfen.

Oft existiert über die unbekannte Verteilungsfunktion F oder ihre unbekannten Parameter, wie z. B. μ, σ^2, p, eine bestimmte Vorstellung, die in Gestalt einer statistischen Hypothese – mit H_0 (Nullhypothese) bezeichnet – formuliert wird.

Wird neben der Hypothese H_0 eine weitere Hypothese betrachtet, z. B. neben H_0: $F = F_0$ etwa H_1: $F = F_1(\neq F_0)$ oder H_1: $F > F_0$, so nennt man H_0 Nullhypothese und H_1 Alternativhypothese. Das Anliegen eines Tests zur Prüfung von H_0 (gegen H_1) ist es, eine Entscheidung zu treffen, ob die aus einer konkreten Stichprobe $(x_1, x_2, ..., x_n)$ entnommenen Angaben zur aufgestellten Hypothesen H_0 im Widerspruch stehen oder nicht, d. h. ob H_0 abzulehnen ist oder nicht.

Test zur Prüfung einer Wahrscheinlichkeit

Es sei A ein zufälliges Ereignis, das mit der Wahrscheinlichkeit $P(A) = p,\ p \in [0,1]$, eintritt. p sei unbekannt.

Zur Prüfung von $p = p_0$ ($p_0 \in [0,1]$ – vorgegeben) an Hand von n unabhängigen Versuchen verwendet man folgenden Signifikanztest:

1. Hypothese: H_0: $p = p_0$
2. Testgröße:

   $$T = \sum_{i=1}^{n} X_i,$$

   zufällige Anzahl des Eintretens von A in unabhängigen Versuchen, die Zufallsgröße X_i ist definiert durch:

   $$X_i = \begin{cases} 1 & \text{falls } A \text{ im } i\text{-ten Versuch eintritt} \\ 0 & \text{falls } A \text{ im } i\text{-ten Versuch nicht eintritt} \end{cases}$$

3. Kritischer Bereich:

   $$K^* := \left\{ t \,\middle|\, t > b_{1-\alpha_1} \text{ oder } t < b_{\alpha_2} \right\},$$

wobei $b_1 - \alpha_1$ bzw. b_{α_2} das Quantil der Ordnung $1-\alpha_1$ bzw. α_2 der Binomialverteilung mit den Parametern n und p_0 und $\alpha_1 + \alpha_2 = \alpha$ das gewählte Signifikanzniveau bezeichnen. In der Regel wählt man $\alpha_1 = \alpha_2 = \frac{\alpha}{2}$.

Für großes n gilt näherungsweise für das Quantil b_q der Ordnung q der Binomialverteilung:

$$b_q \sim n \cdot p_0 + z_q \cdot \sqrt{n \cdot p_0 \cdot (1-p_0)},$$

wobei z_q das Quantil der Ordnung q der standardisierten Normalverteilung bezeichnet.

4. Aufgrund einer konkreten Stichprobe $(x_1, x_2, ..., x_n)$ vom Umfang n – dabei ist $x_i = 1$, falls A im i-ten Versuch eingetreten ist, anderenfalls ist $x_i = 0$ $(i = 1, 2, ..., n)$ – berechnet man $t = \sum_{i=1}^{n} x_i$ und lehnt H_0 ab, falls t in K^* liegt, anderenfalls ist gegen H_0 nichts einzuwenden.

Da die Bestimmung der Quantile der Binomialverteilung mit mathematischen Verfahren sehr aufwendig ist, verwendet man, falls keine heuristische Näherung über eine entsprechende Software verfügbar ist, für $n \geq 20$ (bzw. $10 \leq n \cdot p_0 \leq n-10$) die (näherungsweise) Normalverteilung der Testgröße. Dabei wird i. Allg. $\alpha_1 = \alpha_2 = \frac{\alpha}{2}$ gewählt und H_0 abgelehnt, falls gilt:

$$\left| \frac{t - n \cdot p_0}{\sqrt{n \cdot p_0 \cdot (1-p_0)}} \right| > z_{1-\frac{\alpha}{2}}.$$

Prüfung von Korrelationskoeffizienten

Um die Hypothese H_0 zu prüfen, dass der Korrelationskoeffizient ρ zweier Merkmale, beschrieben durch Zufallsgrößen X und Y, gleich Null ist (also keine lineare Abhängigkeit zwischen X und Y vorliegt), geht man von einer zugehörigen Stichprobe (X_1,Y_1), ..., (X_n,Y_n) aus. Dann ist der Stichprobenkorrelationskoeffizient $\hat{\rho}$ eine Punktschätzung für ρ:

$$\hat{\rho} = \frac{\sum_{i=1}^{n}(X_i - \overline{X})\cdot(Y_i - \overline{Y})}{\sqrt{\sum_{i=1}^{n}(X_i - \overline{X})^2 \cdot \sum_{i=1}^{n}(Y_i - \overline{Y})^2}} \quad \text{mit}$$

$$\overline{X} = \frac{1}{n}\cdot\sum_{i=1}^{n} X_i \quad \text{und} \quad \overline{Y} = \frac{1}{n}\cdot\sum_{i=1}^{n} Y_i .$$

Ist (X,Y) normalverteilt, so besitzt

$$T = \sqrt{n-2}\cdot\frac{\hat{\rho}}{\sqrt{1-\hat{\rho}^2}}$$

– im Falle $\rho = 0$ – eine t-Verteilung mit $n-2$ Freiheitsgraden.

Ist nun für eine konkrete Stichprobe (x_1,y_1), ..., (x_n,y_n)

$$\tilde{\rho} = \frac{\sum_{i=1}^{n}(x_i - \overline{x})\cdot(y_i - \overline{y})}{\sqrt{\sum_{i=1}^{n}(x_i - \overline{x})^2 \cdot \sum_{i=1}^{n}(y_i - \overline{y})^2}}$$

der empirische Korrelationskoeffizient mit

$$\overline{x} = \frac{1}{n}\cdot\sum_{i=1}^{n} x_i \quad \text{und} \quad \overline{y} = \frac{1}{n}\cdot\sum_{i=1}^{n} y_i ,$$

so lehnt man die Hypothese H_0: $\rho = 0$ ab, falls

$$\tilde{t} = \sqrt{n-2}\cdot\frac{\tilde{\rho}}{\sqrt{1-\tilde{\rho}^2}} \in K^*$$

ist. Dabei bezeichnet

$$K^* = \left\{ t : |t| > t_{n-2;1-\frac{\alpha}{2}} \right\}$$

den kritischen Bereich mit dem Quantil $t_{n-2;1-\frac{\alpha}{2}}$ der Ordnung $1-\frac{\alpha}{2}$ $(0 < \alpha < 1$ – sog. Signifikanzniveau) einer t-Verteilung mit $n-2$ Freiheitsgraden.

Zur Konstruktion eines Tests zum Prüfen der Hypothese: $\rho = \rho_0$ $(0 < |\rho_0| < 1)$ verwendet man die sog. Fishersche Z-Transformierte

$$Z = \frac{1}{2}\cdot\ln\frac{1+\hat{\rho}}{1-\hat{\rho}} .$$

Dabei ist Z (asymptotisch, d. h. für große n) für $\rho = \rho_0$ normalverteilt mit dem Erwartungswert und der Varianz:

$$EZ \approx \frac{1}{2} \cdot \ln \frac{1+\rho_0}{1-\rho_0} + \frac{2\rho_0}{2(n-1)}, \quad \mathrm{var}(Z) \approx \frac{1}{n-3}.$$

Ist $\tilde{\rho}$ der empirische Korrelationskoeffizient, so lehnt man die Hypothese H_1: $\rho = \rho_0$ ab, falls

$$\tilde{t} = \left(z - \frac{1}{2} \cdot \ln \frac{1+\rho_0}{1-\rho_0} - \frac{\rho_0}{2(n-1)} \right) \cdot \sqrt{n-3} \in K^* \quad \text{mit} \quad z = \frac{1}{2} \cdot \ln \frac{1+\tilde{\rho}}{1-\tilde{\rho}}$$

gilt. Dabei ist $K^* = \left\{ t \,\middle|\, |t| > z_{1-\frac{\alpha}{2}} \right\}$ der kritische Bereich mit dem Quantil $z_{1-\frac{\alpha}{2}}$ der Ordnung $1-\frac{\alpha}{2}$ ($0 < \alpha < 1$ – sog. Signifikanzniveau) der standardisierten Normalverteilung.

Kritischer Bereich

Die grundsätzliche Aufgabenstellung der Testtheorie besteht darin, Methoden zur Überprüfung von Annahmen über unbekannte Parameter eines stochastischen Modells – sogenannte (statistische) Hypothesen – aufgrund von Stichproben anzugeben. Die Überprüfung einer Hypothese H_0 erfolgt mit Hilfe eines sog. statistischen Tests. Das Anliegen eines Tests besteht darin, aufgrund einer konkreten Stichprobe eine Entscheidung über Annahme oder Ablehnung einer vorliegenden Hypothese H_0 herbeizuführen. Liegt eine konkrete Stichprobe (x_1, ..., x_n) vor, so wird an Hand eines Tests also entweder die Entscheidung „Hypothese wird abgelehnt" oder die Entscheidung „Hypothese wird angenommen" getroffen. Damit lässt sich ein Test prinzipiell durch die Menge alle der (x_1, ..., x_n) charakterisieren, die die Entscheidung „Hypothese wird abgelehnt" bewirken. Diese Menge nennt man Ablehnungsbereich oder kritischer Bereich (der betrachteten Hypothese). Bezeichnet man mit H_A die Alternativhypothese zur (Null-)Hypothese H_0, so sind im Rahmen des Entscheidungsverfahrens folgende Fehler möglich:

	H_0 ist wahr ($\Leftrightarrow H_A$ ist falsch)	H_A ist wahr ($\Leftrightarrow H_0$ ist falsch)
H_0 wird abgelehnt	Entscheidung falsch (Fehler 1. Art)	Entscheidung richtig
H_0 wird nicht abgelehnt	Entscheidung richtig	Entscheidung falsch (Fehler 2. Art)

Dabei tritt ein Fehler 1. Art immer dann auf, wenn die konkrete Stichprobe in den kritischen Bereich (Ablehnungsbereich) von H_0 fällt und H_0 wahr ist. Der Fehler 2. Art tritt immer dann auf, wenn die konkrete Stichprobe nicht in den kritischen Bereich (Ablehnungsbereich) von H_0 fällt und H_A wahr ist.

Bei der einseitigen Fragestellung wird ein Quantil der Verteilung bestimmt, dessen Wert den einseitigen kritischen Bereich abgrenzt, bei der zweiseitigen Fragestellung werden zwei Quantile definiert, deren Werte einen zweiseitigen kritischen Bereich begrenzen.

Ein wichtiges Anwendungsgebiet für die einseitige und zweiseitige Fragestellung ist der t-Test zur Prüfung von Durchschnitten sowie von Regressionskoeffizienten bei Stichproben mit geringem Umfang.

Stochastische Optimierung

Lösungsverfahren, die einerseits auf deterministischer Basis die Maximierung oder Minimierung von Aufgaben mit zufälligen Größen und andererseits mit Hilfe von wahrscheinlichkeitstheoretischen oder/ und statistischen Methoden nichtzufällige Optimierungsaufgaben behandeln.

Man unterscheidet dabei folgende Aufgabenstellungen:

- Optimierungsaufgaben, bei denen die zu optimierende Funktion eine Zufallsgröße ist. Die benutzten Lösungsmethoden bedienen sich deterministischer Vorgehensweisen, wie z. B. Robbins-Monro-Prozess, Kiefer-Wolfonitz-Prozess, stochastische dynamische Optimierung.
- Optimierungsaufgaben, bei denen sowohl die zu optimierende Zielfunktion als auch die Nebenbedingungen als Zufallsgrößen beschrieben werden, die Lösungsmethoden jedoch auf deterministischen Algorithmen basieren. Sind die Zielfunktion und die Nebenbedingungen in linearer Form beschreibbar, so ist die stochastische lineare Optimierung (s. u.) der geeignete mathematische Kalkül.
- Optimierungsaufgaben, bei denen zur (i. Allg. näherungsweisen) Ermittlung eines Maximums (oder Minimums) einer Zielfunktion unter deterministischen (d. h. nichtzufälligen) Nebenbedingungen stochastische Methoden (random search) verwendet werden.

Die *stochastische lineare Optimierung* umfasst Methoden zur Lösung folgender Aufgabe:

$$z = \boldsymbol{c}^T \cdot \boldsymbol{x} \rightarrow \max \qquad \text{(Z)}$$

unter den Nebenbedingungen:

$$\boldsymbol{A} \cdot \boldsymbol{x} \leq \boldsymbol{b} \qquad \text{(N)}$$

$$\boldsymbol{x} \geq 0 \qquad \text{(NN)}$$

Dabei können sowohl die Komponenten des Vektors $\boldsymbol{c}$, der die lineare Zielfunktion beschreibt, als auch die Elemente der Matrix $\boldsymbol{A}$ und des Vektors $\boldsymbol{b}$ Zufallsgrößen (also „vom Zufall" abhängige Größen) sein.

Da somit die Aufgabenstellung (Z) mit (N), (NN) nur realisierungsweise interpretierbar ist, werden – sinnvollerweise – Ersatzzielfunktionen zu betrachten, die das stochastische in ein (geeignetes) deterministisches Optimierungsproblem überführen.

Ist ausschließlich der Vektor $\boldsymbol{c}$ in (Z) zufällig, so wird die Zielfunktion in folgender Weise substituiert:

- Mittelwertoptimierung („Erwartungswertmaximierung")

  $E(\boldsymbol{c}^T \cdot \boldsymbol{x}) \rightarrow \max$

  (Die Zielfunktion wird „im Mittel" maximiert.)
- Wahrscheinlichkeitsmaximierung (für vorgegebenen Wert z_o)

  $P(\boldsymbol{c}^T \cdot \boldsymbol{x} \geq z_o) \rightarrow \max$

  (Die Wahrscheinlichkeit dafür, dass die Zielfunktion Werte größer oder gleich z_o annimmt, wird maximiert.)

Falls in den Nebenbedingungen (N) auch Zufallsgrößen auftreten, werden sog. Zulässigkeitsbereiche B_1, B_2 in Abhängigkeit vorgebbarer Niveaus

$$a_i \,(0 \leq a_i \leq 1; \quad i = 1, \ldots, m) \quad \text{eingeführt:}$$

$$P\left(\sum_{j=1}^{m} A_{ij} \cdot x_j \leq b_i \right) \geq \alpha_i \quad (i = 1, \ldots, m) \quad \text{mit}$$

$$\boldsymbol{A} = (A_{ij})_{\substack{i=1,\ldots,m, \\ j=1,\ldots,n}} \quad \boldsymbol{b} = (b_1, \ldots, b_m)^T \quad \textit{und} \quad \boldsymbol{A} \in B_1, \quad \boldsymbol{b} \in B_2$$

Diese „eingeschränkten" Probleme werden als (nichtzufälliges) Optimierungsproblem behandelt.

Die *Kostenoptimierung eines stochastischen Wartesystems* mit parallel angeordneten, untereinander gleichwertigen, generell zuverlässigen Bedienstellen und poisson-verteilt einlaufenden Forderungen, die ohne Feedback stationär und ordinär bedient werden, geht davon aus, dass

- die Systemkosten mit der Anzahl s der Bedienstellen wachsen,
- die durch den Aufenthalt der Forderungen verursachten Wartekosten sinken.

Die Systemkapazität ist größer als der Strom der Forderungen. Das heißt, dass alle eintreffenden Forderungen prinzipiell bedient werden können und dass auch bei besetzten Bedienstellen jede eingehende Forderung unbedingt auf Abfertigung wartet. Dabei gilt die Annahme, dass der Forderungenstrom mit der Ankunftsrate λ einläuft. Damit gilt für die Ankunftsrate λ und die Bedienrate μ:

$$\lambda < \mu \cdot s,$$

wobei die Generationszeit exponentialverteilt ist. Jede Reduzierung oder Erhöhung der optimalen Anzahl von Bedienstellen verteuert die Abfertigung.

Kostenmodell mit exponentialverteilter Bedienzeit

Die Suche nach der optimalen Anzahl s von Bedienstellen eines Wartesystems mit der Ankunftsrate der Forderungen λ und der Bedienrate μ unter Beachtung der Verkehrsdichte ρ verfolgt das Kostenminimum für das System, ausgedrückt im Systemkostensatz K. Die Betriebskosten werden zum einen durch den Aufwand für die Abfertigung bestimmt, gestützt auf den Kostensatz k_b einer Bedienstelle, zum anderen durch die Kosten der Aufenthaltsdauer der Forderungen, gestützt auf den Wartekostensatz k_w für eine Forderung. Eine tiefere Unterteilung des Kostenverhaltens entfällt aufgrund der Kostenidentität zwischen ausgelasteten und nicht ausgelasteten Bedienstellen.

Die Nullwahrscheinlichkeit p_0 und die Wartewahrscheinlichkeit p_w, die mittlere Wartezeit Ω einer Forderung und die mittlere Warteschlangenlänge Ξ sind weitere, mit der Kostenberechnung zusammenhängende Parameter des Wartesystems.

$$K = \underset{s>\rho}{\mathrm{Min}}\left\{k_b \cdot s + k_w \cdot \Xi\right\}$$

$$\Omega = \frac{\Xi}{\lambda}, \quad \Xi = \frac{p_w \cdot \rho}{s-\rho}, \quad \rho = \frac{\lambda}{\mu}$$

$$p_w = \frac{p_0 \cdot \rho^s}{(s-1)! \cdot (s-\rho)}$$

$$p_0 = \frac{(s-1)! \cdot (s-\rho)}{\sum\limits_{r=0}^{s-1} \frac{\rho^r}{r!} \cdot (s-1)! \cdot (s-\rho) + \rho^s}$$

Beispiel: Die kostenoptimale Besetzung einer Werkstattausgabe im Musterbau soll ermittelt werden. Durch eine Analyse der zeitlichen Verteilung der seitens der Mitarbeiter an die Werkstattausgabe erhobenen Forderungen nach Unterlagen, Betriebsmitteln usw. wurde festgestellt, dass diese einem Poisson-Prozess mit bekannter Ankunftsrate λ entsprechen. Die exponentiell verteilte Ausgabe durch einen Mitarbeiter dauert im Durchschnitt fünf Minuten, aus der die Bedienrate μ resultiert. Ein Arbeitsplatz in der Werkstattausgabe verursacht, unabhängig davon, ob abgefertigt wird oder nicht, einen Kostensatz k_b. Unter Beachtung des Kapazitätsausfalls in der Fertigung und der hochqualifizierten Mitarbeiter, die die Werkzeugausgabe frequentieren, ergibt sich der Wartekostensatz k_w.

Ankunftsrate	λ	=	20	1/h
Mittlere Leistung einer Bedienstelle	μ	=	12	1/h
Wartekostensatz	k_w	=	585,45	€/h
Kostensatz der Werkstattausgabe	k_b	=	64,05	€/h
Lösung: Kostensatz des Systems	K	=	203,12	€/h
Mittlere Wartezeit einer Forderung	Ω	=	1,12	min
Mittlere Warteschlangenlänge	Ξ	=	0,37	%
Wartewahrscheinlichkeit	p_w	=	29,98	%
Verkehrsdichte oder -wert	ρ	=	1,67	
Kostenminimale Bedienstellenanzahl	s	=	3	

Kostenmodell mit beliebig verteilter Bedienzeit

Die bisherige Voraussetzung, dass die Bedienzeit exponentiell verteilt ist, wird aufgegeben und zugelassen, dass für die Abfertigung einer Forderung durch eine Bedienstelle irgendeine Verteilung mit dem Mittelwert $\frac{1}{\mu}$ existiert. Es wird ein Wartesystem betrachtet, das einer Poisson-Verteilung gehorcht, Normalverhalten zeigt und eine feste Anzahl s von Bedienstellen hat. Die Einführung des sog. *Variationskoeffizienten der Bedienzeit v*, dem Verhältnis der Standardabweichung σ der Bedienzeit zur mittleren Bedienzeit μ, ist mit folgenden Näherungen verbunden:

- *Wartewahrscheinlichkeit* p_w:

$$p_w \approx \frac{\rho^s \cdot p_0}{(s-1)! \cdot (s-\rho)}$$

- Erwartungswert für die mittlere *Warteschlangenlänge* Ξ:

$$\Xi \approx \frac{1+v^2}{2} \cdot \frac{\rho \cdot P_W}{s-\rho} \qquad (1)$$

■ Erwartungswert für die *Wartezeit* Ω:

$$\Omega \approx \frac{1+v^2}{2} \cdot \frac{1}{\lambda} \cdot \frac{\rho \cdot P_W}{s-\rho}$$

Mit dem Einsetzen der Näherung (1) in die Kostenbeziehung

$$K = s \cdot k_b + \Xi \cdot k_w \qquad (2)$$

mit hinreichend genauen Werten für praktische Anwendungen, erhält man die gesuchte Approximation für die Kostenfunktion des Wartesystems

$$K \approx s \cdot k_b + \frac{1+v^2}{2} \cdot \frac{\rho \cdot P_W}{s-\rho} \cdot k_w. \qquad (3)$$

Die Kostenbeziehungen (2) und (3) für ein offenes Wartesystems zeigen die Eigenschaften einer Poisson-Verteilung unter der Bedingung:

$$s \cdot \mu > \lambda.$$

Unter Berücksichtigung des sog. *Variationskoeffizienten der Bedienzeit v* wird der Näherungsfaktor *f* eingeführt:

$$f = \frac{1+v^2}{2} = \frac{\mu \ \ + \sigma^2}{2 \cdot \mu} \quad \text{mit} \quad v = \frac{\sigma}{\mu}.$$

Der Verzicht auf die Beschränkung einer exponentiell verteilten Bedienzeit mit der Bedingung $\mu > \lambda$ erlaubt, die Näherungen (1) und (3) als hinreichend genaue Beziehungen anzusehen und die Näherungszeichen in den Formeln (1) und (3) durch Gleichheitszeichen zu ersetzen.

$$K = \operatorname*{Min}_{s>\rho}\left\{k_b \cdot s + f \cdot k_w \cdot \Xi\right\}$$

$$f = \frac{\mu^2 + \sigma^2}{2 \cdot \mu^2}$$

$$\Omega = \frac{\Xi}{\lambda}, \quad \Xi = \frac{p_w \cdot \rho}{s-\rho}, \quad \rho = \frac{\lambda}{\mu}$$

$$p_w = \frac{p_0 \cdot \rho^s}{(s-1)! \cdot (s-\rho)}$$

$$p_0 = \frac{(s-1)! \cdot (s-\rho)}{\sum\limits_{r=0}^{s-1} \frac{\rho^r}{r!} \cdot (s-1)! \cdot (s-\rho) + \rho^s}$$

Beispiel: Für den Werkverkehr soll eine kostenoptimale Fahrzeugausstattung ermittelt werden. Stündlich ist mit der Forderung auf Abfertigung von drei Transportaufträgen zu rechnen, deren Ankunft einer Poisson-Verteilung mit der Ankunftsrate λ gerecht wird: Für einen Transportauftrag liegt eine mittlere Leistung der Bedienstelle μ mit einer relativ großen Standardabweichung der Bedienrate σ vor. Die Stundenkostensätze für den Betrieb eines Fahrzeuges und das Warten eines Auftrages wurden kalkuliert. Das Warten eines Transportauftrages verursacht in etwa das Dreieinhalbfache an Kosten gegenüber dem Einsatz eines Fahrzeuges.

Ankunftsrate	λ	=	3,00	1/h
Bedienrate	μ	=	1,25	1/h
Kostensatz des Transports	k_b	=	71,27	€/h
Wartekostensatz	k_w	=	247,91	€/h
Standardabweichung der Bedienrate	σ	=	0,82	1/h
Lösung: Kostensatz des Systems	K	=	362,54	€/h
Wartezeit einer Forderung	Ω	=	2,10	min
Mittlere Warteschlangenlänge	Ξ	=	0,10	%
Näherungsfaktor	f	=	0,72	
Wartewahrscheinlichkeit	p_w	=	11,35	%
Verkehrsdichte oder -wert	ρ	=	2,40	
Kostenoptimale Bedienstellenanzahl	s	=	5	

Beim Einsatz von fünf Fahrzeugen tritt ein kostenminimaler Betrieb des Werkverkehrs ein, der günstige Parameter für die Auftragsabfertigung aufweist: Bei einer Wartewahrscheinlichkeit von reichlich elf Prozent beträgt die mittlere Wartezeit lediglich etwas über zwei Minuten, und nur ein Zehntel der Aufträge befindet sich in einer Warteschlange.

Student-Verteilung (*t*-Verteilung)

Eine stetig verteilte Zufallsgröße X heißt student-verteilt (oder t-verteilt) mit n Freiheitsgraden ($n \in \mathbb{N}$), wenn sie die folgende Wahrscheinlichkeitsdichte besitzt:

$$f_X(x) = \frac{\Gamma\left(\frac{n+1}{2}\right)}{\Gamma\left(\frac{n}{2}\right) \cdot \sqrt{\pi \cdot n}} \cdot \left(1 + \frac{x^2}{n}\right)^{-\frac{n+1}{2}} \qquad (-\infty < x < \infty).$$

Ist $(X_1, \ldots, X_n)$ eine Stichprobe vom Umfang n ($n > 1$) aus der einer normalverteilten Grundgesamtheit mit $EX_i = \mu$ ($i = 1, \ldots, n$), so ist

$$t = (\overline{X} - \mu) \cdot \sqrt{\frac{n}{S^2}} \quad \text{mit}$$

$$\overline{X} = \frac{1}{n} \cdot \sum_{i=1}^{n} X_i \quad \text{(Stichprobenmittel)} \quad \text{und}$$

$$S^2 = \frac{1}{n-1} \cdot \sum_{i=1}^{n} (X_i - \overline{X})^2 \quad \text{(Stichprobenvarianz)}$$

t-verteilt mit $n - 1$ Freiheitsgraden.

***t*-Test (auch: Student-Test):** Unter dieser Bezeichnung werden zwei statistische Tests (A), (B) zusammengefasst, die der Prüfung von Hypothesen über die Erwartungswerte normalverteilter Zufallsgrößen dienen und bei denen die t-Verteilung eine Rolle spielt.

(A) Test zum Prüfen einer Hypothese über den Erwartungswert μ einer normalverteilten Zufallsgröße X bei unbekannter Varianz anhand einer konkreten Stichprobe $(x_1, ..., x_n)$ aus der zu X gehörenden Gesamtheit (sog. einfacher t-Test).

1. Hypothese H_0: $\mu = \mu_0$ (μ_0 – Sollwert)
2. Testgröße: $T = \dfrac{\sqrt{n} \cdot (\overline{X} - \mu_0)}{\sqrt{S^2}}$

   ($\overline{X}$ – Stichprobenmittel, S^2 – Stichprobenvarianz)
3. Kritischer Bereich: $K^* = \left\{ t \,\middle|\, |t| > t_{n-1;1-\frac{\alpha}{2}} \right\}$;

   $t_{n-1;1-\frac{\alpha}{2}}$ ist das Quantil der Ordnung $1 - \dfrac{\alpha}{2}$ der t-Verteilung mit $n - 1$ Freiheitsgraden. $\alpha\ (> 0)$ ist das Signifikanzniveau.
4. Praktische Durchführung: Anhand der konkreten Stichprobe $(x_1, ..., x_n)$ ermittelt man

   $$\bar{x} = \frac{1}{n} \cdot \sum_{i=1}^{n} x_i \quad \text{und} \quad s^2 = \frac{1}{n-1} \cdot \sum_{i=1}^{n} (x_i - \bar{x})^2 \quad \text{und damit}$$

   $$t = \frac{\sqrt{n} \cdot (\bar{x} - \mu_0)}{\sqrt{s^2}}$$

   und entscheidet so: Gilt $t \in K^*$, so lehnt man (bei Wahl von α) die Hypothese H_0: „Der Erwartungswert ist gleich μ_0" ab. Im anderen Fall ist gegen H_0 nichts einzuwenden.

(B) Test zum Prüfen über die Gleichheit der Erwartungswerte μ_X, μ_Y zwei normalverteilter Zufallsgrößen X, Y mit $\text{var}(X) = \text{var}(Y)$ anhand konkreter Stichproben $(x_1, ..., x_m)$ und $(y_1, ..., y_m)$ aus der zu X bzw. Y gehörenden Gesamtheit (sog. doppelter t-Test).

1. Hypothese H_0: $\mu_X = \mu_Y$
2. Testgröße:

$$T = \frac{\overline{Y} - \overline{X}}{\sqrt{(m-1) \cdot S_X^2 + (n-1) \cdot S_Y^2}} \cdot \sqrt{\frac{m \cdot n \cdot (m+n-2)}{m+n}},$$

   dabei sind $\overline{X}$ bzw. $\overline{Y}$ das Stichprobenmittel und S_X^2 bzw. S_Y^2 die Stichprobenstreuung der Stichprobe vom Umfang m bzw. n an der zu X bzw. Y gehörenden Gesamtheit.

3. Kritischer Bereich: $K^* = \left\{ t \middle| \, |t| > t_{m+n-2;1-\frac{\alpha}{2}} \right\};$

   $t_{m+n-2;1-\frac{\alpha}{2}}$ – Quantil der Ordnung $1 - \frac{\alpha}{2}$ der t-Verteilung mit $m + n - 2$ Freiheitsgraden. $\alpha\ (> 0)$ ist das Signifikanzniveau.

4. Praktische Durchführung: Anhand der konkreten Stichproben $(x_1, ..., x_m)$ und $(y_1, ..., y_m)$ berechnet man $\overline{x}, \overline{y}, s_x^2, s_y^2$ und daraus

$$t = \frac{\overline{y} - \overline{x}}{\sqrt{(m-1) \cdot s_X^2 + (n-1) \cdot s_Y^2}} \cdot \sqrt{\frac{m \cdot n \cdot (m+n-2)}{m+n}}$$

   und entscheidet so: Gilt $t \in K^*$, so lehnt man die Hypothese H_0: „die Erwartungswerte sind gleich" ab. Im anderen Fall ist gegen H_0 nichts einzuwenden.

Stundenzuwachskurve

Schwanenhalskurve zur Beschreibung der Verteilung der kalkulierten oder beanspruchten Normalzeit in einem Leistungsprozess über seiner Dauer. Ihre Berechnung und die damit erzielten Ergebnisse sind von Bedeutung für das strategische und taktische Management zur Gestaltung der Leistungsprozesse sowie für das Controlling. Sie dienen der Projektplanung, insbesondere bei der zeitlichen Abstimmung der technologischen Kapazitäten mit dem Kapazitätsbedarf für die Erledigung der Aufträge, bei der damit verbundenen Terminplanung der Leistungserfüllung und bei der Verfolgung des Kostenzuwachses.

Die diskreten Werte des Stundenzuwachses bis zu einer bestimmten Periode t_i, $i = 1, \ldots, T$, werden durch die Kumulation der mittlerweile über der Leistungsdauer T benötigten Normalzeit der Leistungserstellung h_i bis zum Erreichen der gesamten Normalzeit h_T ausgedrückt, ihre mathematische Darstellung erfolgt i. Allg. aber mittels einer stetigen Funktion (Bild S.5), der sog. Stundenzuwachsfunktion.

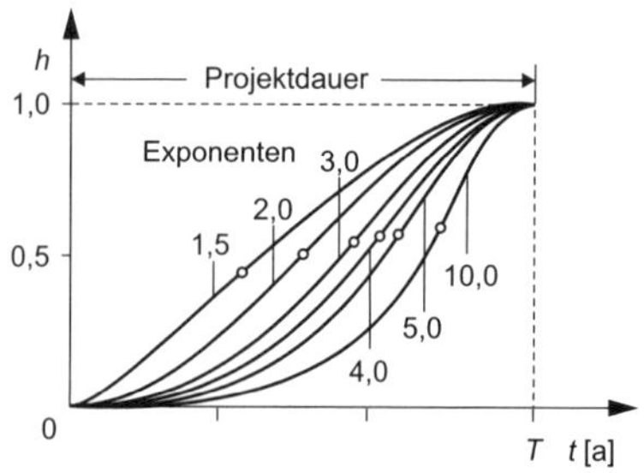

Bild S.5: Stundenzuwachskurven in Abhängigkeit vom Verteilungsexponenten der Stundenzuwachsfunktion

$$h(t) = h_T \cdot \left(\sin \frac{\pi \cdot t}{2 \cdot T} \right)^{\alpha} \Leftrightarrow [h_g, \alpha] \equiv \sum_{i=1}^{n} (h(t_i) - h_i)^2 \rightarrow \text{Min}$$

$$\Delta h_i = \frac{h(t_i) - h_i}{h_i}$$

Beispiel: Die SISYPHOS AG benötigt zur besseren Vorplanung ihrer Projekte eine Analyse des Stundenzuwachses bei der Projektrealisierung. Die Projektleitung verfügt für eine Reihe erledigter Vorhaben über eine Stichprobe der abgerechneten Leistungen (Tabelle S.12). Die Parameterwerte der Stundenzuwachsfunktion sollen aus der Verteilung dieser kumulierten Normalzeiten approximiert und die Abweichungen Δh_i der Funktionswerte von den Abrechnungsdaten ausgegeben werden (Tabelle S.13).

Tabelle S.12: Kumulativer Stundenzuwachs über der Leistungsdauer

i	*t* [Mon.]	*h* [h/Mon.]	*i*	*t* [Mon.]	*h* [h/St.]
1	1	97,30	7	7	4248,65
2	2	407,33	8	8	5104,72
3	3	923,17	9	9	5844,92
4	4	1615,42	10	10	6415,91
5	5	2493,76	11	11	6775,13
6	6	3338,21	12	12	6898,90

Lösung: Normalzeit für das Projekt	h_T	=	6895,30	h
Umfang der Stichprobe	n	=	12	
Leistungsdauer	T	=	12	Mon.
Verteilungsexponent	α	=	2,08333	

Tabelle S.13: Abweichungen des funktionellen vom abgerechneten Stundenzuwachs

i	*t* [Mon.]	Δ*h* [‰]	*i*	*t* [Mon.]	Δ*h* [‰]
1	1	18,94	7	7	2,13
2	2	13,18	8	8	1,01
3	3	9,69	9	9	0,32
4	4	7,22	10	10	– 0,02
5	5	– 16,82	11	11	– 0,32
6	6	3,38	12	12	– 0,52

Allgemein gilt weiterhin: Aus der ersten Ableitung der Stundenzuwachsfunktion:

$$\dot{h}(t) = h_T \cdot \frac{\alpha \cdot \pi}{2 \cdot t} \cdot \left(\sin \frac{\pi \cdot t}{2 \cdot T} \right)^{\alpha - 1} \cdot \cos \frac{\pi \cdot t}{2 \cdot T},$$

wird der auf die einzelnen Abrechnungsperioden t entfallende absolute Anteil an Normalzeit ermittelt.

Falls der Gesamtaufwand h_T und die Periode t_h mit dem höchsten Anfall an Normalzeit bekannt ist, wird aus dem Modell:

$$\alpha = 1 + \tan^2 \frac{\pi \cdot t_h}{2 \cdot t_d},$$

mit Hilfe dieser Wendestelle t_h der Stundenzuwachskurve der Verteilungsexponent α berechnet. Mit dieser einfachen Bestimmung des Stundenzuwachses ist für den Projektentwurf ein plausibles Verfahren verfügbar, um die Aufwandsverteilung zu ermitteln.

T

Törnquist-Funktion

Die Törnquist-Funktion und ihre Modifikation dienen der Beschreibung von Nachfrageprozessen. Sie realisieren beim Aufschwung und Abschwung der Nachfrage ein degressives Sättigungsverhalten und unterscheiden sich damit grundsätzlich von den Schwanenhalsfunktionen.

Dem mathematischen Ansatz der weit verbreiteten logistischen Funktion liegt die Differenzialgleichung

$$\dot{y} = \alpha \cdot y \cdot (y_S - y)$$

zugrunde. Er geht davon aus, dass die zeitliche Bestandszunahme dem Produkt aus aufgebautem Bestand y und der Variationsbreite zwischen Sättigungswert y_S und Bestand $y_S - y$ dem Faktor α proportional ist. Die Entwicklung der Törnquist-Funktion dg/dt beruht anstelle dieses festen Proportionalitätsfaktors α auf einer von der Zeit abhängigen Proportionalitätsbeziehung $\kappa(t)$:

$$\kappa(t) = \frac{1}{g_s \cdot t}, \quad t > 0, \quad g_s = \text{konst.}$$

Sie drückt aus, dass die Proportionalität mit der Zeit abnimmt:

$$\lim_{t \to \infty} \kappa(t) = 0, \quad \lim_{t \to 0} \kappa(t) = \infty.$$

In die Differenzialgleichung der logistischen Funktion

$$\frac{\mathrm{d}g}{\mathrm{d}t} = \kappa(t) \cdot g \cdot (g_s - g)$$

eingesetzt, entsteht eine Differenzialgleichung, aus der mit der neuen Anfangsbedingung die konvex gekrümmte Törnquist-Funktion folgt:

$$\frac{\mathrm{d}g}{\mathrm{d}t} = g \cdot \frac{g_s - g}{g_s \cdot t}.$$

Steigende Törnquist-Funktion mit konvexer Krümmung

Bei bestimmten Marktsituationen und Verkaufsgütern ist eine mit der Zeit abnehmende Nachfrage $g(t)$ festzustellen. Wenn innovative Produkte nachgefragt werden, ist das typisch für Törnquist-Funktionen mit konvexer Krümmung (Bild T.1). Anfangs konzentriert sich viel Kaufkraft, die sich allmählich verringert, während die Nachfrage dann dem konstanten Sättigungswert g_S zustrebt, der definitionsgemäß alle Nachfragegrößen g_t, $t = 1, 2, \ldots, T < \infty$, übersteigt: $g_S > g_t$.

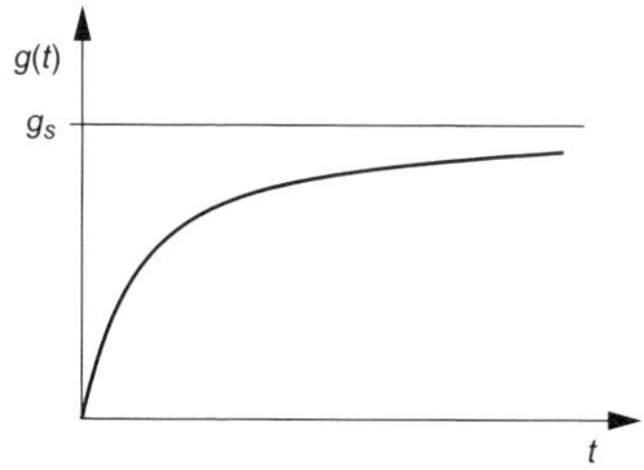

Bild T.1: Konvexe Kurve der Törnquist-Funktion mit Sättigungswert g_s

$$g(t) = \frac{g_s \cdot t}{t + a_1}, \; g_s > g_t, \; a_1 > 0 \;\Leftrightarrow\; [a_1, g_s] \equiv \sum_{i=1}^{n} (g(t_i) - g_i)^2 \to \text{Min}$$

Beispiel: Die SCHNELLBRETT GMBH hat ein neuartiges Skizubehörteil zu Beginn der Skisaison auf den Markt gebracht. Die Marketingabteilung hat über mehrere Wochen die Umsätze in einer Wintersportregion erfasst und in einer Stichprobe aufbereitet (Tabelle T.1). Die Parameterwerte der Törnquist-Funktion sollen geschätzt werden.

Tabelle T.1: Wöchentliche Umsätze in einer Wintersportregion

t [Woche]	*g* [€/Woche]	*t* [d]	*t* [Woche]	*g* [€/Woche]	*t* [d]
1	116,52	5	6	196,34	30
2	147,48	10	7	201,01	35
3	168,83	15	8	204,72	40
4	181,27	20	9	207,69	45
5	190,06	25	10	210,12	50

Lösung: Funktionskonstante a_1 = 1,06261 1/d
Sättigungswert der Funktion g_s = 231,11 €/Woche
Umfang der Stichprobe n = 10

Fallende Törnquist-Funktion mit konkaver Krümmung

Die inverse Törnquist-Funktion mit konkaver Krümmung bietet sich zur Berechnung der Nachfrageentwicklung bei einer Marktüberflutung mit preisgünstiger Ware an, für die der Verbraucher für eine Angebotsmenge sog. Schnäppchenpreise zu zahlen hat. Bei degressiver Abnahme der Funktionswerte spiegelt sich die Kurve an der horizontalen Geraden in der Höhe des Sättigungswertes g_s (Bild T.2) der Törnquist-Funktion mit konvexer Krümmung, wobei dieser stets kleiner ist ($g_S < g_t$) als die Nachfragegrößen g_t, $t = 1, 2, \ldots, T < \infty$.

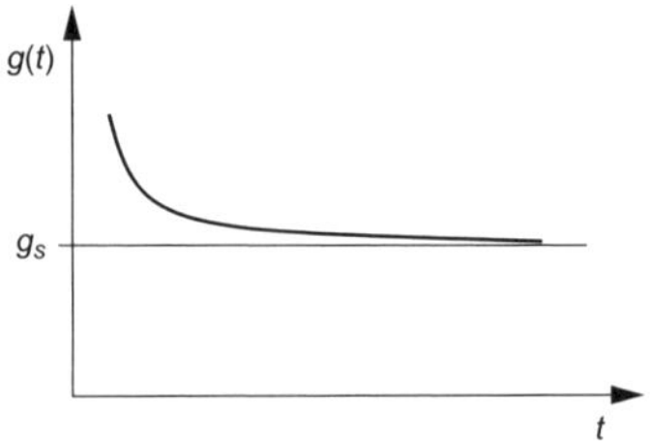

Bild T.2: Kurve der gespiegelten Törnquist-Funktion

$$g(t) = \frac{g_s \cdot t}{t + a_1},\ g_s < g_t,\ a_1 < 0 \Leftrightarrow [a_1, g_s] \equiv \sum_{i=1}^{n} (g(t_i) - g_i)^2 \to \text{Min}$$

Beispiel: Die Geschäftsführung des Kaufmarktes HEILPREIS GMBH wertete die Daten einer Stichprobe über die Tagesumsätze des Sommerschlussverkaufs aus und stellte fest, dass die Umsätze systematisch abfallen (Tabelle T.2, Spalte *g*). Die Parameterwerte der Törnquist-Funktion a_1, g_s sollen approximiert werden.

Tabelle T.2: Tagesumsätze des Sommerschlussverkaufs

t [d]	*g* [€/d]	*t* [d]	*g* [€/d]
1	737913,87	6	279308,90
2	326233,82	7	278048,40
3	302722,90	8	270948,04
4	292130,77	9	267877,77
5	281769,62	10	260797,55

Lösung: Funktionskonstante	a_1	=	– 0,67233	1/d
Sättigungswert der Funktion	g_s	=	240510,93	€/d
Umfang der Stichprobe	n	=	10	

Modifizierte Törnquist-Funktion

Die Modifizierung einer Törnquist-Funktion entsteht durch deren Transformation des Kurvenursprungs von Null aus in positiver Richtung; im vorliegenden Fall wird eine steigende Törnquist-Funktion (Bild T.3) betrachtet, bei der die Nachfrage dem Sättigungswert g_S zustrebt, der alle Nachfragegrößen g_t, $t = 1, 2, \ldots, T < \infty$, übersteigt: $g_S > g_t$.

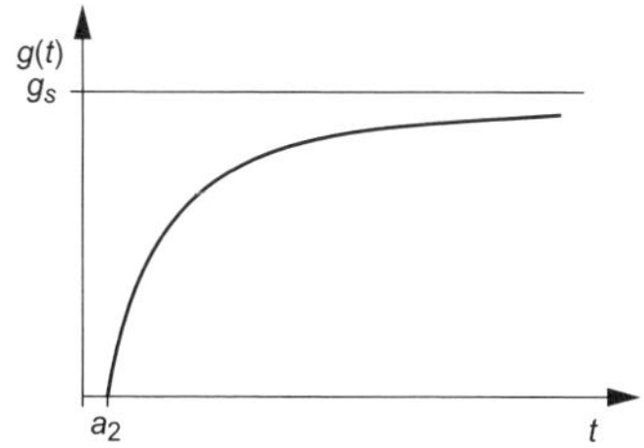

Bild T.3: Kurve der modifizierten Törnquist-Funktion

$$g(t) = g_s \cdot \frac{t - a_2}{t + a_1}, \quad g_s > g_t, \quad a_2 > 0, \quad a_1 > -a_2$$

$$[a_1, g_s] \equiv \sum_{i=1}^{n} (g(t_i) - g_i)^2 \rightarrow \text{Min}$$

Beispiel: Die Geschäftsführung der SCHNELLBRETT GMBH reagiert auf die Ankündigung eines verspäteten Winteranfangs, in dem sie ihre konzentrierte Werbung für einen neuen windschlüpfigen Skianzug um eine Woche (a_2 = 7 d) verschiebt; sie unterstellt zusätzlich einen zunächst stagnierenden Absatz für das Produkt. Zur Abschätzung der Nachfrageentwicklung verschiebt das Marketing der SCHNELLBRETT GMBH die im vergangenen Jahr erzielten Umsätze *g* für ein ähnliches Produkt um sieben Tage (Tabelle T.3) und ermittelt daraus neben den beiden anderen Parameterwerten der modifizierten Törnquist-Funktion auch den Lag a_2.

Tabelle T.3: Umsatzentwicklung nach einer verzögerten Markteinführung

t [d]	*g* [€/d]	*t* [d]	*g* [€/d]	*t* [d]	*g* [€/d]
7	100,00	30	3088,60	50	5081,00
15	1196,20	35	3726,70	55	5599,10
20	2000,40	40	4194,80	60	6217,20
25	2690,50	45	4762,90		

Lösung: Funktionskonstante a_1 = 52,56439 d
Transformationskonstante a_2 = 7,81803 d
Sättigungswert der Funktion g_s = 12434,40 €/d
Umfang der Stichprobe n = 10

Transportentfernung

Abstand zwischen dem Anfangs- und dem Endpunkt der Ortsveränderung von Gütern oder Personen über Verkehrswege wie Trassen, Straßen usw.

Neben der Wegstrecke ist die Transportmenge, gemessen in Tonnen, Stückzahlen bzw. Anzahl der Personen, der zweite Bestandteil der Transportleistungsberechnung. Im Personenverkehr wird die mittlere Reiseweite auf die von einem beförderten Fahrgast durchschnittlich zurückgelegte Tarifentfernung bezogen. Anstelle der Lasten sind dementsprechend die Personen in die Berechnung zu übernehmen. Dabei sind folgende Größen zu betrachten:

1. Die mittlere Versandweite ist die Tarifentfernung s, die der Frachtberechnung zugrunde liegt:

   $$\overline{V} = \frac{1}{\sum\limits_{i=1}^{n} T_i} \cdot \sum_{i=1}^{n} (s \cdot T)_i .$$

   Sie ist ein Maß für die Transportleistung und repräsentiert die der Frachtberechnung zugrunde gelegte durchschnittliche Tarifentfernung je Tonne Güterverkehrsmenge.
2. Die mittlere Transportweite ist die beim Transport durchschnittlich zurückgelegte Entfernung w:

   $$\overline{T} = \frac{1}{\sum\limits_{i=1}^{n} T_i} \cdot \sum_{i=1}^{n} (w \cdot T)_i .$$

   Sie ist ein Maß für die Betriebsleistung und weist die beim Transport tatsächlich durchschnittlich je transportierte Tonne Gut zurückgelegte Entfernung aus.
3. Die Umwegkennzahl:

   $$k_U = \frac{\overline{T}}{\overline{V}} - 1.$$

   Der Quotient drückt die Relation der mittleren Transportweite zur mittleren Versandweite aus und gestattet Rückschlüsse auf die Wirtschaftlichkeit des Güterverkehrs.

Beispiel: Die Fuhrparkleitung der GLOBETROTTER AG erfasst die täglich abgerechnete Transportleistung (Tabelle T.4) und ermittelt aus der Transportroute *s*, dem wirklichen Transportweg *w* und der Gütermenge *T* die Transport- und Streckenkennzahlen.

Tabelle T.4: Abrechnung eines Tagesplanes der Transporte

i	*s* [km]	*w* [km]	*T* [t]	*i*	*s* [km]	*w* [km]	*T* [t]
1	259,90	293,21	34,00	4	258,09	291,23	32,50
2	111,33	139,35	75,00	5	987,12	999,27	87,60
3	198,29	219,62	50,40	6	227,76	271,97	46,22

Lösung: Mittlere Transportweite	$\overline{T}$ =	433,07	km
Mittlere Versandweite	$\overline{V}$ =	407,00	km
Umwegkennzahl	k_U =	6,41	%

Transportgrößenoptimierung

Numerisches Verfahren zur Lösung der Aufgabe, die Anzahl a eigener Fahrzeuge so zu bemessen. dass die Kosten K(a) eines Fuhrpark eine minimale Größe (Bild T.4) *für eine in ihrer zeitlichen Verteilung nicht bekannte Transportleistung annehmen. Es beruht auf der Monte-Carlo-Methode, die es erlaubt, betriebswirtschaftliche Prozesse zufälligen Charakters nachzubilden (zu simulieren). Zudem können Vorgänge modelliert werden, die deterministisch, aber wegen ihrer hohen Komplexität schwer zu behandeln sind.*

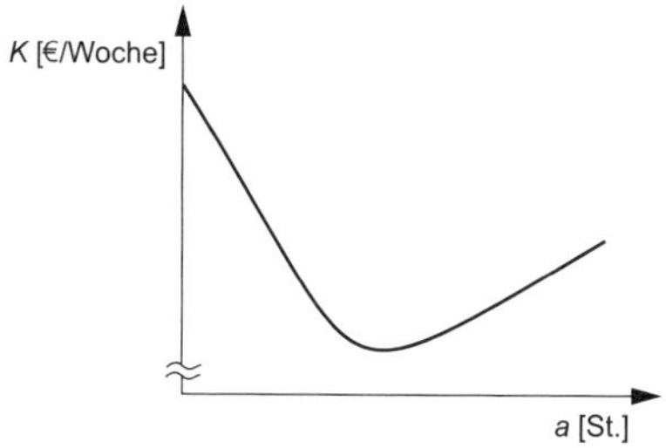

Bild T.4: Kostenverlauf *K* der Transporte über der Fuhrparkgröße *a* (schematische Darstellung)

Die Methode der Transportgrößenoptimierung erlaubt es auch, betriebswirtschaftliche, von zufälligen Ereignissen beeinflusste Prozesse mittels einfacher Modelle zu erfassen.

Die einzelnen Schritte sind: 1. Formulierung des Problems in einem Modell; 2. Erzeugung von Zufallszahlen; 3. Verarbeitung der Zufallszahlen für die Problemlösung; 4. Lösung des Problems, möglichst durch eine entsprechende Optimierung; 5. Auswertung der Ergebnisse.

Für die Optimierung sind folgende Daten erforderlich: Die Maximalanzahl der im Fuhrpark einsetzbaren Fahrzeuge *C*, die Tage *d* einer Fahrtperiode, an denen Güter ausgefahren werden, der Kostensatz je eigenes Fahrzeug k_f, der Kostensatz je fremdbefördertes Gut k_p, die mittlere Tageslosgröße eines Fahrzeuges $\overline{n}$, die Streuung der mittleren Tageslosgröße $s_{\overline{n}}$, die Streuung des mittleren täglichen Gutanfalls $s_{\overline{x}}$ und der mittlere tägliche Gutanfall $\overline{x}$.

$$K = \underset{a}{\mathrm{Min}}\left\{\sum_{t=1}^{d}\left(a \cdot k_f + k_p \cdot f(a)\right)_t\right\}$$

$$f(a) = \left|\overline{x} + s_{\overline{x}} \cdot z_x - a \cdot \overline{n} + s_{\overline{n}} \cdot z_n\right|$$

$$1 \leq a \leq C$$

Beispiel: Die Geschäftsführung der MÜLLEX GMBH plant für die Übernahme einer täglichen, in wöchentlichem Rhythmus ablaufenden Abfallentsorgung eine Erweiterung ihres Fuhrparks. Gesucht werden die Anzahl neuer Spezialfahrzeuge und die minimalen Gesamtkosten aufgrund der vom Computer generierten Zufallszahlen.

Maximal einsetzbarer Fahrzeuge	C	=	20	St.
Güterfahrtage einer Fahrtperiode	d	=	5	d
Kostensatz je eigenes Fahrzeug	k_f	=	275,07	€/d
Kostensatz je fremdbefördertes Gut	k_p	=	17,99	€/St.
Mittlere Tageslosgröße eines Fahrzeuges	$\overline{n}$	=	60	St./d
Streuung der mittleren Tageslosgröße	$s_{\overline{n}}$	=	10	St./d
Streuung des mittleren täglichen Gutanfalls	$s_{\overline{x}}$	=	82	St./d
Mittlerer täglicher Gutanfall	$\overline{x}$	=	750	St./d
Lösung: Transportkosten	K	=	22263,53	€/Woche
Anzahl eigener Fahrzeuge	a	=	14	St.

Trend

Entwicklungstendenz oder Grundrichtung einer zeitabhängigen Veränderlichen; Gegenstand der Zeitreihenforschung mit dem Zweck, Gesetzmäßigkeiten für die zeitliche Entwicklung einer Erscheinung zu ergründen und zufällige sowie temporäre Besonderheiten zu eliminieren.

Trends werden in verschiedensten, den Inhalt des beobachteten Prozesses mehr oder weniger gut widerspiegelnden zeitabhängigen Funktionen erfasst (Bilder T.5 – T.8).

Bei der Begründung von Trendfunktionen hat daher die substanzielle Analyse den Vorrang vor der methodischen Behandlung von Messdaten. Die Parameterwerte der Funktionen können mit Hilfe mathematischer Methoden berechnet werden. Am häufigsten geschieht das mit der

Methode der kleinsten Quadrate. Der Trend kann dann, gegebenenfalls mit eingezeichneten Messwerten, in einem Diagramm als Ausgleichsfunktion, ergänzt mit der Streuung und ggf. mit Vertrauensgrenzen, dargestellt werden. Bei der Extrapolation von Trends sollten inhaltlich abgegrenzte zeitliche Etappen und Expertisen über die Brauchbarkeit der extrapolierten Daten vorliegen.

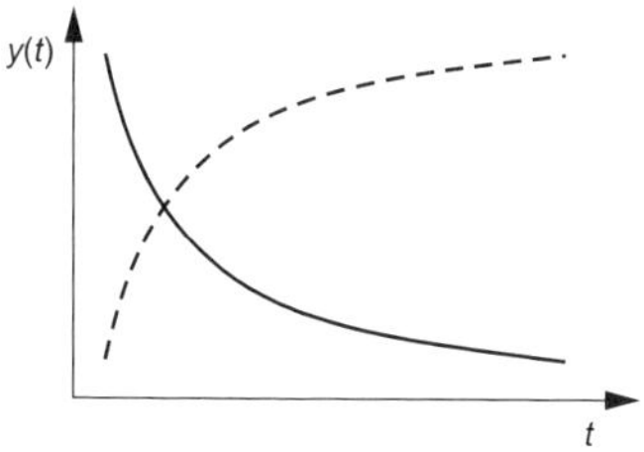

Bild T.5: Degressive Trends

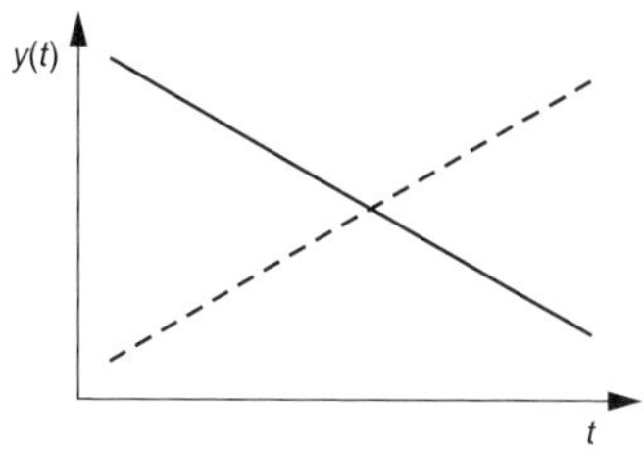

Bild T.6: Lineare Trends

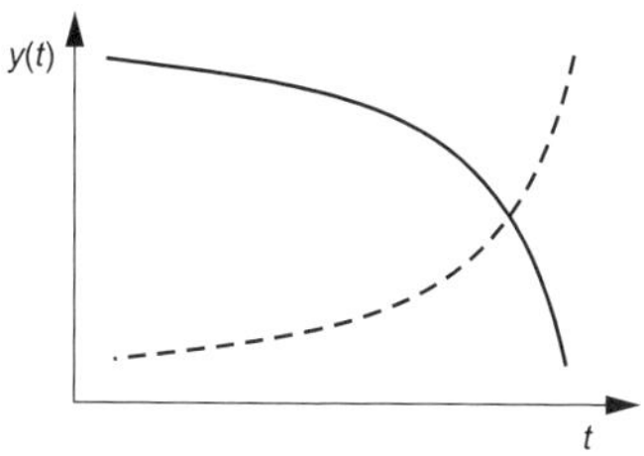

Bild T.7: Progressive Trends

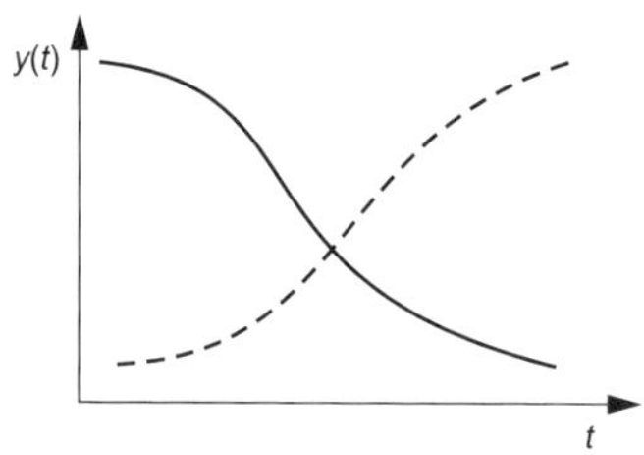

Bild T.8: Schwanenhalstrends

Fallender Trend

Die zeitabhängige Variable verringert sich mit der Zeit (Bilder T.5 – T.8, Linienkurven). Die Charakteristik der Degression einer Variablen hängt von der Gesetzmäßigkeit ab, mit der sie sich in der betriebswirtschaftlichen Realität entwickelt; sie kann demzufolge sehr unterschiedlich sein, wie sich u. a. bei der Törnquist-Funktion zeigt.

- *Konstanz der Abnahme der Variablen*, wie zum Beispiel bei linearer Abschreibung.
- *Degressives Wachstum einer Variablen*, die einer Wachstumsfunktion gehorcht, wie zum Beispiel beim auslastungsabhängigen Stundenkostensatz der Arbeitsplatzausstattung.
- *Degressives Abklingen*; die Variable folgt einer Abschwingfunktion.

Dafür typisch ist u. a. der Zeitverlauf der Kapitalinvestition ab Auftragserteilung bis Fertigungsbeginn im Lebenszyklus von Produkten, der die Verausgabung von Kapital während der Innovations- und Überführungsphase von neuen Leistungen (Produkte, Verfahren usw.) beschreibt.

Steigender Trend

Die Verläufe können sich den fallenden Trends analog, aber mit positiver Steigung einstellen (Bilder T.5 – T.8, Strichlinienkurven).

- *Degressive Zunahme.* Die Funktionskurve flacht in gleichen Raten sukzessive ab, beispielsweise wie bei der eigentlichen Törnquist-Funktion.
- *Konstanter Zuwachs*, wie z. B. bei der Entwicklung der Kapitalbindungskosten in der Lagerhaltung oder der Losoptimierung.
- *Die Trendwerte wachsen beständig an*, wie beispielsweise das Kapital bei der Zinseszinsrechnung. Betriebswirtschaftlich häufige Verläufe sind Wachstumsvorgänge, die mit einer Exponentialfunktion (Gesetz des organischen Wachstums) charakterisiert werden.
- *Sättigungsfunktion.* Die Variable nimmt einen Sättigungsverlauf, nach einer mehr oder weniger langen Progressionsphase tritt ein degressiver Zuwachs ein. Der Bestandsaufbau von Haushaltsgeräten, wie Fernseher, Kühlschränke usw., aber auch von Betriebsmitteln, wie NC-Maschinen, Automaten usw., verhält sich entsprechend; dieser saturative Trend ist vor allem durch die logistische Funktion bekannt.

Bestimmte Nachfrageprozesse weisen neben dem Trend eine Saisonkomponente auf. Der Trend widerspiegelt dabei immer die Grundrichtung einer Entwicklung.

U

Ungarische Methode

Das auf Thesen der ungarischen Mathematiker Egerváry und König über die Behandlung kombinatorischer Modelle, wie einfacher Zuordnungs-, Rundfahrt- und Reihenfolgeprobleme, beruhende Verfahren ist eine spezielle Methode zur Lösung eines Zuordnungsproblems, die sich der Graphentheorie bedient.

Dabei ist ein Zuordnungsproblem interpretierbar als ein spezielles Problem der Transportoptimierung: Der Anzahl m vorhandener Arbeitskräfte soll insgesamt die Anzahl m zu erledigender Arbeitsaufgaben zugeordnet werden. Wird durch eine positive Zahl c_{ij} der entstehende Nutzen bezeichnet, den die i-te Arbeitskraft bei Durchführung der j-ten Arbeitsaufgabe erbringt, so wird durch

$$\sum_{i=1}^{m} \sum_{j=1}^{m} c_{ij} \cdot x_{ij} \rightarrow \max$$

unter

$$\sum_{i=1}^{m} x_{ij} = 1, \quad j = 1, \ldots, m$$

$$\sum_{j=1}^{m} x_{ij} = 1, \quad i = 1, \ldots, m$$

$$x_{ij} \in \{0,1\} \quad \text{für alle } i,\ j$$

mathematisch das zugehörige Zuordnungsproblem formuliert, wobei gilt:

$$x_{ij} = \begin{cases} 1, & \text{falls } i \text{ Aufgabe } j \text{ erledigt} \\ 0, & \text{wenn keine Bearbeitung erfolgt} \end{cases}$$

Beispiel: Ein Transportbetrieb verfügt über Lastkraftwagen gleichen Typs in fünf Einzelgaragen. Aus logistischen Gründen sind die Fahrzeuge bei vorgegebenen Kosten (Tabelle U.1) an 5 verschiedene Bestimmungsorte zu bringen.
Bei der Minimierung der Kosten ist die Anzahl der möglichen Varianten zugrunde zu legen:

Varianten = n = 5! = 1 · 2 · 3 · 4 · 5 = 120.

Tabelle U.1: Kostenmatrix ***C***

		1	2	3	4	5	u_i
	1	5	3	4	2	6	
	2	8	3	5	5	4	
C =	3	2	5	3	6	8	
	4	4	2	8	3	6	
	5	3	6	9	5	3	
	v_k						

Das Lösungsschema enthält die Zuordnungsmatrix $\boldsymbol{X} = (x_{ij})$:

$$k = \sum_j \sum_i c_{ij} \cdot x_{ij} \rightarrow \text{Min}$$

$x_{ik} = 1$, falls das Mittel *i* der Aufgabe *k* zugeordnet wird,
$x_{ik} = 0$, falls eine Zuordnung nicht stattfindet.

Regeln der Ungarischen Methode

Satz 1: Bildet man zur Kostenmatrix ***C*** die Kostenmatrix ***B*** mit

$$\boldsymbol{B}_{ij} = \boldsymbol{C}_{ij} - u_i - v_j,$$

so ist die Lösung des durch ***B*** erlangten Zuordnungsproblems identisch mit der Lösung des Ausgangsproblems.

1. Schritt: Zeilenweise Subtraktion der kleinsten Elemente u_i (Tabelle U.2 und Tabelle U.3)

$$u_i = \text{Min}\, c_{ij}.$$

2. Schritt: Spaltenweise Subtraktion der kleinsten Elemente v_j (Tabelle U.4)

$$v_j = \text{Min}\, b_{ij}^{(1)}.$$

Satz 2: Enthält eine Matrix Nullelemente, so ist die maximale Anzahl der daraus auswählbaren unabhängigen Elemente (in einer Menge von unabhängigen Nullelementen gehört jeder Zeile und jeder Spalte genau eins an) ebenso groß wie die minimale Anzahl der Linien, mit denen alle Nullelemente bedeckt werden können (Deckliniensystem). In diesem Fall sind genau vier unabhängige Elemente vorhanden, demzufolge existieren vier Decklinien (Tabelle U.5), die in einem 3. Schritt bewertet werden.

Tabelle U.2

1.	1	2	3	4	5	u_i
1	5	3	4	2	6	2
2	8	3	5	5	4	3
3	2	5	3	6	8	2 ⇒
4	4	2	8	3	6	2
5	3	6	9	5	3	3

Tabelle U.3

1.	1	2	3	4	5	
1	3	1	2	0	4	
2	5	0	2	2	1	
3	0	3	1	4	6	
4	2	0	6	1	4	
5	0	3	6	2	0	
v_j	0	0	1	0	0	

Tabelle U.4

2.	1	2	3	4	5
1	3	1	1	0	4
2	5	0	1	2	1
3	0	3	0	4	6
4	2	0	5	1	4
5	0	3	5	2	0

Tabelle U.5

	1	2	3	4	5
1	3	1	1	0	4
2	5	0	1	2	1
3	0	3	0	4	6
4	2	0	5	1	4
5	0	3	5	2	0

— Decklinie

unabhängige Elemente = 4, n aber 5 ⇒ Schritt 4

3. Schritt: Ist die Anzahl der unabhängigen Nullelemente gleich n, so liegt die optimale Lösung vor, indem das entsprechende $x_{ij} = 1$ gesetzt wird. Ist dies nicht der Fall, so folgt Schritt 4.

4. Schritt: Aus den im Deckliniensystem nichtbedeckten Elementen wird das kleinste ausgewählt, dessen Wert ε sei; dieser führt zu einem neuen System unabhängiger Nullen, wenn er von den nicht bedeckten Elementen abgezogen und den doppelt überdeckten zugerechnet wird. Es folgt Schritt 3 etc. In diesem Fall ist $\varepsilon = 1$ und ergibt eine neue Matrix (Tabelle U.6).

Tabelle U.6

	1	2	3	4	5
1	3	2	1	0	4
2	4	0	0	1	0
3	0	4	0	4	6
4	1	0	4	0	3
5	0	4	5	2	0

Als 1. Lösungsmöglichkeit (Tabelle U.7) bietet sich die folgende Sequenz an:
$\boldsymbol{x_{14} = 1,\ x_{25} = 1,\ x_{33} = 1,\ x_{42} = 1,\ x_{51} = 1.}$

Tabelle U.7

	1	2	3	4	5
1	3	2	1	0	4
2	4	0	0	1	0
3	0	4	0	4	6
4	1	0	4	0	3
5	0	4	5	2	0

2. Lösungsmöglichkeit:
$\boldsymbol{x_{14} = 1,\ x_{23} = 1,\ x_{31} = 1,\ x_{42} = 1,\ x_{55} = 1.}$

Um zwischen beiden Möglichkeiten zu unterscheiden, werden aus der Kostenmatrix, also der Anfangsmatrix, für die Nullelemente die entsprechenden Kosten eingesetzt (Tabelle U.8).

Tabelle U.8

1. Lösung:		2. Lösung	
x_{14}	2	x_{14}	2
x_{25}	4	x_{23}	5
x_{33}	3	x_{31}	2
x_{42}	2	x_{42}	2
x_{51}	3	x_{55}	3
Kosten	14		14

Beide Lösungen sind gleichwertig. Demzufolge können die einzelnen Lastkraftwagen den einzelnen Garagen nach beiden Möglichkeiten zugeordnet werden. Die minimalen Kosten betragen in jedem Fall 14 Einheiten.

V

Verteilung einer Zufallsgröße

Definition einer Zufallsgröße

Bei der Modellierung zufälliger Vorgänge ist es oft zweckmäßig, die damit verbundenen zufälligen Ereignisse auf die Menge der reellen Zahlen abzubilden und so mit diesen zu rechnen. Diese Abbildungen heißen Zufallsgrößen, d. h., eine Zufallsgröße X ist eine auf einer Merkmalsmenge Ω der zufälligen Ereignisse definierte Funktion mit reellen Werten: $X\colon \Omega \to R$.

Eine Zufallsgröße X heißt diskret, wenn sie endlich oder abzählbar unendlich viele verschiedene Werte $x_1, x_2, \ldots, x_m, \ldots$ annehmen kann, wie z. B.:

- Anzahl der Ausfälle einer Maschine bis zu einem festen Zeitpunkt,
- Anzahl der Kunden in einem Bediensystem,
- Anzahl der Verkehrsteilnehmer auf einem Straßenabschnitt.

Eine Zufallsgröße X heißt stetig (oder kontinuierlich), falls sie jeden Wert innerhalb eines Intervalls annehmen kann, wie z. B.:

- Lebensdauer eines Bauelementes einer Schaltung,
- zufälliger Fehler einer Messung,
- Wartezeiten von Kunden in Bediensystemen.

Die Verteilung einer Zufallsgröße X wird durch die Verteilungsfunktion F_X beschrieben, die für alle reellen Zahlen x durch

$$F_X(x) = P(X \leq x)$$

definiert wird. Dabei ist $P(X \leq x)$ die Wahrscheinlichkeit dafür, dass die Zufallsgröße X einen Wert annimmt, der kleiner gleich einer vorgegebenen reellen Zahl x ist.

Eine Verteilungsfunktion hat folgende Eigenschaften:

- $0 \leq F_X(x) \leq 1$ für alle reellen Werte x,
- $F_X(x_1) \leq F_X(x_2)$ für $x_1 < x_2$, d. h. F_X ist monoton wachsend,
- $F_X(\xi) \to F_X(x)$ für $\xi \downarrow x$, d. h. F_X ist von rechts stetig,
- $\lim\limits_{x \to -\infty} F_X(x) = 0$ und $\lim\limits_{x \to +\infty} F_X(x) = 1$.

Ist X eine diskrete (oder diskret verteilte) Zufallsgröße, die die Werte x_1, x_2, …, x_n, … annimmt, so kann die Verteilung auch durch die Angabe sog. Einzelwahrscheinlichkeiten $p_k = P(X = x_k)$, $k = 1, 2, \dots, n, \dots$ beschrieben werden. In diesem Fall hat die Verteilungsfunktion F_X die Form:

$$F_X(x) = \sum_{k:x_k \le x} p_k \quad (\text{mit } p_k \ge 0 \text{ für } k = 1, 2, \dots, n, \dots \text{ und} \sum_k p_k = 1).$$

Bei einer stetigen (oder stetig verteilten) Zufallsgröße X geht man davon aus, dass sich die Verteilungsfunktion F_X durch eine sog. Wahrscheinlichkeitsdichte (Dichtefunktion) f_X darstellen lässt:

$$F_X(x) = P(X \le x) = \int_{-\infty}^{x} f_X(t) \cdot \mathrm{d}t.$$

Diese Wahrscheinlichkeitsdichte hat dabei folgende Eigenschaften:

- $f(x) \ge 0$ für alle reellen Werte x,
- $\int_{-\infty}^{\infty} f(x) \cdot \mathrm{d}x = 1$,
- $\dfrac{\mathrm{d}F_X(x)}{\mathrm{d}x} = f_X(x)$ für alle reellen Werte x,
- $P(a < X \le b) = \int_a^b f_X(x) \cdot \mathrm{d}x$ für alle reellen Werte a, b mit $a < b$.

Bei praktischen Problemen ist in vielen Fällen die Verteilungsfunktion einer Zufallsgröße X nicht oder nur sehr schwer bestimmbar. Man betrachtet deshalb auch oft (nur) charakteristische Kenngrößen (sog. Parameter) für eine Verteilung. Die wichtigsten (Tabelle V.1) sind:

1. Der Erwartungswert (auch Mittelwert) einer Zufallsgröße X (Schreibweise: EX oder $E(X)$:

   $$EX = \sum_k x_k \quad P(X = x_k) = \sum_k x_k \cdot p_k$$

   (im Falle einer diskret verteilten Zufallsgröße X mit den Werten x_k und den Einzelwahrscheinlichkeiten $p_k = P(X = x_k)$) bzw.

   $$EX = \int_{-\infty}^{\infty} x \cdot f_X(x) \cdot \mathrm{d}x$$

   (im Falle einer stetig verteilten Zufallsgröße X mit der Dichtefunktion f_X und unter der Voraussetzung $\int_{-\infty}^{\infty} |x| \cdot f_X(x) \cdot \mathrm{d}x < \infty$).

   Er charakterisiert die Lage der Verteilung, ist also ein sog. Lageparameter.

2. Die Varianz (auch Streuung) einer Zufallsgröße (Schreibweise: var$X$, var(X), D^2X oder σ^2_X)

$$\operatorname{var}(X) = \sum_k (x_k - EX)^2 \cdot P(X = x_k) = \sum_k (x_k - EX)^2 \cdot p_k$$

(im Falle einer diskret verteilten Zufallsgröße X mit den Werten x_k und den Einzelwahrscheinlichkeiten $p_k = P(X = x_k)$) bzw.

$$\operatorname{var} X = \int_{-\infty}^{\infty} (x - EX)^2 \cdot f_X(x) \cdot \mathrm{d}x$$

(im Falle einer stetig verteilten Zufallsgröße X mit der Dichtefunktion f_X und unter der Voraussetzung $\int_{-\infty}^{\infty} x^2 \cdot f_X(x) \cdot \mathrm{d}x < \infty$).

Tabelle V.1: Analogien diskreter und stetiger Verteilungen

Parameter		**diskret**	**stetig**
Erwartungswert einer Zufallsgröße X	$EX = \mu$	$\sum_i x_i \cdot p_i$	$\int_a^b x \cdot f_X(x) \cdot \mathrm{d}x$
Varianz von X	$\operatorname{var}(X) = \sigma^2$	$\sum_i (x_i - \mu)^2 \cdot p_i$	$\int_a^b (x - \mu)^2 \cdot f_X(x) \cdot \mathrm{d}x$
Momente k-ter Ordnung von X	$E(X^k) = m_k$	$\sum_i x_i^k \cdot p_i$	$\int_a^b x^k \cdot f_X(x) \cdot \mathrm{d}x$
Zentrale Momente k-ter Ordnung von X	$E(X - \mu)^k = \mu_k$	$\sum_i (x_i - \mu)^k \cdot p_i$	$\int_a^b (x - \mu)^k \cdot f_X(x) \cdot \mathrm{d}x$
Allgemein			$a = -\infty, \quad b = \infty$

Diskrete Verteilungen (zusammenfassende Übersicht)

1. Diskrete gleichmäßige Verteilung auf $x_1, \ldots, x_n$ $(x_1 < \ldots < x_n)$ mit

$$p_i = P(X = x_i) = \frac{1}{n} \quad \text{für alle} \quad i = 1, \ldots, n \quad \text{und damit}$$

$$EX = \frac{1}{n} \cdot \sum_{i=1}^{n} x_i \quad \text{und} \quad \operatorname{var} X = \frac{1}{n} \cdot \sum_{i=1}^{n} x_i^2 - (EX)^2.$$

2. Binomialverteilung (mit Parametern n und p). Sie beschreibt die Wahrscheinlichkeit für die Anzahl von „Erfolgen“ bei n unabhängigen Wiederholungen eines alternativen Versuchs mit der „Erfolgswahrschcinlichkcit“ p:

   $$p_k = P(X = k) = \binom{n}{k} \cdot p^k \cdot (1-p)^{n-k}$$

   ($k = 0, 1, \ldots, n$; n … natürliche Zahl, $0 < p < 1$) und damit

   $EX = n \cdot p$ und $\operatorname{var} X = n \cdot p \cdot (1-p)$.

3. Hypergeometrische Verteilung (mit Parametern N, M, n). Eine diskrete Zufallsgröße X, die die Werte $k = 0, 1, 2, \ldots$ mit den Bedingungen $k \leq M$, $n - k \leq N - M$ und $k \leq n$ (wobei $M \leq N$ vorausgesetzt wird) annehmen kann, heißt hypergeometrisch (mit den Parametern N, M, n) verteilt, falls

   $$p_k = P(X = k) = \frac{\binom{M}{k} \cdot \binom{n-M}{n-k}}{\binom{N}{n}} \text{ gilt und damit}$$

   $$EX = n \cdot \frac{M}{N} \quad \text{und} \quad \operatorname{var} X = \frac{M \cdot n \cdot (N-M) \cdot (N-n)}{N^2 \cdot (N-1)}.$$

   Die hypergeometrische Verteilung lässt sich an einem „Urnenmodell“ folgendermaßen interpretieren:
   Eine Urne enthalte N Kugeln, und zwar M weiße und $N - M$ schwarze. Werden nun n Kugeln zufällig aus der Urne entnommen, so gibt $p_k = P(X = k)$ die Wahrscheinlichkeit dafür an, dass sich unter den n entnommenen Kugeln genau k weiße befinden.
   Die hypergeometrische Verteilung spielt in der statistischen Qualitätskontrolle eine zentrale Rolle.

Stetige Verteilungen (zusammenfassende Übersicht)

1. Stetige gleichmäßige Verteilung (Rechteckverteilung). Eine Zufallsgröße heißt gleichmäßig auf $[a, b]$ mit $-\infty < a < b < \infty$ verteilt, falls für ihre Dichtefunktion f_X gilt:

   $$f_X(x) = \begin{cases} 0 & x < a \\ \dfrac{1}{b-a} & a \leq x \leq b \\ 0 & x > b \end{cases} \quad \text{und damit}$$

   $$EX = \frac{a+b}{2} \quad \text{und} \quad \operatorname{var} X = \frac{(b-a)^2}{12}.$$

2. Normalverteilung. Eine Zufallsgröße heißt normalverteilt mit den reellen Parametern μ und σ^2 (> 0), falls für ihre Dichtefunktion f_X gilt:

$$f_X(x) = \varphi(x;\mu,o^2) = \frac{1}{\sqrt{2\cdot\pi\cdot\sigma^2}}\cdot \mathrm{e}^{-\frac{(x-\mu)^2}{2\cdot\sigma^2}}, \quad (x\text{ - reell})$$

(Schreibweise: $X \in N(\mu, \sigma^2)$). Daraus folgt

$$\Phi(x;\mu,o^2) = F_X(x) = P(X \le x) = \frac{1}{\sqrt{2\cdot\pi\cdot\sigma^2}}\cdot \int_{-\infty}^{x} \mathrm{e}^{-\frac{(t-\mu)^2}{2\cdot\sigma^2}}\cdot \mathrm{d}t$$

$(x - \text{reell})$ und $EX = \mu$ sowie $\operatorname{var} X = \sigma^2$.

Eine Zufallsgröße Y heißt standardisiert normalverteilt, falls $EY = 0$ und $\operatorname{var}Y = 1$ gilt (Bezeichnung: $f_Y(x) = \varphi(x)$, x – reell, $F_Y(x) = \Phi(x)$, x – reell). Ist $X \in N(\mu, \sigma^2)$, d. h. ist X normalverteilt mit $\mu = EX$ und $\sigma^2 = \operatorname{var}X$, so ist

$$Y = \frac{X-\mu}{\sigma}$$

standardisiert normalverteilt.

Die große Bedeutung der Normalverteilung resultiert u. a. daraus, dass jede Summe normalverteilter Zufallsgrößen normalverteilt ist.

3. Exponentialverteilung. Eine stetig verteilte Zufallsgröße X heißt exponentialverteilt mit den Parametern $\lambda > 0$, falls sie die Dichte

$$f_X : f_X(x) = \begin{cases} 0 & \text{für } x < 0 \\ \lambda\cdot \mathrm{e}^{-\lambda\cdot x} & \text{für } x \ge 0 \end{cases}$$

und somit die Verteilungsfunktion

$$F_X : F_X(x) = \begin{cases} 0 & \text{für } x < 0 \\ 1-\mathrm{e}^{-\lambda\cdot x} & \text{für } x \ge 0 \end{cases}$$

besitzt, woraus folgt

$$EX = \frac{1}{\lambda} \quad \text{und} \quad \operatorname{var} X = \frac{1}{\lambda^2}.$$

Zahlreichen betriebswirtschaftlich interessanten Vorgängen und Erscheinungen liegt – zumindest näherungsweise – eine Exponentialverteilung zugrunde, wie eine ganze Reihe der hier dargestellten Wirtschaftlichkeitsberechnungen zeigen, wie z. B. die umfangreichen Anwendungen bei Warte- und Verlustsystemen.

In der Betriebswirtschaft erweist es sich für einige Anwendungsfälle und auch für theoretische Betrachtungen als vorteilhaft, dass stetige Verteilungen durch Grenzübergang aus diskreten hervorgehen können:

> Aus der diskreten Verteilung der Fertigungszeit auf die Monate kann eine „engere" Verteilung auf die Wochen und so fort eine immer feinere Verteilung konstruiert werden. Die Grenzkurve ist die Abbildung der Dichtefunktion der stetigen Verteilung der Fertigungszeit (Bilder V.1 – V.3).

Ihre Datenbasis resultiert aus der Häufigkeitsverteilung der Fertigungszeit in der Anordnung von relativen oder absoluten Häufigkeiten der vereinzelten oder kombinierten Ausprägungen eines Merkmals, i. d. R. in der Form einer sog. Häufigkeitstabelle oder einer Treppenkurve.

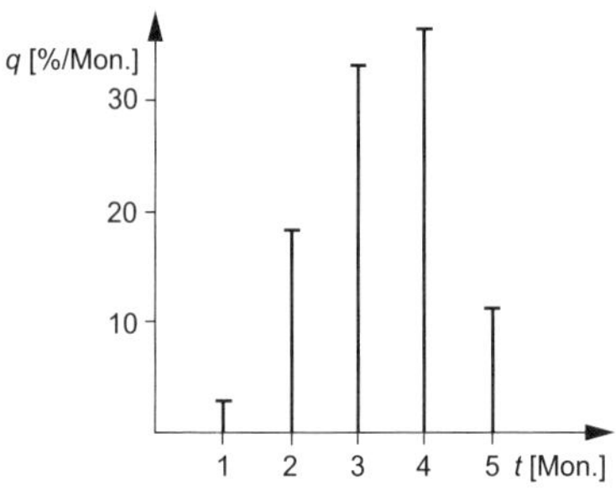

Bild V.1: Nadeldiagramm der diskreten Fertigungszeitverteilung

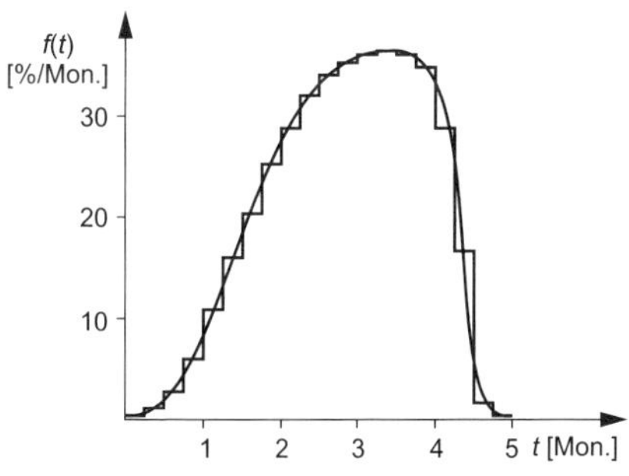

Bild V.2: Wochenverteilung Grenzkurve

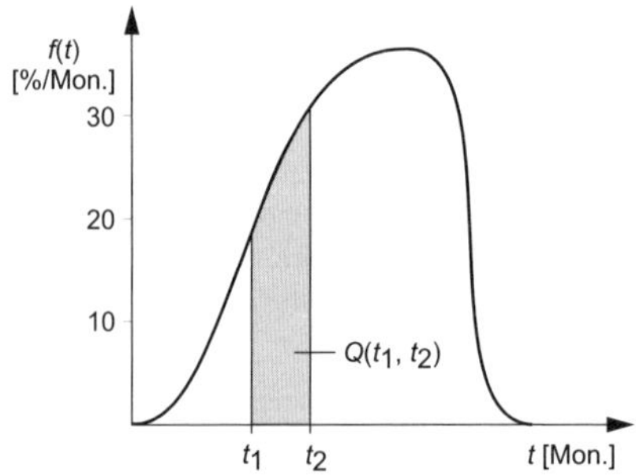

Bild V.3: Grenzkurve

Häufigkeitsverteilung

Gegeben sei ein diskretes Merkmal mit k Merkmalsausprägungen $a_1, ..., a_k$ $(a_1 < a_2 < ... < a_k)$ und n Beobachtungswerten $x_1, x_2, ..., x_n$. Die Anzahl der Beobachtungswerte mit der Merkmalsausprägung a_j, $j = 1, 2, ..., k$, heißt absolute Häufigkeit $H_n(a_j)$ der Merkmalsausprägung a_j. Das Verhältnis der absoluten Häufigkeit $H_n(a_j)$ zum Stichprobenumfang n heißt relative Häufigkeit:

$$h_n(a_j) = \frac{1}{n} H_n(a_j)$$

und es gilt

$$0 \le h_n(a_j) \le 1, \quad \sum_{j=1}^{k} h_n(a_j) = 1 .$$

Die Häufigkeitstabelle für ein diskretes Merkmal hat folgende Gestalt:

Merkmalsausprägung a_j	**Absolute Häufigkeit** $H_n(a_j)$	**Relative Häufigkeit** $h_n(a_j)$
a_1	$H_n(a_1)$	$h_n(a_1)$
$\vdots$	$\vdots$	$\vdots$
a_k	$H_n(a_k)$	$h_n(a_k)$

Weiter bezeichne für $j = 1, ..., k$

$$\sum_{i=1}^{j} H_n(a_i) = H_n(a_i) + \ldots + H_n(a_j)$$ die absolute Summenhäufigkeit

$$\sum_{i=1}^{j} h_n(a_i) = h_n(a_i) + \ldots + h_n(a_j)$$ die relative Summenhäufigkeit.

Beispiel: Für die Fertigung eines Getriebeloses liegt die für die einzelnen Monate der Ablaufdauer berechnete Verteilung der Normalzeit vor (Tabelle V.2). Für die zeitliche Verteilung des Fertigungsaufwandes soll die empirische Häufigkeit (Tabelle V.3) berechnet.

Tabelle V.2: Normalzeiten

t_i	t_{Ni} [min/Mon.]
1	50,00
2	352,00
3	633,00
4	698,00
5	215,00

Tabelle V.3: Diskrete und kumulative Häufigkeiten

t_i	h_n [%]	H_n [%]
1	2,57	2,57
2	18,07	20,64
3	32,49	53,13
4	35,83	88,96
5	11,04	100,00

Lösung: Summe der Normalzeiten t_N = 1948,00 min/Los

Verteilungsrechnung von Sorten

Mengenaufteilung von billigen und teuren Sorten für einen vorgegebenen Mischungspreis.

Da die Sortenpreise niedriger und höher als der Preis der Mischung sein müssen, sind die Mengenanteile so zu berechnen, dass Gewinn und Verlust sich ausgleichen. Der Mengenerlös der Mischung soll denselben Erlös bringen wie die Verkaufserlöse jeder einzelnen Sorte. Das heißt, das kaufmännische Streben nach Profit bleibt gewahrt.

Mischung von zwei Sorten

$$\sum_{i=1}^{2} x_i \cdot P_i = P, \quad P_1 < P < P_2$$

$$\sum_{i=1}^{2} x_i = x, \quad x_i \geq 0$$

Beispiel: Das Mengenverhältnis für 2 Teesorten für eine Mischung mit Zielpreis soll bestimmt werden.

Preis der 1. Sorte	P_1	=	6,99	€/kg
Preis der 2. Sorte	P_2	=	9,49	€/kg
Geforderter Durchschnittspreis	P	=	7,99	€/kg
Produktmenge für die gemischte Sorte	x	=	1,00	kg
Lösung: Menge der 1. Sorte	x_1	=	0,60	kg
Menge der 2. Sorte	x_2	=	0,40	kg

Zumischung von zwei Sorten

$$P_{n-1} \cdot x_{n-1} + P_n \cdot x_n + \sum_{i=1}^{n-2} x_i \cdot P_i = P, \quad P_{n-1} < P < P_n$$

$$\sum_{i=1}^{n-2} x_i + x_{n-1} + x_n = x, \quad x_i \geq 0, \quad x_{1,\ldots,n-2} = \text{bekannt!}$$

Beispiel: Für eine mit Festpreis ausgezeichnete Konfektmischung aus fünf Sorten (Tabelle V.4) sind die Mengenanteile von 2 Sorten zu bestimmen. Der Mischungsanteil von 3 Sorten steht fest.

Tabelle V.4: Preise und Mengenanteile für eine Pralinenmischung

i	*P* [€/kg]	*x* [%]
1	17,49	29,25
2	16,99	17,15
3	18,99	26,33
4	26,25	0,00
5	18,95	0,00

Geforderter Durchschnittspreis	P	=	17,99	€/kg
Produktmenge für die gemischte Sorte	x	=	1,00	kg
Lösung: Menge der 4. Sorte	x_4	=	7,43	%
Menge der 3. Sorte	x_3	=	19,49	%

Verteilungsoptimierung

Verschiedene Einsatzgüter, die einen spezifischen Gehalt an wichtigen Inhaltsstoffen aufweisen, sind nur in einer beschränkter Gütermenge mit einem vorgegebenen Preis verfügbar. Die Einsatzgüter sollen so auf ein Kombinationsprodukt verteilt werden, dass dieses in einer vorgegebenen Menge einen gewünschten Stoffgehalt besitzt. Gesucht sind diejenigen Mengen der Einsatzgüter, die unter den vorgegebenen Bedingungen minimale Kosten der Mischung oder einen maximalen Gewinn ergeben.

Zur Lösung realer optimal verteilter Einsatzmengen eignet sich vor allem die Simplexmethode. Einsatzfelder liegen i. Allg. in der Futtermittelindustrie, bei der Hochofenbeschickung, der Zusammensetzung von Legierungen, sowie in der Nahrungsgüterwirtschaft und der chemischen Industrie.

Die Anteile der Sorten x_i in einer Menge x sind unter Beachtung der Sortenpreise P_i und von Mengenrestriktionen x_o, x_u zu bestimmen. Maßgebend ist entweder ein Richtpreis V und die anschließende Bestimmung des realen Mischungspreises oder eine Zielfunktion für die Optimierung, dass maximaler Gewinn oder minimale Kosten eintreten.

Offene Mischung von Sorten

$$\sum_{i=1}^{n} x_i \cdot P_i = V \quad \Rightarrow \quad \sum_{i=1}^{n} x_i = x$$

$$0 \le x_{u_i} \le \sum_{i=3}^{n} x_i \le x_{o_i}$$

$$P = \sum_{i=1}^{n} x_i \cdot P_i$$

Beispiel: Ein Großhändler plant, zum Weihnachtsfest eine Präsentpackung mit fünf unterschiedlichen Schokoladenfiguren und Mengen auf den Markt zu bringen (Tabelle V.5). Der gewünschte Produktpreis *V* und die Füllmenge *M* sind vorgegeben. Die Auffüllmengen der Sorten und der reale Produktpreis sind zu bestimmen.

Tabelle V.5: Sortenpreise *P* mit Mindestmengen M_u und Höchstmengen M_o

Bezeichnung	*i*	*P* [€/100 St.]	M_u [St./Tüte]	M_o [St./Tüte]
Tannenzapfen	1	6,50	4	15
Christkinder	3	8,97	12	100
Weihnachtsmänner	2	19,25	12	20
Sterne	4	27,99	14	100
Engel	5	35,99	13	13

Wunschpreis	*V*	=	28,99	€/Tüte
Produktmenge	*M*	=	100	St./Tüte
Lösung: Anzahl der Sorten	*n*	=	5	St.
Produktpreis	*P*	=	28,73	€/Tüte
Menge der 1. Sorte	x_1	=	11	St./Tüte
Menge der 2. Sorte	x_2	=	33	St./Tüte
Menge der 3. Sorte	x_3	=	19	St./Tüte
Menge der 4. Sorte	x_4	=	24	St./Tüte
Menge der 5. Sorte	x_5	=	13	St./Tüte

Mischungen mit Zielmaximum

$$Z(x) = \sum_{i=1}^{n} x_i \cdot g_i \rightarrow \text{Max}$$

$$0 \le T_i \le x_i \le H_i, \quad x = \sum_{i=1}^{n} x_i$$

Beispiel: Für die Herstellung von Konserven aus Mischobst liegen die Daten für die Sorten vor (Tabelle V.6). Bei Vorgabe einer Produktmenge und von Beschränkungen ist die Sortenaufteilung so zu wählen, dass der Wert der Zielfunktion ein Maximum annimmt und je Konserve der höchstmögliche Gewinn erreicht wird.

Produktmenge der Mischung x = 20,00 kg/Glas

Tabelle V.6: Gewinn g_i mit zulässigen Mindesteinsatzmengen T_i und Höchsteinsatzmengen H_i

Sorte	*i*	*g* [€/kg]	*T* [kg/Glas]	*H* [kg/Glas]
Pflaumen	1	1,00	2,00	4,25
Äpfel	2	0,89	1,50	2,75
Zwetschken	3	1,09	6,00	9,50
Birnen	4	1,99	7,00	8,33

Lösung: Wert der Zielfunktion Z = 28,81 €/Glas
Anzahl der Sorten n = 4
Menge der 1. Sorte x_1 = 2,00 kg/Glas
Menge der 2. Sorte x_2 = 1,50 kg/Glas
Menge der 3. Sorte x_3 = 8,18 kg/Glas
Menge der 4. Sorte x_4 = 8,32 kg/Glas

Mischungen mit Zielminimum

$$Z(x) = \sum_{i=1}^{n} x_i \cdot g_i \rightarrow \text{Min}$$

$$0 \leq T_i \leq x_i \leq H_i, \quad x = \sum_{i=1}^{n} x_i$$

Beispiel: Für die tägliche Belieferung einer Imbisskette stellt die Hausfleischerei frische Sülze nach einer Grundrezeptur her (Tabelle V.7). Aufgrund von Schwankungen der Marktpreise des Großhandels für die Fleischsorten wird jeweils am Einkaufstag die Tagesmischung bestimmt. Sie folgt der Zielfunktion für die Mengeneinheiten von Einsatzgütern so, dass bei Einhaltung der Grundrezeptur die günstigsten Sorten gekauft und die Herstellungskosten minimal werden.

Produktmenge der Mischung x = 100,00 %

Tabelle V.7: Sorten, Tiefstgrenzen T_i und Höchstgrenzen H_i der Einsatzmengen

Sorte	*i*	*g* [€/kg]	*T* [%]	*H* [%]
Bauchfleisch	1	5,19	20,00	32,50
Dickbein	3	5,09	16,00	19,50
Gallert	2	2,77	15,00	27,50
Kammfleisch	4	8,99	17,00	38,33

Lösung: Wert der Zielfunktion	Z	=	5,29	€/kg
Anzahl der Sorten	n	=	4	
Menge der 1. Sorte	x_1	=	32,50	%
Menge der 2. Sorte	x_2	=	27,45	%
Menge der 3. Sorte	x_3	=	19,50	%
Menge der 4. Sorte	x_4	=	20,55	%

Verteilungsstrukturen

Strukturrechnung, Bestimmung der Durchschnitte, wie z. B. Produktpreis und -menge, und Klassenanteile von Sorten, wie z. B. von Gebäck, Kaffee, Liköre, Tee, untergliedert nach:

- *Ermittlung des Produktpreises und der Mischungsmengen M_i aus den Anteilen für eine vorgegebene Produktmenge,*
- *Berechnung des gewogenen mittleren Preises einer gemischten Sorte aus Mengenanteilen g_i und Sortenpreisen P_i,*
- *Berechnung einer Angebotsmenge und der Mischungsmengen aus dem Verbrauchsanteil einer Mischsorte sowie des Produktpreises.*

Mischungsmengen

$$M_i = \frac{M}{\sum_{i=1}^{n} g_i} \cdot g_i$$

$$P = \frac{1}{M} \cdot \sum_{i=1}^{n} M_i \cdot P_i$$

Beispiel: Für eine Mischung aus verschiedenen Mehlsorten (Tabelle V.8) in einem vorgegebenen Verhältnis sind die Teilmengen für eine Packung M (Tabelle V.9) und der Kilogrammpreis zu ermitteln.

Durchschnittswert des Merkmals	M	=	75,00	kg/Sack

Tabelle V.8: Einstandpreise für eine Backmischung

Sorte	*i*	*g*	*P* [€/kg]
Dunst	1	1,00	16,19
Kleber	2	2,00	12,42
Kartoffelstärke	3	13,00	0,17
Weizenmehl	4	0,15	0,99

Lösung: Durchschnittspreis	P	=	2,69	€/kg
Anzahl der Merkmale	n	=	4	

Tabelle V.9: Einstandsmengen einer Backmischung

Sorte	i	M [kg/Sack]
Dunst	1	4,64
Kleber	2	9,29
Kartoffelstärke	3	60,37
Weizenmehl	4	0,70

Produktpreis einer Mischung

$$P = \sum_{i=1}^{n} g_i \cdot P_i \cdot \frac{1}{\sum_{i=1}^{n} g_i}$$

Beispiel: Aus den Anschaffungs- und Verarbeitungspreisen unterschiedlich teurer Kaffeesorten (Tabelle V.10) ist der Produktpreis einer Mischung zu ermitteln.

Tabelle V.10: Preise P_i und Anteile g_i von Kaffeesorten

i	g	P [€/kg]
1	1,00	6,95
2	3,33	24,02
3	5,25	10,17
4	7,50	4,99

Lösung: Durchschnittspreis	P	=	10,41	€/kg
Anzahl der Sorten	n	=	4	

Mischung mit fester Teilmenge

$$M = \frac{M_v}{g_v} \cdot \sum_{i=1}^{n} g_i$$

$$M_i = \frac{M}{\sum_{i=1}^{n} g_i} \cdot g_i$$

$$P = \frac{1}{M} \cdot \sum_{i=1}^{n} M_i \cdot P_i$$

Beispiel: Die Einzelmengen für eine Sackfüllung M und der Produktpreis je Kilogramm Einzelsorte sind für die Backmischung berechnet worden. Ein Getreidehändler bietet dem Hersteller die hochpreisige Sorte „Dunst“ zu einem Sonderpreis an (Tabelle V.11). Wie hoch ist der neue Gesamteinstandspreis je Kilogramm Mehl und wie viel Kilogramm von den drei anderen Sorten sind für die Verbrauchsmenge der Sorte „Dunst" erforderlich (Tabelle V.12)?

Preis der 1. Sorte	P_1 =	10,00	€/kg
Verbrauchsmenge der 1. Sorte	M_v =	225,00	kg

Tabelle V.11: Veränderte Einstandspreise für eine Backmischung

Sorten	*i*	*g*	*P* [€/kg]	alter Preis
Dunst	1	1,00	10,00	16,19
Kleber	2	2,00	12,42	
Kartoffelstärke	3	13,00	0,17	
Weizenmehl	4	0,15	0,99	

Lösung: Angebotsmenge	M =	3633,75	kg
Durchschnittspreis	P =	2,30	€/kg
Anzahl der Merkmale	n =	4	

Tabelle V.12: Einstandsmengen einer Backmischung

Sorten	i	M [kg]
Dunst	1	225,00
Kleber	2	450,00
Kartoffelstärke	3	2925,00
Weizenmehl	4	33,75

W

Wahrscheinlichkeitsrechnung

Die „Wahrscheinlichkeit" stellt eine Verallgemeinerung des Begriffs der relativen Häufigkeit des Auftretens eines Ereignisses in „großen" Stichproben oder Versuchsserien mit der (in der Betriebswirtschaft üblichen) Folgerung dar, dass für die Resultate aufgrund des Gesetzes der großen Zahlen eine bestimmte Gesetzmäßigkeit besteht. Analysiert werden Ereignisse „zufälliger Natur", deren Eintreten im Rahmen bestimmter Möglichkeiten einen gewissen Grad von Sicherheit besitzen, die aber nicht notwendig eintreten.

Die Wahrscheinlichkeitsrechnung behandelt die Gesetzmäßigkeiten des Eintretens zufälliger Ereignisse und ihrer Wahrscheinlichkeiten. Insbesondere betrachtet man folgende Ereignisse:

- $\overline{A} = 1 - A$
  (komplementäres Ereignis eines Ereignisses A; es tritt genau dann ein, falls A nicht eintritt),
- $A + B$ – Addition zweier Ereignisse A und B
  (auch $A \cup B$ – Vereinigung; es tritt genau dann ein, falls mindestens eines der Ereignisse A und B eintreten),
- $A \cdot B$ – Multiplikation zweier Ereignisse A und B
  (auch $A \cap B$ – Durchschnitt; es tritt genau dann ein, falls beide Ereignisse A und B eintreten).

Bezeichnet U (oft auch $\varnothing$) das unmögliche Ereignis, S (oft auch Ω) das sichere Ereignis, so gilt:

$$A + \overline{A} = S, \quad A \cdot \overline{A} = U, \quad A \cdot S = A, \quad A \cdot U = U, \quad \overline{S} = U, \quad \overline{U} = S.$$

Der *statistische Begriff der Wahrscheinlichkeit* beruht auf der relativen Häufigkeit $h_n(A)$:

$$h_n(A) = \frac{n_A}{n},$$

mit der Anzahl n_A des Auftretens von A in der Anzahl n unabhängiger Versuche (Massenerscheinung). Da $0 \le n_A \le n$, gilt für jede relative Häufigkeit: $0 \le h_n(A) \le 1$.

Die *Wahrscheinlichkeit* $P(A)$ stellt sich bei einer genügend großen Anzahl von unabhängigen Versuchen als stabiler Wert für das Auftreten des Wertes A ein:

$$P(A) \approx h_n(A) \quad \text{für „große" } n,$$

d. h., die relative Häufigkeit konvergiert („in Wahrscheinlichkeit") gegen $P(A)$, wenn die Anzahl n der Versuche beliebig groß wird.

Diese Aussage legt die folgende Definition (Kolmogoroffsche Axiomatik) nahe:

$$0 \le P(A) \le 1, \quad P(S) = 1, \quad P(U) = 0.$$

Für *unvereinbare Ereignisse* A und B (d. h. $A \cdot B = U$) resultiert als Additionssatz für relative Häufigkeiten:

$$h_n(A+B) = h_n(A) + h_n(B).$$

Entsprechend postuliert man:

$$P(A+B) = P(A) + P(B) \quad \text{für} \quad A \cdot B = U.$$

Der *Additionssatz der Wahrscheinlichkeiten unvereinbarer Ereignisse* besagt: Die Wahrscheinlichkeit für die Summe von endlich vielen unvereinbaren Ereignissen A_1, A_2, ..., A_k ist der Summe der Wahrscheinlichkeiten der Einzelergebnisse A_1, ..., A_k gleich, d. h.

$$P(A_1 + \ldots + A_k) = P(A_1) + \ldots + P(A_k).$$

Im Falle, dass die Betrachtung von abzählbar unendlich vielen Ereignissen für ein stochastisches Modell erforderlich ist, geht man von der *axiomatischen Wahrscheinlichkeit* nach Kolmogoroff aus:

1. Jedem zufälligen Ereignis A ist eine Zahl $P(A)$ mit $0 \le P(A) \le 1$ zugeordnet, die Wahrscheinlichkeit für das Ereignis A heißt.
2. Die Wahrscheinlichkeit des sicheren Ereignisses S ist 1.
3. Für unvereinbare Ereignisse A_1, A_2, ... gilt:
   $P(A_1 + A_2 + \ldots) = P(A_1) + P(A_2) + \ldots$

Daraus folgt:

1. Für das komplementäre Ereignis $\overline{A}$ von A gilt:

   $P(\overline{A}) = 1 - P(A).$
2. Das unmögliche Ereignis U hat die Wahrscheinlichkeit 0.

Vollständiges System von Ereignissen: Ein System von Ereignissen A_1, A_2, ..., A_k heißt ein vollständiges System von Ereignissen, falls bei jedem Versuch genau eines der Ereignisse A_1, ..., A_k eintritt. Dann gilt:

$$\sum_{i=1}^{k} P(A_i) = 1.$$

Mit den Wahrscheinlichkeiten $P(A \cdot B)$, $P(B)$ lässt sich die *bedingte Wahrscheinlichkeit* $P_B(A)$ definieren:

$$P_B(A) = \frac{P(A \cdot B)}{P(B)}, \quad P(B) \neq 0.$$

Multiplikationssatz:

$$P(A \cdot B) = P(A) \cdot P_A(B) = P(B) \cdot P_B(A).$$

Unabhängigkeit: Zwei Ereignisse A, B heißen unabhängig, falls gilt:

$$P(A \cdot B) = P(A) \cdot P(B).$$

Wartesysteme

Bedienungstheoretische Grundlagen

Die Bedienungstheorie oder, sofern es sich um Wartesysteme mit zufälligen Zuständen handelt, die Warteschlangentheorie, beschäftigt sich mit Problemen, die bei der „Abfertigung" von Kunden, Aufträgen o. ä. in sog. Bediensystemen (Bedienstellen) auftreten. Bediensysteme, in denen die Träger der Forderungen nicht warten können, bilden ein Verlustsystem, und in denen sie nur bedingt warten können, ein gemischtes Warte- und Verlustsystem. Sind die Bedienvorgänge, wie z. B. das Eintreffen der Forderungen aus den Forderungsquellen, die Länge der Bedienzeiten in den Bedienerstellen, exakt bekannt, dann spricht man von determinierten Bediensystemen. Im probabilistischen Bediensystem z. B. ist das zeitliche Eintreffen eines Stroms von Forderungen zufällig, in einem determinierten Bediensystem aber von bekannter „äquidistanter Länge", also während der Betriebsdauer gleichabständig verteilt.

Moderne logistische Abfertigungslösungen beruhen vornehmlich auf der Warteschlangentheorie unter Nutzung verschiedener Klassen von Wahrscheinlichkeitsverteilungen, wie z. B. der Exponential- und Poisson-Verteilung. Neben den klassischen Arten der logistischen Dimensionierung von Transport- und Lagerungsvorgängen geht es vor allem um die optimale Koordination der verschiedensten Leistungsprozesse auf der Planungs-, Steuerungs- und Durchführungsebene.

Die ein Wartesystem mit zufälliger Warteschlange (Bild W.1) bestimmenden Größen, wie z. B. die Anzahl der eintreffenden Kunden, ihre (mittlere) Wartezeit, ihre Bedienzeiten, sind i. Allg. zufällig (mathematisch Zufallsgrößen). Bei gegebenem „Inputstrom“ (der an den Bedienstellen ankommenden Kunden) und vorgegebener Verteilung der Bedienzeiten besteht eine Aufgabe darin, die Verteilung der Wartezeiten und die (diskrete) Verteilung der Anzahl der Kunden in der Warteschlange festzustellen. Aber auch die Dauer einer einzelnen Abfertigung kann einer statistischen Verteilung gehorchen, wie dies auch bei Normalzeiten im arbeitswissenschaftlichen Sinne unterstellt wird, oder einer theoretischen Zufallsverteilung folgen, wie z. B. der Betaverteilung mit einem wahrscheinlichen Wert für die Bedienkraft und einem mittleren Wert, auf dessen Grundlage die Besetzung der Bediener geplant wird.

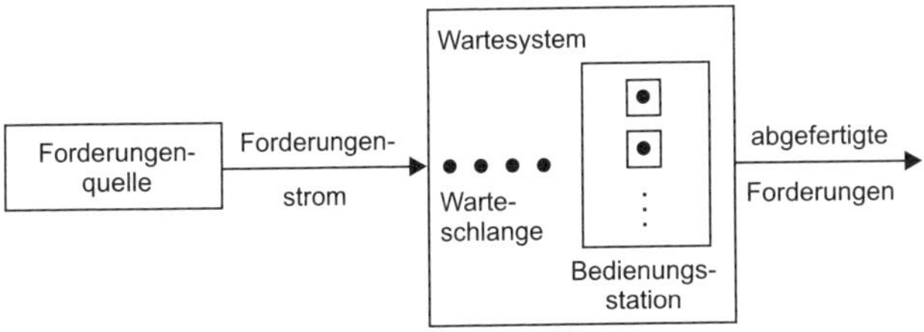

Bild W.1: Prinzipskizze eines Wartesystems

Die Gesamtheit der potenziellen Bedienungsforderungen (Tabelle W.1) bezeichnet man als Forderungenquelle (oder Kundenquelle, wenn es sich z. B. nicht um Aufträge, sondern um Kunden handelt) und die Gesamtzahl der potenziellen Bedienungsforderungen nennt man *Ergiebigkeit* der Forderungenquelle.

Tabelle W.1: Beispiele für Warte- und Verlustsituationen

Forderungen	Bedienstelle	Gesuchte Größen	Systemart
Fahrzeuge	Ampel	Anzahl wartender Fahrzeuge	Wartesystem
Maschinenreparaturen	Monteure	Ausfallzeiten der Maschinen	Wartesystem
Programmrealisierung	Rechnerleistung	Wartezeiten bis zur Berechnung	Wartesystem
Telefonanrufe	Telefonanschlüsse	Anzahl abgewiesener Anrufe	Verlustsystem

Bei der Modellierung von Bediensystemen wird angenommen, dass im Warte- oder Verlustsystem zum Zeitpunkt $t = 0$ keine Forderung vorhanden ist und zu den Zeitpunkten $T_1, T_2, \ldots$ mit $0 < T_1 < T_2 < \ldots$ Forderungen einzeln an den Bedienstellen eintreffen und, falls sie nicht sofort abgefertigt werden können, in einem Wartesystem sich in die Warteschlange einreihen und in einem Verlustsystem das Bediensystem als „abgewiesene Forderung" verlassen, wie z. B. beim Telefonanrufer, der bei einem „Besetztzeichen" den Hörer auflegt.

Für $T_o \equiv 0$ bezeichnet man mit $Z_n = T_n - T_{n-1}$ $(n = 1, 2, \ldots)$ die Zwischenankunftszeit der *n-ten* Forderung und mit S_n die Bedienzeit (Servicezeit) für die Abfertigung der *n-ten* Forderung.

Als aktuelle Wartezeit $\tilde{W}_n$ der *n-ten* Forderung in der Schlange bezeichnet man die Zeitpause zwischen ihrer Ankunft und dem Beginn ihrer Abfertigung. Also ist

$$W_n := \tilde{W}_n + S_n$$

die gesamte Verweilzeit der n-ten Forderung im Wartesystem. Der Zeitpunkt D_n, zu dem die n-te Forderung das Wartesystem verlässt, ist

$$D_n = T_n + \tilde{W}_n + S_n .$$

Ist $A(t)$ die Anzahl der Forderungen im Bediensystem zur Zeit $t \geq 0$ und gibt es genau eine Bedienstelle, so ist die Anzahl $\tilde{A}(t)$ der Forderungen in der Warteschlange

$$\tilde{A}(t) = \begin{cases} A(t) - 1, & \text{falls} \quad A(t) \geq 1 \\ 0, & \text{falls} \quad A(t) = 0 \end{cases}$$

Die Größen T_n, S_n, W_n und $\tilde{W}_n$ sind für $n = 1, 2, \ldots$ zufällig, d. h. Zufallsgrößen, ebenso wie $A(t)$ und folglich auch $\tilde{A}(t)$ (Bild W.2). Im Allgemeinen sind bei einem Wartezeitproblem die (Wahrscheinlichkeits-)Verteilungen von Z_n und S_n gegeben und die Verteilungen von $\tilde{W}_n$ und $A(t)$ gesucht.

Ein Bediensystem mit Wartecharakter wird für unregelmäßig oder periodisch geregelt eintreffende und nicht sofort abfertigbare Forderungen eingerichtet. Dabei werden probabilistische Wartesysteme mit zufälligen Zwischeneintritts- und Bedienzeiten sowie deterministische Wartesysteme mit vorbestimmten Zwischeneintritts- und Bedienzeiten unterschieden. Das Wartesystem kann über mehr als einen Bedienkanal (Bild W.3), auch Bedienstelle genannt, verfügen.

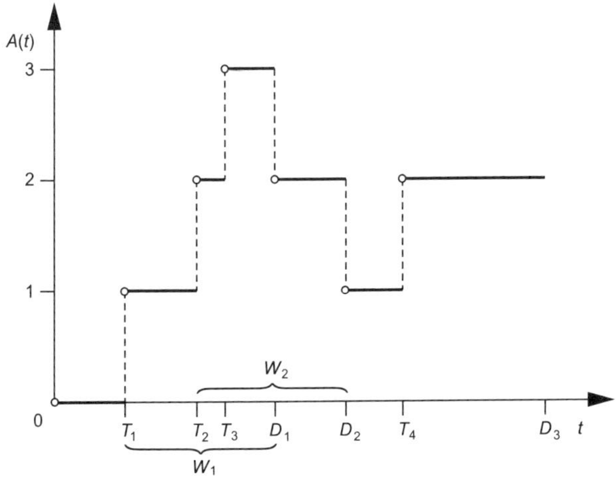

Bild W.2: Prinzipskizze einer Wahrscheinlichkeitsverteilung

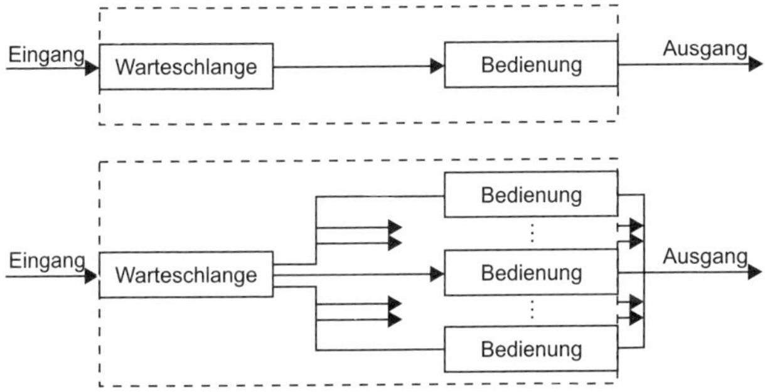

Bild W.3: Wartesystem mit einer oder mehreren Bedienstellen

Bei einem mehrkanaligen Wartesystem

- wartet die zu bedienende Forderung nur dann in der Schlange, wenn alle Bedienstellen schon mit der Abfertigung anderer Forderungen besetzt sind;
- gibt es nicht nur Schlangen von auf Abfertigung wartenden Forderungen, sondern es kann auch ein Mangel an Forderungen eintreten, so dass sich auf der anderen Seite eine Schlange wartender Bedienkanäle bildet.

Das *reine Wartesystem* besitzt folgenden Charakter: Bei voll besetzten Bedienkanälen wartet jede Forderung in einer geordneten oder ungeordneten Schlange unbedingt auf Abfertigung. Die Forderung ist „geduldig" und der Warteraum des Bediensystems beliebig groß, wie z. B. der Verladekai eines Überseehafens mit den Liegeplätzen als Bedienstellen und den zum Laden oder Löschen anlaufenden Frachtern als Forderungen. Bei belegten Liegeplätzen reiht sich ein ankommendes Schiff i. d. R. in einer nach der Folge der Ankünfte geordneten Warteschlange ein, bis so viel Schiffe abgefertigt worden sind, dass es selbst am Kai anlegen kann.

Das *gemischte Wartesystem* besteht aus geduldigen und ungeduldigen Forderungen, die beim Eintreffen generell belegte Bedienkanäle und einen beschränkten Warteraum vorfinden. Die ungeduldige Forderung verlässt das System abgewiesen, die geduldige Forderung verharrt eine bestimmte Zeit im Warteraum, bis sie bedient wird.

Die *Warteschlange* ist ein bestimmender Funktionsteil des Wartesystems, dessen Dimension eine optimale Anzahl von Bedienkanälen für einen Strom in einer Warteschlange der Abfertigung harrender Forderungen (Warten auf Zollkontrolle, auf Kranbedienung usw.) ermöglichen soll. Jede sich beim Wartesystem meldende, Dienste beanspruchende Forderung muss sich, falls alle Bedienkanäle belegt sind, in die Warteschlange begeben. Erst wenn eine bediente Forderung das Wartesystem verlässt, kann die nächste Forderung aus der Warteschlange abgefertigt werden. Für den Abruf der nächsten abzufertigenden Forderung aus der Warteschlange infolge Freiwerdens eines Bedienkanals stehen zur Auswahl:

- Die *Schlangendisziplin* nach der Ankunftsreihenfolge der Forderungen: Wer zuerst kommt, wird zuerst bedient, wie zum Beispiel am Fahrkartenschalter.
- Das *Zufallsprinzip*, wenn keine Auswahlregel für die zu bedienenden Forderungen existiert, wie zum Beispiel das „Abklopfen" des Partners beim Reihentanz.
- Die *Klassenpriorität* der wartenden Forderungen ($k = 1, ..., n$) mit niedrigerer Klassenzahl k: Forderungen der Klasse $k = 1$ werden nach der Ankunftsreihenfolge zuerst abgefertigt. Die wartenden Forderungen der Klasse $k = 2$ werden erst dann bedient, wenn keine Forderungen der Klasse $k = 1$ mehr warten, usw. bis zur Klasse $k = n$.
- Die *absolute Priorität*: Der Vorrang der Abfertigung der Forderung ist unbedingt, die Abfertigung einer Forderung niederen Rangs wird sofort unterbrochen (zum Beispiel die Unterbrechung einer regulären Ordination im Interesse der Behandlung von Unfallpatienten).

- Die *relative Priorität*: Die nach einer Prioritätsregel auszuwählende Forderung wird erst dann bedient, wenn die laufende Abfertigung geschehen ist (zum Beispiel die Arbeitsplatzbelegung bei hochwertigen Werkstücken).

Wenn bekannt ist, wann sich die einzelnen Forderungen melden und wie lange ihre Abfertigung dauert, dann kann ziemlich einfach ermittelt werden, ob eine ausreichende Anzahl von Bedienkanälen in dem determinierten System existiert oder nicht, um eine j-te Forderung zu bedienen. Zur Berechnung werden folgende Parameter benötigt: Die Abweisrate des Wartesystems c_v, die Wartezeit der j-ten Forderung T_{wj}, die Bedienzeiteinheit T, die Laufnummer der im System bestehenden Forderungen j, die Bedienrate einer Bedienstelle μ, der Verkehrswert ρ, die Anzahl der Bedienkanäle s und diejenige der freien Bedienkanäle s_f:

$$c_v = \begin{cases} 0, & \text{wenn } s \geq \rho \\ 1 - c_b, & \text{wenn } s < \rho \end{cases}$$

$$T_{wj} = \begin{cases} 0, & \text{wenn } 1 \leq j \leq s_f \\ \dfrac{s - j}{s \cdot \mu}, & \text{wenn } s_f < j \leq s \\ \to \infty, & \text{wenn } s \leq j < \infty \end{cases}$$

Meist sind jedoch sowohl die Zwischenzeiten, die während der Meldung der einen und der folgenden Forderung vergehen, als auch die Zeitdauer der Abfertigung losveränderliche Größen, die ein stochastisches Wartesystem kennzeichnen.

In determinierten Wartesystemen sind alle Teilprozesse, wie Ankommen, Warten und Bedienen, übersichtlich, laufen exakt ab und können einfach geregelt werden.

Im offenen determinierten Wartesystem harrt jede auf volle Bedienkanäle treffende Forderung diszipliniert in der Warteschlange auf unbedingte Abfertigung. Keine Forderung braucht zu warten, wenn der Verkehrswert nicht größer als die Bedienstellenanzahl ist und zu Beginn des Bedienens alle Bedienstellen frei sind. Bei belegten Bedienkanälen wartet die zuerst zum Zeitpunkt

$$t_1 = \frac{1}{\lambda}$$

auf volle Bedienstellen treffende Forderung als erste auf Abfertigung. Wie viele Forderungen danach noch warten müssen, bestimmt die Differenz von Bedienstellenanzahl und Verkehrswert. Ist die Differenz negativ, dann warten alle Forderungen, sobald alle Bedienstellen ihre Arbeit im Besetztzustand aufnehmen. Sind Bedienstellen zu Bedienbeginn frei, dann brauchen die ersten ankommenden Forderungen im gleichen Umfang nicht zu warten, obwohl die Wartezeit tendenziell wächst und gegen unendlich konvergiert, weil ständig mehr Forderungen ankommen als abgefertigt werden können; nach Beendigung der Einlaufphase des Wartesystems ist es überfordert, weil es trotz völliger Auslastung aller Bedienkanäle mit der Gesamtheit der Forderungen nicht fertig wird: Die Wartezeit der Forderungen wächst über alle Grenzen:

$$\lim_{j\to\infty} T_{wj} = \infty.$$

Um den Wartecharakter zu erhalten, d. h. die Mutation zu einem Verlustsystem auszuschließen, gilt die Bedingung, dass die Abweisrate des Wartesystems c_v gegen Null konvergiert. Für die Anzahl der Bedienstellen s gilt die Unterscheidung in besetzte Bedienkanäle s_b und freie Bedienkanäle s_f.

$$s \approx \rho, \quad \rho = 1, 2, \ldots, \quad \text{wegen } c_v = 0 \text{ für } s \geq \rho$$

$$n_b = \frac{\rho}{s} \quad \text{für } \rho \leq s$$

$$c_b = 1 \quad \text{für } s \geq \rho$$

$$T_{wj} = 0 \quad \text{für } 1 \leq j \leq s_f$$

$$s = s_b + s_f$$

$$\rho = \frac{\lambda}{\mu}$$

$$\lambda = \frac{T}{F}$$

$$\mu = \frac{T}{D}$$

Beispiel: Im Prüffeld einer Elektronikfirma wird im Minutenabstand F ein Produkt aus der Endmontage angeliefert, dessen Güteprüfung einige Zeit D beansprucht. Wie viele Kontrollplätze werden benötigt, damit jede Leiterplatte ohne Zeitverzug auf ihre Funktion geprüft werden kann, und wie hoch ist die Auslastung dieser Plätze? Bei der Auswertung der Berechnung ist zu beachten, dass nur ganzzahlige Bedienkanäle s für die Ausstattung der Endmontage mit Prüfarbeitsplätzen zugelassen sind, damit das System funktionsfähig bleibt.

Bedienstellenleistung	D	=	8,00	min/St.
Geforderte Leistung	F	=	3,00	min/St.
Bedienzeiteinheit	T	=	60,00	min
Durchlassfähigkeit des Wartesystems	c_b	=	100,00	%
Abweisrate des Wartesystems	c_v	=	0,00	%
Lösung: Wartezeit der *j*-ten Forderung	T_{wj}	=	0	
Auslastungsgrad einer Bedienstelle	n_b	=	88,89	St.
Anzahl der Bedienkanäle	s	=	3	St.
Ankunftsrate der Forderungen	λ	=	20	St.
Bedienrate einer Bedienstelle	μ	=	7,50	St.
Verkehrswert	ρ	=	2,67	

Zur Unterscheidung verschiedener Bediensysteme wurde von Kendall eine Notation der Form $A|B|C$ eingeführt. Dabei beschreibt A die Verteilung der Zwischenankunftszeit Z, B die Verteilung der Bedienzeit S und C die Anzahl der identischen (parallel arbeitenden) Bedienstellen. Ist z. B. $A = B = M$, so bedeutet dies, dass sowohl die Zwischenankunftszeiten als auch die Bedienzeiten exponentialverteilt sind, d. h. ein $M|M|s$ ist ein solches Bediensystem mit $s \geq 1$ Bedienstellen.

Beim Bediensystem $M|M|1$ sind die Zwischenankunftszeit Z und die Bedienzeit S exponentialverteilte Zufallsgrößen. Dieses Bediensystem lässt sich mit Hilfe des Landauschen Symbols $o(\bullet)$[1]:

$f(t) = o(g(t))$, $t \to 0$, bedeutet für die Funktionen f und g, dass

$$\lim_{t \to 0} \frac{f(t)}{g(t)} = 0, \quad \text{hier:} \quad \lim_{\Delta t \to 0} \frac{o(\Delta t)}{\Delta t} = 0,$$

durch folgende verbindliche Aussagen charakterisieren:

1. Die Wahrscheinlichkeit, dass während eines Zeitintervalls $[t, t + \Delta t]$ eine Forderung ($n = 1$) oder mehr als eine Forderung ($n > 1$) eintrifft, sei mit der *Ankunftsrate* λ ($\lambda > 0$):

   $$\begin{array}{ll} n=1: & \mu \cdot \Delta t + o(\Delta t) \\ n>1: & o(\Delta t) \end{array} \quad : f(t) = o(g(t)), \quad t \to 0$$

2. Die Wahrscheinlichkeit, dass eine Forderung ($n = 1$) oder mehr als eine Forderung ($n > 1$) während eines Zeitintervalls $[t, t + \Delta t]$ abgefertigt wird, sei mit der *Bedienrate* μ ($\mu > 0$):

   $$\begin{array}{ll} n=1: & \lambda \cdot \Delta t + o(\Delta t) \\ n>1: & o(\Delta t) \end{array} \quad : f(t) = o(g(t)), \quad t \to 0$$

---

1 Gelesen „klein o von •“.

3. Die zufälligen Anzahlen der eintreffenden Forderungen in einem Zeitintervall $[t_1, t_2]$ und einem Zeitintervall $[t_3, t_4]$ mit $t_1 < t_2 < t_3 < t_4$ seien unabhängig, ebenso die zufälligen Anzahlen der abgefertigten Forderungen. Man analysiert dabei den Zustand des Bediensystems <1> zum Zeitpunkt t, <2> zum Zeitpunkt $t + \Delta t$ und <3> die Wahrscheinlichkeit für den Übergang von t zu Δt (Tabelle W.2).

Tabelle W.2: Interpretation der Übergangszustände von Forderungen

<1>	<2>	<3>	**Interpretation**
$j \geq 0$	$j+1$	$\lambda \cdot \Delta t$	Eine neue Forderung angekommen
$j+1$	j	$\mu \cdot \Delta t$	Eine Forderung abgefertigt
$j \geq 1$	j	$1-(\lambda \cdot \Delta t + \mu \cdot \Delta t)$	Keine neue Forderung angekommen und keine abgefertigt
0	0	$1-\lambda \cdot \Delta t$	Keine neue Forderung angekommen

Bezeichnet X_t die Anzahl der im Intervall $[0, t]$, $t > 0$, eintreffenden Forderungen (Ankunftsprozess oder Inputprozess), so gilt für

$$g_j(t) = P(X(t) = j) \qquad (j = 0, 1, 2, \ldots):$$

$$g_j(t) = \frac{(\lambda \cdot t)^j \cdot \mathrm{e}^{-\lambda \cdot t}}{j!} \qquad (j = 0, 1, 2, \ldots)$$

d. h., X_t ist ein Poisson-Prozess.

Die mittlere Anzahl der pro Zeiteinheit eintreffenden Forderungen heißt Ankunftsrate. Sie ist $M|M|1$:

$$E(X_1) = \lambda$$

und für die Zwischenankunftszeit Z gilt

$$P(Z > T) = P \ \text{(in } [0, t] \text{ trifft keine Forderung ein)} = \mathrm{e}^{-\lambda \cdot t}$$

und somit

$$F(t) = P(Z \leq t) = 1 - \mathrm{e}^{-\lambda \cdot t} \quad (t \geq 0) \quad \text{und} \quad EZ = \frac{1}{\lambda}.$$

Analog dazu gilt, dass die als Bedienrate bezeichnete mittlere Anzahl der pro Zeiteinheit abgefertigten Forderungen gleich μ ist mit

$$E(s) = \frac{1}{\mu}.$$

Der Quotient

$$\rho = \frac{\lambda}{\mu}$$

wird *Verkehrsintensität* genannt. Er charakterisiert die (mittlere) Auslastung der Bedienstelle. Ein Bediensystem befindet sich im (stochastischen) Gleichgewicht, falls

$$\rho = \frac{\lambda}{\mu} < 1$$

ist, d. h. falls die Ankunftsrate kleiner als die Bedienrate ist.

In der betriebswirtschaftlichen Praxis gewinnt durch die zunehmende Bedeutung der Dienstleistungen das sog. Vielstellensystem verstärkte Aufmerksamkeit. Bedienungstheoretisch handelt es sich um eine Mehrfachabfertigung mit einer gewissen Anzahl s, $s > 1$ von Bedienern an mehreren, mitunter wechselnden Bedienstellen mit einer die Anzahl der Bediener übersteigenden Anzahl m, $m > s$. Sie verkörpert im Unterschied zur Einfachbedienung $s = 1$ ein durch mehrere Parameter (Tabelle W.3) bestimmtes „geschlossenes Wartesystem".

Bei der Entwicklung von Praxismodellen von Vielstellensystemen wird auf komplizierte mathematische Strukturen verzichtet. Ebenso werden **keine** probabilistischen Verfahren der bedienungstheoretischen Simulation betrachtet, wie z. B.:

- komplizierte Prioritäten bei der Abfertigung,
- fehlende exponentielle Verteilung der Zwischenankunftszeit,
- Bediener mit starken Leistungsschwankungen,
- determiniert von der Zeit beaufschlagten unabhängigen Bediensystemparameter μ bzw. λ,
- ergodische, d. h. das Dauerverhalten betreffende Zustände,
- schwankende Kostenparameter der Bediener und Bedienstellen.

Voraussetzung für das Funktionieren eines Vielstellensystems ist eine hohe Servicequalität, wie z. B. bei der Abfertigung der Reisenden an einem Terminal, der termingerechten Bearbeitung eines Werkstückes, der Behandlung von Patienten, der Beratung von Mandanten.

Tabelle W.3: Merkmale und Parameter eines Vielstellensystems (S ... Symbol)

Bezeichnung	S	Erwartungszustand
Ankunftsrate	λ	Erwartungswert für das Eintreffen von Forderungen in einer Zeiteinheit
Ankunftszeit	δ	Mittleres Zeitintervall für das Eintreffen einer Forderung
Bedieneranzahl	s	Anzahl sämtlicher Bediener im System
Bedienrate	μ	Erwartungswert für die exponentialverteilte Zeit einer Abfertigung
Bedienstellen-anzahl	m	Anzahl sämtlicher Bedienstellen des Wartesystems
Dienstdauer	ζ	Mittlere Zeit einer Dienstausübung an einem Platz
Dienstrate	b	Erwartungswert für den absoluten Anteil aller betreuten Bedienstellen
Pausenrate	w	Erwartungswert für den absoluten Anteil weder tätiger noch betreuter Bedienstellen, zufällige Anzahl auf Abfertigung wartender Stellen
Systemdauer	τ	Erwartungswert der Gesamtzeit der Abfertigung im Wartesystem
Tätigkeitsrate	a	Erwartungswert für den absoluten Anteil selbst tätiger Bedienstellen
Wartelast	ω	Erwartungswert für den absoluten Anteil von j wartenden Bedienstellen

Ein Vielstellensystem soll folgende Eigenschaften aufweisen:

1. Die Bediener sind untereinander austauschbar, planmäßig verfügbar und arbeiten gleichzeitig sowie unabhängig voneinander. Demzufolge ist ein möglicher Ausfall beim Bediener, wie z. B. durch Krankheit, durch den Einsatz von sog. Springern auszugleichen, um diese Eigenschaften zu garantieren.
2. Die Bedienstellen können sowohl selbst tätig sein als auch Forderungen an die Bediener stellen und darauf warten, dass diese erfüllt werden.
3. Die Anzahl m der Bedienstellen übersteigt die Anzahl der Bediener s: $m > s$, weil sonst die Anzahl: $s - m$, an Bedienern keinen Dienst zu leisten hätte und Verluste bewirken würde.
4. Die Forderungen nach Abfertigung sind *exponentialverteilt*, *statisch*, *gewöhnlich* und *ohne Feedback*: sie realisieren einen Poisson-Strom mit fester Ankunftsrate (Diese Voraussetzungen bedeuten eine starke

Verallgemeinerung: Nach Poisson verteilte Forderungenströme gleichen in der Bedienungstheorie der Stellung der Normalverteilung in der Wahrscheinlichkeitstheorie). Das Eintreffen von zwei und mehr Forderungen zur infinitesimal genau der gleichen Zeit wird praktisch ausgeschlossen, d. h. ihre Anzahl ist bei Vernachlässigung von Warte- und Dienstzeiten zeitlich unabhängig: Dieses Verhalten wird als ordinär bezeichnet.

5. Bedienraten können
   - mit dem Mittel μ negativ exponentialverteilt sein. Die Annahme exponentialverteilter, stets positiver Bedienraten bedeutet, dass der bei dauernd verfügbarer Kapazität auf den Bediener zukommende Strom von Forderungen eine Poisson-Verteilung aufweist. Das heißt, die Abfertigung ist in kürzester Zeit beendet und realisiert eine klassische Markoff-Eigenschaft, nämlich, dass der Abschluss einer Abfertigung völlig unabhängig von der bereits durchgeführten Bearbeitungsdauer der bedienten Forderung eintritt.
   - bei Inanspruchnahme längerer Abfertigungen einer eigenen theoretischen Verteilung mit einem statistischen Mittel und einer Varianz gehorchen.

Die Modelle setzen derart geringe geometrische Abstände zwischen Bedienstellen und Bedienern voraus, dass keine oder nur vernachlässigbar kleine Wegezeiten auftreten, und sie gehen von einer zeitlichen Diensterfüllung in festen Intervallen aus.

Ankunftsrate nach der mittleren Ankunftshäufigkeit

Die Ankunftsrate λ für k = 0, 1, ... Forderungen in einem gegebenen Zeitintervall t kann aus dem Mittel einer empirischen Häufigkeitsverteilung abgeschätzt werden. Für die Ermittlung der Eintrittswahrscheinlichkeiten $p_t(k)$ wird vorausgesetzt, dass der Ankunftsprozess von Forderungen im Wartesystem einer Poisson-Verteilung unterliegt. Mehrere nach Poisson verteilte zufällige Forderungenströme tendieren zu einer Verteilungscharakteristik (Bild W.4) mit der Wahrscheinlichkeit, dass in einem Zeitintervall t exakt k Forderungen eintreffen.

$$\lambda = \frac{1}{n \cdot t_o} \cdot \sum_{i=1}^{n} h_i$$

$$p_t(k) = \frac{(\lambda \cdot t)^k}{k!} \cdot e^{-\lambda \cdot t}$$

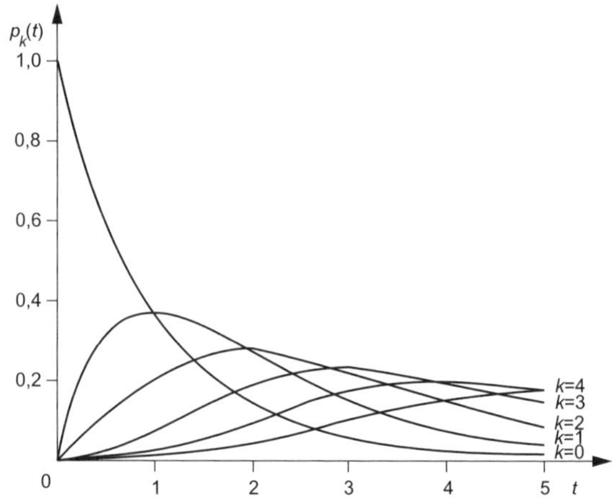

Bild W.4: Strom nach Poisson verteilter Forderungen

Beispiel: Der mit dem Wunsch nach Fahrstuhlbenutzung in einem Bürohaus eintreffende Besucherstrom, wie z. B. Angestellte, Handwerker, Kunden, Mieter, wird im Empfangsraum zu verschiedenen Tageszeiten mehrmals jeweils eine Stunde lang in fünfminütigen Zeitabständen registriert (Tabelle W.4). Unter der Annahme, dass der Forderungenstrom nach Poisson verteilt ist, ist aus der Stichprobe die Ankunftsrate λ zu approximieren. Daraus sind die Eintrittswahrscheinlichkeiten $p_t(k)$ zu ermitteln (Tabelle W.5).

Tabelle W.4: Verteilung von Forderungen auf Fahrstuhlbenutzung

Forderungen *k* [Anzahl]	**Häufigkeit *h* [‰]**	**Forderungen *k* [Anzahl]**	**Häufigkeit *h* [‰]**
0	1	6	132
1	4	7	178
2	10	8	146
3	41	9	128
4	95	10	95
5	125	11	45

Anzahl der Beobachtungen	n	=	12	
Beobachtungszeitintervalle	t_o	=	60	min
Interessierendes Zeitintervall	t	=	5	min
Lösung: Ankunftsrate	λ	=	0,50	1/min

Tabelle W.5: Eintrittswahrscheinlichkeit $p_t(k)$ für k Forderungen im Intervall t

k	$p_t(k)$	k	$p_t(k)$	k	$p_t(k)$	k	$p_t(k)$
0	0,96	5	129,74	10	69,29	15	3,11
1	6,69	6	150,16	11	43,74	16	1,35
2	23,24	7	148,97	12	25,32	17	0,55
3	53,81	8	129,31	13	13,52	18	0,21
4	93,41	9	99,78	14	6,71	19	0,08

Ankunftsrate nach der Methode der kleinsten Quadrate

Die Ankunftsrate λ wird aus einer Stichprobe der empirischen Häufigkeitsverteilung h gleichzeitig auftretender Forderungen z in der k-ten Klasse nach der Methode der kleinsten Quadrate geschätzt. Mit Hilfe der approximierten Ankunftsrate λ soll die Wahrscheinlichkeitsverteilung der Forderungen nach Poisson p_k für $k = 0, 1, \ldots$ Forderungen ermittelt werden. Inwieweit diese die Eigenschaft einer Poisson-Verteilung besitzt, kann durch die statistische Analyse der Zwischenankunftszeit geklärt werden. In vergleichbaren Vielstellensystemen werden während der Betriebsdauer τ an unregelmäßig gewählten Zeitpunkten die an den Bedienstellen eingegangenen Forderungen z, $k = 0, \ldots, z, \ldots, m$ gezählt und in einer Urliste erfasst. Die daraus errechneten Häufigkeiten h bilden die Grundlage, mit der Methode der kleinsten Quadrate die Ankunftsrate λ als statistischen Schätzwert aus der Funktion der Poisson-Verteilung zu gewinnen.

$$n = \sum_{k=0}^{m} z_k \quad \text{und} \quad h_k = \frac{z_k}{n}$$

$$P(k) = \frac{(\lambda \cdot t_0)^k}{k!} \cdot \mathrm{e}^{-\lambda \cdot t_0} \quad \Leftrightarrow \quad [\lambda] \equiv \sum_{k=0}^{m} \left(h_k - P(k)\right)^2 \to \text{Min}$$

$$\sigma = \sqrt{\frac{1}{m-1} \cdot \sum_{i=0}^{m} \left(h_{k_i} - P(k_i)\right)^2}$$

Beispiel: Für ein Planspiel zur Fortbildung von Führungskräften sind zwölf Rechnerstellen verfügbar. Auf Wunsch erhalten die Kursanten bei der interaktiven Computerarbeit fachliche Konsultationen. Die typischen Merkmale des Vielstellensystems sind erfüllt:

- Die Kursanten arbeiten an Bedienstellen *m*; sie
  - sind mit der Lösung der Aufgabe an ihren Computern selbst tätig,
  - konsultieren bei Erklärungsbedarf in gewissen Zeitabständen einen der freien Betreuer oder warten, wenn alle Tutoren beschäftigt sind, bis einer verfügbar ist.

- Die Tutoren realisieren die Funktionen der Bediener *s*; sie werden
  - zu zufälligen Zeitpunkten an eine Bedienstelle als Konsultant gerufen,
  - unterschiedlich lange mit der Beantwortung der Fragen beschäftigt sein,
  - manchmal entweder keine Fragen zu beantworten haben oder überlastet sein, weil zufällig alle Kursanten gleichzeitig Erklärungsbedarf anmelden.

Über mehrere Matrikel wurde an zufällig gewählten Zeitpunkten der Betriebsdauer t_0 die Anzahl z_k der eintreffenden Forderungen k, $k = 0, 1, ...,$ m, gezählt und die Häufigkeit h_k berechnet (Tabelle W.6). Aus den Häufigkeiten sollen die Ankunftsrate λ, die Standardabweichung σ der theoretischen um die analytische Häufigkeitsverteilung und die theoretischen Häufigkeiten des Poisson-Stroms an Forderungen im Zeitintervall t_0 approximiert werden (Tabelle W.7).

Tabelle W.6: Häufigkeiten *h* gleichzeitig auftretender Forderungen *z* in der *k*-ten Klasse

i	*k*	*z*	*h* [%]	*i*	*k*	*z*	*h* [%]
1	0	447	36,18	8	7	1	0,08
2	1	454	36,73	9	8	0	0,00
3	2	231	18,69	10	9	0	0,00
4	3	82	6,63	11	10	0	0,00
5	4	15	1,21	12	11	0	0,00
6	5	4	0,32	13	12	0	0,00
7	6	2	0,16				

Betriebsdauer des Planspiels	t_0	=	2,00	h
Lösung: Bedienstellen	m	=	12	
Ankunftsrate	λ	=	0,51	1/h
Standardabweichung	σ	=	15,49	%

Tabelle W.7: Wahrscheinlichkeitsverteilung der Forderungen nach Poisson

k	0	1	2	3	4	5	6	7	> 7
P(*k*) [%]	36,15	36,78	18,71	6,35	1,61	0,33	0,06	0,01	0,00

Wartelast und Ankunftszeit im Vielstellensystem

Das Verhalten von Forderungen im Vielstellensystem kann durch die Wartelast ω, die (mittleren) Ankunftszeiten δ und die theoretischen Forderungswahrscheinlichkeiten $P(k)$ mit Hilfe der Betriebsdauer τ beschrieben werden. Die Anzahl der auf Abfertigung wartenden *poissonverteilten* Forderungen k mit fester Ankunftsrate λ ist gegenüber der

Bedienstellenanzahl m begrenzt: Abgefertigte Forderungen wünschen nach einer gewissen Entstehungszeit, erneut bedient zu werden. Ihre Dichte hängt von der Bedienstellenanzahl m und dem Bedienzustand ab. Die Wahrscheinlichkeit, dass im Zeitintervall t eine Anzahl k von Forderungen auftritt, beeinflusst das Intervall, aber nicht das bisherige Ablaufverhalten (Bild W.5).

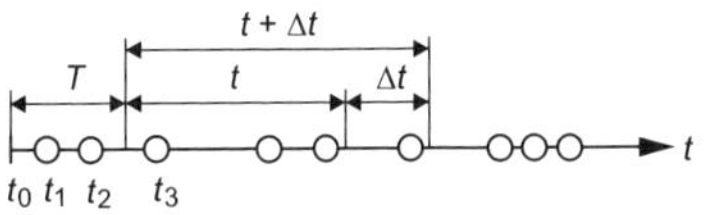

Bild W.5: Poisson-Strom von Forderungen

Die erwartete Entstehungszeit τ der Forderungen an den Bedienstellen ist mit der Betriebsdauer τ identisch. Der poisson-verteilte Forderungenstrom tritt innerhalb der Betriebsdauer τ an *zufälligen* Zeitpunkten mit der mittleren Ankunftszeit σ in Abhängigkeit von der Wartelast ω auf (ausnahmsweise können die Forderungen gleichabständig als *regulärer Strom von Forderungen* entstehen). Die Wartelast ω wird als obere Integrationsgrenze vom Mittelwert der Wahrscheinlichkeit bestimmt und überdeckt fünfzig Prozent der Dichte der Poisson-Verteilung als Fläche zwischen Kurve und Abszisse.

$$P(k) = \frac{(\lambda \cdot \tau)^k}{k!} \cdot e^{-\lambda \cdot \tau}, \quad k \leq m$$

$$\int_{k=0}^{\omega} \frac{(\lambda \cdot \tau)^k \cdot e^{-\lambda \cdot \tau}}{k!} = 0{,}5$$

$$\delta = \frac{\omega \cdot \tau}{m+1}$$

Beispiel: In einem Testlabor mit m Prüfstellen werden Gewebeuntersuchungen vorgenommen. Viertäglich wechselt aus organisatorischen Gründen die Betriebsdauer (Tabelle W.8) bei gleicher Ankunftsrate der eingehenden Forderungen. Die Wartelast ω, die mittleren Ankunftszeiten δ und die theoretischen Forderungswahrscheinlichkeiten $P(k)$ (Tabelle W.9) sollen für die unterschiedlichen Betriebsdauern bestimmt werden.

Tabelle W.8: Betriebsdauern für Gewebeuntersuchungen

i	**Betriebsdauer τ [h]**	*i*	**Betriebsdauer τ [h]**
1. Tag	2	3. Tag	6
2. Tag	3	4. Tag	4

Ankunftsrate	λ =	0,33	1/h
Bedienstellenanzahl	m =	9	

Lösung:

Tabelle W.9: Ergebnisliste

τ [h]	2	3	6	4
δ [min]	12	24	86	39
ω	0,97	1,35	2,38	1,63
k	***P(k)***			
0	0,52	0,37	0,14	0,27
1	0,34	0,37	0,27	0,35
2	0,11	0,18	0,27	0,23
3	0,02	0,06	0,18	0,10
4	0,00	0,01	0,09	0,03
5	0,00	0,00	0,04	0,01
6	0,00	0,00	0,01	0,00
7	0,00	0,00	0,00	0,00
8	0,00	0,00	0,00	0,00
9	0,00	0,00	0,00	0,00

Exponentialfunktion der Systemdauerpunkte

Die Häufigkeiten für das Auftreten der Zeitpunkte der Forderungen auf Abfertigung sind exponentialverteilt. Eine stetige Zufallsvariable gehorcht dann einer Exponentialverteilung mit dem Parameter $\lambda > 0$, wenn sie die Dichtefunktion

$$f(t) = \begin{cases} 0, & \text{für } t < 0 \\ \lambda \cdot \mathrm{e}^{-\lambda \cdot t}, & \text{für } t \geq 0 \end{cases}$$

mit der daraus abgeleiteten Verteilungsfunktion

$$F(t) = \int_{-\infty}^{t} f(x) \cdot \mathrm{d}x = \begin{cases} 0, & t < 0 \\ 1 - \mathrm{e}^{-\lambda \cdot x}, & t \geq 0 \end{cases}$$

besitzt (Bild W.6). Für die mittlere Systemdauer μ gilt:

$$\mu = \frac{1}{\lambda}.$$

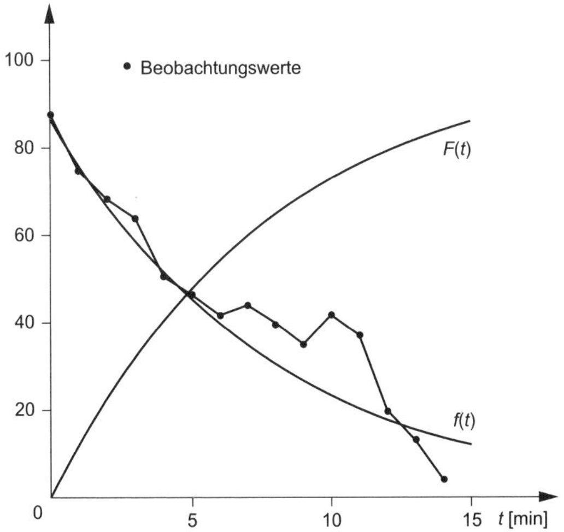

Bild W.6: Histogramm mit der Kurve einer Exponentialverteilung

Immer dann, wenn Forderungen von einem Bediener mit einer von der realen Systemdauer unabhängigen Ankunftsrate λ abzufertigen sind, ist die angenäherte Wahrscheinlichkeit der Systemdauer dafür, dass in einer kleinen Zeitspanne $[t;\ t + \Delta t]$ die Abfertigung $\lambda \cdot \Delta t$ gefordert wird, mit dem Parameter λ exponentialverteilt.

$$f(t) = \begin{cases} 0, & \text{für } t < 0 \\ \lambda \cdot e^{-\lambda \cdot t}, & \text{für } t \geq 0 \end{cases} \quad \Leftrightarrow \quad [\lambda] \equiv \sum_{i=1}^{n} \left(h_i - f(t_i)\right)^2 \rightarrow \text{Min}$$

$$\sigma = \sqrt{\frac{1}{n-1} \cdot \sum_{i=1}^{n} \left(h_t - f(t_i)\right)^2} \quad (t_i - \text{äquidistant})$$

$$\mu = \frac{1}{\lambda}$$

Beispiel: Das Reisebüro WELTWEIT GMBH bietet Auskünfte über Reisewünsche in einem Vielstellensystem mit mehreren Bedienstellen an: Der Kunde kann sich die Informationen durch Selbstbedienung am Computer beschaffen und zusätzliche Hilfe an seine Bedienstelle durch am Serviceschalter bereitstehende Bediener herbeirufen. Ihn berät dann ein erfahrener Reiseführer, der gerade frei ist, weil an anderen Bedienstellen keine Kunden auf Beratung warten. Die Geschäftsführung benötigt zuverlässige Daten darüber, welche mittlere Systemdauer am Serviceschalter zu verzeichnen ist. Dazu wird eine Erhebung der Verweildauern im Reisebüro über mehrere Tage vorgenommen (Tabelle W.10). Kunden, die keine Informationen vom Serviceschalter herbeirufen, weil sie selbst am Computer arbeiten, werden mit der Verweildauer Null registriert, die übrigen nach Klassen der Verweildauer eingeteilt und die Häufigkeit h ihrer Nutzung erfasst. Die Bedienrate μ soll über die Ankunftsrate λ approximiert sowie die Standardabweichung σ der theoretischen um die analytische Häufigkeitsverteilung berechnet werden.

Tabelle W.10: Absolute n und relative Häufigkeiten h der Verweilzeiten t

i	[min]	n	h [%]	i	[min]	n	h [%]
1	0	40	13,16	9	$7 < t \leq 8$	18	5,92
2	$0 < t \leq 1$	34	11,18	10	$8 < t \leq 9$	16	5,26
3	$1 < t \leq 2$	31	10,20	11	$9 < t \leq 10$	19	6,25
4	$2 < t \leq 3$	29	9,54	12	$10 < t \leq 11$	17	5,59
5	$3 < t \leq 4$	23	7,57	13	$11 < t \leq 12$	9	2,96
6	$4 < t \leq 5$	21	6,91	14	$12 < t \leq 13$	6	1,97
7	$5 < t \leq 6$	19	6,25	15	$13 < t \leq 14$	2	0,66
8	$6 < t \leq 7$	20	6,58				

Lösung: Klassenanzahl	n	=	15	
Ankunftsrate	λ	=	0,13	1/min
Standardabweichung	σ	=	1,24	min
Bedienrate	μ	=	7,67	min

Schätz- und Funktionswerte weisen eine gute Übereinstimmung auf. Dementsprechend ist zu vermuten, dass der Ankunftsabstand μ einer Exponentialverteilung nahe kommt. Damit ist der Nachweis erbracht, dass der untersuchte Ankunftsprozess einem Poisson-Strom von Forderungen gehorcht.

Parameterbestimmung eines Vielstellensystems

Der stationäre Betrieb des geschlossenen Wartesystems zeichnet sich dadurch aus, dass genau $m + 1$ Augenblickszustände in ihm auftreten können, in dem k, $k = 0, 1, ..., m$, Bedienstellen von s Bedienern zu betreuen bzw. abzufertigen sind. Bei mehr Forderungen k gegenüber der Bedieneranzahl s: $k > s$, liegen $k - s$ unerfüllte, d. h. weitere Forderungen vor. Parallel ist die Bedienstellenanzahl $m - k$ selbst tätig. Für die Bedienstellen gilt die Annahme, dass zwischen ihnen keine signifikanten Unterschiede bei der Absolvierung der mittleren Systemzeit und der mittleren Zeit der Inanspruchnahme eines Dienstes bestehen. Das erfordert Homogenität der Bedienstellen. Die Systemzustände werden durch Wahrscheinlichkeiten und Bedienungsgrade erklärt (Tabelle W.11).

Tabelle W.11: Merkmale und Parameter des Vielstellensystems (S ... Symbol)

Bezeichnung	S	Erwartungszustand
Dienstfreigrad	P_a	Die Bediener sind meist frei, die Bedienstellen tätig, höchster Effekt im System
Forderungen	P_k	Wahrscheinlichkeit des nach Poisson verteilten Forderungenstroms
Einsatzgrad	P_p	Die Bediener betreuen, offene Forderungen warten, ihre Bedienstellen sind passiv
Wartegrad	P_w	Die s Bedienstellen werden bedient, die anderen sind untätig und warten
Dienstlast	η_d	Erwartungswert des Auslastungsgrades der Bediener
Bedienstellenlast	η_p	Erwartungswert des Auslastungsgrades der Bedienstellen

Die Ankunftsrate λ ist mit dem Kehrwert der mittleren Systemzeit τ und die Bedienrate μ mit dem Kehrwert der mittleren Zeit einer Dienstausübung ζ exponentialverteilt:

$$\lambda = \frac{1}{\tau} \quad \text{und} \quad \mu = \frac{1}{\zeta}.$$

Für die Zustandswahrscheinlichkeit p_k gilt das folgende Modell:

$$p_{k+1} = \begin{cases} \dfrac{m-k}{k+1} \cdot \dfrac{\lambda}{\mu} \cdot p_k, & 0 \le k < s \\ \dfrac{m-k}{s} \cdot \dfrac{\lambda}{\mu} \cdot p_k, & s \le k \le m \end{cases}$$

Aus dieser Rekursionsformel p_k resultiert die geschlossene Lösung inkl. Anfangswert:

$$p_k = \begin{cases} \binom{m}{k} \cdot \left(\dfrac{\lambda}{\mu}\right)^k \cdot p_0, & 0 \le k < s \\ \dfrac{k!}{s! \cdot s^{k-s}} \cdot \binom{m}{k} \cdot \left(\dfrac{\lambda}{\mu}\right)^k \cdot p_0, & s \le k \le m \end{cases}$$

$$p_0 = \left(\sum_{k=0}^{s} \frac{m!}{k! \cdot (m-k)!} \cdot \left(\frac{\lambda}{\mu}\right)^k + \sum_{k=s+1}^{m} \frac{m!}{s^{k-s} \cdot s! \cdot (m-k)!} \cdot \left(\frac{\lambda}{\mu}\right)^k \right)^{-1}$$

Die Zustandswahrscheinlichkeiten p_k, $k = 0, 1, ..., m$, erlauben die Berechnung wichtiger probabilistischer Wirtschaftsparameter des Vielstellensystems. Für die Wahrscheinlichkeit η_w, dass gerade j Bedienstellen warten, gilt:

$$\eta_w = \sum_{k=1}^{m-s} p_k .$$

Die Summe von Tätigkeitsrate a, Dienstrate b und Wartelast w ergibt die Bedienstellenanzahl m:

$$m = a + b + w. \qquad (1)$$

Im Mittel treffen in einem Zeitintervall genau so viele Forderungen ein wie abgefertigt werden, weil bei dem Vielstellensystem keine Forderung verloren geht. Daher gilt auch:

$$\lambda \cdot a = \mu \cdot b. \qquad (2)$$

Für die Tätigkeitsrate a gilt:

$$a = \sum_{k=0}^{m-1} (m-k) \cdot p_k .$$

Bei Übernahme der Formeln (1), (2) können die Beziehungen für die Dienstrate b und Wartelast w dargestellt werden:

$$b = \frac{\lambda}{\mu} \cdot a,$$

$$w = m - a - b.$$

Die Dienstlast η_d resultiert aus dem Verhältnis der Dienstrate b zur Anzahl der Bediener s:

$$\eta_d = \frac{b}{s},$$

und die Bedienstellenlast η_p aus dem Verhältnis der Tätigkeitsrate a und Dienstrate b zur Bedienstellenzahl m:

$$\eta_p = \frac{a+b}{m} = \frac{m-w}{m} = 1 - \frac{w}{m}.$$

$$p_0 = \left(\sum_{k=0}^{s} \frac{m!}{k! \cdot (m-k)!} \cdot \left(\frac{\lambda}{\mu}\right)^k + \sum_{k=s+1}^{m} \frac{m!}{s^{k-s} \cdot s! \cdot (m-k)!} \cdot \left(\frac{\lambda}{\mu}\right)^k \right)^{-1}$$

$$p_k = \begin{cases} \binom{m}{k} \cdot \left(\frac{\lambda}{\mu}\right)^k \cdot p_0, & 0 \le k < s \\ \frac{k!}{s! \cdot s^{k-s}} \cdot \binom{m}{k} \cdot \left(\frac{\lambda}{\mu}\right)^k \cdot p_0, & s \le k \le m \end{cases}$$

$$P_a = p_0 \quad \text{und} \quad P_p = p_m \quad \text{und} \quad P_w = \sum_{k=s}^{m} p_k$$

$$a = \sum_{k=0}^{m-1} (m-k) \cdot p_k, \quad b = \frac{\lambda}{\mu} \cdot a, \quad w = m - a - b$$

$$\eta_d = \frac{b}{s} \quad \text{und} \quad \eta_p = 1 - \frac{w}{m}$$

Beispiel: Im Projektierungsstadium für eine computergestützte Lehrveranstaltung sollen die Parameter des Vielstellensystems zur Betreuung von zwölf Bedienstellen durch zwei Bediener ermittelt werden. Die exponentialverteilte Zeit für das Eintreffen einer Forderung auf Konsultation an einer Bedienstelle beträgt im Mittel vierundzwanzig Minuten: μ = 60/24, und die Lehrveranstaltung dauert zwei Stunden: λ = 1/2. Gesucht werden die Zustandswahrscheinlichkeiten p_k (Tabelle W.12) und die Wahrscheinlichkeit q_j, dass j Stellen warten (Tabelle W.13).

Bedienstellenanzahl	m	=	12	St.
Bedieneranzahl	s	=	2	Pers.
Ankunftsrate	λ	=	0,50	1/h
Bedienrate	μ	=	2,50	1/h
Lösung: Dienstfreigrad	P_a	=	6,37	%
Einsatzgrad	P_p	=	0,01	%
Wartegrad	P_w	=	78,35	%
Tätigkeitsrate	a	=	9,36318	
Dienstrate	b	=	1,87264	
Dienstlast	η_d	=	93,63	%
Bedienstellenlast	η_p	=	93,63	%
Pausenrate	w	=	0,76419	

Tabelle W.12: Zustandswahrscheinlichkeiten p_k

k	**p [%]**	**k**	**p [%]**	**k**	**p [%]**
0	12,74	5	12,10	10	0,31
1	15,28	6	8,47	11	0,06
2	16,81	7	5,08	12	0,01
3	16,81	8	2,54		
4	15,13	9	1,02		

Tabelle W.13: Wahrscheinlichkeit q_j, dass j Bedienstellen warten

j	q [%]	j	q [%]	j	q [%]
0	16,81	4	8,47	8	0,31
1	16,81	5	5,08	9	0,06
2	15,13	6	2,54	10	0,01
3	12,10	7	1,02	11	0,10

Zwei Bediener können gleichzeitig nur zwei Bedienstellen bedienen, die anderen Bedienstellen müssen selbst tätig sein oder warten. Für das eigene Lernen an allen Bedienstellen beträgt die Wahrscheinlichkeit 16,81 %, d. h., keine Bedienstelle braucht Abfertigung. Die Beratung an nur einer Bedienstelle hat eine Wahrscheinlichkeit von 12,74 % und die an zwei 15,28 % (Tabelle W.12, p_k).

Einfachbedienung von Bedienstellen

Die Vorteile der Mehrfachbedienung vieler Bedienstellen gegenüber der Einfachbedienung liegen i. Allg. nahe. Bei analogen Eigenschaften der Abfertigung entsprechend der vorherstehenden Aufgabe der *Mehrfachbedienung* werden diese Vorteile am Beispiel dargestellt.

Beispiel: Gesucht werden hier die Zustandswahrscheinlichkeiten p_k (Tabelle W.14) und die Wahrscheinlichkeit q_j, dass j Stellen warten (Tabelle W.15).

Bedienstellenanzahl	m =	6	St.
Bedieneranzahl	s =	1	Pers.
Ankunftsrate	λ =	0,50	1/h
Bedienrate	μ =	2,50	1/h
Lösung: Dienstfreigrad	Pa =	19,18	%
Einsatzgrad	P_p =	0,88	%
Wartegrad	P_w =	80,82	%
Tätigkeitsrate	a =	4,04076	
Dienstrate	b =	0,80815	
Dienstlast	η_d =	80,82	%
Bedienstellenlast	η_p =	80,82	%
Pausenrate	w =	1,15108	

Tabelle W.14: Zustandswahrscheinlichkeiten p_k

k	p [%]	k	p [%]
0	19,18	4	11,05
1	23,02	5	4,42
2	23,02	6	0,88
3	18,42		

Tabelle W.15: Wahrscheinlichkeit q_j, dass j Bedienstellen warten

j	q [%]	j	q [%]
0	23,02	3	11,05
1	23,02	4	4,42
2	18,42	5	0,88

Gewinnmaximierung im Vielstellensystem

Bei Einführung des Vielstellensystems in einem Dienstleistungsunternehmen statt vieler Einfachbedienungen erfolgt die Abfertigung mit weniger Personal s an gleichen Bedienstellen m. Bei der Ausweitung der Anzahl von Bedienstellen und einer gleichbleibenden Anzahl von Bedienern werden mit gleichem Personal s mehr Bedienstellen betreut. Das hat einerseits zur Folge, dass der Anteil an Personalkosten je Bedienstelle, der sog. Dienstkostensatz k_d, fällt. Andererseits treten größere Pausen bei der Abfertigung auf. Die Auslastung der Bedienstellen verringert sich und führt dazu, dass der Fixkostensatz k_f anteilig steigt. Zwischen diesem gegenläufigen Kostenverhalten liegt ein Minimum, dass bei einem gegebenen Forderungenstrom dazu führt, dass der Gewinn ein Maximum erreicht. Das heißt, eine höhere Rentabilität im Vielstellensystem tritt dann ein, wenn die Einsparung an Dienstkosten höher ist als die Mehrumlage an Fixkosten (Tabelle W.16).

Tabelle W.16: Wirtschaftsparameter des Vielstellensystems (S ... Symbol)

Eigenschaft	S	Bemerkung
Dienstkostensatz	k_d	Mittlerer Kostensatz je Bediener und Stunde
Erlössatz	p	Preis je Stunde und Bedienstelle
Fixkostensatz	k_f	Mittlere Bedienstellenkosten beim Vielstellensystem
Gewinn	G	Gewinn des Vielstellensystems je Stunde
Gewinnsatz	g	Mittlerer Gewinn je Stunde und Bedienstelle
Systemkosten	K	Mittlere Kosten des Vielstellensystems

Mit den Parametern Bedieneranzahl s, Forderungenrate λ und Bedienrate μ ist zu ermitteln, unter welchen Voraussetzungen, wie z. B. gegebene Bedieneranzahl s, feststehende Bedienstellenzahl m, eine gewinnoptimale Dimensionierung des Vielstellensystems erzielt werden kann. Zusätzlich sind betriebswirtschaftliche Kennzahlen des Vielstellensystems, wie z. B. die Bedienstellenlast η_p, die Dienstlast η_d, zu ermitteln.

In Abhängigkeit von der Bedienstellenanzahl m ist bei gegebener Bedieneranzahl s das Gewinnmaximum unter Beachtung der Grenzwerte für die Wirtschaftsparameter des Vielstellensystems zu ermitteln.

$$G = m \cdot (p - k_f) - s \cdot k_d - w \cdot k_f \rightarrow \text{Max} \quad \text{mit} \quad \begin{cases} w = m - a + b \\ w \geq 0 \\ \eta_d \rightarrow 1 \\ \eta_p \rightarrow 1 \end{cases}$$

$$p_0 = \left(\sum_{k=0}^{s} \frac{x!}{k! \cdot (x-k)!} \cdot \left(\frac{\lambda}{\mu}\right)^k + \sum_{k=s+1}^{x} \frac{x!}{s^{k-s} \cdot s! \cdot (x-k)!} \cdot \left(\frac{\lambda}{\mu}\right)^k \right)^{-1}$$

$$p_k = \begin{cases} \binom{x}{k} \cdot \left(\frac{\lambda}{\mu}\right)^k \cdot p_0, & 0 \leq k < s \\ \frac{k!}{s! \cdot s^{k-s}} \cdot \binom{x}{k} \cdot \left(\frac{\lambda}{\mu}\right)^k \cdot p_0, & s \leq k \leq x \end{cases}$$

$$a = \sum_{k=0}^{x-1} (x-k) \cdot p_k, \quad b = \frac{\lambda}{\mu} \cdot a, \quad w = x - a - b$$

$$\eta_d = \frac{b}{s} \quad \text{und} \quad \eta_p = 1 - \frac{w}{m}$$

Beispiel: Für eine computergestützte Lehrveranstaltung sollen die Parameter des Vielstellensystems zur Betreuung durch zwei Bediener ermittelt werden. Wie viele Bedienstellen m können bei vorgegebenen Kostensätzen und einem feststehenden Erlössatz optimal betreut werden (Tabelle W.17)?

Dienstkostensatz	k_d	=	46,66	€/h
Fixkostensatz	k_f	=	37,50	€/h
Erlössatz	p	=	58,20	1/h
Bedieneranzahl	s	=	2	Pers.
Ankunftsrate	λ	=	0,50	1/h
Bedienrate	μ	=	2,50	1/h

Lösung: Die Bediener sind bei der Optimalvariante m = 14 mit 97,08 % ausgelastet, während an den Bedienstellen zu 83,21 % Selbsttätigkeit herrscht. Die mittlere Rate der selbst tätigen Bedienstellen beträgt 9,71 Bedienstellen, während die mittlere Dienstrate 1,94 Bediener umfasst. Durchschnittlich warten 2,35 der Bedienstellen mit der Pausenrate 2,35 auf Abfertigung. Mit dem ausgewiesenen Gewinn ist eine hohe Wirtschaftlichkeit des Systems gegeben.

Tabelle W.17: Parameterwerte eines Vielstellensystems

m	*G* [€]	*a*	*b*	η_d [%]	η_p [%]	*w*
11	198,84	9,11	1,82	91,11	99,40	0,07
12	203,61	9,36	1,87	93,63	93,63	0,76
13	206,29	9,56	1,91	95,60	88,24	1,53
14	207,13	9,71	1,94	97,08	83,21	2,35
15	206,40	9,81	1,96	98,14	78,51	3,22

Wirkungskennzahl

Analytischer Ausdruck für positive oder negative Wirkungen von Maßnahmen der Unternehmensführung, bestimmte Arbeitsbedingungen und Leistungselemente der Arbeitsinhalte zu verändern, auf die Arbeitszufriedenheit und den Leistungswillen der Mitarbeiter.

Grundlage der Berechnung sind Resultate entsprechender soziologischer Analysen. Aus ihrer statistischen Auswertung lassen sich Schwerpunkte und Rangfolgen für Maßnahmen ableiten, um den Anteil leistungsfördernder Arbeitsbedingungen und -inhalte zu verstärken. Die Berechnung geht davon aus, dass vor allem jene Leistungselemente aktivierend und stimulierend wirken, die für die Mitarbeiter von großer unmittelbarer positiver Bedeutung sind.

Bei der Berechnung der Wirkungskennzahl *k* spielen zwei Hauptkomponenten, der *Verhaltenspunkt V* und das *Aktualitätsmaß A:*

$$k = V \cdot A,$$

die entscheidende Rolle. Die Analyse bezieht sich jeweils nur auf ein konkretes Leistungselement.

- Als Ausdruck des Standes der Zufriedenheit der befragten Mitarbeiter mit dem betreffenden Leistungselement gilt der *Verhaltenspunkt V*:

  $$V = \frac{a-c}{a+c} \quad \text{mit} \quad \begin{cases} a \ldots \text{Anzahl zufriedener Mitarbeiter} \\ c \ldots \text{Anzahl unzufriedener Mitarbeiter} \end{cases}$$

  Befragte Mitarbeiter ohne Meinungsäußerung werden nicht berücksichtigt. Der Verhaltenspunkt kann so Werte zwischen +1 und –1 annehmen:

  – $V > 0$**:** Positive Noten signalisieren ein befriedigendes bis ausgezeichnetes Verhältnis der Mitarbeiter zum abgefragten Leistungselement.

- **$V < 0$:** Negative Werte sind Ausdruck von Unzufriedenheit über das abgefragte Leistungselement und weisen damit auf die Notwendigkeit von Veränderungen der eingeleiteten Maßnahmen oder tiefergehenden Analysen hin.

■ Eingangsgrößen für die Berechnung des *Aktualitätsmaßes A* sind der
- pessimistische Anteil X der Personen, die dem Leistungselement eine negative, hemmende Wirkung auf ihre Arbeitsleistung zuschreiben,
- optimistische Anteil Y der Personen, die dem Leistungselement einen positiven, fördernden Einfluss auf ihre Arbeitsleistung zuerkennen,
- neutrale Anteil Z der Personen, die mit dem Argument: „weiß nicht“ keine Wertung abgegeben.

Das *Aktualitätsmaß A* beruht auf einer empirischen Formelentwicklung, die in der soziologischen Praxis entstanden ist:

$$A(X,Z) = 1 - \frac{1}{N} \cdot \left(X + \frac{Z}{2} \right) \quad \text{mit} \quad \begin{cases} N = X + Y + Z \\ N > X + Z \end{cases}$$

Das *Aktualitätsmaß A* soll eine Abstufung der unterschiedlichen Bedeutung der Indikatoren für die Befragten ausdrücken:
- **$A \to 1$:** Aktueller Indikator, dessen Leistungsstimulanz dem Mitarbeiter bewusst ist.
- **$A \to 0$:** Das Leistungselement spielt bei den Befragten eine untergeordnete Rolle und zählt deshalb nicht zu den primären Wirkungsfaktoren.

Für die Unternehmensleitung ist es wichtig, durch soziologische und psychologische Maßnahmen darauf einzuwirken, die Gruppe der Neutralen zu verringern (Bild W.7), um eine klare Parteinahme für oder gegen die eingeleiteten Maßnahmen zu erreichen.

Die durch eine eindeutige Parteinahme erzielte Differenzierung der Meinungsbildung liefert eine gute Grundlage für eine bessere Bündelung der Maßnahmen auf ein strategisch gesetztes Ziel der Leistungsstimulierung im Unternehmen.

$$A = 1 - \frac{1}{N} \cdot \left(X + \frac{Z}{2} \right) \quad \text{mit} \quad \begin{cases} N = X + Y + Z \\ N > X + Z \end{cases}$$

$$V = \frac{a - c}{a + c}$$

$$k = A \cdot V$$

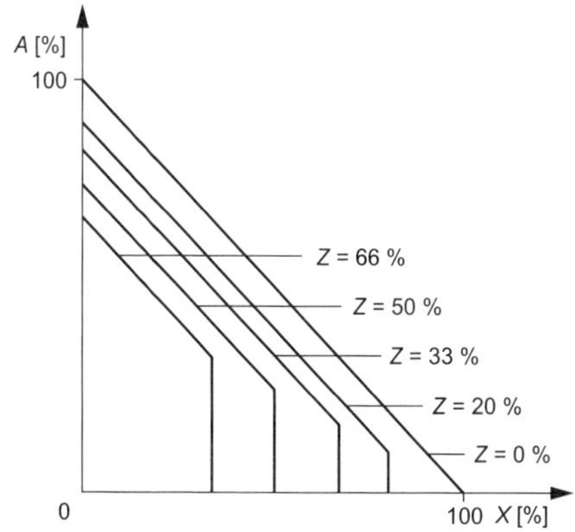

Bild W.7: Prinzipielle Verläufe der Wirkungskennzahl A für die neutralen Anteile der Personen $Z = 0$, 20, 33, 50 und 66 % mit 0 % für die „volle Differenzierung" der Meinungsbildung der befragten Mitarbeiter über den pessimistischen Anteilen X der Personen

Beispiel: Auf der Grundlage der Deckungsbeitragsrechnung führt ein Unternehmen versuchsweise in einer Leistungsstelle einen vom Deckungsbeitrag abhängigen variablen Lohnanteil ein. Eine Befragung unter den Mitarbeitern wird dazu vor Beginn der Einführung und ein Vierteljahr später vorgenommen. Das erste Ergebnis mit einigen „weiß nicht"-Teilnehmern lautete:

Anzahl zufriedener Personen	a	=	13	Pers.
Anzahl unzufriedener Personen	c	=	8	Pers.
Pessimistischer Anteil	X	=	14,29	%
Optimistischer Anteil	Y	=	33,00	%
Neutraler Anteil	Z	=	52,71	%
Lösung: Aktualitätsmaß	A	=	62,00	%
Zufriedenheit	V	=	44,00	
Wirkungskennzahl	k	=	27,28	%

Nach der Auswertung verbessert die Leitung die Erläuterung ihrer Maßnahmen. Es erfolgt eine gründliche Schulung der untersten Leitungsebene. Im Zuge der danach geführten Gespräche löst sich die Gruppe der Neutralen auf; diese geben nun eine klare Antwort, ob sie die vom Deckungsbeitrag abhängige Lohnstimulierung positiv oder negativ bewerten.

Anzahl zufriedener Personen	a	=	36	Pers.
Anzahl unzufriedener Personen	c	=	14	Pers.
Pessimistischer Anteil	X	=	28,00	%
Optimistischer Anteil	Y	=	72,00	%
Neutraler Anteil	Z	=	0,00	%

Lösung: Aktualitätsmaß	A	=	59,36	%
Zufriedenheit	V	=	23,81	
Wirkungskennzahl	k	=	14,13	%

Wirtschaftlicher Wirkungsgrad

In der Betriebswirtschaft übliches Wertverhältnis W, das die anteilige Umsetzung des Geldwertes einer potenziellen Unternehmensleistung A in den Geldwert einer kinetischen Unternehmensleistung E ausdrückt:

$$W = \frac{E}{A}, \quad \textit{wenn} \quad W > 1.$$

Leistungsüberschuss liegt vor, wenn mit einer kinetischen Unternehmensleistung gerechnet worden ist, die über der potenziellen Unternehmensleistung liegt und einen wirtschaftlichen Wirkungsgrad mit einem Wert größer Eins sichert. Der *wirtschaftliche Wirkungsgrad W* widerspiegelt sich im Verhältnis von kinetischer Unternehmensleistung und potenzieller Unternehmensleistung ohne gleichzeitige Aussage darüber, ob das Resultat optimal im Sinne der Unternehmensstrategie der Geschäftsführung ist. Die Kennzahl W sagt nur aus, ob ein kinetischer Leistungsüberschuss vorliegt.

Für die Optimierung des wirtschaftlichen Wirkungsgrades W ist es bei der stets vorhandenen Knappheit an potenziellen Leistungen A, bestehend aus den Einsatzgütern G und den Leistungsfaktoren L ($A = G + L$), für die Geschäftsführung vernünftig, ihre Handlungen auf eine bestimmte Strategie Z auszurichten:

1. Maximalgrundsatz: Erreichen einer kinetischen Höchstleistung E mit vorgegebener Güterbegrenzung G und minimaler Eigenleistung L:

$$W = \frac{E}{G+L} \to \text{Maximum}, \quad \text{wenn} \begin{cases} E \to \text{Maximum} \\ G \to \text{Vorgabe} \\ L \to \text{Minimum} \end{cases}$$

vorgegebener Eigenleistung L und geringstem Verbrauch von Einsatzgütern G:

$$W = \frac{E}{G+L} \to \text{Maximum}, \quad \text{wenn} \begin{cases} E \to \text{Maximum} \\ G \to \text{Minimum} \\ L \to \text{Vorgabe} \end{cases}$$

vorgegebener potenzieller Leistung A:

$$W = \frac{E}{A} \to \text{Maximum}, \quad \text{wenn} \begin{cases} E \to \text{Maximum} \\ A = G + L \to \text{Vorgabe} \end{cases}$$

2. Minimalgrundsatz: Erreichen eines kinetischen Leistungszieles E mit vorgegebener Güterbegrenzung G und minimaler Eigenleistung L:

$$W = \frac{E}{G+L} \rightarrow \text{Optimum,} \quad \text{wenn} \begin{cases} E \rightarrow \text{Planfestlegung} \\ G \rightarrow \text{Vorgabe} \\ L \rightarrow \text{Minimum} \end{cases}$$

Leistungsbegrenzung L und geringstem Verbrauch von Einsatzgütern G:

$$W = \frac{E}{G+L} \rightarrow \text{Optimum,} \quad \text{wenn} \begin{cases} E \rightarrow \text{Festlegung} \\ G \rightarrow \text{Minimum} \\ L \rightarrow \text{Vorgabe} \end{cases}$$

minimaler potenzieller Unternehmensleistung A:

$$W = \frac{E}{A} \rightarrow \text{Optimum,} \quad \text{wenn} \begin{cases} E \rightarrow \text{Planfestlegung} \\ A = G+L \rightarrow \text{Minimum} \end{cases}$$

3. Optimalgrundsatz: Maximieren der kinetischen E und Minimieren der potenziellen Unternehmensleistung A:

$$W = \frac{E}{A} \rightarrow \text{Maximum,} \quad \text{wenn} \begin{cases} E \rightarrow \text{Maximum} \\ A = G+L \rightarrow \text{Minimum} \end{cases}$$

Wirtschaftlich optimales Handeln bedeutet folglich nichts anderes, als den wirtschaftlichen Wirkungsgrad unter gegebenen inneren und äußeren Bedingungen des Unternehmens zu definieren.

Die innerbetrieblichen Kennzahlen für den wirtschaftlichen Wirkungsgrad W betreffen Kennzahlen der Leistung, wie z. B. das Verhältnis von Einsatzgütern, vor allem Arbeitsstunden, und Ausstoßgütern. In der Regel besteht auch ein Zusammenhang zu technischen und physikalischen Größen mit entsprechenden physikalisch-technischen Einheiten. Erfasst wird dann der Geldwert der abgegebenen Leistung E, also der Erlös einer Einheit an Nutzleistung oder effektiver Leistung, im Verhältnis zu den Kosten einer Einheit an zugeführter Leistung A, also an Kosten für die aufgewendete oder indizierte Leistung. Zum Beispiel ist der wirtschaftliche Wirkungsgrad der Energieumwandlung der Quotient des Geldwertes der nutzbar abgegebenen, aus Energieanwendungsanlagen erhaltenen Nutzenergie E zur aufgenommenen Energie, d. h. der zugeführten Gebrauchsenergie A.

Zeigt sich eine zufriedenstellende große Verhältniszahl, dann wird von einem guten wirtschaftlichen Wirkungsgrad gesprochen. Oft wird der Wirkungsgrad auch in Prozent angegeben. Entsprechend ist in diesem Fall der wirtschaftliche Wirkungsgrad stets größer als 100 %.

Z

Zeitabhängige Abschreibung

Unter „zeitabhängiger Abschreibung" werden Berechnungsmethoden zusammengefasst, die der Feststellung des Geldausdrucks der zeitlich bedingten Wertminderung der Gegenstände des Anlagevermögens dienen. Im Allgemeinen werden unter „Gegenständen des Anlagevermögens" sog. Betriebsmittel verstanden.

Die aktivierten Anschaffungswerte der Betriebsmittel werden nach deutschem Recht während der voraussichtlichen betriebsgewöhnlichen Nutzungsdauer jeweils um einen betrachteten Jahresbetrag vermindert. Bei der durch gesetzliche Vorschriften bestimmten betriebsgewöhnlichen Nutzungsdauer des Betriebsmittels wird von Betriebserfahrungen und geschätzten oder nach Erfahrungsnormen definierten Parameterwerten ausgegangen, wie z. B. für Einrichtungen an Grundstücken (Tabelle Z.1).

Für das Auffinden der betriebsgewöhnlichen Nutzungsdauer *T* und damit zur Bemessung der „Absetzung für Abnutzung" liegen sog. AfA-Tabellen vor. Diese nicht gesetzesamtlich bezeichneten AfA-Tabellen sind nach Wirtschaftszweigen gegliedert und enthalten die nach den Erfahrungen der steuerlichen Außenprüfung ermittelten und eigentlich unverbindlichen Tabellenrichtwerte für durchschnittliche betriebsgewöhnliche Nutzungsdauern. Im Allgemeinen wird die daraus erwählte betriebsgewöhnliche Nutzungsdauer jedoch anerkannt, wenn sie den angegebenen Tabellenrichtwert nicht unterschreitet.

Der Abschreibungsbetrag widerspiegelt in der Gewinn- und Verlustrechnung den sog. Aufwand und in der Kostenrechnung den auf die Leistungen (Produkte, Dienste usw.) übertragenen Wert des dafür genutzten materiellen (Betriebsmittel) und immateriellen (Schutzrechte, Lizenzen usw.) Anlagekapitals in Form von Kosten. Grund und Boden unterliegen keinem zeitlich bedingten Verzehr und dürfen daher nicht abgeschrieben werden.

Obwohl die Investition für ein Betriebsmittel einmalig im Kaufjahr auftritt, wird sein Kaufpreis (Anschaffungswert *K*) gestaffelt in mehreren Jahren „abgeschrieben". Das ist handels- sowie steuerrechtlich festgelegt und deswegen so, weil die aus der produktiven Nutzung des Anlagevermögens erwachsenden Erträge während der gesamten betriebsgewöhnlichen Nutzungsdauer des Betriebsmittels zu erwirtschaften sind. Die Anzahl der Jahresperioden der Zeitabschreibung entspricht der betriebsgewöhnlichen Nutzungsdauer des Betriebsmittels.

Tabelle Z.1: Betriebsgewöhnliche Nutzungsdauer für Einrichtungen an Grundstücken (Auszug)

Anlagegruppe	Anlageart	*T* [a]
Straßen-, Wegebrücken und Überwege	Stahl und Beton	33
	Holz	15
Fahrbahnen, Parkplätze, Gehsteige und Hofbefestigungen	mit schwerer Packlage	15
	leichte Packlage	10
	leichte Packlage in Kies, Schotter und Schlacken	5
Bewässerungs-, Entwässerungs- und Kläranlagen	Brunnen	20
	Drainagen aus Ton	10
	Drainagen aus Beton	20
Wasserkanäle	Mauerwerk, Stein und Beton	20
	Holz oder Faschinen	10
Wasserspeicher		20
Uferbefestigungen	Mauerwerk, Stein, Beton, Stahlspundwände	20
	Holz oder Faschinen	10
Umzäunungen	Mauerwerk und Beton	20
	Eisen, mit Sockel	15
	Draht	10
	Holz	5
Wehre, Ein- und Auslaufbauwerke inkl. Rechen und Schützen	Bauwerke	33
	maschinelle Einrichtungen	20

Um eine gewisse Proportionalität der rechnerischen Zeitabschreibung zum wirklichen Werteverzehr in den Leistungsprozessen zu gewährleisten, kann eine auf die gesetzlich zulässige betriebsgewöhnliche Nutzungsdauer bezogene *lineare* oder *degressive* oder *progressive* Zeitabschreibung erfolgen, die dementsprechend *gleichbleibende*, *fallende* oder *steigende* Abschreibungsbeträge A_t (Bild Z.1) ergibt.

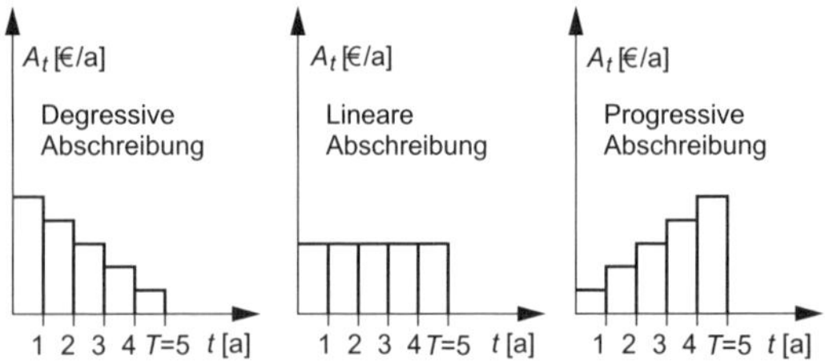

Bild Z.1: Grundverläufe der Zeitabschreibung und der zeitabhängigen Leistungsabschreibung

Der Anwendung der zeitabhängigen Abschreibung in der Unternehmenspraxis liegen verschiedene *Abschreibungsarten*, *Abschreibungsbezüge*, *Abschreibungsdynamiken* und *buchungstechnische Abschreibungsformen* zugrunde. Besonders die gewählte *Abschreibungsdynamik* soll widerspruchsfrei sein und möglichst genau den wirklichen Werteverzehr reflektieren, der aus dem Vorgang der Wertübertragung auf die Leistungen resultiert.

Bei der *kalkulatorischen Zeitabschreibung* dürfen die Abschreibungsbeträge frei nach einer der hier angegebenen Formeln entsprechend des sachlichen Werteverzehrs des Betriebsmittels ermittelt werden, d. h. ohne Beachtung methodischer Rechtsvorschriften. Diese Kalkulationsbeträge werden nur in der betrieblichen Leistungs- und Kostenrechnung verwendet. Im Unterschied dazu mindern die nach dem Handels- und Steuerrecht bei der Gewinn- und Verlustrechnung zu ermittelnden Abschreibungsbeträge den Gewinn in Form von

- Aufwand in der Handelsbilanz und beeinflussen die Ausschüttungen,
- Betriebsausgaben in der Steuerbilanz und reduzieren die Steuerzahlungen.

Sie beeinflussen also wesentlich die Höhe der Mittelabflüsse aus dem Unternehmen durch den auszuweisenden Periodengewinn. Der dafür verfügbare Bewertungsspielraum beruht quantitativ auf den Werten der *Abschreibungsparameter* und folgt vor allem aus der

- Wahl der Abschreibungsdynamik und dem damit festgelegten Entwertungsverlauf,
- Bemessung der betriebsgewöhnlichen Nutzungsdauer,
- Inanspruchnahme von meist staatlich gewollten steuerlichen Sonderabschreibungen.

Das eröffnet die Möglichkeit, stille Rücklagen zu bilden, verdunkelt aber für Fremde die finanzielle und wirtschaftliche Unternehmenssituation, wie z. B. die Vermögens-, Finanz- oder Ertragslage. Die den Unternehmen über die Umsatzerlöse wieder zufließenden Abschreibungsbeträge strömen in die Innenfinanzierung. Höhere Abschreibungsbeträge als der echte Werteverzehr stärken die Kapitalerhaltung wegen des im Handels- und Steuerrecht üblichen Nominalwertprinzips (EURO ist EURO, unabhängig von der Wertdifferenz, die zwischen dem Beschaffungstag des Betriebsmittels und dem Betrachtungstag seines derzeitigen Geldwertes liegen kann). Als Bemessungsgrundlage betreffen sie im Gegensatz zur Kostenrechnung nicht die Wiederbeschaffungskosten, sondern die ursprünglichen Anschaffungswerte.

Zu unterscheiden sind vier *Abschreibungsarten*:

1. Die *handelsrechtliche Zeitabschreibung,* die den Grundsätzen des Handelsrechts (vgl. §§253, 254 HGB) unterliegt. Durch die Zulässigkeit von planmäßigen und außerplanmäßigen Abschreibungen bildet sie eine Quelle für das Entstehen stiller Reserven, wie z. B. dann, wenn der Buchwert eines Betriebsmittels auf einen EURO abgeschrieben worden ist, dessen derzeitiger Marktwert (der sog. „Verkehrswert" als der mögliche Liquidationserlös) aber ein Vielfaches des Buchwerts beträgt.
2. Die *kalkulatorische Zeitabschreibung*. Sie ist Bestandteil der betrieblichen Leistungs- und Kostenrechnung, dient der Substanzerhaltung des Unternehmens und geht im Regelfall vom Wiederbeschaffungswert am Bewertungsstichtag als Bemessungsgrundlage für das jeweilige Betriebsmittel aus. Da sie in der Steuerbilanz keine Rolle spielt, kann ohne methodische Rechtsvorschrift entsprechend den technologischen und organisatorischen Eigenschaften des sachlichen Werteverzehrs, dem das Betriebsmittel tatsächlich unterliegt, abgeschrieben und der Abschreibungsbetrag ermittelt werden. Die Jahressummen der kalkulatorischen und steuerlichen Abschreibungsbeträge sind steigender oder sinkender Wiederbeschaffungskosten wegen unterschiedlich.
3. Die *neutrale* oder *außerordentliche Abschreibung*. Sie enthält außergewöhnliche Wertminderungen eines Betriebsmittels aus rechtlichen und wirtschaftlichen Gründen, die nicht den Regelfall seiner Benutzung darstellen, wie z. B. die Abwertung und die Bewertungskorrekturen im Anlage- und Umlaufvermögen, Innovationen mit Entwertungseinfluss, Katastrophen mit der Folge überproportionaler Abnutzung oder Totalverlust und die Stilllegung von Kapazitäten bei ungünstiger Marktlage usw. Die Wirkung dieser Abschreibung ist handelsrechtlicher und steuerlicher Natur und dementsprechend dort

einzustellen; die außerplanmäßige Abschreibung ist gesondert oder im Anhang anzugeben (§277 III HGB).

4. Die *steuerliche* oder *bilanzielle Zeitabschreibung.* Im Rechnungswesen wird bilanziell abgeschrieben, d. h. bei der Gewinn- und Verlustrechnung stellen die Abschreibungswerte Aufwand dar. Die Absetzung für Abnutzung entspricht der planmäßigen Zeitabschreibung; sie umfasst den abgenutzten Wertanteil des Anlagevermögens, den im Voraus festgelegten Abschreibungsbetrag für Wert verzehrende Betriebsmittel, der für geringwertige Wirtschaftsgüter in ausnahmsweise vereinfachter Form bestimmt wird. Für den Abschreibungszeitpunkt sind die steuerlichen Regelungen auch handelsrechtlich zutreffend. Über die planmäßige Zeitabschreibung hinaus können auch die sich aus anderen Gründen der Abwertung, wie z. B. außergewöhnliche Einflüsse, Wahlrechte, ergebenden Wertminderungen im Anlagevermögen berücksichtigt werden. Das Steuerrecht unterscheidet die
   - Absetzung für Abnutzung (AfA),
   - Absetzung für außergewöhnliche technische oder wirtschaftliche Abnutzung (AfaA),
   - Absetzung für Substanzverringerung (AfS),
   - erhöhte Absetzungen,
   - Sofortabschreibung für geringwertige Wirtschaftsgüter,
   - Sonderabschreibungen und Teilwertabschreibungen.

Die jeweils gültigen Rechtsvorschriften sind anzuwenden; insbesondere sind die nach dem Steuerrecht im Anlage- und Umlaufvermögen getätigten Abschreibungen auszuweisen und zu begründen (§281 II HGB).

Der *Abschreibungsbezug* betrifft entweder die reine Zeitabschreibung oder die zeitabhängige Leistungsabschreibung. Zwischen diesen Bezugsgrößen sind Kombinationen zulässig, und zwar für die Unterteilung in eine zeitliche Abnutzung für den Zeitraum, in dem das Betriebsmittel außer Gebrauch ist, und in einen leistungsabhängigen Verschleiß mit Proportionalität zwischen der Kapazitätsauslastung und dem Werteverzehr des Betriebsmittels.

Die *Abschreibungsdynamik* betrifft die *lineare, degressive* und *progressive* Berechnung der Zeitabschreibung:

- Die degressive Zeitabschreibung behandelt die mit fortlaufender Zeit stattfindende Abnahme des Bruttobuchwerts in arithmetischer, geometrischer oder logarithmischer Folge. Die jährlichen Abschreibungsbeträge nehmen einen mit der Zeit und der dazu proportional fallenden Leistung sich verringernden Wert an, der anfangs über und gegen Ende unter dem entsprechenden linearen Abschreibungsbetrag liegt. Degressive Abschreibungsbeträge fallen mit konstanter Differenz bei arithmetischem und mit konstantem Prozentsatz bei geometrischem Verlauf.

- Die lineare Zeitabschreibung stellt die Standardmethode für die Ermittlung des sowohl beim Zeitbezug als auch beim Leistungsbezug gleichbleibenden Abschreibungssatzes, Abschreibungsbetrages und der abnehmenden Buchwerte dar.
- Unter progressiver Zeitabschreibung wird die Abminderung des Anschaffungswertes von Betriebsmitteln in arithmetischer, geometrischer oder logarithmischer Progression bei von Jahr zu Jahr steigender Wertminderung mit steuerlicher Wirksamkeit verstanden, wenn eine zeitabhängige Leistungsabschreibung stattgefunden hat.

Die *Abschreibungsparameter* fungieren als Eingangsdaten und als Ergebnisgrößen:

1. *Eingangsdaten:* Anschaffungswert K (Anfangsbuchwert), Aktivierungsjahr ($t = 1$), betriebsgewöhnliche Nutzungsdauer T und Liquidationserlös V. Bei zeitabhängiger Leistungsabschreibung ist festzulegen, ob degressiv, linear oder progressiv gerechnet wird. Den Anfangsbuchwert bestimmt die Finanzbuchhaltung aus dem Kaufpreis oder den Herstellungskosten zuzüglich von Anschaffungsnebenkosten und abzüglich von Einkaufskonditionen, wie z. B. Rabatte, Skonti.
2. *Ergebnisgrößen:* Abgangsjahr $t = T$, Buchwerte B_t und Abschreibungsbeträge A_t, ggf. Abschreibungssatz S. Der erste Folgebuchwert (zweiter Buchwert) entsteht durch Abzug des ersten Abschreibungsbetrages vom Anschaffungswert. Nach Abzug aller Abschreibungsbeträge bleibt der Liquidationserlös übrig, der gegen Null: $V = 0$, gehen kann. Aus handelsrechtlichen Gründen ist ein Abschreibungsplan (§253 II HGB) je Betriebsmittel aufgrund des Anschaffungswertes abzüglich des Liquidationserlöses mit der betriebsgewöhnlichen Nutzungsdauer als Verteilungszeitraum der Abschreibungsbeträge anzufertigen. Dabei sind Änderungen nur in begründeten Ausnahmefällen statthaft (Bewertungsstetigkeit nach §252 I HGB).

Buchungstechnische Abschreibungsformen sind die

- Einzelabschreibung nach dem Prinzip der Einzelbewertung,
- Sammel- oder Pauschalabschreibung,
- direkte Zeitabschreibung durch das buchhalterische Absetzen bei den Anlagekonten mit dem Buchungssatz: Abschreibungen an Anlagekonto (Kapitalgesellschaften dürfen gemäß den handelsgesetzli-

chen Gliederungsvorschriften die Abschreibungsbeträge nur direkt ausweisen),

- indirekte Zeitabschreibung mit dem Buchungssatz: Abschreibungen an Wertberichtigungen auf Betriebsmittel; die Bilanzwerte auf dem Anlagekonto sind dabei mit den Anschaffungswerten identisch.

Die Abschreibungsbeträge einer Kapitalgesellschaft unterliegen bei der Gewinn- und Verlustrechnung einer unterschiedlichen Behandlung. Sie sind bei *Anwendung*:

- *des Gesamtkostenverfahrens* einzeln (§275 II HGB) auszuweisen; die gewöhnlichen je nach Sachbezug unter Bestandsminderungen (Pos. Nr. 2), Materialaufwand (Pos. Nr. 5a) oder sonstige betriebliche Aufwendungen (Pos. Nr. 8) und die ungewöhnlichen wie folgt:
  - planmäßige und außerplanmäßige Abschreibung auf immaterielle und materielle Güter des Anlagevermögens unter Pos. Nr. 7a,
  - Abschreibung auf Finanzanlagen und Wertpapiere im Umlaufvermögen unter Pos. Nr. 12,
  - Abschreibung auf Umlaufvermögensgegenstände, die über den gewöhnlichen Abschreibungsbeträgen liegen, unter Pos. Nr. 7 b;
- *des Umsatzkostenverfahrens* (§275 III HGB) für Finanzanlagen und Wertpapiere des Umlaufvermögens (Nr. 11) speziell und für die übrigen planmäßigen und außerplanmäßigen Abschreibungsbeträge je nach Sachbezug unter Herstellungs- (Nr. 2), Vertriebs- (Nr. 4) und allgemeine Verwaltungskosten (Nr. 5) sowie unter sonstige betriebliche Aufwendungen (Nr. 7) zu buchen.

Buchungstechnische Gruppenabschreibung

Die Gruppenabschreibung bezieht sich entweder auf die Anschaffungswerte K_j gleichartiger Anlagegegenstände j, $j = 1, 2, \ldots, n$, wie z. B. Wohnquartiere, oder unterschiedlicher, wie z. B. gemischt genutzte Grundstücke. Die Gruppenabschreibungssatz g folgt aus dem Gruppenanschaffungswert K und den Abschreibungssätzen S_j.

$$K = \sum_{j=1}^{n} K_j$$

$$g = \frac{1}{K} \cdot \sum_{j=1}^{n} (S \cdot K)_j$$

Beispiel: In einer Wohnanlage befinden sich sieben Tiefgaragen mit technisch unterschiedlichen Parkdecks, verschiedenen Anschaffungswerten und Abschreibungssätzen (Tabelle Z.2). Der Anfangsbuchwert aller Parkdecks in den Tiefgaragen und der Gruppenabschreibungssatz sollen ermittelt werden.

Tabelle Z.2: Abschreibungssätze S und Anfangsbuchwerte K einer Gegenstandsgruppe

j	*S* [%/a]	*K* [€]	*j*	*S* [%/a]	*K* [€]
1	7,50	32890,20	5	6,50	43598,70
2	6,30	76805,50	6	7,50	17539,90
3	5,50	21728,80	7	5,00	14488,60
4	4,50	98659,50			

Lösung:

Anschaffungswert der Anlagegruppe	K	=	305711,20	€
Gruppenabschreibungssatz	g	=	5,83	%/a
Anzahl zusammengefasster Betriebsmittel	n	=	7	St.

Zeitabschreibung spezieller Betriebsmittel

Der kalkulatorische Zeitabschreibungsbetrag A für Sonderbetriebsmittel bezieht sich auf die Gesamtleistungsmenge Q der Jahresmengen q_t, $t = 1, 2, ..., T$, und erfasst untypische Reparaturkosten R und den Liquidationserlös V, der als Restbuchwert nach der Außerdienststellung als leistungsbezogener Abschreibungsbetrag gesondert berechnet wird. Die Teilerneuerung verlängert die betriebsgewöhnliche Nutzungsdauer, verändert die Nutzwertkurven (Bild Z.2) und hebt deutlich die Folgebuchwerte gegenüber einem normalen Abschreibungsverlauf an.

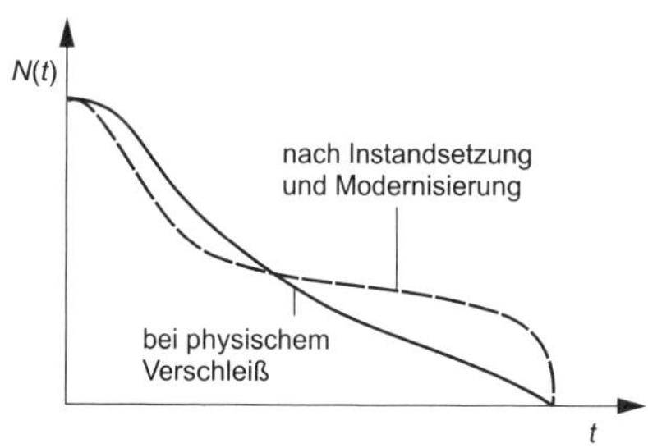

Bild Z.2: Abschreibungsverlauf bei Modernisierung technischer Betriebsmittel

$$A = \frac{K + R - V}{Q}$$

$$Q = \sum_{t=1}^{T} q_t$$

Beispiel: Für die tägliche Messung des Güterverkehrs in einem Gewerbepark wurden spezifische Prüfgeräte angeschafft und vier Jahre lang eingesetzt. In dieser Zeit haben sie einen erheblichen Aufwand für die Adaption an die unterschiedlichen Messanforderungen, wie z. B. Verkehrsdichte, Fahrzeuge mit und ohne Hänger usw., verursacht. Nach Umstellung des Gewerbebetriebs können aus einigen Modulen der Prüfgeräte noch Liquidationserlöse erzielt werden. Der Abschreibungsbetrag und die Anzahl der Gesamteinsätze sollen aufgrund der vorliegenden Daten (Tabelle Z.3) berechnet werden.

Tabelle Z.3: Einsatzfälle q eines speziellen Betriebsmittels

t [a]	q [Fälle/a]
1	32100
2	29600
3	27900
4	26800

Lösung: Bruttowert der Ausrüstung	K	=	231608,00	€
Reparaturkosten	R	=	3451,67	€
Liquidationserlös nach Auslauf der Serie	V	=	1049,00	€
Abschreibungsbetrag	A	=	2,01	€/Fall
Anzahl aller Einsatzfälle	Q	=	116400	St.
Betriebsgewöhnliche Nutzungsdauer	T	=	4	a

Arithmetisch degressive zeitabhängige Leistungsabschreibung

Ausgegangen wird von der Gesamtleistung Q, bezogen auf die Summe der arithmetischen Reihe der Jahre der betriebsgewöhnlichen Nutzungsdauer. Das Ergebnis stellt eine Degressionskonstante l dar. Um die Jahresleistung q_t bis zum Erreichen der Endleistung zu errechnen, multipliziert man die Degressionskonstante mit der ab dem betrachteten Jahr t verfügbaren Restnutzungsdauer: $T + 1 - t$ (Bild Z.3).

In Analogie zum leistungsabhängigen Werteverzehr des Betriebsmittels fällt auch sein Buchwert arithmetisch degressiv ab (Bild Z.4).

Im Hinblick auf das Steuerrecht wird arithmetisch degressiv nur in leistungsabhängiger Form abgeschrieben. In diesem Fall ist ein bilanztechnischer Ansatz der Abschreibungsbeträge zulässig. Arithmetisch degressive (digitale) zeitabhängige Leistungsabschreibung eignet sich für Leistungsprozesse, die durch eine über die betriebsgewöhnliche Nutzungsdauer *T* hinausgehende und mehr oder wenig stetig abfallende Kapazität bzw. abnehmende Kapazitätsauslastung charakterisiert sind. Das trifft insbesondere auf industrielle Massenprodukte mit hohem technischem Verschleiß zu, wie z. B. in der Mikroelektronik bei hochwertigen Schaltkreisen, und auf Dienstleistungen mit großem innovativem Gehalt, wie z. B. im Buchhandel bei der Herstellung und beim Verkauf von wissenschaftlichen Publikationen.

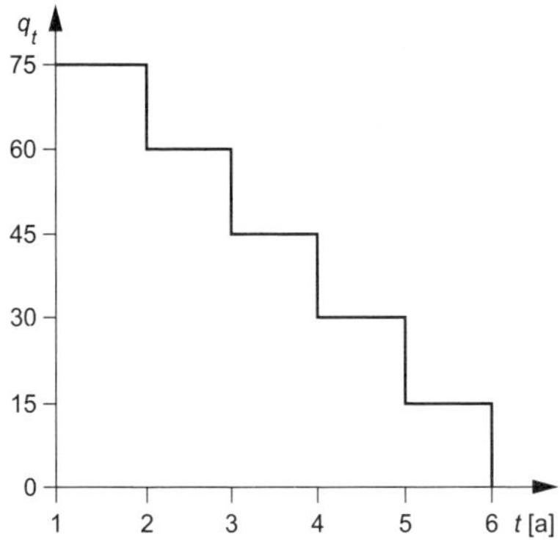

Bild Z.3: Arithmetisch degressive Jahresleistung

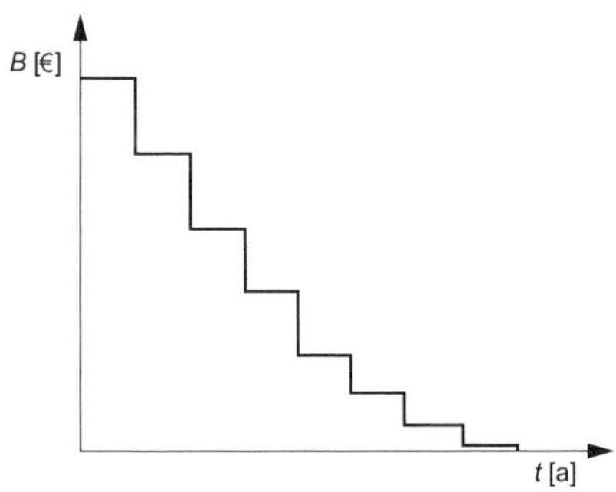

Bild Z.4: Buchwert bei arithmetisch degressiver zeitabhängiger Leistungsabschreibung

$$l = \frac{2 \cdot Q}{T \cdot (T+1)}$$

$$q_t = l \cdot (T+1-t)$$

$$S = \frac{K-V}{Q}$$

$$A_t = q_t \cdot S$$

$$B_t = K - S \cdot l \cdot (t-1) \cdot \frac{2 \cdot T + 2 - t}{2}, \quad 1 \le t \le T$$

Beispiel: Die Zeitabschreibung für ein digitales Überwachungssystem in einer Tiefgarage mit einer bestimmten Anzahl Q von Abstellboxen soll unter dem Aspekt kalkuliert werden, dass die einzelnen Mieter der Garagenplätze ihre eigene Überwachungsstation in diesem elektronischen Organisationsmittel sukzessive in arithmetisch degressiver Abnahme pachten und in Betrieb nehmen werden. Aufgrund der Investitionsdaten ist die fallende Jahresumlage als jährlicher Abschreibungsbetrag zu ermitteln (Tabelle Z.4).

Anschaffungswert	K	=	203100,00	€
Jahresleistung	Q	=	225	St.
Liquidationserlös	V	=	712,00	€
Betriebsgewöhnliche Nutzungsdauer	T	=	5	a

Lösung:

Abschreibungssatz je Leistungseinheit	S	=	899,50	€/St.
Arithmetische Leistungskonstante	l	=	15,00	€

Tabelle Z.4: Abschreibungsplan mit Jahresleistung q_t, Abschreibungsbetrag A und Buchwert B

t [a]	*q* [1/a]	*A* [€/a]	*B* [€]
1	75	67462,67	203100,00
2	60	53970,13	135637,33
3	45	40477,60	81667,20
4	30	26985,07	41189,60
5	15	13492,53	14204,53
6	0	0,00	712,00

Arithmetisch degressiver Anschaffungswert

Der Anfangsbuchwert eines Betriebsmittels wird aufgrund des für ein bestimmtes Jahr vorliegenden arithmetisch degressiven Buchwerts B, des Liquidationserlöses V sowie der aktuellen betriebsgewöhnlichen

Nutzungsdauer t, $t = 1, 2, ..., T$, und der gesamten betriebsgewöhnlichen Nutzungsdauer T ermittelt.

$$K = \frac{B \cdot T \cdot (T+1) - V \cdot (t-1) \cdot (2 \cdot T + 2 - t)}{T \cdot (T+1) - (t-1) \cdot (2 \cdot T + 2 - t)}, \quad t \leq T$$

Beispiel: Der arithmetisch degressiv abgeschriebene Anfangsbuchwert der Zentraleinheit eines Überwachungssystems ist unbekannt; die Anlage wird nach dem fünften Nutzungsjahr in ein anderes Grundstück des Unternehmens umgesetzt. Der aktuelle Buchwert der Anlage ist bekannt, ebenso der voraussichtliche Liquidationserlös sowie die betriebsgewöhnliche Nutzungsdauer. Für die Zwecke der weiteren arithmetisch degressiven Zeitabschreibung soll der Anschaffungswert berechnet werden.

Liquidationserlös	*V*	=	212,00	€
Bekannter Buchwert im betrachteten Jahr (*t*)	*B*	=	25161,00	€
Betriebsgewöhnliche Nutzungsdauer	*T*	=	5	a
Betrachtetes Abschreibungsjahr	*t*	=	3	a
Lösung: Anschaffungswert	*K*	=	62584,50	€

Geometrisch degressive Abschreibung

Bei der steuerlich für bewegliche Wirtschaftsgüter statthaften reinen Zeitabschreibung, der sog. Buchwertabschreibung, ergibt sich der Abschreibungsbetrag A_t, $t = 1, 2, ..., T$, über der betriebsgewöhnlichen Nutzungsdauer T aus einer Degressionskonstanten w, multipliziert mit dem aktuellen Buchwert B_t. Der maximal zulässige Wert liegt allerdings bei dreißig Prozent dieses Buchwerts, und er darf das Dreifache des vergleichbaren linearen Abschreibungsbetrages nicht übersteigen. Für die Berücksichtigung dieser Nebenbedingungen wird ein funktionell bestimmtes Degressionskriterium D benutzt. Die nach der Formel für geometrische Reihen aufgrund des Anschaffungswertes K und des Liquidationserlöses V berechneten Abschreibungsbeträge nehmen degressiv ab, führen aber nicht zu einer Vollabschreibung (Bild Z.5); daraus resultiert, dass der niedrigste Liquidationserlös die Zahl Eins erhält und nicht auf Null gesetzt werden darf.

$$D = \begin{cases} 1 - \left(\frac{V}{K}\right)^{\frac{1}{T}}, & \text{wenn } 1 - \left(\frac{V}{K}\right)^{\frac{1}{T}} \leq 0{,}3 \\ 0{,}3, & \text{wenn } 1 - \left(\frac{V}{K}\right)^{\frac{1}{T}} > 0{,}3 \end{cases} \quad V > 0$$

$$w = \begin{cases} D, & \text{wenn } D \leq 3 \cdot T^{-1} \\ 3 \cdot T^{-1}, & \text{wenn } D > 3 \cdot T^{-1} \end{cases}$$

$$B_t = K \cdot \left(\frac{V}{K}\right)^{\frac{t-1}{T}}, \quad V > 0$$

$$A_t = w \cdot B_t$$

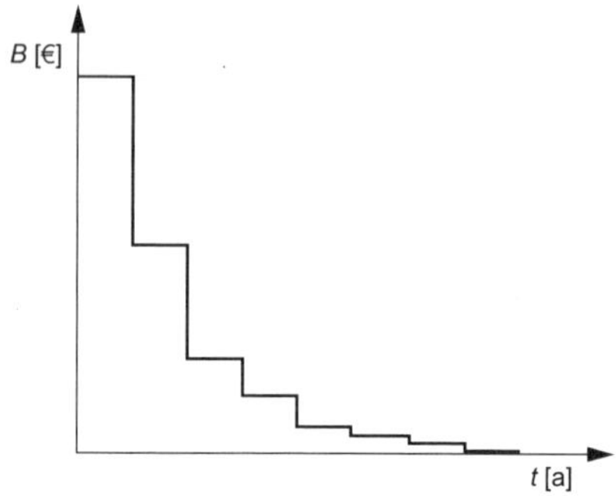

Bild Z.5: Buchwert bei geometrisch degressiver Zeitabschreibung

Beispiel: Die Zeitabschreibung eines freistehenden Flüssiggasbehälters ohne Überdachung soll geometrisch degressiv vorgenommen werden. Die Buchwerte und Abschreibungsbeträge inkl. der anderen Abschreibungsparameter sollen ermittelt werden (Tabelle Z.5).

Anschaffungswert	K	=	12310,00	€
Liquidationserlös	V	=	420,00	€
Betriebsgewöhnliche Nutzungsdauer	T	=	15	a
Lösung: Degressionskonstante	w	=	0,20	

Tabelle Z.5: Abschreibungsplan mit Abschreibungsbetrag *A* und Buchwert *B*

t **[a]**	***A*** **[€/a]**	***B*** **[€]**	***t*** **[a]**	***A*** **[€/a]**	***B*** **[€]**
1	2462,00	12310,00	9	406,33	2031,67
2	1965,57	9827,83	10	324,40	1622,01
3	1569,23	7846,16	11	258,99	1294,95
4	1252,81	6264,07	12	206,77	1033,84
5	1000,20	5000,99	13	165,07	825,37
6	798,52	3992,59	14	131,79	658,95
7	637,51	3187,53	15	105,22	526,08
8	508,96	2544,80	16	0,00	420,00

Anschaffungswert bei geometrisch degressiver Zeitabschreibung

Die Ermittlung des Anschaffungswertes K bei geometrisch degressiver Zeitabschreibung und der Degressionskonstanten w erfolgt aus dem aktuellen Buchwert B_t, dem aktuellen Abschreibungsbetrag A_t und der Nutzungsdauer T unter Beachtung des Liquidationserlöses V.

$$K = V \cdot \left(\frac{B_t}{B_t - A_t} \right)^T, \quad V > 0$$

$$w = \frac{A_t}{B_t}$$

Beispiel: Der aktuelle Abschreibungsbetrag und der aktuelle Buchwert, der Liquidationserlös und die Gesamtnutzungsdauer einer gusseisernen Grundstückseinfriedung in einem unter Denkmalschutz stehenden Grundstück sind bekannt. Der Anschaffungswert, die Degressionskonstante und die Halbwertzeit sollen berechnet werden.

Abschreibungsbetrag im Jahr t	A_t	=	4307,00	€/a
Buchwert im Jahr t	B_t	=	14635,00	€
Liquidationserlös	V	=	445,00	€
Betriebsgewöhnliche Nutzungsdauer	T	=	15	a
Lösung: Anschaffungswert	K	=	82986,50	€
Degressionskonstante	w	=	0,2943	

Logarithmisch degressive zeitabhängige Leistungsabschreibung

Der logarithmisch degressive Werteverzehr des Betriebsmittels beruht auf dem kumulativen zeitlichen Leistungszuwachs dL/dt, der sich umgekehrt proportional α zur Nutzungszeit t, $t = 1, 2, ..., T$, des Betriebsmittels unter der Bedingung verhält, dass zu Beginn $t = 1$ die Produktmenge l und am Ende der Nutzungszeit T die Gesamtmenge Q produziert wird:

$$\dot{L} = \alpha \cdot \frac{1}{t}.$$

Nach der Lösung und dem Einsetzen der Randbedingungen erhält man

$$L = \alpha \cdot \ln t + C, \quad L(1) = l, \quad Q = \alpha \cdot \ln T + C$$

und damit die gesuchte Formel einer kumulativen Leistungsentwicklung (Bild Z.6) mit dem Logarithmus der betrachteten Nutzungsdauer t und dem der betriebsgewöhnlichen Nutzungsdauer T, bezogen auf die Differenz von Gesamtleistung Q und Anfangsleistung l:

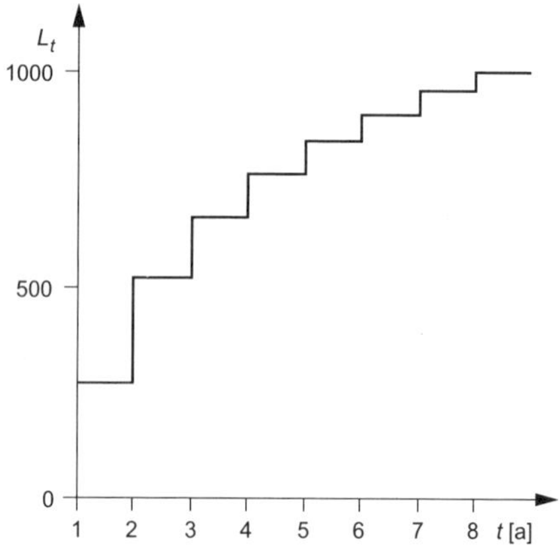

Bild Z.6: Logarithmisch degressive Leistungsentwicklung

$$L_t = l + (Q - l) \cdot \frac{\ln t}{\ln T}.$$

Um die arithmetische Folge der Leistungsentwicklung während der betriebsgewöhnlichen Nutzungsdauer zu gewährleisten, ist die Anfangsleistung l so zu bemessen, dass die Folgeleistungen abnehmen:

$$l > L_2 - l \quad \Rightarrow \quad l > \frac{\ln 2 \cdot Q}{\ln 2 + \ln T}.$$

Die jeweilige Jahresleistung folgt dann aus der Beziehung:

$$q_t = L_t - L_{t-1}.$$

Demzufolge erfahren die Buchwerte gegenüber den anderen degressiven Abschreibungsverfahren eine beschleunigte Abnahme; d. h., die logarithmische Leistungsentwicklung weist eine besonders hohe Abschreibungsdynamik auf (Bild Z.7).

Die logarithmisch degressive zeitabhängige Leistungsabschreibung für Betriebsmittel bietet sich für Leistungsprozesse mit hoher Anfangskapazität an. Der daraus resultierende schnelle stoffliche und technische Verschleiß erfordert den beschleunigten Rücklauf der investierten Mittel über die entsprechenden Umsatzerlöse für die erzeugten Leistungen.

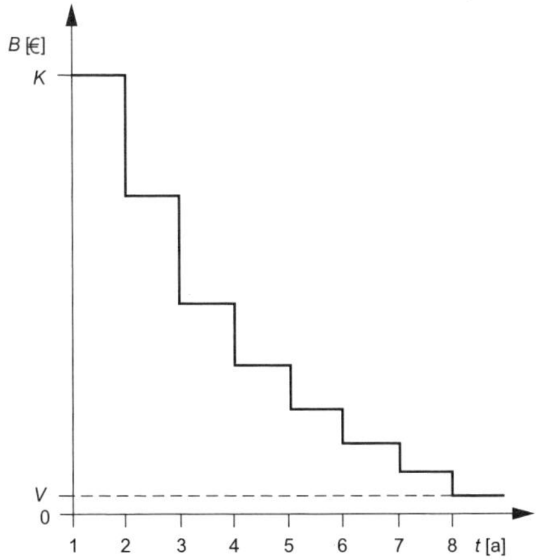

Bild Z.7: Buchwert bei logarithmisch degressiver zeitabhängiger Leistungsabschreibung

$$l = \begin{cases} q_1, & \text{wenn } q_1 > \dfrac{\ln 2 \cdot Q}{\ln 2 + \ln T} \\ 1 + \dfrac{\ln 2 \cdot Q}{\ln 2 + \ln T}, & \text{wenn } q_1 \leq \dfrac{\ln 2 \cdot Q}{\ln 2 + \ln T} \end{cases}$$

$$q_t = \begin{cases} l, & \text{wenn } t = 1 \\ \dfrac{Q - l}{\ln T} \cdot \ln \dfrac{t}{t-1}, & \text{wenn } 1 < t \leq T \end{cases}$$

$$S = \frac{K - V}{Q}$$

$$A_t = q_t \cdot S$$

$$B_t = K - \sum_{i=1}^{t-1} A_i$$

Beispiel: Der Besitzer eines großen gemischten Quartiers von Wohnungen und Gewerbeeinheiten realisiert mit den Erschließungsarbeiten im Grundstück ein Überwachungssystem, um im Baustadium einen ausreichenden Bestands-, Material- und Vandalenschutz zu gewährleisten und mit dem Bezug der Vermietungseinheiten das Grundstück und die Gebäude zuverlässig abzusichern. Die Leistungsanforderungen an das System sind nach Abschluss der Installation der Anlage am höchsten, da während des Baues die Personalfrequenz durch Grundstücksfremde extrem stark ist; bis zum Abschluss der Bauarbeiten nimmt die Sicherheitsbelastung rasch ab und flacht mit Beginn der Vermietung mit der zunehmenden Stammbewohnung weiter ab. Damit ist die Annahme einer logarithmisch degressiven Belastung berechtigt. Aufgrund dessen sollen die Abschreibungsdaten berechnet werden (Tabelle Z.6).

Anfangsbuchwert (Anschaffungswert)	K	=	253918,00	€
Gesamtleistung	Q	=	1000	St.
Liquidationserlös	V	=	1200,00	€
Anfangsleistung des 1. Jahres	l	=	275	St.
Betriebsgewöhnliche Nutzungsdauer	T	=	8	a

Lösung:

Abschreibungssatz je Leistungseinheit	S	=	252,72	€/St.

Tabelle Z.6: Abschreibungsplan mit Jahresleistung q, Abschreibungsbetrag A und Buchwert B

t [a]	q [St./a]	A [€/a]	B [€]
1	275	69497,45	253918,00
2	242	61073,52	184420,55
3	141	35725,72	123347,03
4	100	25347,80	87621,32
5	78	19661,28	62273,52
6	64	16064,44	42612,24
7	54	13582,29	26547,80
8	46	11765,51	12965,51
9	$\Sigma = 1000$	0,00	1200,00

Lineare Zeitabschreibung

Bei linearer Zeitabschreibung der Buchwerte B_t, $t = 1, 2, ..., T$, erfolgt eine Gleichverteilung der Anschaffungs- bzw. Herstellungskosten K abzüglich Liquidationserlös V auf die betriebsgewöhnliche Nutzungsdauer T. Die durch sie geteilte Differenz von Bruttobuchwert und Liquidationserlös ergibt den jährlich gleichbleibenden Abschreibungsbetrag A und Abschreibungssatz S (Bild Z.8).

$$A = \frac{K - V}{T}$$

$$B_t = K - (t-1) \cdot A, \quad 1 \le t \le T+1$$

$$S = T^{-1}$$

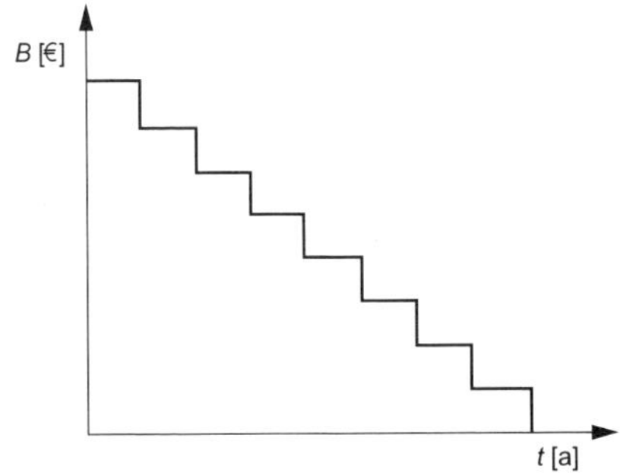

Bild Z.8: Buchwert bei linearer Zeitabschreibung

Beispiel: Ein Grundstück wird durch einen Holzzaun eingefriedet. Der Abschreibungsbetrag, der Abschreibungssatz, die Buchwerte (Tabelle Z.7) und die Halbwertzeit sollen ermittelt werden.

Anschaffungswert	*K*	=	23100,00	€
Liquidationserlös	*V*	=	120,00	€
Betriebsgewöhnliche Nutzungsdauer	*T*	=	5	a
Lösung: Linearer Abschreibungsbetrag	*A*	=	4596,00	€/a
Linearer Abschreibungssatz	*S*	=	20,00	%/a

Tabelle Z.7: Abschreibungsplan mit Buchwert *B*

t **[a]**	***B*** **[€]**	***t*** **[a]**	***B*** **[€]**
1	23100,00	4	9312,00
2	18504,00	5	4716,00
3	13908,00	6	120,00

Linearer Anschaffungswert eines Betriebsmittels

Für die Ermittlung des Anschaffungswertes *K* aus dem Buchwert B_t zum Zeitpunkt t, $t = 1, 2, ..., T$, wird die Prozentrechnung benutzt, weil stets der Abschreibungssatz *S* auf den Anfangsbuchwert *K* zu beziehen ist; die Einbeziehung des Liquidationserlöses *V* kompliziert den Ausdruck.

$$K = \frac{T \cdot B_t - V \cdot (t-1)}{T - t + 1}$$

Beispiel: Der aktuelle Buchwert eines linear abzuschreibenden Betriebsmittels und der Abschreibungssatz sind für das 3. Jahr der betriebsgewöhnliche Nutzungsdauer gegeben. Bei feststehendem Liquidationserlös soll der Anschaffungswert festgestellt werden.

Buchwert im Jahr t	B_t	=	25161,00	€
Liquidationserlös	V	=	212,00	€
Betriebsgewöhnliche Nutzungsdauer	T	=	8	a
Betrachtete Nutzungsdauer	t	=	5	a
Lösung: Anschaffungswert	K	=	50110,00	€

Arithmetisch progressive zeitabhängige Leistungs-abschreibung

Die arithmetische Zeitabschreibung hat Bedeutung bei Anlagegegenständen, die aus baulichen Gründen sofort bei Investitionsbeginn angeschafft werden müssen, obwohl ein langwieriges Baugeschehen einen verspäteten Einsatz und einen sehr langsamen Werteverzehr verursacht. Das hat zur Folge, dass erst nach der Beendigung der Anlaufphase und schwieriger Markteinführung des Objekts ein womöglich progressiver starker Anstieg der Leistungen und des Umsatzes eintritt (Bild Z.9).

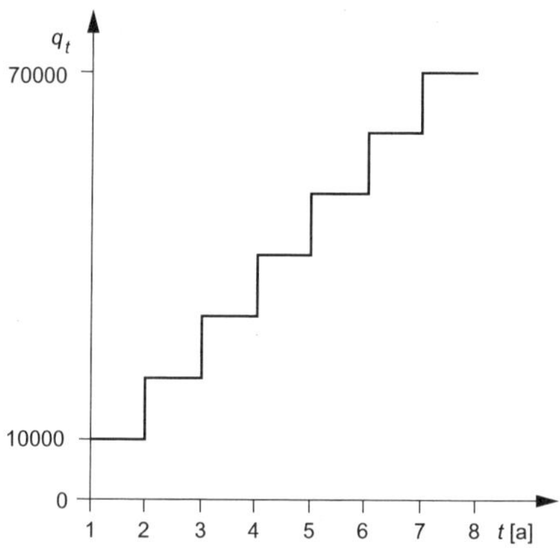

Bild Z.9: Arithmetisch progressiver Leistungsverlauf

Die progressive Entwicklung der Jahresleistung q_t soll aufgrund des Anschaffungswertes K, der Gesamtleistung Q, des Liquidationserlöses V und der betriebsgewöhnliche Nutzungsdauer T statistisch abgeschätzt und dabei der Abschreibungssatz je Leistungseinheit S und die arithmetische Leistungskonstante l errechnet werden. Der jährliche Abschreibungsbetrag ergibt sich dann durch Multiplikation des Abschreibungssatzes mit der verbrauchten Leistungsmenge. Dabei treten linear mit der Nutzungszeit wachsende Abschreibungswerte auf (Bild Z.10).

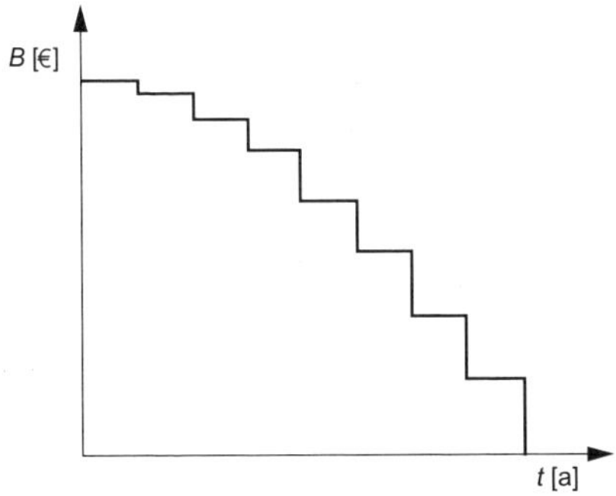

Bild Z.10: Buchwert bei arithmetisch progressiver Zeitabschreibung

$$l = \frac{2 \cdot Q}{T \cdot (T+1)}$$

$$q_t = l \cdot t$$

$$S = \frac{K - V}{Q}$$

$$A_t = q_t \cdot S$$

$$B_t = K - S \cdot l \cdot (t-1) \cdot \frac{t}{2}, \quad 1 \le t \le T$$

Beispiel: Der Investor und künftige Betreiber eines großen gemischten Wohnquartiers mit Gewerbeeinheiten richtet im Zuge der Erschließung eines Grundstücks eine Autowaschanlage ein, die zunächst nur für die Bauunternehmen genutzt wird; mit zunehmender Vermietung steigt die Auslastung progressiv an und erreicht gegen Ende der Nutzungsdauer ihren höchsten Wert. Das berechtigt zur Annahme eines arithmetisch progressiven Leistungsverlaufs. Aufgrund dessen sollen die Abschreibungsdaten berechnet werden (Tabelle Z.8).

Anschaffungswert	K	=	729310,00	€
Gesamtleistung	Q	=	360000	St.
Liquidationserlös	V	=	1892,00	€
Betriebsgewöhnliche Nutzungsdauer	T	=	8	a

Lösung:

Abschreibungssatz je Leistungseinheit	S	=	2,02	€/St.
Arithmetische Leistungskonstante	l	=	10000,00	St./a

Tabelle Z.8: Abschreibungsplan mit Jahresleistung q, Abschreibungsbetrag A und Buchwert B

t [a]	*q* [St./a]	*A* [€/a]	*B* [€]
1	10000	20206,06	729310,00
2	20000	40412,11	709103,94
3	30000	60618,17	668691,83
4	40000	80824,22	608073,67
5	50000	101030,28	527249,44
6	60000	121236,33	426219,17
7	70000	141442,39	304982,83
8	80000	161648,44	163540,44
9	0	0,00	1892,00

Geometrisch progressive zeitabhängige Leistungsabschreibung

Die geometrisch progressive zeitabhängige Leistungsabschreibung ist eine Umkehrung der geometrisch degressiven: Die Leistung wächst mit der Zeit aufgrund einer von der betriebsgewöhnlichen Nutzungsdauer abhängigen, auf der Basis der Zahl Tausend beruhenden Progressionskonstanten mit der Nutzungsdauer als Exponenten an (Bild Z.11).

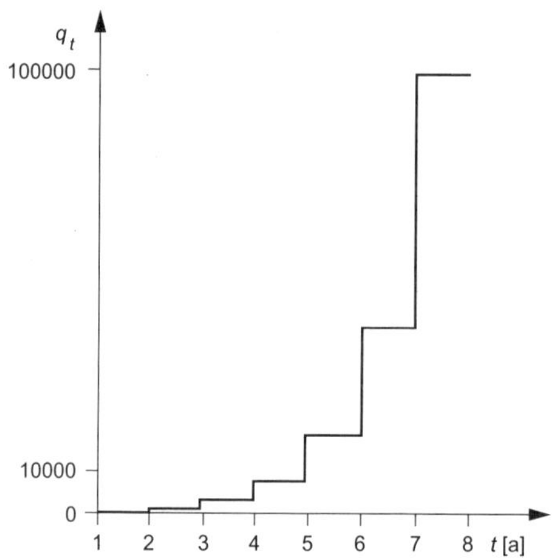

Bild Z.11: Geometrisch progressiver Leistungsverlauf

Diese steuerlich in leistungsabhängiger Form zulässige Abschreibungsdynamik hat Bedeutung bei zögerlichem Leistungsanlauf, einer schwierigen Markteinführung der auf dem Betriebsmittel beruhenden Diensten und in Erwartung eines nach Beendigung der Anlaufphase sehr hohen Anstiegs des Umsatzes. Berechnungsgrößen sind der Anschaffungswert K, der Gesamtumsatz Q, der Liquidationserlös V, die betriebsgewöhnliche Nutzungsdauer T. Aus ihnen wird der geometrisch progressive Abschreibungssatz S und die geometrische Leistungskonstante l errechnet, die zu progressiv fallenden Buchwerten B_t führt (Bild Z.12).

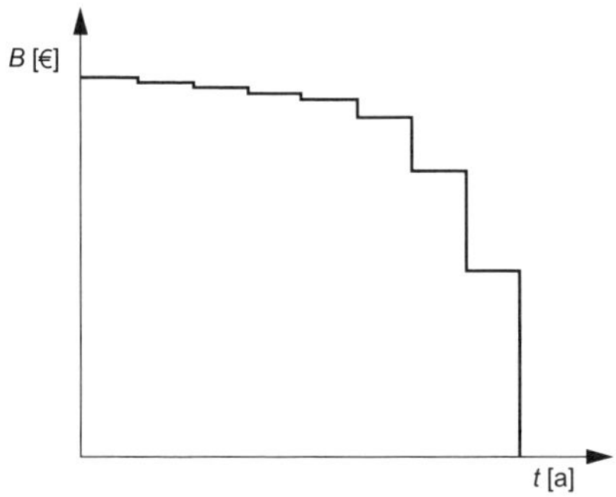

Bild Z.12: Buchwerte bei geometrisch progressiver zeitabhängiger Leistungsabschreibung

$$l = 1 - \left(\frac{1}{1001}\right)^{\frac{1}{T}}$$

$$q_t = \frac{l \cdot Q \cdot 1001^{\frac{t}{T}}}{1000}$$

$$S = \frac{K - V}{Q}$$

$$A_t = q_t \cdot S$$

$$B_t = \begin{cases} K, & \text{wenn } t = 1 \\ K - \sum_{i=1}^{t-1} A_i, & \text{wenn } t > 1 \end{cases}$$

Beispiel: Die Steuerzentrale für die Außenbeleuchtung inkl. Lichtreklamen für ein Gewerbecenter wird entsprechend der Betreiberakquisition in einer steigenden Progression vermietet, d. h. in Betrieb genommen. Die Abschreibungsdaten sind zu ermitteln (Tabelle Z.9).

Anschaffungswert	K	=	182310,00	€
Gesamtbenutzer	Q	=	148	Fa.
Liquidationserlös	V	=	1910,00	€
Betriebsgewöhnliche Nutzungsdauer	T	=	3	a

Lösung: Geometrisch progressiver Abschreibungssatz	S	=	1218,92	€/Fa.
Geometrische Leistungskonstante	l	=	0,90	

Tabelle Z.9: Abschreibungsplan mit Jahresleitung q, Abschreibungsbetrag A und Buchwert B

t [a]	*q* [St./a]	*A* [€/a]	*B* [€]
1	1,33	1624,20	182310,00
2	13,33	16247,42	180685,80
3	133,34	162528,38	164438,38
4	0,00	0,00	1910,00

Logarithmisch progressive zeitabhängige Leistungsabschreibung

Die steuerlich in leistungsabhängiger Form zulässige logarithmisch progressive Abschreibung ist eine Umkehrung des analogen degressiven dynamischen Verlaufs. Dabei wird die jährliche Jahresleistung q_t aufgrund des Anfangsbuchwertes K, der Gesamtleistung Q, des Liquidationserlöses V, der Anfangsleistung (Leistung des 1. Jahres) l und der betriebsgewöhnlichen Nutzungsdauer T ermittelt und der Abschreibungssatz S sowie der Degressionsexponent κ ausgewiesen.

Ausgangspunkt der Modellentwicklung ist der für das logarithmisch progressive Wachstum typische Ansatz, dass sich die relativen Zuwächse der Leistung und der Zeit proportional verhalten:

$$\frac{\mathrm{d}L}{L} = \alpha \cdot \frac{\mathrm{d}t}{t} \quad \Rightarrow \quad L = C \cdot t^{\alpha}.$$

Nach dem Einsetzen der Nebenbedingungen:

$$L(1) = C \quad \text{und} \quad L(T) = Q,$$

ergibt sich die Funktion der jährlichen Leistung als Differenz der kumulativen Jahresleistung zur kumulativen Vorjahresleistung (Bild Z.13).

Die jährlichen Abschreibungsbeträge und Buchungswerte ergeben sich dann durch die Multiplikation des Abschreibungssatzes je Leistungseinheit mit der realisierten Leistungsmenge (Bild Z.14).

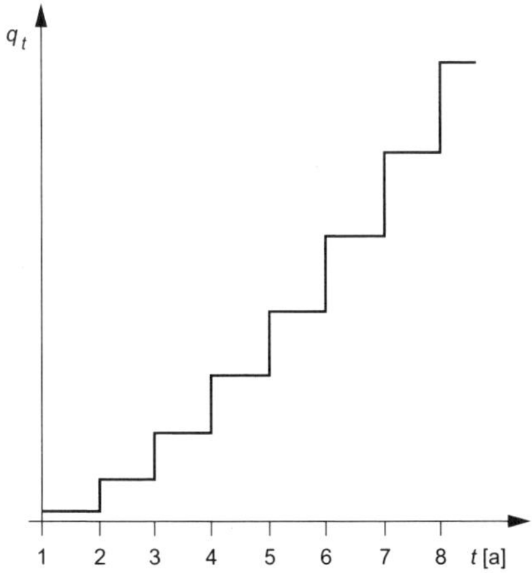

Bild Z.13: Leistungsverlauf bei logarithmisch progressiver Dynamik

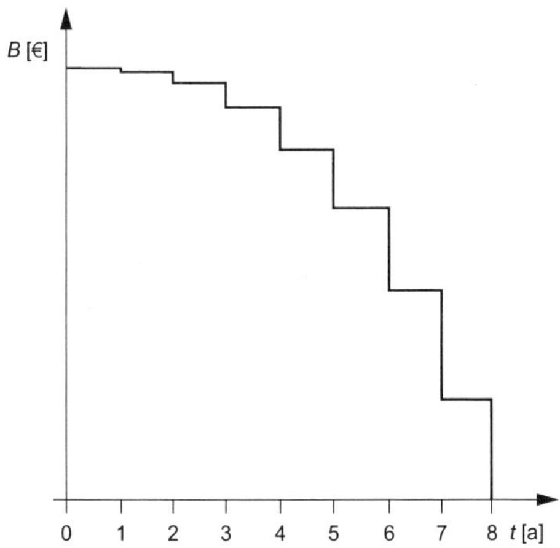

Bild Z.14: Buchwerte bei logarithmisch progressiver zeitabhängiger Leistungsabschreibung

$$\kappa = \frac{\ln Q - \ln l}{\ln n}, \quad Q > l$$

$$q_t = \frac{Q}{T^\kappa} \cdot \left(t^\kappa - (t-1)^\kappa\right), \quad 1 \le t \le T$$

$$S = \frac{K - V}{Q}, \quad A_t = q_t \cdot S, \quad B_t = K - \sum_{i=1}^{t-1} A_i$$

Beispiel: Die Fahrleistungen eines Fahrzeugs für den Kranken- und Behindertentransport in einem Quartier für betreutes Wohnen werden auf 350000 Kilometer veranschlagt; entsprechend geplanten Akquisition der Wohnungen und der Prognose über die Krankenhausbelegungen ergibt sich eine logarithmische Progression der Transportleistungen. Die Abschreibungsdaten sind zu ermitteln (Tabelle Z.10).

Anfangsbuchwert	K	=	149818,00	€
Gesamtleistung	Q	=	250000,00	Fahrten
Liquidationserlös	V	=	450,00	€
Anfangsleistung (des 1. Jahres)	I	=	15000,00	Fahrten
Betriebsgewöhnliche Nutzungsdauer	T	=	4	a
Lösung: Abschreibungssatz	S	=	0,60	
Degressionsexponent	κ	=	2,03	

Tabelle Z.10: Abschreibungsplan mit Jahresleistung q, Abschreibungsbetrag A und Buchwert B

t [a]	*q* [1/a]	*A* [€/a]	*B* [€]
1	15000,00	8962,08	149818,00
2	46237,24	27625,46	140855,92
3	78201,51	46723,21	113230,46
4	110561,25	66057,25	66507,25
5	0,00	0,00	450,00

Zustandsforschung

Analysenmethode zur Feststellung des Altersprofils der Bestände von technischen Systemen, wie z. B. Geräte oder Maschinen. Sie bezweckt, die Alterstruktur im Bestand dieser Systeme mit Hilfe der Wahrscheinlichkeitstheorie zu erforschen, die Abbauordnung für die entsprechenden Sortimente oder Einzelsysteme zu analysieren und daraus Erkenntnisse und Angaben über die Überlebenswahrscheinlichkeit bzw. Lebensdauer abzuleiten.

Die Berechnung kann für einen realen oder einen fiktiven Bestand von technischen Systemen benutzt werden. Die Abschätzung der Abbauordnung für einen fiktiven Bestand dient in der Marktforschung der Ermittlung des voraussichtlichen Jahresbedarfs an einem Sortiment von neuen technischen Systemen. Durch Approximation werden aus Stichproben von vorhergehenden Zustandsforschungen über Sortimente ähnlicher technischer Systeme der zu verwendende Wert des Verteilungsexponenten und die voraussichtliche Bestandsdauer bestimmt.

Die Zustandsanalyse kann sich auf den Bestandsverlauf im Sortiment insgesamt, also auf die Grundgesamtheit des technischen Systems, oder auf eine Stichprobe daraus erstrecken. Die Grundgesamtheit umfasst einen realen Ausgangsbestand eines Sortiments in einer bestimmten Nutzerklasse (Branche, Region usw.), repräsentiert durch die Anzahl aller darin befindlichen gleichartigen technischen Systeme. Problematisch dabei ist der relativ lange Analysenzeitraum, der durch die Aussonderung des in etwa letzten gleichartigen technischen Systems aus diesem Bestand nach oben gesetzt ist.

Die *Abbauwahrscheinlichkeit* zeigt an, wie viel von den im Bestand betrachteten gleichaltrigen Systemen aus Gründen des physischen Verbrauchs oder des Nutzwertverzehrs ausgesondert und für den Gebrauch verloren gehen werden.

Bestandsanalyse in einem Fuhrpark, approximiert

Die Stichprobenanalyse umfasst eine Teilmenge der Gesamtheit für das betrachtete Marktgebiet. Für jeweils einen Jahrgang des Sortiments werden für diesen Zeitraum die Abgänge ermittelt. Im Gegensatz zum statistischen Längsschnitt des Datenmaterials bei der Sortimentsanalyse ist die Stichprobenanalyse die Untersuchung aufgrund mehrerer Querschnitte durch den zu erforschenden Sachverhalt.

Für den Bestandsverlauf b_t, den das Sortiment eines bestimmten technischen Systems während seines Gebrauchs erfährt, kann eine periodische Funktion benutzt und zur Approximation der periodisch ermittelten Bestandsdaten herangezogen werden. Das sind: die Bestandsgröße des z-ten Systemalters b_z, die Anzahl der im z-ten Bestandsalter ausgesonderten Systeme d_z, die Bestandsgröße der im 0. Jahr verkauften Systeme b_n und die Bestandsgröße des $(z + 1)$-ten Systemalters b_{z+1}.

$$b(t) = b_n \cdot \left(1 - (1 + t_B - t)^{\alpha} \cdot \sin\left(\frac{\pi}{2} \cdot \frac{t}{t_B}\right)\right)$$

$$[t_B, \alpha] \equiv \sum_{i=1}^{n} (b(t_i) - b_i)^2 \rightarrow \text{Min}$$

$$\sigma = \sqrt{\frac{\sum_{i=1}^{n} (b(t_i) - b_i)^2}{n-2}}$$

$$d_z = b_z - b_{z+1}, \quad b_n = b_0$$

Beispiel: Ein Verband der Kfz-Branche hat die PROLOG AG mit der Analyse des Bestandes bestimmter Fahrzeugtypen in einem großen Marktgebiet beauftragt. Die dabei angefertigte Stichprobe (Tabelle Z.11) soll zuverlässige Angaben über den Systemzustand des analysierten Sortimentes liefern. Der Wert des Verteilungsexponenten soll approximiert und die Listen der Bestands- sowie Abbaugrößen (Tabelle Z.12) sollen ausgegeben werden.

Tabelle Z.11: Bestandsanalyse für bestimmte Kfz-Typen

t	b_z [St.]	*t*	b_z [St.]
0	100000	6	81778
1	98540	7	65265
2	98232	8	69435
3	97264	9	51631
4	95323	10	19040
5	90760		

Lösung: Verteilungsexponent	α	=	– 0,88720	
Voraussichtliche Bestandsdauer	t_B	=	10	a
Anfangsbestand	b_n	=	100000	St.
Umfang der Stichprobe	n	=	11	
Standardabweichung	σ	=	4535,47	St.

Tabelle Z.12: Bestands- und Abbaugrößen

t [a]	b_z [St.]	d_z [St.]	*t* [a]	b_z [St.]	d_z [St.]
0	100000,00	1932,86	6	81778,12	6050,53
1	98067,14	2251,55	7	75727,59	8701,49
2	95815,59	2626,24	8	67026,10	14641,07
3	93189,35	3091,62	9	52385,03	33794,55
4	90097,73	3711,11	10	18590,48	
5	86386,62	4608,50			

Zustandswahrscheinlichkeiten

Die *Überlebenswahrscheinlichkeit* sagt aus, ob ein ursprünglich ($t = 0$) zu einem Bestand (einer Branche oder Region, d. h. in Haushalten, Unternehmen, Kommunen usw.) hinzugekommenes technisches System zu einem beliebigen späteren Zeitpunkt diesem Bestand noch angehören wird. Die *mittlere Lebenserwartung* l_z^0, die Überlebenswahrscheinlichkeit p_z und die Abbauwahrscheinlichkeit q_z im z-ten Systemalter werden aus der Bestandsgröße des z-ten Systemalters b_z und der Bestandsgröße des $(z+1)$-ten Systemalters b_{z+1} mit einem Verteilungsexponenten α, der Bestandsgröße der im Jahr 0 verkauften Systeme b_n und der voraussichtlichen Bestandsdauer t_B berechnet.

$$l_z^0 = \frac{1}{b_z} \cdot \sum_{k=0}^{t_B - z} b_{z+k} - \frac{1}{2}$$

$$p_z = \frac{b_{z+1}}{b_z}, \quad q_z = \frac{b_z - b_{z+1}}{b_z}$$

$$b(t) = b_n \cdot \left(1 - (1 + t_B - t)^{\alpha} \cdot \sin\left(\frac{\pi}{2} \cdot \frac{t}{t_B} \right) \right)$$

Beispiel: Aufgrund der vorliegenden Parameterwerte der Bestandsfunktion sollen die mittlere Lebenserwartung und die Überlebens- sowie die Abbauwahrscheinlichkeit für das z-te Systemalter ermittelt werden.

Verteilungsexponent	α	=	– 0,88720	
Im Basisjahr verkaufte Systeme	b_n	=	100000	St.
Voraussichtliche Bestandsdauer	t_B	=	10	a
Vollendetes Bestandsjahr	z	=	6	a

Lösung: Mittlere Lebenserwartung	l_z^0	=	2,79	a
Überlebenswahrscheinlichkeit	p_z	=	91,76	%/a
Abbauwahrscheinlichkeit	q_z	=	8,24	%/a

Zuwachsrate

Zuwachsraten sind Kennzahlen, die das relative zeitliche Wachstum (oder die Abnahme) eines metrisch skalierten Merkmals h entweder als eine dynamische Durchschnittsgröße Δp oder eine statische Durchschnittsgröße Δy ausdrücken.

Es handelt sich dabei um zeitlich aufeinanderfolgende Messwerte eines Betrachtungszeitraumes T aus positiven

- Differenzen von y:

$$\Delta y_t = y_t - y_{t-1} \quad \Rightarrow \quad \Delta y = \frac{1}{T} \cdot \sum_{t=1}^{T} \Delta y_t$$

Bei negativen Differenzen entsteht eine Abnahme der Ausgangsgröße. Es ist kein Zuwachs vorhanden, sondern sein Gegenteil, eine Abnahme (auch Abschwung oder Niedergang).

- Anteilen von p:

$$\Delta p = \sqrt[T]{\prod_{t=1}^{T} p_t} - 1, \quad \text{falls} \quad p_t = \frac{y_t}{y_{t-1}} \quad \text{Inputs} \quad \Rightarrow \quad \Delta p = \sqrt[T]{\frac{y_1}{x_T}} - 1$$

einer Erscheinung, die einen wachsenden oder fallenden Trend aufweisen kann. Bei gleichbleibendem Verlauf der Merkmalsgröße ist weder Zuwachs noch Abnahme vorhanden, die Rate nimmt den Wert Null an.

In der statischen Zunahme der Werte Δy einer wirtschaftlichen Größe widerspiegelt sich der mittlere absolute Wertzuwachs im betrachteten Zeitraum, wie z. B. die mittlere Zunahme des Umsatzes, der Gewinne.

Der anteilige Zuwachs widerspiegelt das Wachstumstempo, wie z. B. der Kapazität, der Produktivität, i. Allg. bestimmt als geometrisches Mittel aus Anteilswerten in den betrachteten Perioden. Bei Verwendung der Messwerte statt ihrer Anteile reduziert sich die Berechnung auf den letzten Messwert zum Basiswert, da sich die Zwischenwerte eliminieren.

Zuwachsrate von Differenzbeträgen

Die Wertgröße eines Zuwachses erfasst Daten aus mindestens zwei, i. d. R. aber aus mehreren Perioden. Sie drückt entweder den mittleren Gesamtzuwachs Δy oder das mittlere Verhältnis Δg von Gesamtzuwachs zur Gesamtgröße aus.

$$\Delta y = \frac{y_T - y_0}{T}$$

$$\Delta g = \frac{2}{T \cdot (T+1)} \cdot \left(\sum_{t=1}^{T} y_t - (T+1) \cdot y_0 \right)$$

Beispiel: Dem Produktionsmanagement der CHROMLAS AG liegen für ein neu auf dem Markt eingeführtes innovatives Erzeugnis vierteljährliche Umsatzdaten *y* vor (Tabelle Z.13). Die mittleren Zuwachswerte sollen berechnet werden.

Tabelle Z.13: Vierteljährliche Umsätze

t	*y* [€/Qu.]	*t*	*y* [€/Qu]
1	12429,13	4	39898,51
2	16720,73	5	59011,22
3	27726,41	6	80621,68

Lösung: Mittlerer Gesamtzuwachs	Δy =	11365,42	€/Qu.
Mittlerer Zuwachs der Gesamtgröße	Δg =	7114,47	€/Qu.
Betrachtungszeitraum	T =	6	

Zuwachsrate aus Anteilswerten

$$\Delta p = \sqrt[T]{\prod_{t=1}^{T} p_t} - 1$$

Beispiel: Der Marketingabteilung der GOLPAS AG liegen für ein neu auf dem Markt eingeführtes innovatives Erzeugnis die vierteljährlichen Steigerungssätze des Umsatzes vor, jeweils bezogen auf die Vorperiode (Tabelle Z.14). Aus den Umsatzdaten soll die Zuwachsrate ermittelt werden.

Tabelle Z.14: Vierteljährliche prozentuale Steigerung des Umsatzes

t [Qu.]	*p* [%/a]	*t* [Qu.]	*p* [%/a]
1	100,00	4	155,32
2	134,53	5	134,83
3	225,63	6	122,54

Lösung: Betrachtungszeitraum	T =	6	
Zuwachsrate	Δp =	40,65	%/a

Zuwachsrate aus Anfangs- und Endwert

$$p_0 = \sqrt[T]{\frac{y_T}{y_1}} - 1$$

Beispiel: Dem Geschäftsführer der LASSO AG liegt für ein neu eingeführtes Produkt der Umsatz des letzten Quartals vor. Er vergleicht diesen Wert mit der Planvorgabe für das erste Quartal der Markteinführung und errechnet die Zuwachsrate seit der Markteinführung aus beiden Größen.

Anzahl der Perioden	T =	6	a
Planvorgabe für das 1. Quartal	y_1 =	11500,00	€/Qu.
Umsatz im letzten Quartal	y_T =	96821,68	€/Qu.
Lösung: Mittleres Zuwachstempo	p_0 =	42,63	%/a

Zuwachstempo

Das sog. Wachstumstempo ist ein Maß dafür, wie sich eine betriebswirtschaftliche Größe über mehrere Perioden hinweg verändert, wie z. B. anteilige Erhöhung des Umsatzes, der Produktivität usw.

Das Zuwachstempo wird als geometrisches Mittel aus den Anteilsgrößen p_t, $t = 1, 2, ..., T$, der Messwerte y_t, $t = 0, 1, ..., T$, bestimmt:

$$p_t = \frac{y_t}{y_{t-1}}, \quad t = 1, 2, \ldots, T.$$

Bei direkter Verwendung der Messwerte y_t statt ihrer Anteile p_t kann das Zuwachstempo durch Approximation mittels der Exponentialfunktion (Gesetz des organischen Wachstums) gewonnen werden.

Zuwachstempo aus einer Messreihe

$$\bar{p} = \sqrt[T]{\prod_{t=1}^{T} p_t} - 1$$

Beispiel: Aus den Umsatzdaten eines Unternehmens soll das Wachstumstempo aufgrund der Jahressteigerungsraten *p* ermittelt werden:

Betrachtungszeitraum T = 6

t	p	t	p
0	1,0000	3	1,1479
1	1,1204	4	1,1591
2	1,1623	5	1,0091

Lösung: Mittleres Zuwachstempo $\bar{p}$ = 9,76 %/a

Zuwachstempo aus einer Ziel- und Basisgröße

$$\bar{p} = \sqrt[T]{\frac{y_T}{y_1}} - 1$$

Beispiel: In einem Betriebsteil ist eine Erhöhung der Produktion innerhalb von *T* Jahren vorgesehen. Das mittlere jährliche Zuwachstempo soll bestimmt werden.

Anzahl der Perioden T = 5 a
Basiswert der Größe y_1 = 111,12 %/a
Zielwert der Größe y_T = 158,02 %/a

Lösung: Mittleres Zuwachstempo $\bar{p}$ = 7,30 %/a

Literaturverzeichnis

Albach, H.: Allgemeine Betriebswirtswirtschaftslehre. 3. Auflage. Wiesbaden: Gabler 2001

Baum, H.-G., Coenenberg, A. G., Günther, Th.: Strategisches Controlling. 2. Auflage. Stuttgart: Schäffer-Poeschel 2002

Eichholz, W., Vilkner, E.: Taschenbuch der Wirtschaftsmathematik. 3. Auflage. Leipzig: Fachbuchverlag 2002

Grundmann, W.: Operations Research – Formeln und Methoden. Stuttgart Leipzig Wiesbaden: Teubner 2003

Günther, Th. u. a.: Unternehmenswertorientiertes Controlling. Stuttgart: Schäffer-Poeschel 2002

Hering, E., Modler, K.-H. (Hrsg.): Taschenbuch für Wirtschaftsingenieure. 13. Auflage. Leipzig: Fachbuchverlag 2002

Holland, H., Scharnbacher, K.: Grundlagen der Statistik. 6. Auflage. Wiesbaden: Gabler 2003

Luderer, B., Nollau, V., Vetters, K.: Mathematische Formeln für Wirtschaftswissenschaftler. 4. Auflage. Stuttgart Leipzig Wiesbaden: Teubner 2002

Michel, R., Torspecken, H.-D.: Grundlagen der Kostenrechnung. 4. Auflage. München Wien: Hanser 1993

Michel, R., Torspecken, H.-D., Jandt, J.: Neuere Formen der Kostenrechnung. 4. Auflage. München Wien: Hanser 1998

Neumann, K., Morlock, M.: Operations Research. 2. Auflage. München Wien: Hanser 2002

Nollau, V. u. a.: Wahrscheinlichkeitsrechnung und Statistik. Stuttgart Leipzig: Teubner 1997

Nollau, V.: Mathematik für Wirtschaftswissenschaftler. 4. Auflage. Stuttgart Leipzig Wiesbaden: Teubner 2003

Nollau, V.: Statistische Analysen. Leipzig: Fachbuchverlag 1975. Basel Stuttgart: Birkhäuser 1979

Oppitz, V.: Gabler Lexikon Wirtschaftlichkeitsrechnung. Wiesbaden: Gabler 1995

Scharnbacher, K.: Statistik im Betrieb. 13. Auflage. Wiesbaden: Gabler 2002

Stahel, W. A.: Statistische Datenanalyse. 4. Auflage. Braunschweig Wiesbaden: Vieweg 2002

Steiner, M., Bruns, Ch.: Wertpapiermanagement. 8. Auflage. Stuttgart: Schäffer-Poeschel 2002

Storm, R.: Wahrscheinlichkeitsrechnung, mathematische Statistik und statistische Qualitätskontrolle. 11. Auflage. Leipzig: Fachbuchverlag 2001

Tietze, J.: Einführung in die angewandte Wirtschaftsmathematik. 10. Auflage. Braunschweig Wiesbaden: Vieweg 2002

Tietze, J.: Einführung in die Finanzmathematik. 5. Auflage. Wiesbaden: Vieweg 2002

Voß, E.: Industriebetriebslehre für Ingenieure. 6. Auflage. München Wien: Hanser 1991

Wenzel, R. u.a.: Industriebetriebslehre. Leipzig: Fachbuchverlag 2001

Wollenberg, K. (Hrsg.): Taschenbuch der Betriebswirtschaft. Leipzig: Fachbuchverlag 2000

Stichwortverzeichnis